国家职业资格培训教材
技能型人才培训用书

无损检测员——基础知识

国家职业资格培训教材编审委员会　组编
李以善　潘　锋　主编

机 械 工 业 出 版 社

本书是依据《国家职业标准 无损检测员》中基础知识的要求，按照满足岗位培训需要的原则编写的。本书的主要内容包括：材料科学与材料分析概述、钢铁材料与热处理、金属材料的焊接、金属材料成形加工工艺、锅炉基础知识、压力容器基础知识、压力管道基础知识、钢结构工程、在用设备检测基础知识及无损检测概论。书末附有试题库和答案，以便于企业培训、考核和读者自查自测。

本书主要用作企业培训和职业技能鉴定培训教材，还可供无损检测技术人员和相关人员自学使用。

图书在版编目（CIP）数据

无损检测员：基础知识/李以善，潘锋主编；国家职业资格培训教材编审委员会组编. —北京：机械工业出版社，2016.7
国家职业资格培训教材 技能型人才培训用书
ISBN 978-7-111-54511-8

Ⅰ.①无… Ⅱ.①李… ②潘… ③国… Ⅲ.①无损检验-技术培训-教材 Ⅳ.①TG115.28

中国版本图书馆CIP数据核字（2016）第186210号

机械工业出版社（北京市百万庄大街22号 邮政编码100037）
策划编辑：侯宪国 责任编辑：侯宪国 责任校对：张 薇
封面设计：路恩中 责任印制：李 洋
北京宝昌彩色印刷有限公司印刷
2016年11月第1版第1次印刷
169mm×239mm·19.5印张·363千字
0001—3000册
标准书号：ISBN 978-7-111-54511-8
定价：45.00元

国家职业资格培训教材（第2版）

编审委员会

第2版序

在“十五”末期，为贯彻落实“全国职业教育工作会议”和“全国再就业会议”精神，加快培养一大批高素质的技能型人才，机械工业出版社精心策划了与原劳动和社会保障部《国家职业标准》配套的《国家职业资格培训教材》。这套教材涵盖41个职业工种，共172种，有十几个省、自治区、直辖市相关行业的200多名工程技术人员、教师、技师和高级技师等从事技能培训和鉴定的专家参加编写。教材出版后，以其兼顾岗位培训和鉴定培训需要，理论、技能、题库合一，便于自检自测的特点，受到全国各级培训、鉴定部门和广大技术工人的欢迎，基本满足了培训、鉴定和读者自学的需要，在“十一五”期间为培养技能人才发挥了重要作用，本套教材也因此成为国家职业资格鉴定考证培训及企业员工培训的品牌教材。

2010年，《国家中长期人才发展规划纲要（2010—2020年）》、《国家中长期教育改革和发展规划纲要（2010—2020年）》、《关于加强职业培训促就业的意见》相继颁布和出台，2012年1月，国务院批转了七部委联合制定的《促进就业规划（2011—2015年）》，在这些规划和意见中，都重点阐述了加大职业技能培训力度、加快技能人才培养的重要意义，以及相应的配套政策和措施。为适应这一新形势，同时也鉴于第1版教材所涉及的许多知识、技术、工艺、标准等已发生了变化的实际情况，我们经过深入调研，并在充分听取了广大读者和业界专家意见的基础上，决定对已经出版的《国家职业资格培训教材》进行修订。本次修订，仍以原有的大部分作者为班底，并保持原有的“以技能为主线，理论、技能、题库合一”的编写模式，重点在以下几个方面进行了改进：

1. 新增紧缺职业工种——为满足社会需求，又开发了一批近几年比较紧缺的以及新增的职业工种教材，使本套教材覆盖的职业工种更加广泛。

2. 紧跟国家职业标准——按照最新颁布的《国家职业技能标准》（或《国家职业标准》）规定的工作内容和技能要求重新整合、补充和完善内容，涵盖职业标准中所要求的知识点和技能点。

3. 提炼重点知识技能——在内容的选择上，以“够用”为原则，提炼出应重点掌握的必需专业知识和技能，删减了不必要的理论知识，使内容更加精练。

4. 补充更新技术内容——紧密结合最新技术发展，删除了陈旧过时的内容，补充了新的技术内容。

5. 同步最新技术标准——对原教材中按旧技术标准编写的内容进行更新，所有内容均与最新的技术标准同步。

6. 精选技能鉴定题库——按鉴定要求精选了职业技能鉴定试题，试题贴近教材、贴近国家试题库的考点，更具典型性、代表性、通用性和实用性。

7. 配备免费电子教案——为方便培训教学，我们为本套教材开发配备了配套的电子教案，免费赠送给选用本套教材的机构和教师。

8. 配备操作实景光盘——根据读者需要，部分教材配备了操作实景光盘。

一言概之，经过精心修订，第2版教材在保留了第1版精华的同时，内容更加精练、可靠、实用，针对性更强，更能满足社会需求和读者需要。全套教材既可作为各级职业技能鉴定培训机构、企业培训部门的考前培训教材，又可作为读者考前复习和自测使用的复习用书，也可供职业技能鉴定部门在鉴定命题时参考，还可作为职业技术院校、技工院校、各种短训班的专业课教材。

在本套教材的调研、策划、编写过程中，得到了许多企业、鉴定培训机构有关领导、专家的大力支持和帮助，在此表示衷心的感谢！

虽然我们已经尽了最大努力，但是教材中仍难免存在不足之处，恳请专家和广大读者批评指正。

国家职业资格培训教材第2版编审委员会

第1版序一

当前和今后一个时期，是我国全面建设小康社会、开创中国特色社会主义事业新局面的重要战略机遇期。建设小康社会需要科技创新，离不开技能人才。“全国人才工作会议”、“全国职教工作会议”都强调要把“提高技术工人素质、培养高技能人才”作为重要任务来抓。当今世界，谁掌握了先进的科学技术并拥有大量技术娴熟、手艺高超的技能人才，谁就能生产出高质量的产品，创出自己的名牌；谁就能在激烈的市场竞争中立于不败之地。我国有近一亿技术工人，他们是社会物质财富的直接创造者。技术工人的劳动，是科技成果转化为生产力的关键环节，是经济发展的重要基础。

科学技术是财富，操作技能也是财富，而且是重要的财富。中华全国总工会始终把提高劳动者素质作为一项重要任务，在职工中开展的“当好主力军，建功‘十一五’和谐奔小康”竞赛中，全国各级工会特别是各级工会职工技协组织注重加强职工技能开发，实施群众性经济技术创新工程，坚持从行业和企业实际出发，广泛开展岗位练兵、技术比赛、技术革新、技术协作等活动，不断提高职工的技术技能和操作水平，涌现出一大批掌握高超技能的能工巧匠。他们以自己的勤劳和智慧，在推动企业技术进步，促进产品更新换代和升级中发挥了积极的作用。

欣闻机械工业出版社配合新的《国家职业标准》为技术工人编写了这套涵盖41个职业的172种“国家职业资格培训教材”。这套教材由全国各地技能培训和考评专家编写，具有权威性和代表性；将理论与技能有机结合，并紧紧围绕《国家职业标准》的知识点和技能鉴定点编写，实用性、针对性强，既有必备的理论和技能知识，又有考核鉴定的理论和技能题库及答案，编排科学，便于培训和检测。

这套教材的出版非常及时，为培养技能型人才做了一件大好事，我相信这套教材一定会为我们培养更多更好的高技能人才作出贡献！

李永安

（李永安　中国职工技术协会常务副会长）

第1版序二

为贯彻“全国职业教育工作会议”和“全国再就业会议”精神，全面推进技能振兴计划和高技能人才培养工程，加快培养一大批高素质的技能型人才，我们精心策划了这套与劳动和社会保障部最新颁布的《国家职业标准》配套的《国家职业资格培训教材》。

进入21世纪，我国制造业在世界上所占的比重越来越大，随着我国逐渐成为“世界制造业中心”进程的加快，制造业的主力军——技能人才，尤其是高级技能人才的严重缺乏已成为制约我国制造业快速发展的瓶颈，高级蓝领出现断层的消息屡屡见诸报端。据统计，我国技术工人中高级以上技工只占3.5%，与发达国家40%的比例相去甚远。为此，国务院先后召开了“全国职业教育工作会议”和“全国再就业会议”，提出了“三年50万新技师的培养计划”，强调各地、各行业、各企业、各职业院校等要大力开展职业技术培训，以培训促就业，全面提高技术工人的素质。

技术工人密集的机械行业历来高度重视技术工人的职业技能培训工作，尤其是技术工人培训教材的基础建设工作，并在几十年的实践中积累了丰富的教材建设经验。作为机械行业的专业出版社，机械工业出版社在“七五”、“八五”、“九五”期间，先后组织编写出版了“机械工人技术理论培训教材”149种，“机械工人操作技能培训教材”85种，“机械工人职业技能培训教材”66种，“机械工业技师考评培训教材”22种，以及配套的习题集、试题库和各种辅导性教材约800种，基本满足了机械行业技术工人培训的需要。这些教材以其针对性、实用性强，覆盖面广，层次齐备，成龙配套等特点，受到全国各级培训、鉴定和考工部门和技术工人的欢迎。

2000年以来，我国相继颁布了《中华人民共和国职业分类大典》和新的《国家职业标准》，其中对我国职业技术工人的工种、等级、职业的活动范围、工作内容、技能要求和知识水平等根据实际需要进行了重新界定，将国家职业资格分为5个等级：初级（5级）、中级（4级）、高级（3级）、技师（2级）、高级技师（1级）。为与新的《国家职业标准》配套，更好地满足当前各级职业培训和技术工人考工取证的需要，我们精心策划编写了这套《国家职业资格培训教材》。

这套教材是依据劳动和社会保障部最新颁布的《国家职业标准》编写的，

为满足各级培训考工部门和广大读者的需要，这次共编写了41个职业的172种教材。在职业选择上，除机电行业通用职业外，还选择了建筑、汽车、家电等其他相近行业的热门职业。每个职业按《国家职业标准》规定的工作内容和技能要求编写初级、中级、高级、技师（含高级技师）四本教材，各等级合理衔接、步步提升，为高技能人才培养搭建了科学的阶梯型培训架构。为满足实际培训的需要，对多工种共同需求的基础知识我们还分别编写了《机械制图》、《机械基础》、《电工常识》、《电工基础》、《建筑装饰识图》等近20种公共基础教材。

在编写原则上，依据《国家职业标准》又不拘泥于《国家职业标准》是我们这套教材的创新。为满足沿海制造业发达地区对技能人才细分市场的需要，我们对模具、制冷、电梯等社会需求量大又已单独培训和考核的职业，从相应的职业标准中剥离出来单独编写了针对性较强的培训教材。

为满足培训、鉴定、考工和读者自学的需要，在编写时我们考虑了教材的配套性。教材的章首有培训要点、章末配复习思考题，书末有与之配套的试题库和答案，以及便于自检自测的理论和技能模拟试卷，同时还根据需求为20多种教材配制了VCD光盘。

为扩大教材的覆盖面和体现教材的权威性，我们组织了上海、江苏、广东、广西、北京、山东、吉林、河北、四川、内蒙古等地相关行业从事技能培训和考工的200多名专家、工程技术人员、教师、技师和高级技师参加编写。

这套教材在编写过程中力求突出“新”字，做到“知识新、工艺新、技术新、设备新、标准新”；增强实用性，重在教会读者掌握必需的专业知识和技能，是企业培训部门、各级职业技能鉴定培训机构、再就业和农民工培训机构的理想教材，也可作为技工学校、职业高中、各种短训班的专业课教材。

在这套教材的调研、策划、编写过程中，曾经得到广东省职业技能鉴定中心、上海市职业技能鉴定中心、江苏省机械工业联合会、中国第一汽车集团公司以及北京、上海、广东、广西、江苏、山东、河北、内蒙古等地许多企业和技工学校的有关领导、专家、工程技术人员、教师、技师和高级技师的大力支持和帮助，在此谨向为本套教材的策划、编写和出版付出艰辛劳动的全体人员表示衷心的感谢！

教材中难免存在不足之处，诚恳希望从事职业教育的专家和广大读者不吝赐教，批评指正。我们真诚希望与您携手，共同打造职业培训教材的精品。

国家职业资格培训教材编审委员会

前　言

随着经济与科技的快速发展，无损检测行业对技能型人才提出了数量、质量和结构方面的要求，快速培养掌握无损检测技术的技能型人才已成为当务之急。针对这一需求，并配合“国家高技能人才培养工程”，我们依据《国家职业标准　无损检测员》，编写了无损检测员国家职业资格培训教材，包括《无损检测员——超声波检测技术》《无损检测员——射线检测》《无损检测员——磁粉检测》《无损检测员——渗透检测》和《无损检测员——基础知识》五本。本套教材系统地介绍了无损检测技术、相关检测仪器、设备的工作原理和操作方法，涵盖全部常规无损检测技术和技能鉴定要点，使读者通过对应用实例的学习，掌握典型无损检测的工艺原理和操作步骤，以及各种无损检测工艺的拟定及检测设备的操作方法，为考取相应的国家职业资格证书奠定良好的基础。

《无损检测员——基础知识》的主要内容包括：材料科学与材料分析概述、钢铁材料与热处理、金属材料的焊接、金属材料成形加工工艺、锅炉基础知识、压力容器基础知识、压力管道基础知识、钢结构工程、在用设备检测基础知识及无损检测概论。本教材采用现行国家标准规定的术语、符号和法定计量单位，知识体系和技能要点符合行业或国家标准。

本教材由李以善、潘锋主编，山东省特种设备检验研究院的张明贤、姚小静、杨凤琦、郭雷、何山，山东建筑大学罗辉，山东科技大学李敞，中国石油大学（华东）蓝浩杰，兰州理工大学李孝露，山东省水利勘察设计院于秋实、山东大学刘秀忠、山东省医疗器械研究所李震参加编写。

本教材的编写过程中参考了相关文献资料，在此向有关作者表示衷心的感谢。由于编者水平有限，编写时间仓促，书中难免有疏漏之处，敬请广大读者批评指正。

编　者

目　录

第 2 版序
第 1 版序一
第 1 版序二
前言

第一章　材料科学与材料分析概述 …… 1
第一节　材料科学研究内容 …… 1
一、材料科学的发展 …… 1
二、影响金属材料性能的主要因素 …… 2
三、金属材料的分类 …… 3
第二节　金属材料的性能 …… 6
一、金属的物理性能 …… 6
二、金属材料的化学性能 …… 7
三、金属材料的力学性能 …… 8
四、金属材料的工艺性能 …… 19
第三节　金属材料分析方法 …… 20
一、材料成分分析方法 …… 21
二、材料的形貌分析 …… 22
第四节　材料残留应力测试 …… 28
一、机械方法 …… 28
二、物理方法 …… 29
复习思考题 …… 30
第二章　钢铁材料与热处理 …… 31
第一节　金属与合金的晶体结构 …… 31
一、金属的晶体结构 …… 31
二、金属的实际晶体结构 …… 33
三、合金的晶体结构 …… 35
第二节　铁碳合金的基本组织与铁碳相图 …… 37
一、纯铁的同素异构转变 …… 37

二、铁碳合金的基本相 …… 38
三、铁碳合金相图 …… 39
四、铁碳合金的分类和室温平衡组织 …… 41
第三节 钢的热处理 …… 42
一、钢在加热时的组织转变 …… 42
二、钢在冷却时的组织转变 …… 45
三、钢的常用热处理工艺方法 …… 50
第四节 合金元素在钢铁材料中的作用 …… 57
第五节 工业用金属材料 …… 59
一、钢的分类 …… 59
二、钢的编号或牌号表示方法 …… 61
三、常用金属材料 …… 62
复习思考题 …… 77
第三章 金属材料的焊接 …… 79
第一节 焊接定义及原理 …… 79
一、焊接的本质定义及分类 …… 79
二、焊接电弧 …… 80
第二节 焊接工艺方法与设备 …… 81
一、焊条电弧焊 …… 81
二、埋弧焊 …… 90
三、二氧化碳气体保护焊 …… 98
四、钨极惰性气体保护焊 …… 104
五、熔化极氩弧焊 …… 108
第三节 常用金属材料焊接 …… 109
一、焊接性概念 …… 109
二、热轧、正火钢的焊接 …… 111
三、奥氏体不锈钢的焊接 …… 114
四、铝及铝合金的焊接 …… 117
第四节 焊接应力与变形 …… 123
一、焊接应力 …… 123
二、焊接变形 …… 129
第五节 焊接缺陷 …… 134
一、焊接缺陷的分类 …… 134
二、焊接缺陷的产生原因、危害和防止措施 …… 134
第六节 焊接质量管理与焊接检验 …… 143

一、焊接材料管理 …… 143
二、焊接生产组织管理 …… 143
三、焊接检验 …… 144
复习思考题 …… 145
第四章 金属材料成形加工工艺 …… 146
第一节 铸造 …… 146
一、铸件成型工艺分类 …… 147
二、合金的铸造性能 …… 152
三、铸造缺陷 …… 155
第二节 锻压成形 …… 159
一、锻压成形的特点和分类 …… 160
二、自由锻 …… 162
三、模锻 …… 164
四、板料冲压 …… 167
五、其他锻压成形加工方法 …… 170
六、压力加工缺陷 …… 173
第三节 机械加工成形工艺 …… 178
一、切削运动与切削要素 …… 178
二、金属切削过程中的物理现象 …… 179
三、常用切削加工方法 …… 180
复习思考题 …… 184
第五章 锅炉基础知识 …… 185
第一节 锅炉的定义和特点 …… 185
第二节 锅炉的分类 …… 186
一、按用途分类 …… 186
二、按载热介质分类 …… 186
三、按燃料和热源分类 …… 186
四、按本体结构分类 …… 187
五、按介质循环方式分类 …… 187
六、按燃烧方式分类 …… 187
七、按出厂型式分类 …… 187
八、按压力等级分类 …… 187
九、按制造管理分类 …… 187
第三节 锅炉结构 …… 187
一、锅炉结构的基本要求 …… 188

二、常见的锅炉结构……………………………………………………………… 189
三、锅炉系统的辅机设备…………………………………………………………… 190
四、锅炉参数……………………………………………………………………… 195
五、锅炉型号及命名方法…………………………………………………………… 196
第四节　锅炉无损检测要求…………………………………………………………… 198
复习思考题…………………………………………………………………………… 201
第六章　压力容器基础知识…………………………………………………………… 202
第一节　压力容器的定义……………………………………………………………… 202
一、压力容器的本体界定范围……………………………………………………… 203
二、压力容器参数…………………………………………………………………… 203
三、压力容器的基本要求…………………………………………………………… 204
第二节　压力容器的分类……………………………………………………………… 205
一、一般压力容器的分类…………………………………………………………… 205
二、气瓶的分类……………………………………………………………………… 207
三、医用氧舱的分类………………………………………………………………… 207
第三节　典型压力容器………………………………………………………………… 208
一、一般压力容器的结构…………………………………………………………… 208
二、一般压力容器的设计制造……………………………………………………… 208
三、气瓶的结构……………………………………………………………………… 211
四、医用氧舱的典型结构…………………………………………………………… 214
第四节　压力容器无损检测要求及方法……………………………………………… 215
一、压力容器制造过程中的无损检测……………………………………………… 215
二、在用压力容器的无损检测……………………………………………………… 217
复习思考题…………………………………………………………………………… 219
第七章　压力管道基础知识…………………………………………………………… 220
第一节　压力管道的定义……………………………………………………………… 220
第二节　压力管道分类………………………………………………………………… 221
一、长输（油气）管道 ……………………………………………………………… 221
二、公用管道（GB 类） …………………………………………………………… 222
三、工业管道（GC 类） …………………………………………………………… 222
四、动力管道（GD 类） …………………………………………………………… 222
第三节　压力管道组成………………………………………………………………… 224
第四节　压力管道无损检测…………………………………………………………… 228
一、压力管道元件制造无损检测…………………………………………………… 228
二、压力管道安装的无损检测……………………………………………………… 229

三、压力管道无损检测新技术简介…………………………………………… 231
复习思考题………………………………………………………………………… 231
第八章 钢结构工程………………………………………………………………… 232
第一节 钢结构的结构形式和加工程序…………………………………………… 232
一、建筑钢结构的分类…………………………………………………………… 232
二、钢结构制作加工程序………………………………………………………… 233
第二节 钢结构用材料……………………………………………………………… 234
一、钢结构用材料的要求………………………………………………………… 234
二、钢材选用的特殊规定………………………………………………………… 235
三、焊接材料选用………………………………………………………………… 236
第三节 钢结构接头形式及焊接要求……………………………………………… 237
一、建筑钢结构节点连接方法…………………………………………………… 237
二、焊接要求及接头形式………………………………………………………… 238
第四节 钢结构质量要求…………………………………………………………… 242
一、总体要求……………………………………………………………………… 242
二、焊缝表面尺寸要求…………………………………………………………… 243
三、焊缝强度……………………………………………………………………… 245
第五节 无损检测要求……………………………………………………………… 246
一、焊缝的超声波检测（UT） ………………………………………………… 246
二、焊缝的射线检测（RT） …………………………………………………… 247
三、焊缝的磁粉检测（MT） …………………………………………………… 247
四、焊缝的渗透检测（PT） …………………………………………………… 247
五、对无损检测时间的规定……………………………………………………… 247
复习思考题………………………………………………………………………… 247
第九章 在用设备检测基础知识…………………………………………………… 248
第一节 在用设备常见失效形式及分类…………………………………………… 248
一、韧性失效……………………………………………………………………… 248
二、脆性断裂失效………………………………………………………………… 249
三、疲劳断裂失效………………………………………………………………… 250
四、高温蠕变失效………………………………………………………………… 250
五、腐蚀失效……………………………………………………………………… 251
六、设备失效原因………………………………………………………………… 252
第二节 在用设备的检验评价原则及方法………………………………………… 252
一、评定方法……………………………………………………………………… 253
二、失效分析程序………………………………………………………………… 256

第三节　在用设备无损检测要求…………………………………………… 256
一、无损检测方法选用…………………………………………………… 256
二、无损检测缺陷测量…………………………………………………… 257
三、《压力容器定期检验规则》关于无损检测的规定 ………………… 258
四、在役压力管道无损检测……………………………………………… 264
复习思考题………………………………………………………………… 266
第十章　无损检测概论…………………………………………………… 267
第一节　无损检测的概念和分类………………………………………… 267
一、无损检测概念………………………………………………………… 267
二、无损检测方法分类…………………………………………………… 267
三、缺陷的概念与含义…………………………………………………… 268
第二节　常规无损检测方法的原理和工艺特点………………………… 268
一、射线检测……………………………………………………………… 268
二、超声波检测…………………………………………………………… 270
三、磁粉检测……………………………………………………………… 272
四、渗透检测……………………………………………………………… 274
五、涡流检测……………………………………………………………… 275
第三节　无损检测方法的应用要求……………………………………… 277
一、无损检测应用特点…………………………………………………… 277
二、常规无损检测方法的适用性和局限性……………………………… 278
三、常规无损检测方法的选用原则……………………………………… 279
四、无损检测方法的工艺要求…………………………………………… 280
复习思考题………………………………………………………………… 282
试题库……………………………………………………………………… 283
一、判断题　试题（283）答案（295）
二、选择题　试题（287）答案（295）
三、简答题　试题（292）

参考文献…………………………………………………………………… 296

第一章

材料科学与材料分析概述

培训学习目标

了解材料科学的研究内容和研究方法，熟悉材料的分类和主要性能指标。

第一节　材料科学研究内容

一、材料科学的发展

材料是人类用于制造生活和生产工具赖以生存和发展的重要物质基础，人类文明时代的及其进行曾以其主导材料来命名，如石器时代、青铜器时代、铁器时代和现在的硅时代（或称电子材料时代）。这是因为材料代表了人类的创造力与财富。20 世纪影响人类生活的十大工程（阿波罗登月、飞机、晶体管、可控核反应、集成电路、喷气发动机和通信卫星、数字计算机、电视等都离不开材料的帮助。

金属材料学科是材料学科中最早建立的分支。19 世纪八九十年代，由于金相显微镜的发明和 X 射线的发现并用于材料晶体结构分析，人们对金属材料的成分、组织结构和性能的研究逐渐系统和深入，得到许多规律性的认识，形成金相学热处理（后称金属学）、物理冶金等学科。金属材料学科属于应用科学基础范畴，它以凝聚态物理和物理化学、晶体学为理论基础，结合冶金、机械、化工等学科知识，探讨金属材料的成分、组织结构、加工工艺以及性能之间的内在规律，并联系具体器件或构件的使用功能要求，力求能用经济合理的工艺方法制造出来。按物理化学属性，材料分为金属材料、无机非金属材料、高分子材料和复合材料等；按其成熟程度和在传统产业的应用，分为传统材料（或称工程材料）和新型材料。

如果将金属材料按使用性能分类，可分为结构和功能两大类。金属结构材料是利用它的力学性能，所制造的各类器件或构件是为了承受各种形式的载荷，起支撑作用。例如，大到海洋平台、飞机框架、压力容器，小到一个轴承、一枚螺钉，选择这些构件或器件的材料时主要考虑承载能力。金属结构材料的用量很大。另一类是金属功能材料，即利用它的物理或化学性能，如声、光、电、磁、热及化学反应特性，例如，硬盘读写磁头采用金属多层膜巨磁阻材料，手机中磁铁采用永磁材料，高效电池的金属电极，高温测试用的热电偶金属丝等。当然，也有不少材料既是结构材料，又具有一定功能。例如，在海水腐蚀环境中工作的金属结构材料既要承载，同时又要具有防腐功能。另外，有的机械传动部件，要求既要承载，又需要具有一定的阻尼功能，能吸收机械振动以降低噪声。这些材料因为首先要求承载，所以还应算是结构材料，但要兼有一定功能。

金属材料按其发展历程也可分为传统材料和新型材料两大类。传统材料是指已有悠久生产与使用历史的材料，如钢铁、铜和铝等，这类材料的大量生产工艺已基本成熟，但在新技术推动下，对生产工艺、质量控制、材料性能改进的要求也在不断提高。由于用量大，与国民经济发展的关系密切，也可称其为基础材料。新型材料是指由新工艺制成的或正在发展中的材料，这些材料与传统材料相比具有更优异的性能。例如，急冷技术带动出来的非晶态金属软磁薄带，比传统的取向冷轧硅钢片具有更高的高频导磁特性和低铁损，气相沉积技术促进了各种类型的金属薄膜的研制，纳米科技催生了一批金属的纳米棒、带、块体纳米晶材料。材料科学的基础是在传统材料的发展过程中建立的，新型材料的研究代表了本学科发展的前沿。因此传统材料所积累的知识是发展新材料的基础，新材料在学科前沿的进展又反过来丰富和拓展了金属材料学科基础。

二、影响金属材料性能的主要因素

进入21世纪，我国的钢铁材料、非铁金属、水泥、合成纤维等基础材料的产量已居世界首位。金属材料在性能方面所表现出的多样性、多变性和特殊性，使它具有远比其他材料更为优越的性能，这种优越性是其固有的内在因素在一定外在条件下的综合反映。

决定金属材料性能的基本因素是化学成分和组织结构。组成金属材料的主要元素是金属元素，金属元素的原子结构具有区别于其他元素的一些共性，比如外层电子较少，它决定了金属原子间结合键的特点，而结合键的特点又在一定程度上决定了内部原子集合体的结构特征。金属材料内部原子间的结合主要依靠金属键，它几乎贯穿在所有金属材料之中，这就是金属材料有别于其他材料的根本

原因。

同一种化学成分，甚至同一结构的材料，它的某些性能仍然可以在相当大的范围内发生显著变化。例如，同一种化学成分的钢件，其硬度之差可以达到这样的程度，以致一种可以切削掉，而这是由于它们内部组织和结构不同，它实质上也是原子集合体内部运动状态不同的一种表现。由此可见，化学成分、原子集合体的结构以及内部组织是决定金属材料性能的内在基本因素，金属材料性能方面的多变性，也正是通过这三个内在因素的多变性而表现出来的。

在金属学中，组织是指用肉眼或借助于不同放大倍数的显微镜所观察到的金属材料内部形貌。习惯上将用放大几十倍的放大镜或用肉眼所观察到的组织称为低倍组织或宏观组织，用放大100～2000倍的显微镜所观察到的组织称为高倍组织或显微组织，用放大几千倍到几十万倍电子显微镜（以下简称电镜）所观察到的组织称为电镜显微组织或精细结构。

对金属进行X射线分析和高分辨电镜分析，可以观测金属原子集合体中原子的具体组合状态，即金属的晶体结构，简称结构。

成分、组织和结构三者既相互区别，又相互渗透，并分别在不同程度上相互制约着，它们的综合作用决定了金属材料的性能。当各种外界条件，如温度、压力和其他物理化学作用等影响到内在因素时，才会对金属材料产生实质性的效应，即会影响或改变金属材料的性能。

三、金属材料的分类

金属分为钢铁材料和非铁金属两大类，钢铁材料包括铁、铬、锰等。钢铁材料以外的所有金属则称为非铁金属。在国民经济中，钢铁材料的产量最大，应用最广，是现代工业和国防工业的基础材料。相对于钢铁材料，非铁金属在许多领域有更为优良的特性，在工业领域尤其是高科技领域具有极为重要的地位。例如铝、镁、钛、铍等轻金属具有相对密度小、比强度高等特点，广泛用于航空航天、汽车、船舶和军事领域；银、铜、金和铝等金属具有优良的导电导热和耐蚀性，是电器仪表和通信领域不可缺少的材料；镍、钨、钼、钽及其合金是制造高温零件和电真空元器件的优良材料；还有专用于原子能工业的铀、镭、铍；用于石油化工领域的钛、铜、镍等。

1. 钢铁材料分类

钢铁材料通常包括钢和铸铁，即指所有Fe-C基合金。其中$w(\mathrm{C})<2.11\%$的合金称为钢，$w(\mathrm{C})>2.11\%$则为铸铁。常用钢材的种类繁多，为便于生产使用和研究，进行了如下分类：

（1）按化学成分分类　钢按化学成分的不同，可分为碳素钢和合金钢。碳素钢按含碳量的不同又分为低碳钢（$w(\mathrm{C})<0.25\%$）、中碳钢（$w(\mathrm{C})=$

0.25%～0.6%）和高碳钢（$w(C)>0.6\%$）。合金钢按合金元素总量分为低合金钢（合金元素的质量分数小于5%），中合金钢（合金元素的质量分数为5%～10%）和高合金钢（合金元素的质量分数大于10%）。有时，按合金钢中所含主要合金元素将合金钢分为锰钢、铬钢、铬钼钢或铬锰钛钢等。

（2）按供应态的显微组织分类　一般钢的供应状态有退火态和正火态两种。按正火态组织将钢分为珠光体钢、贝氏体钢、马氏体钢及奥氏体钢，在这里也不排除有过渡型混合组织出现的可能。按退火态（即平衡态）组织可将钢分为亚共析钢、共析钢和过共析钢。

（3）按冶金质量分类　主要是以钢中的有害杂质硫和磷的含量不同进行区分：有普通质量钢（$w(P)\leqslant0.045\%$，$w(S)\leqslant0.05\%$），优质钢（$w(P)\leqslant0.035\%$，$w(S)\leqslant0.035\%$），高级优质钢（$w(P)\leqslant0.025\%$，$w(S)\leqslant0.025\%$）。

（4）按用途分类　按用途可分为结构钢、工具钢和特殊性能钢三大类。结构钢用于制作工程结构和制造机器。工程结构用钢也叫工程构件用钢，又可分为建筑用钢、桥梁用钢、船舶用钢及车辆和压力容器用钢等，其一般用普通质量的碳素钢（普碳钢）或普通低合金高强度钢（普低钢）制作。各种机器零件用钢一般用优质或高级优质钢制作，一些要求不高的普通零件也可以用普碳钢或普低钢制作；机器零件用钢按其工艺过程和用途，主要包括渗碳钢、调质钢、弹簧钢和轴承钢等，它们主要由优质碳素钢和优质合金钢制作。工具钢用于制造各种加工和测量工具，按用途可分为刃具钢、模具钢和量具钢。特殊性能钢具有特殊的物理化学性能，可分为不锈钢、耐热钢、耐磨钢和耐寒钢等。

2. 非铁金属分类

非铁金属种类繁多，具有很多钢铁材料所不具备的特性，已成为现代工业中不可缺少的金属材料。常用非铁金属有铝及铝合金、铜及铜合金、镁及镁合金和钛及钛合金等。

（1）铝及铝合金　铝及铝合金是非铁金属中产量最高，用量最大的材料。铝和铝合金是国民经济的支柱产业，广泛用于航空航天、交通运输、建材、电子信息、机械、包装等行业，同时也是重要的国防材料。根据化学成分和加工工艺特点，可将铝合金分为变形铝合金和铸造铝合金两大类。变形铝合金根据其性能和加工特点分为防锈铝、硬铝、超硬铝和锻铝，分别用汉语拼音字母LF（铝防）、LY（铝硬）、LC（铝超）、LD（铝锻）表示。

（2）铜及铜合金　铜及铜合金是人类最早使用的一种金属材料。纯铜呈浅玫瑰色或淡红色，表面形成氧化铜膜后，外观呈纯铜色。铜具有许多优良的物理化学特性，例如热导率和电导率都很高，化学稳定性强，易熔接，具有良好的耐蚀性、可塑性、延展性。纯铜可拉成很细的铜丝，制成很薄的铜箔，能与锌、锡、铅、锰、钴、镍、铝、铁等金属形成合金。铜合金在电器、电子产品、机械

设备、运输设备以及海洋钻井平台等应用广泛，同时也是无线通信、IC 卡、计算机、网络、电动汽车等新兴技术领域的重要材料。铜合金按加工方式可分为压力加工铜合金和铸造铜合金；而按成分则可分为黄铜、青铜和白铜（白铜是 Cu-Ni 合金，主要用于耐蚀场合及电工仪表方面），它们主要用于耐磨、耐蚀及电器产品中，部分也用于建筑装饰及日用品。

（3）镁及镁合金　镁于 1755 年被发现，1808 年被分离出来，含量约占地壳质量的 2.5%，已发现的镁矿石约有 60 多种。

镁合金有较高的比强度、比刚度，并有较高的抗振能力，可比铝合金承受更高的冲击载荷，切削加工性好，易于铸造和压力加工，大多也具有一定的耐蚀性及可焊性。镁锂合金是目前应用中密度最小的合金，比强度高，塑性好，在一定焊接方法下焊接性也好。镁合金主要用于要求比强度高的航空工业产品中，也可用于特殊场合。

镁合金分为铸造镁合金、变形镁合金。镁合金可用砂型铸造、金属型铸造、挤压铸造、低压铸造、高压铸造和熔模铸造等。目前铸造镁合金以压铸件为主，占 90% 以上。我国八个牌号的铸造镁合金又分为高强度铸造镁合金和耐热铸造镁合金两大类。其中，高强度铸造镁合金有 Mg-Al-Zn 系和 Mg-Zn-Zr 系，有高的室温强度，塑性好且工艺性能优异，但耐热性差（<150℃使用），可用于制造飞机、发动机、卫星中承受较高载荷的铸造结构件或壳体。耐热铸造镁合金是 Mg-RE-Zr 系，合金工艺性能好，铸件致密性高，长期使用温度 200～250℃，短期使用温度可达 300～350℃，但其常温强度和塑性较低。

变形镁合金在我国目前八个牌号的变形镁合金主要为 Mg-Mn 系、Mg-Al-Zn 系和 Mg-Zn-Zr 系三类。其中，Mg-Mn 系合金有良好的耐蚀性和焊接性能，其板材用于制作蒙皮等焊接结构件，以及通过锻造制作外形复杂的耐蚀构件，且一般在退火状态下使用；Mg-Al-Zn 系合金强度较高，塑性好，多用于制造有中等力学性能要求的零件；而 Mg-Zn-Zr 系合金强度最高，属高强镁合金，是在航空等工业应用最多的变形镁合金，使用时应进行人工时效强化。

（4）钛及钛合金　钛及钛合金是难熔金属中的轻金属，密度为 4.5g/cm^3，只有铁的 57%。钛合金的强度可与高强钢媲美，同时具有很好的耐热和耐低温性能，某些钛合金能在 450～600℃和 −250℃下长期工作。钛具有很好的耐盐类、海水和硝酸腐蚀的能力。钛的用途非常广泛，钛合金被用作飞机、火箭的发动机材料、结构材料、蒙皮和各种管道接头等。目前钛在石油化工行业中更是具有举足轻重的作用。钛及钛合金被广泛用来制造乙醛生产过程中的热交换器和反应器，尿素生产的合成塔，湿氯气冷却器，氯碱氯酸盐电解的电极，纯碱生产中的氨冷却塔，硝酸生产中的换热器、反应器和蒸馏塔等。钛合金在日用工业品中的应用也日渐扩大。

工业纯钛按其杂质含量和力学性能的不同有TA1、TA2、TA3三个牌号，牌号顺序越大，表明杂质含量越多，强度越高，塑性越低。

根据合金元素对钛同素异构转变温度的影响，可将钛合金分为三类四种形式，根据退火态下组织状态，将钛合金分为α型、β型及α+β型三类。α型钛合金的组织一般为α相固溶体或α固溶体加微量金属间化合物，不能热处理强化。

β型钛合金中有较多的β相稳定元素，如Mn、Cr、Mo、V等，含量可达18%～19%。目前工业应用的主要为亚稳β型钛合金，退火组织为α+β两相。

α+β型钛合金同时加入了稳定α相元素和稳定β相元素，合金元素的质量分数低于10%。室温为α+β两相，但β相含量不超过30%。这类合金兼有α型及β型钛合金的特点，有非常好的综合力学性能，是应用最广泛的钛合金，如具有代表性的TC4合金（Ti-6Al-4V）。

第二节　金属材料的性能

一、金属的物理性能

金属的物理性能主要包括密度、熔点、热膨胀性、导热性、导电性和磁性等。

1. 密度

密度是指金属单位体积的质量，用符号ρ表示。某些机械零件选材时，必须考虑金属的密度，如发动机中要求质轻、运动时惯性小的活塞，常采用密度小的金属制成。在航空工业领域中，密度更是选用材料的关键性能指标之一。

2. 熔点

金属由固态转变为液态时的温度称为熔点。纯金属都具有固定的熔点，金属可分为低熔点金属（低于700℃）和难熔金属两类。熔点是制定热加工（冶炼、铸造、焊接等）工艺规范的重要依据之一，例如锡、铅、锌等属于低熔点金属，钨、钼、铬、钒等属于难熔金属。常用低熔点金属制造印刷铅字、熔体和防火安全阀等；难熔金属可制造耐高温零件，在火箭、导弹、燃气轮机等方面获得广泛的应用。

3. 热膨胀性

金属受热时，它的体积会增大，冷却时则收缩，金属的这种性能称为热膨胀性。热膨胀性的大小，可用线胀系数或体胀系数来表示。线胀系数不是一个固定不变的数值，它是随着温度的升高而增大的。

体胀系数约为线胀系数的3倍。在实际工作中应当考虑热膨胀的影响，例如铸造冷却时工件的体积收缩，精密量具因温度变化而引起读数误差等。

4. 导热性

金属传导热量的能力称为导热性。金属的导热性较好，与其内部的自由电子有关。金属导热能力的大小常用热导率 λ 来表示。热导率说明维持单位温度梯度（即温度差）时，在单位时间内，流经物体单位横截面的热量，单位是W/(m·K)。金属材料的热导率越大，说明导热性能越好。

一般来说，金属越纯，其导热能力越大。导热性好的金属散热也就越好，在制造散热器、热交换器等零件时，就要注意选用导热性好的金属。

5. 导电性

金属能够传导电流的性能，称为导电性。金属的导电性也与其内部存在自由电子有关。

金属导电性的好坏，常用电阻率 ρ 来表示。某种材料制成的长1m、横截面积为 $1mm^2$ 的导线在一定温度下所具有的电阻数，称为电阻率，单位是Ω·m。电阻率越小，导电性越好。

导电性和导热性一样，随金属成分变化而变化，一般纯金属的导电性总比合金的好。为此，工业上常用纯铜、纯铝做导电材料，而用电阻大的铜合金做电阻材料。

6. 磁性

金属材料在磁场中被磁化而呈现磁性强弱的性能称为磁性。按磁性来分，金属材料可分为铁磁性材料、顺磁性材料和抗磁性材料。铁磁性材料在外加磁场中，能强烈被磁化到很高程度，如铁、镍、钴等。顺磁性材料在外加磁场中呈现十分微弱的磁性，如锰、铬、钼等。抗磁性材料能够抗拒或减弱外加磁场的磁化作用，如铜、金、银、铅、锌等。

铁磁性材料中，铁及其合金具有明显磁性。镍和钴也具有磁性，但远不如铁及其合金的磁性。铁磁性只存在于一定的温度内，在高于一定温度时，磁性就会消失。如铁在770℃以上就没有磁性，这一温度称为居里点。

二、金属材料的化学性能

金属的化学性能是指在化学作用下表现出的性能，包括耐蚀性和抗氧化性。

1. 耐蚀性

金属材料在常温下抵抗周围介质（如大气、燃气、油、水、酸、盐等）腐蚀的能力，称为耐蚀性。在金属材料中，碳钢、铸铁的耐蚀性较差，而不锈钢、铝合金、铜合金、钛及钛合金的耐蚀性较好。

2. 抗氧化性

金属在高温下对氧化的抵抗能力，称为抗氧化性，又称抗高温氧化性。抗氧化的金属材料常在表面形成一层致密的保护性氧化膜，阻碍氧的进一步扩散，这类材料的氧化一般遵循抛物线规律，而形成多孔疏松或挥发性氧化物材料的氧化则遵循直线规律。耐蚀性和抗氧化性统称为材料的化学稳定性。高温下的化学稳定性称为热化学稳定性。

高温下工作的设备或零部件，如锅炉、汽轮机和飞机发动机等应选择热化学稳定性高的材料。工业上用的锅炉、加热设备、汽轮机、飞机发动机、火箭、导弹等，有许多零件在高温下工作，制造这些零件的材料，就需要具有良好的抗氧化性。

三、金属材料的力学性能

金属材料的力学性能，是指金属在外加载荷作用下或载荷与环境因素比如温度、介质和加载速率联合作用下所表现的行为，这种行为又称为力学行为，通常表现为金属的变形和断裂。

金属材料的力学性能包括强度、硬度、塑性、韧性、耐磨性等。而将表征金属力学行为的力学参量的临界值或规定值称为金属力学性能指标，金属材料的力学性能的优劣就用这些指标的具体数值来衡量。

绝大多数机器零件或构件都是用金属制成的，并在不同的载荷和环境条件下使用。如果金属材料对变形和断裂的抗力与使用条件不相适应，便会使机器构件失去预定的效能而破坏，即产生失效。常见的失效如过量的塑性变形、断裂和磨损等。因此，金属材料的力学性能在某种意义上来说，又可称为金属材料的失效抗力。

根据载荷的作用性质不同，可以分为静载荷、冲击载荷和交变载荷三种。静载荷是指载荷的大小和方向不变或变动极缓慢的载荷。冲击载荷是指突然增加的载荷。交变载荷是指载荷的方向和大小随时间而发生周期性变化的动载荷。根据载荷的作用方式不同，它可分为拉伸载荷、压缩载荷、弯曲载荷、剪切载荷和扭转载荷等。

1. 金属在静载荷下的力学性能

材料在载荷作用下抵抗塑性变形或断裂的能力称为强度。强度越高的材料，所能承受的载荷越大。抗拉强度由拉伸试验测得。按照标准规定，拉伸试验的方法是：把标准试样夹在试验机上，然后在对试样逐渐施加拉伸载荷的同时连续测量力和相应的伸长量，直至把试样拉断为止，最终得到拉伸曲线可求出相关的力学性能。

（1）低碳钢拉伸曲线　材料的性质不同，拉伸曲线的形状也不尽相同。图

1-1 所示为低碳钢的拉伸力-伸长量曲线，图中纵坐标表示载荷 F，单位为 N；横坐标表示伸长量 Δl，单位为 mm。下面以该曲线为例，说明拉伸过程中的几个变形阶段。

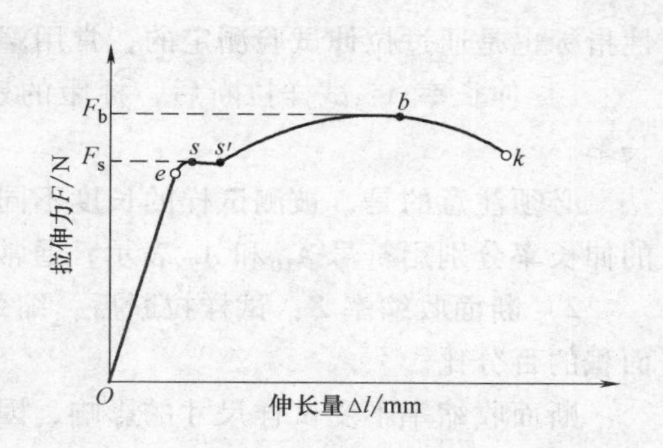

图 1-1　低碳钢的拉伸力-伸长量曲线

Oe——弹性变形阶段。在此阶段中，试样的伸长量与载荷成正比，如果卸除载荷，试样能完全恢复到原来的形状和尺寸。

es——微量塑性变形阶段。在此阶段，当拉伸力继续增加时，试样产生弹性变形，并开始产生微量的塑性变形。

ss'——屈服阶段。当载荷超过 F_s 时，曲线上出现水平线段，即载荷不增加，试样继续伸长，材料丧失了抵抗变形的能力，这种现象叫作屈服。

$s'b$——均匀塑性变形阶段。当载荷超过 F_s 后，试样开始产生明显的塑性变形，伸长量随载荷的增加而增大。F_b 为试样拉伸试验时的最大载荷。

bk——缩颈阶段。当载荷达到最大值 F_b 后，试样局部开始急剧缩小，出现“缩颈”现象，由于截面积减小，试样变形所需载荷也随之降低，到 k 点时，试样发生断裂。

（2）强度指标　材料的强度是用应力来表示的，即材料受载荷作用后，内部产生一个与载荷相平衡的内力，单位横截面积上的内力称为应力，用 σ 表示。常用的强度指标有屈服强度，表征金属材料抵抗塑性变形的能力。金属材料受拉伸载荷作用时，当载荷不再增加而变形继续增加的现象叫屈服，发生屈服时的应力称为屈服点。

对于无明显屈服现象的金属材料（如铸铁、高碳钢等），测定其屈服强度很困难，通常规定把试样产生 0.2% 的塑性变形时的应力作为条件屈服点。

抗拉强度 R_m（MPa）表征金属材料抵抗拉伸断裂的最大应力称为抗拉强度。

抗拉强度表示材料抵抗均匀塑性变形的最大能力，也是机械设计和选材的主要依据。

屈强比：材料屈服强度和抗拉强度的比值称为屈强比，即 R_e/R_m。这个值越小，表示材料的屈服强度和抗拉强度的差距越大，材料的塑性越好，使用中的安全裕度越大，反之则相反。使用高屈强比的材料可以节省材料用量，但该类材料对应力集中较为敏感，抗疲劳性能较差，容易出现加工硬化现象而使材料变脆。钢的强度等级越高，其屈强比也越高，特别是抗拉强度下限值大于 540MPa 的低合金高强度钢材料的使用要十分注意。

（3）塑性　材料在载荷作用下产生塑性变形而不断裂的能力称为塑性。塑性指标也是通过拉伸试验测定的，常用塑性指标是伸长率和断面收缩率。

1）伸长率 A：试样拉断后，标距的残余伸长量与原始标距的百分比称为伸长率。

必须注意的是，被测试样的长度不同，测得的伸长率是不同的，长、短试样的伸长率分别用符号 A_{10} 和 A_5 表示，通常 A_{10} 也写作 A。

2）断面收缩率 Z：试样拉断后，缩颈处横截面积的最大缩减量与原始横截面积的百分比。

断面收缩率不受试样尺寸的影响，因此能更可靠地反映材料的塑性大小。伸长率和断面收缩率数值越大，表明材料的塑性越好，良好的塑性对机械零件的加工和使用都具有重要意义。例如，塑性良好的材料易于进行压力加工（轧制、冲压、锻造等），如果过载，则由于产生了塑性变形而不致突然断裂，可以避免事故的发生。

金属材料的塑性常与其强度性能有关。当材料的伸长率与断面收缩率的数值较高时（A、$Z > 10\% \sim 20\%$），则材料的塑性越高，其强度一般较低。屈强比也与伸长率有关。通常来讲，材料的塑性越高，屈强比越小。

（4）硬度　硬度是材料抵抗局部变形，特别是塑性变形、压痕或划痕的能力。硬度是各种零件和工具必须具备的性能指标。

测量硬度的试验方法很多，大体上可分为压入法、划痕法和回跳法三大类。压入法硬度值是表征材料表面局部体积内抵抗另一物体压入时变形的能力，它可间接反映出材料强度、疲劳强度等性能特点。该方法试验操作简单，可直接在零件或工件上进行而不会破坏工件。目前应用最为广泛的是布氏硬度试验和洛氏硬度试验。

1）布氏硬度。布氏硬度试验原理图如图 1-2 所示。它是用一定直径的硬质合金球做压头，再以相应试验力压入被测材料表面，按规定保持一定时间后卸载，最后以压痕单位表面积上所受试验力的大小来确定被测材料的硬度值，用符号 HBW 表示。

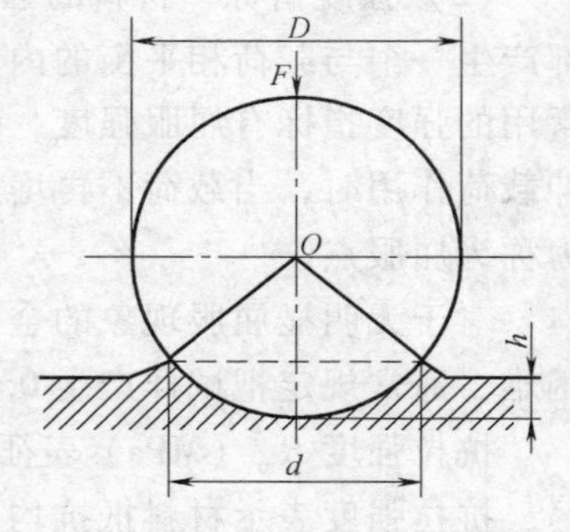

图 1-2　布氏硬度试验原理图

通常布氏硬度值不标出单位。在实际应用中，布氏硬度一般不用计算，而是用专用的刻度放大镜量出压痕直径，根据压痕直径的大小，再从硬度表中查出相应的布氏硬度值。

表示布氏硬度值的硬度符号为 HBW，HBW 之前的数字为硬度值，符号后依次用相应数值注明压头直径（mm）、试验力（kgf）、试验力保持时间（s）（小

于15s不标注）。例如，170HBW 10/1000/30表示直径10mm的硬质合金球压头，在9807N（1000kgf）的试验力作用下，保持时间30s时测得的布氏硬度值为170。

布氏硬度计主要用来测量灰铸铁、非铁金属以及经退火、正火和调质处理的钢等材料的硬度。布氏硬度试验法的优点是具有很高的测量精度，压痕面积较大，能比较真实地反映出材料的平均性能，而不受个别组成相和微小不均匀度的影响。另外，布氏硬度与抗拉强度之间存在一定的近似关系，因而在工程上被广泛应用。

布氏硬度试验法的缺点是操作时间长，对不同材料需要更换压头和试验力，压痕测量也比较费时间。因压痕较大，所以布氏硬度不适宜检验薄件物品或成品。适于测量退火钢、正火钢、调质钢、铸铁及非铁金属的硬度。

2）洛氏硬度试验法。洛氏硬度试验法是用顶角为120°的金刚石圆锥体或直径为588 mm的淬火钢球作为压头，试验时先施加初载荷，目的是使压头与试样表面接触良好，保证测量结果准确，然后施加主载荷，保持规定时间后卸除主载荷，依据压痕深度确定硬度值。如图1-3所示为洛氏硬度试验原理图。

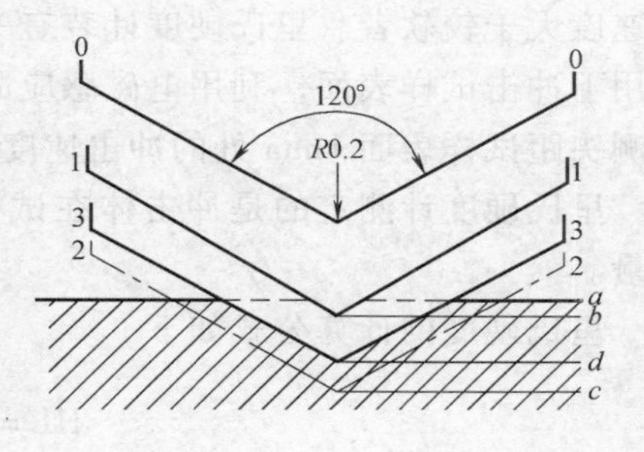

图1-3　洛氏硬度试验原理图

在图1-3中，0-0为120°金刚石压头没有与试件表面接触时的位置；1-1为加初载荷后压头压入深度 ab；2-2为压头加主载荷后的位置，此时压头压入深度 ac；卸除主载荷后，由于弹性变形恢复，压头位置提高到3-3位置；最后，压头在主载荷作用下实际压入表面的深度为 bd，洛氏硬度值用 bd 的大小来衡量。

实际应用时，洛氏硬度可直接从硬度计表盘中读出。压头端点每移动0.002mm，表盘上转过一小格，压头移动 bd 距离，指针应转 $bd/0.002$ 格，计算公式为

$$HR = N - \frac{bd}{0.002}$$

式中　N——常数（金刚石作压头时，N=100；钢球作压头时，N=130）。

常用洛氏硬度标尺及应用范围。为了用一台硬度计测定从软到硬的不同金属材料的硬度，可采用不同的压头和总试验力组成几种不同的洛氏硬度标尺，每种标尺用一个字母在洛氏硬度符号HR后面加以注明。常用的洛氏硬度标尺有A、B、C三种，其中C标尺应用最广。HRA主要用于测量硬质合金、表面淬火钢等

的硬度；HRB 主要用于测量低碳钢、退火钢、铜合金等的硬度；HRC 主要用于测量一般淬火钢的硬度。

洛氏硬度试验法操作简单迅速，能直接从刻度盘上读出硬度值；测试的硬度值范围较大，既可测定较软的金属材料，也可测定极硬的金属材料；试样表面压痕较小，可直接测量成品或薄件。但由于压痕小，而对于内部组织和硬度不均匀的材料，其硬度波动较大，因此，为提高测量精度，通常测定三个不同的接触点取平均值。

3）维氏硬度 HV。将顶部两相对面具有 136°的正四棱锥体金刚石压头在载荷 P 的作用下压入试样表面，保持一定时间后卸除载荷，所施加的载荷与压痕表面积的比值即为维氏硬度。维氏硬度可通过测量压痕对角线长度 d 查表得到。

维氏硬度保留了布氏硬度和洛氏硬度的优点。

4）里氏硬度 HL。当材料被一个小的冲击体撞击时，较硬的材料产生的反弹速度大于较软者。里氏硬度计装有一个碳化钨球的冲击测头，在一定的实验力作用下冲击试样表面，利用电磁感应原理中速度和电压成正比的关系，测量出冲击测头距试样表面 1mm 处的冲击速度和回跳速度。

里氏硬度计测定的是冲击体在试样表面经试样塑性变形消耗能量后的剩余能量。

里氏硬度的计算公式如下

$$HL = 1000 \times \frac{v_R}{v_A}$$

式中 HL——里氏硬度符号；

v_R——球头的冲击速度（m/s）；

v_A——球头的反弹速度（m/s）。

里氏硬度计体积小，质量轻，操作简便，在任何方向上均可测试，所以特别适合现场使用。里氏硬度可及时换算成布氏、洛氏、维氏等各种硬度。目前里氏硬度计装有钢和铸钢、合金工具钢、灰铸铁、球墨铸铁、铸铝合金、铜锌合金、铜锡合金、纯铜、不锈钢 9 种材料的换算表。

硬度与强度有一定关系。一般情况下，硬度较高的材料其强度也较高，所以可以通过测试硬度来估算材料强度。此外，硬度较好的材料，耐磨性较好。

材料的 R_m 与 HB 之间的经验关系：

对于低碳钢：$R_m \approx 3.6\text{HBW}$

对于高碳钢：$R_m \approx 3.4\text{HBW}$

对于铸铁：$R_m \approx 1\text{HBW}$ 或 $R_m \approx 0.6(\text{HB}-40)$

2. 金属在冲击载荷下的力学性能

许多机器零件在服役时往往受冲击载荷的作用，如汽车行驶通过道路上的凹

坑，飞机起飞和降落及金属压力加工等。为了评定金属材料传递冲击载荷的能力，揭示金属材料在冲击载荷作用下的力学行为，就需要进行相应的力学性能试验。

冲击载荷与静载荷的主要区别在于加载速率不同。加载速率是指载荷施加于试样或工件时的速率，用单位时间内应力增加的数值表示。由于加载速率提高，形变速率也随之增加，因此可用形变速率间接地反映加载速率的变化。形变速率在冲击载荷下，由于载荷的能量性质使整个承载系统承受冲击能，因此，机件及与机件相连物体的刚度都直接影响冲击过程的持续时间，从而影响加速度和惯性力的大小。

材料抵抗冲击载荷作用而不破坏的能力称为冲击韧性，摆锤式一次冲击试验是目前最普遍的一种试验方法。为了使试验结果具有可比性，按照国家标准 GB/T 229—2007 的规定，须将材料制成标准冲击试样（图 1-4），摆锤冲击试验原理如图 1-5 所示。

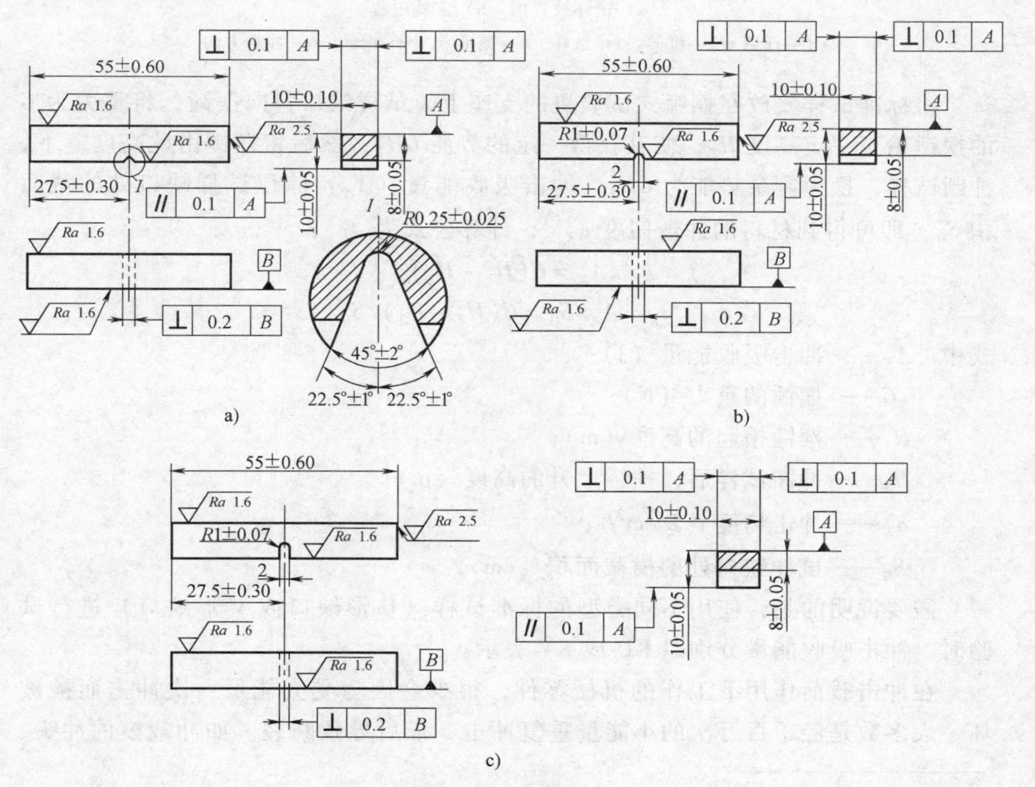

图 1-4　标准冲击试样图

a）标准夏比 V 形缺口冲击试样　b）缺口深度为 2mm 的标准夏比 U 形缺口冲击试样

c）缺口深度为 5mm 的标准夏比 U 形缺口冲击试样

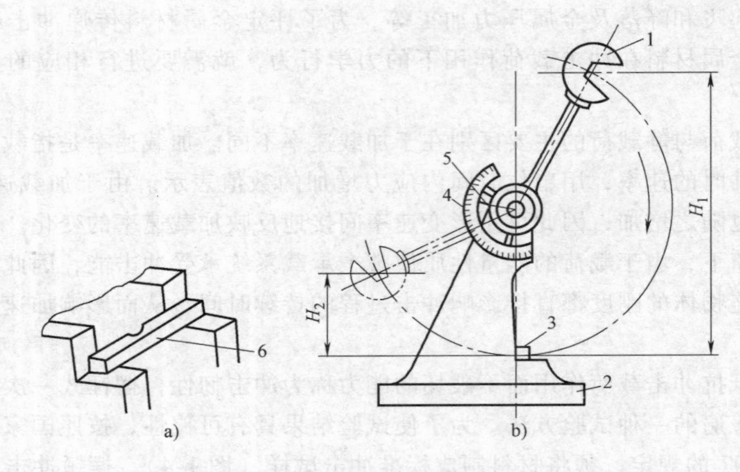

图 1-5 摆锤冲击试验原理

a）试样放置图 b）实验过程

1—摆锤 2—机架 3—试样 4—刻度盘 5—指针 6—冲击方向

将标准试样安放在摆锤式试验机的支座上，试样缺口背向摆锤，将重力为 G 的摆锤抬至一定高度 H_1，使其获得一定的势能 GH_1，然后将摆锤由此高度落下，冲断试样，摆锤剩余势能为 GH_2。冲击吸收能量（A_K）除以试样缺口处的截面积 S_0，即可得到材料的冲击韧度 A_K㊀，计算公式为

$$A_K = G(H_1 - H_2)$$

$$a_K = A_K / S_0 = G(H_1 - H_2) / S_0$$

式中 A_K——冲击吸收能量（J）；

G——摆锤的重力（N）；

H_1——摆锤抬起的高度（m）；

H_2——冲断试样后，摆锤上升的高度（m）；

a_K——冲击韧度（J/cm^2）；

S_0——试样缺口处的横截面积（cm^2）。

需要说明的是，使用不同类型的标准试样（U 形缺口或 V 形缺口）进行试验时，冲击吸收能量分别以 KU 或 KV 表示。

在冲击载荷作用下工作的机械零件，很少会因为受大能量一次冲击而被破坏，大多数是经千百万次的小能量重复冲击，最后导致断裂。如冲裁模的冲头、

㊀ A_K 值的大小仅取决于材料本身，同时还随着试样尺寸、形状的改变及试验温度的不同而变化。因此，A_K 值只是一个相对指标。目前，许多国家直接采用冲击吸收能量 KU 或 KV（单位：J）作为冲击韧指标。——编者注

凿岩机上的活塞等，所以用 a_K 来衡量材料的冲击抗力不符合实际情况，而应采用小能量多次重复冲击试验来测定。

试验证明，材料在多次冲击下的破坏过程是裂纹的产生和扩展过程，裂纹是多次冲击损伤积累发展的结果。因此，材料的多次冲击抗力是一项取决于材料强度和塑性的综合力学性能指标，冲击能量高时，材料的多次冲击抗力主要取决于塑形；冲击能量低时，则主要取决于强度。

3. 金属在交变载荷下的力学性能

许多机械零件在工作中承受的是交变载荷，在这种载荷作用下，虽然零件所受应力远低于材料的屈服强度，但在长期使用中往往会突然发生断裂，这种破坏过程称为疲劳断裂。

疲劳破坏是机械零件失效的主要原因之一。据统计，在机械零件失效中，大约有 80% 以上属于疲劳破坏，而且零件在疲劳破坏前没有明显的变形却会突然断裂。因此，疲劳破坏经常会造成重大事故。

通常疲劳曲线是用旋转弯曲疲劳试验测定的，试验时，用升降法测定条件疲劳极限，用成组试验法测定高应力部分，然后将上述两种试验数据整理，并拟合成疲劳曲线。

如图 1-6 所示为疲劳曲线示意图及对称循环交变应力图。曲线表明，材料受的交变应力越多，则断裂时应力循环次数越少，反之，则越多。当应力低于一定值时，试样经无限次循环也不会被破坏，此应力值称为材料的疲劳极限，用 σ_D 表示；当对称循环时，疲劳极限用 σ_{-1} 表示。实际上，金属材料不可能做无限次交变载荷试验。对于钢铁材料，一般规定其循环周次为 10^7 而不破坏的最大应力为疲劳极限，非铁金属和某些高强度钢，规定循环周次为 10^8。金属材料的疲劳断口如图 1-7 所示。

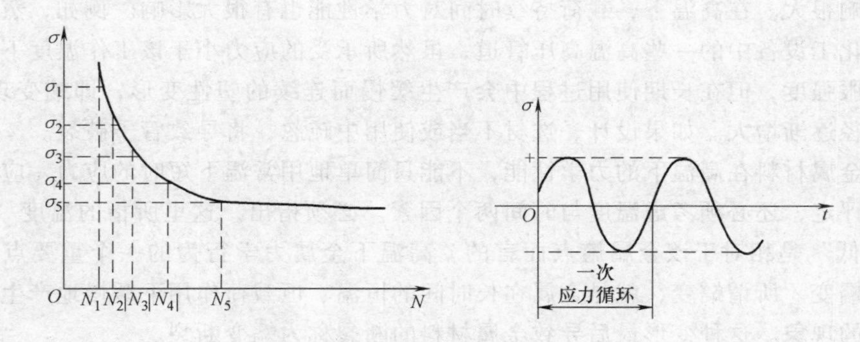

图 1-6　疲劳曲线示意图及对称循环交变应力图

材料产生疲劳同许多因素有关，目前普遍认为是由于材料内部有缺陷，如夹杂物、气孔、疏松等；表面划痕、残余应力及其他能引起应力集中的缺陷导致微

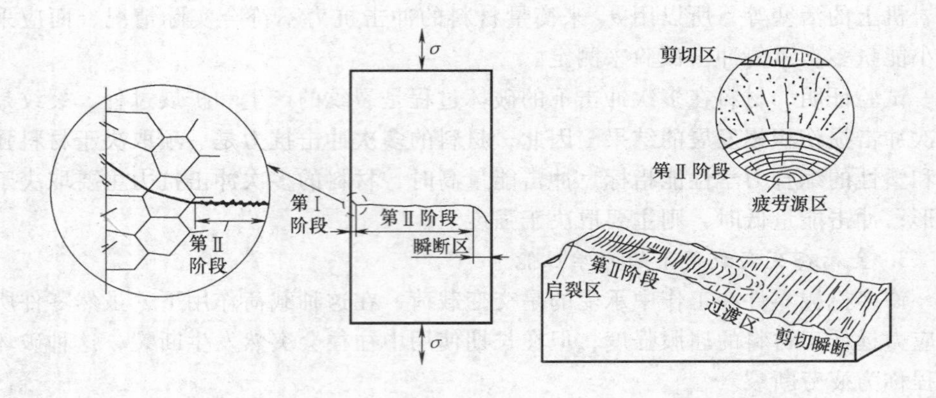

图 1-7　金属材料的疲劳断口

裂纹产生，这种微裂纹随应力循环次数的增加而逐渐扩展，最终致使零件突然断裂。

针对上述原因，为了提高零件的疲劳极限，应改善零件的结构设计，避免应力集中。提高零件的加工工艺，减少内部组织缺陷；还可以通过降低零件表面粗糙度值和采用表面强化方法来提高零件的疲劳极限。

工程上规定，材料经无数次重复交变载荷作用而不发生断裂的最大应力称为疲劳极限。

4. 金属材料的高温力学性能

在高压蒸汽锅炉、汽轮机、燃气轮机、柴油机、航空发动机以及化工炼油设备中，很多机件长期在高温条件下服役。对于制造这类机件的金属材料，如果仅考虑常温短时静载下的力学性能，显然是不够的，因为温度对金属材料的力学性能影响很大。在高温下，载荷持续时间对力学性能也有很大影响。例如，蒸汽锅炉及化工设备中的一些高温高压管道，虽然所承受的应力小于该工作温度下材料的屈服强度，但在长期使用过程中会产生缓慢而连续的塑性变形，即蠕变现象，使管径逐渐增大。如果设计、选材不当或使用中疏忽，将导致管子破裂。

金属材料在高温下的力学性能，不能只简单地用常温下短时的应力 - 应变曲线来评定，还必须考虑温度与时间两个因素。必须指出，这里所指的温度“高”或“低”是相对于该金属熔点而言的。高温下金属力学行为的一个重要点就是产生蠕变。所谓蠕变，就是金属在长时间的恒温、恒载荷作用下缓慢地产生塑性变形的现象。这种变形最后导致金属材料的断裂称为蠕变断裂。

金属材料蠕变过程可用蠕变曲线来描述，典型的蠕变曲线如图 1-8 所示。

图中 Oa 线段是试样在 t 温度下承受恒定拉应力时所产生的起始伸长率 A_q。如果应力超过金属在该温度下的屈服强度，则 A_q 包括弹性伸长率和塑性伸长率

两部分。这一应变还不算蠕变，而是由外载荷引起的一般变形过程。从 a 点开始随时间 τ 增长而产生的应变属于蠕变，$abcd$ 曲线即为蠕变曲线。

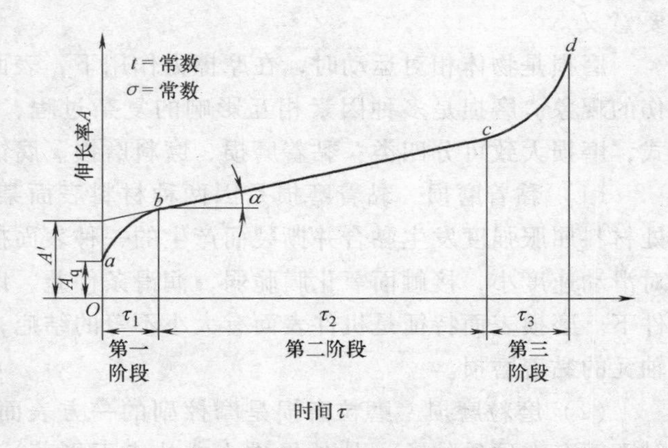

图 1-8　金属材料的典型蠕变曲线

蠕变曲线上任一点的斜率，表示该点的蠕变速率（$\varepsilon = dA/d\tau$）。按照蠕变速率的变化情况，可将蠕变过程分为三个阶段。

第一阶段 ab 是减速蠕变阶段（又称过渡蠕变阶段）。这一阶段开始的蠕变速率很大，随着时间延长，蠕变速率逐渐减小，到 b 点蠕变速率达到最小值。

第二阶段 bc 是恒速蠕变阶段（又称稳态蠕变阶段）。这一阶段的特点是蠕变速率几乎保持不变。一般所指的金属蠕变速率，就是以这一阶段的蠕变速率表示的。

第三阶段 cd 是加速蠕变阶段。随着时间的延长，蠕变速率逐渐增大，至 d 点产生蠕变断裂。

同一种材料的蠕变曲线随应力的大小和温度的高低而不同。在恒定温度下改变应力，或在恒定应力下改变温度，蠕变曲线都会发生变化。

对于在高温下工作并依靠原始弹性变形获得工作应力的机件，如高温管道法兰接头、用压紧力固定于轴上的汽轮机叶轮等，就可能随时间的延长，在总变形量不变的情况下，弹性变形不断地转变为塑性变形，从而使工作应力逐渐降低，以致失效。这种在规定温度和初始应力条件下，金属材料中应力随时间增加而减小的现象称为应力松弛。可以将应力松弛现象看作是应力不断降低条件下的蠕变过程，因此，蠕变与应力松弛是既有区别又有联系的。

要提高金属材料的高温力学性能，应控制晶内和晶界的原子扩散过程。这种扩散过程主要取决于合金的化学成分，并与冶炼工艺、热处理工艺等因素密切相关。

5. 金属材料的磨损性能

机器运转时，机件间因相对运动产生的摩擦而磨损，不仅直接影响零件的使用寿命，还将增加能耗，产生噪声和振动，造成环境污染。据不完全统计，因机件间摩擦磨损要多消耗总能源的 1/3 ~ 1/2，并引起不少机件失效。因此，研究材料磨损过程，提高材料的耐磨性，以延长机件使用寿命具有重

要意义。

磨损是物体相对运动时，在摩擦力作用下，表面逐渐分离出磨屑从而不断损伤的现象。磨损是多种因素相互影响的复杂过程，根据摩擦面损伤和破坏的形式，磨损大致可分四类：黏着磨损、磨料磨损、腐蚀磨损及接触疲劳。

（1）黏着磨损　黏着磨损是因两种材料表面某些接触点局部压应力超过该处材料屈服强度发生黏合并撕裂而产生的一种表面损伤磨损，多发生在摩擦副相对滑动速度小，接触面氧化膜脆弱，润滑条件差，以及接触应力大的滑动摩擦条件下。磨损表面特征是机件表面有大小不等的结疤，如图 1-9 所示为 Al-Sn 合金轴瓦的黏着磨损。

（2）磨粒磨损　磨粒磨损是摩擦副的一方表面存在坚硬的细微凸起或在接触面间存在硬质粒子（从外界进入或从表面剥落）时产生的磨损，前者称两体磨粒磨损，如锉削过程；后者称三体磨粒磨损，如抛光过程。依据磨粒的应力大小，磨粒磨损可分为凿削式、高应力碾碎式、低应力擦伤式 3 类。磨粒磨损的主要特征是摩擦面上有擦伤或有明显犁沟，如图 1-10 示。

图 1-9　Al-Sn 合金轴瓦的黏着磨损

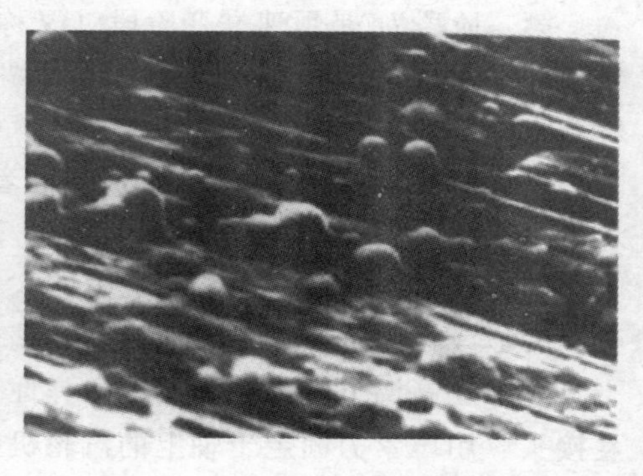

图 1-10　磨粒磨损表面形貌

（3）接触疲劳　接触疲劳是两接触材料作滚动摩擦或滚动摩擦加滑动摩擦时，交变接触压应力长期作用使材料表面出现疲劳损伤，局部区域出现小片或小块状材料剥落，而使材料磨损的现象，故又称表面疲劳磨损或麻点磨损，是齿轮、滚动轴承等工件常见的磨损失效形式。接触疲劳的宏观形态特征是：接触表面出现许多痘状、贝壳状或不规则形状的凹坑（麻坑），有的凹坑较深，底部有疲劳裂纹扩展线的痕迹，如图 1-11 所示。

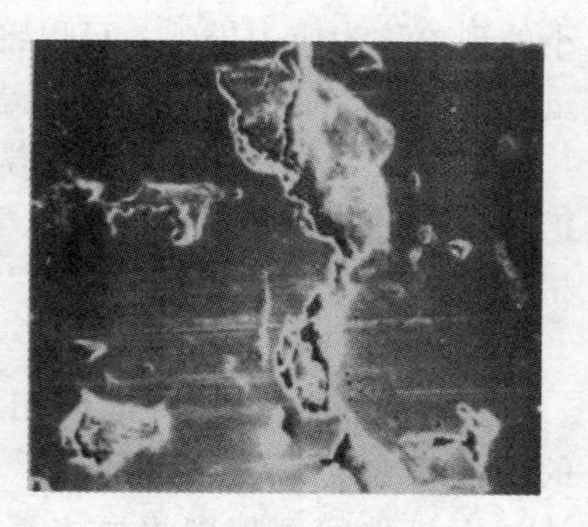

图 1-11　接触疲劳的表面形貌

磨损试验方法分为实物试验与实验室试验两类，实物试验的条件与实际情况一致或接近。

试验时应根据摩擦副运动方式（往复、旋转）及摩擦方式（滚动或滑动）确定试验方法，试样形状及尺寸，应使速度、试验力、温度等因素尽可能地接近实际服役条件。磨损量的测量有称重法和尺寸法两种。

四、金属材料的工艺性能

工艺性能是指材料所能采取的加工方法及其难易程度，它包括铸造性能、锻造性能、焊接性能和切削加工性能等。工艺性能直接影响到零件的制造工艺和质量，是选材和制订零件工艺路线时必须考虑的因素之一。

1. 铸造性能

金属及合金在铸造工艺中获得优良铸件的能力称为铸造性能。衡量铸造性能的主要指标有流动性、收缩性和偏析倾向等。在金属材料中，灰铸铁和青铜的铸造性能较好。

2. 锻造性能

用锻压成形方法获得优良锻件的难易程度称为锻造性能。锻造性能的好坏主要同金属的塑性和变形抗力有关，也与材料的成分和加工条件有很大关系。金属的塑性越好，变形抗力越小，锻造性能就越好。例如，黄铜和铝合金在室温状态下就有良好的锻造性能；碳钢在加热状态下锻造性能较好；铸铁、铸铝、青铜则几乎不能锻压。

3. 焊接性能

焊接性能是指金属材料对焊接加工的适应性，也就是在一定的焊接工艺条件下，获得优质焊接接头的难易程度。对非合金钢和低合金钢，其焊接性主要同金属材料的化学成分有关，其中碳的质量分数的影响最大。例如，低碳钢具有良好的焊接性，高碳钢、铸铁的焊接性较差。

4. 切削加工性能

金属材料的切削加工性能是指金属材料在切削加工时的难易程度。切削加工性能一般由工件切削后的表面粗糙度和刀具寿命等方面来衡量。影响切削加工性能的因素主要有工件的化学成分、组织状态、硬度、塑性、导热性和形变强化等。一般认为，当金属材料具有中等硬度（170～230HBW）和足够的脆性时较易切削。从材料的种类而言，铸铁、铜合金、铝合金及一般非合金钢都具有较好的切削加工性能，铸铁比钢的切削加工性能好，一般非合金钢比高合金钢的切削加工性能好。改变钢的化学成分和进行适当的热处理，是改善钢的切削加工性能的重要途径。

第三节　金属材料分析方法

材料科学研究的主要内容是探索材料的物理、化学、力学行为的影响。材料的性能与其元素组成有着极为密切的关系，对材料性能的调控可以借助于改变材料的元素组成来实现，许多材料中微量元素的改变就有可能造成其性能的巨大变化。其次，材料的成分和组织结构是决定其性能的基本因素，化学分析能给出材料的成分，金相分析能揭示材料的显微形貌，而 *X* 射线衍射分析可得出材料中物相的结构及元素的存在状态。材料中元素价态的改变，可以使材料物理性质和化学性质产生相当显著的变化，有可能导致一些新的功能材料或结构材料的出现。因此，开展元素价态分析，对于材料的预测、设计、合成具有指导意义。除了材料颗粒大小外，材料的很多重要物理化学性能是由其形貌特征所决定的。如颗粒状纳米材料与纳米线和纳米管的物理化学性能就有很大的差异。因此，材料的形貌分析，是材料研究的重要内容。材料分析的内容包括：

1. 材料的成分分析

材料的成分分析就是分析材料中各种元素的组成含量。

2. 材料的物相结构分析

物相分析包括定性分析和定量分析两类。*X* 射线之所以能用于物相分析是因为可由各衍射峰的角度位置来确定物质固有特性的晶面间距以及它们的相对强度。

3. 材料的表观形貌分析

材料的形貌分析是材料分析的重要组成部分，材料的很多重要物理化学性能是由其形貌特征所决定的。形貌分析的主要内容包括分析材料的几何形貌、材料的颗粒度、颗粒度的分布、形貌微区的成分和物相结构等方面。

4. 材料的价键分析

材料的性质不仅与构成材料的元素、结构、价态等因素有关，还与其价键状态有关。

5. 材料的表面与界面分析

从材料科学，特别是对纳米电子材料与元器件来讲，材料的表面与界面性质是至关重要的，它们同新材料的研究与开发，制造工艺的制定与修改，元器件的老化、退化和失效等关系非常密切。

6. 材料的热分析

材料研制和应用开发是热分析应用的主要领域。热分析通常是指应用热力学或物理参数随温度变化的关系进行分析的方法。材料的热分析可以研究材料的结

晶和熔融、玻璃化转变、阻尼材料等性质。对材料进行热分析不仅仅因为热性能是材料的主要性能，而且因为应用热分析方法能为材料的研制和开发提供许多有用的信息，使工作收到事半功倍之效。

7. 材料的性能分析

材料工作者的理想目标是能够设计材料，即用什么原料、配成什么化合物或固溶体就可以制成具有什么性能的材料。但到目前为止，由于材料结构的复杂性，科学技术的进步尚没有达到同等水平，尤其是对材料性能有重大影响的显微结构，仅从原子和分子水平的研究还不能包括材料科学的全部内容。

一、材料成分分析方法

材料的性能与其元素成分有着极为密切的关系，通过改变材料的元素组成可以实现对材料性能的调控。许多材料中微量元素的改变就有可能造成其性能的巨大变化：例如，半导体的电导率对于其纯度的依赖极为敏感，百万分之一的硼含量就能使纯硅的电导率成万倍地增加。再如金属材料中，以非合金钢为例，碳含量越低，它的强度（硬度）越低，而塑性韧性越好；随碳含量的增加，钢的组织也发生变化：平衡组织中珠光体的量增加，钢的强度（硬度）也增加，而塑性韧性会随之降低。

1. 原子吸收光谱法

微量常规分析是针对取样量而言的。现代分析仪器的发展创建了快速准确的微量元素测定仪器，需要相应的高效样品预处理技术与之匹配。很多有机样品不能直接分析，需先分解有机物，使结合的欲测元素释放并溶解在酸液中。作为微量元素测定，微波消解是一种很好的样品预处理技术。微量常规分析使用原子发射光谱（AES）、ICP-AES 及原子吸收光谱（AAS，火焰法）等分析方法。

原子吸收光谱法（Atomic Absorption Spectroscopy，AAS）是 20 世纪 50 年代中期出现并逐渐发展起来的一种新型的仪器分析方法，是基于待测物质蒸气态的基态原子吸收特定波长辐射（或称共振辐射吸收）而建立起来的，其基本过程是：光源发射出特征辐射供待测元素的自由原子吸收后，再测定其特征辐射减弱的程度，以此求出样品中待测元素的含量。这种方法适合测定溶解后的样品中的金属元素成分，特别适合对材料中金属杂质离子进行定量测定。它在地质、冶金机械、化工、农业、食品、轻工、生物医药、环境保护、材料科学等各个领域有广泛的应用。

原子发射光谱法包括三个主要过程，即由光源提供能量使样品蒸发、形成气态原子，并进一步使气态原子激发而产生光辐射；将光源发出的复合光经单色器分解成按波长顺序排列的谱线，形成光谱；用检测器检测光谱中谱线的波长和强度。由于待测元素原子的能级结构不同，因此发射谱线的特征不同，据此可对样品进行定性分析。而待测元素原子的浓度不同，因此发射强度不同，可实现元素的定量测定。

利用色散元件和光学系统将光源发射的复合光按波长排列，并用适当的接收器接收不同波长的光辐射的仪器叫光谱仪。目前常用的光谱仪主要采用的是光电直读型，包括有光电直读光谱仪、多道直读光谱仪和全谱直读光谱仪等。

光谱仪中一般包括：一个用来限制原子化池中被检测区域的入射狭缝，光色散元件（如棱镜和衍射光栅），出口狭缝或光栅以及检测器。

光电直读光谱仪是用高能预燃火花光源的多通道光电直读光，目前已广泛应用于冶金工业的炉前快速分析及金属材料的质量检测。它可将金属块状样品直接作为放电电极的一极进行激发。试样在样品室激发发光，发射光经入射反射镜进入入射狭缝，再经凹面光栅分光得到含有不同波长谱线的光谱带，用出射狭缝分出所要测量的光谱线，入射到光电倍增管上，所产生的光电流经放大后输入计算机，并直接给出试样中该元素的浓度。由于采用凹面光栅的罗兰装置，出射狭缝排列在半径为1m的焦面上，可同时安装40~60个出射狭缝，并给出相应条数谱线的发射强度。

原子发射光谱具有如下特点：检测方便，可以不经分离同时检测多种元素，样品无须化学处理，分析速度快；选择性好，同种元素的原子被激发后，都产生一组特征谱线，根据这些特征谱线，可以准确判断出元素的种类；灵敏度很高和检测极限很低，可达纳克量级。准确度很高，发射光谱分析的相对误差一般在5%~10%，如果使用ICP光源，则相对误差可以控制在1%以内，线形范围宽。原子发射光谱法的不足之处有：检测元素范围较窄，只能用于大多数金属和少数非金属元素，不适于部分非金属元素，如卤素、惰性气体元素等的分析；一般不能确定样品中存在元素的化学价态。

2. 光谱定量分析

原子或离子受热能、电能或光能作用时，外层电子得到一定能量，由低能级E_1跃迁到高能级E_2。这时的原子（离子）处于激发态。给予原子（离子）的能量$E=E_2-E_1$称为激发能或激发电位，其单位以电子伏特eV表示。处于激发态的原子中电子是不稳定的，它从高能级的轨道自发跃迁到低能级轨道上，其能量以光的形式发射出来，形成一条谱线。

由于发射光谱分析受实验条件波动的影响，使谱线强度测量误差较大，为了补偿这种因波动而引起的误差，通常采用内标法进行定量分析。内标法是利用分析线和比较线强度比对元素含量的关系来进行光谱定量分析的方法。所选用的比较线称为内标线，提供内标线的元素称为内标元素。

二、材料的形貌分析

材料的形貌尤其是纳米材料的形貌是材料分析的重要组成部分，材料的很多

重要物理化学性能是由其形貌特征所决定的。对于形貌分析，主要包括分析材料的几何形貌、材料的颗粒度、颗粒度的分布、形貌微区的成分和物相结构等方面。

材料形貌分析常用的分析方法主要有扫描电子显微镜、透射电子显微镜、扫描隧道显微镜和原子力显微镜。扫描电镜和透射电镜形貌分析不仅可以分析粉体材料还可以分析块体材料的形貌。其提供的信息主要有材料的几何形貌，粉体的分散状态，纳米颗粒大小和分布以及特定形貌区域的元素组成和物相结构。扫描电镜对样品的要求比较低，无论是粉体样品还是大块样品，均可以直接进行形貌观察。透射电镜具有很高的空间分辨能力，特别适合颗粒尺寸较小的纳米粉体材料的分析，但粒度必须小于300nm，否则电子束就不能透过；对于块状样品，要通过各种制样方法获得电子束可以透过的薄区才能进行观察。扫描隧道显微镜主要用于一些特殊导电固体样品的形貌分析，如导电性的薄膜材料的形貌分析和表面原子结构分布分析，分辨率可以达到原子量级，但对纳米粉体材料不能分析。原子力显微镜可以对纳米薄膜进行形貌分析，分辨率可以达到几十纳米，比扫描隧道显微镜差，该显微镜适合导体和非导体样品，但不适合纳米粉体的形貌分析。

1. 扫描电子显微镜

扫描电子显微镜（SEM，以下简称扫描电镜）是一种大型分析仪器。1935年Knoll首次提出SEM的原理，1942年制成第一台扫描电镜。从1965年第一台商品扫描电镜问世以来，扫描电镜得到了迅速的发展，种类不断增多，性能日益提高，并且已在材料科学、地质学、生物学、医学、物理学、化学等学科领域获得越来越广泛的应用。

（1）扫描电镜的成像原理　扫描电镜的成像原理与光学显微镜和透射电镜都不完全一样。扫描电镜利用电子束代替可见光作为探针，利用电磁透镜代替光学透镜聚焦控制电子束，聚焦电子束在样品上扫描，激发的某种物理信号来调制一个同步扫描的显像管在相应位置的亮度而成像。在扫描电镜中，利用扫描线圈使电子束在样品表面进行扫描，同时收集高能电子束与样品物质相互作用后产生的各种信息，这些信息经放大后送到成像系统。在图像处理系统中，把任意点发射信号的强度转换为图像中的亮度信息。

SEM的电子枪发出的电子束经过栅极静电聚焦成直径为50μm的点光源，然后在2~30kV加速电压下，经过2~3个透镜组成的光学电子系统汇聚成直径几十埃的电子束聚焦到样品的表面，在末级透镜上扫描线圈的作用下，电子束在样品的表面扫描。由于高能电子束与试样的表面扫描。高能电子束与试样物质相互作用产生各种信号，如二次电子、背散射电子、吸收电子、X射线、俄歇电子等，经接收器、放大器输送到显像管的栅极上调制显像管的亮度。由于试样表面的形貌不同，在电子束的轰击作用下能发出数目不等的二次电子、背散射电子等信号，依次从检测信号中反映出来。这些信息与样品表面的几何形状和化学成分密切相关，因此通过对这些信息的解析就可以获得样品的表面形貌及不同元素的分布情况。

（2）金属材料表面形貌分析　扫描电镜图像表面形貌衬度几乎可以用于显示任何样品表面的超微信息，其应用已渗透到许多科学研究领域并得到广泛应用。材料科学研究领域，表面形貌衬度在断口分析等方面显示有突出的优越性。下面以断口分析等方面的研究为例，说明表面形貌衬度的应用。

利用试样或构件断口的二次电子像所显示的表面形貌特征，可以获得有关裂纹起源、裂纹扩展的途径以及断裂方式等信息，根据断口的微观形貌特征可以分析裂纹萌生的原因、裂纹的扩展途径以及断裂机制。图 1-12 所示为几种具有典型形貌特征的断口二次电子图像。较典型的解理断口形貌如图 1-12a 所示，在解理断口上存在有许多台阶。在解理裂纹扩展过程中，台阶相互汇合形成河流花样，这是解理断裂的重要特征。准解理断口的形貌特征如图 1-12b 所示，准解理断口与解理断口有所不同，其断口中有许多弯曲的撕裂棱，河流花样由点状裂纹源向四周放射。沿晶断口特征是晶粒表面形貌组成的冰糖状花样，如图 1-12c 所示。图 1-12d 显示的是韧窝断口的形貌，在断口上分布着许多微坑，在一些微坑的底部可以观察到夹杂物或第二相粒子。由图 1-12e 可以看出，疲劳裂纹扩展区断口存在一系列大致相互平行、略有弯曲的条纹，称为疲劳条纹，这是疲劳断口在扩展区的主要形貌特征。图 1-12 所示为具有不同形貌特征的断口，若按裂纹扩展途径分类，其中解理、准解理和韧窝断口属于穿晶断裂；显然沿晶断口的裂纹扩展是沿晶表面进行的。

2. 透射电子显微分析

20 世纪 70 年代，美国亚利桑那州立大学的考利（John Cowley）和澳大利亚墨尔本大学的穆迪（Alex Moodic）建立了高分辨电子显微相的理论和技术，发展了高分辨电子显微学。20 世纪 80 年代，发展了高空间分辨分析电子显微学，人们可以采用高分辨技术、微衍射、电子能量损失谱、电子能谱仪等对约 1nm 的很小范围区域进行电子显微观察，进行晶体结构、电子结构、化学成分的分析，将电子显微分析技术在材料学中的研究大大地拓展了。20 世纪 90 年代，由于纳米科技的飞速发展，对于电子显微分析的要求越来越高，进一步推动了电子显微学的发展。目前，透射电镜已发展到球差校正透射电镜的阶段。

（1）透射电镜的成像原理　当来自照明系统的平行电子束投射到晶体样品上后，除产生透射电子束外还会产生各级衍射束，经物镜聚焦后在物镜背焦面上产生各级衍射振幅的极大值。每一个振幅极大值都可看作是次级相干波源，由它们发出的波在像平面上相干成像。透镜成像可分为两个过程，一是平行电子束与

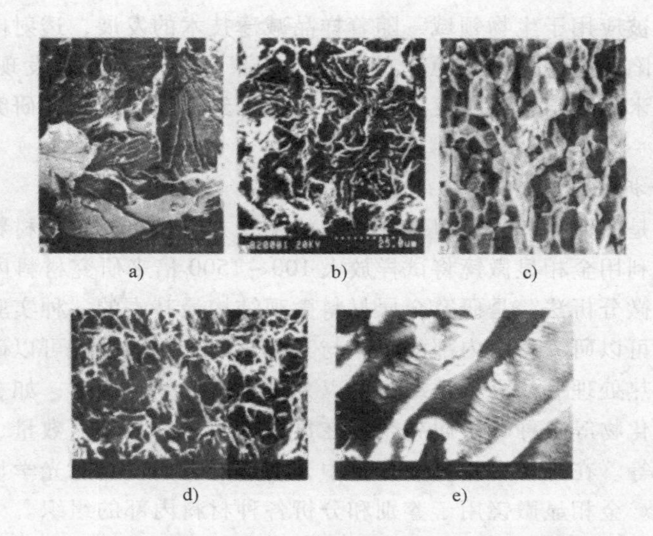

图 1-12　几种具有典型形貌特征的断口二次电子图像

a）解理断口　b）准解理断口　c）沿晶断口　d）韧窝断口　e）疲劳断口

样品作用产生衍射束，经透镜聚焦后形成各级衍射谱，即样品的结构信息通过衍射谱呈现出来；二是各级衍射谱发出的波通过干涉重新在像面上形成反映样品形貌的特征像。显然从试样同一点发出的各级衍射波经过上述两个过程后在像面上会聚为一点，而从试样不同点发出的同级衍射波经过透镜后，都会聚到后焦面上的一点。只有这样，才能形成反映试样特点的像。当中间镜的物平面与物镜的像面重合时，得到三级高倍放大像，即为试样显微成像；当中间镜物面与物镜背焦面重合时，将得到放大了的衍射谱，即为衍射花样成像。在这种成像方式中，如果电子显微镜是三级成像，那么总的放大倍数就是各个透镜倍率的乘积。计算公式为：

$$M = M_o M_i M_p$$

式中　M_o——物镜放大倍率，数值在 50 ~ 100 范围；

M_i——中间镜放大倍率，数值在 0 ~ 20 范围；

M_p——投影镜放大倍率，数值在 100 ~ 150 范围；

M——总的放大倍率，在 1000 ~ 200000 倍内连续变化。

改变中间镜电流，即改变中间镜焦距，使中间镜物平面移到物镜后焦面，便可在荧光屏上看到像的后焦面以及像变换成衍射谱的过程。

高分辨透射电子显微是观察材料微观结构的常用技术。不仅可以获得晶胞排列的信息，还可以确定晶胞中原子的位置。200kV 的 TEM 点分辨率为 0.2nm，1000kV 的 TEM 点分辨率为 0.1nm，可以直接观察原子像。

（2）透射电镜在纳米材料分析上的应用　由于样品制备工艺的限制，透射电镜技术最早被应用于生物领域，随着样品减薄技术的发展，透射电镜在材料学特别是晶体缺陷研究中做出了巨大的贡献。如果从碳纳米管被发现算起，近20年来，随着纳米科学与技术的发展，透射电镜已经成为纳米材料研究中不可缺少的重要工具之一。

3. 金相分析法

金相分析是研究材料内部组织和缺陷的主要方法之一，它在材料研究中占有重要的地位。利用金相显微镜将试样放大100～1500倍来研究材料内部组织的方法称为金相显微分析法，是研究金属材料微观结构最基本的一种实验技术。

显微分析可以研究材料内部的组织与其化学成分的关系；可以确定各类材料经不同加工及热处理后的显微组织；可以判别材料质量的优劣，如金属材料中诸如氧化物、硫化物等各种非金属夹杂物在显微组织中的大小、数量、分布情况及晶粒度的大小等。在现代金相显微分析中，使用的主要仪器有光学显微镜和电子显微镜两大类。金相显微镜用于鉴别和分析各种材料内部的组织。

（1）铁碳合金相和组织浸蚀特征

1）铁素体（F）。铁素体是碳在α-Fe中的固溶体，为体心立方晶格。具有磁性及良好的塑性，硬度较低。用质量分数为3%～4%硝酸酒精溶液浸蚀后，在显微镜下呈现明亮的多边形晶粒；在亚共析钢中，铁素体呈块状分布；当含碳量接近于共析钢成分时，铁素体则呈断续的网状，分布于珠光体周围。

2）渗碳体（Fe_3C）。渗碳体是铁与碳形成的一种化合物，其碳的质量分数为6.69%。用质量分数为3%～4%硝酸酒精溶液浸蚀后，呈亮白色；若用热苦味酸钠溶液浸蚀，则渗碳体呈黑色而铁素体仍为白色，由此可区别铁素体与渗碳体。此外，按铁碳合金成分和形成条件不同，渗碳体呈现不同的形态：一次渗碳体从液相中析出，呈条状；二次渗碳体从奥氏体中析出，呈网状沿奥氏体晶界分布；经球化退火，渗碳体呈颗粒状；三次渗碳体从铁素体中析出，常呈颗粒状；共晶渗碳体与奥氏体同时生长，称为莱氏体；共析渗碳体与铁素体同时生长，称为珠光体。

3）珠光体（P）。珠光体是铁素体和渗碳体的机械混合物，是共析转变的产物。由杠杆定律可以求得铁素体与渗碳体的质量分数比为8∶1。因此，铁素体厚，渗碳体薄。硝酸酒精浸蚀后可观察到两种不同的组织形态。

片状珠光体是由铁素体与渗碳体交替排列形成的层片状组织，经硝酸酒精溶液浸蚀后，在不同放大倍数的显微镜下，可以看到具有不同特征的层片状组织。

球状珠光体组织的特征是在亮白色的铁素体基体上，均匀分布着白色的渗碳体颗粒，其边界呈暗黑色。

4）莱氏体（Ld）。莱氏体室温时是珠光体、二次渗碳体和共晶渗碳体所组成的机械混合物。它是$w(C)=4.3\%$的液态共晶白口铸铁在1148℃发生共晶反应所形成的奥氏体和渗碳体组成的共晶体，其中奥氏体在继续冷却时析出二次渗碳体，在727℃以下分解为珠光体。因此，莱氏体的显微组织特征是在亮白色的渗碳体基底上相间地分布着黑色斑点或细条状的珠光体。

（2）铁碳合金室温金相组织特征

1）工业纯铁。$w(C)<0.0218\%$的铁碳合金通常称为工业纯铁，它为两相组织，即由铁素体和三次渗碳体组成。图1-13所示为工业纯铁的显微组织，其中黑色线条是铁素体的晶界，而亮白色基体是铁素体的多边形状等轴晶粒。

2）碳素钢按含碳量可以分为共析钢、亚共析钢和过共析钢。

共析钢为$w(C)=0.77\%$的铁碳合金。其显微组织由单一的共析珠光体组成，如图1-14所示。

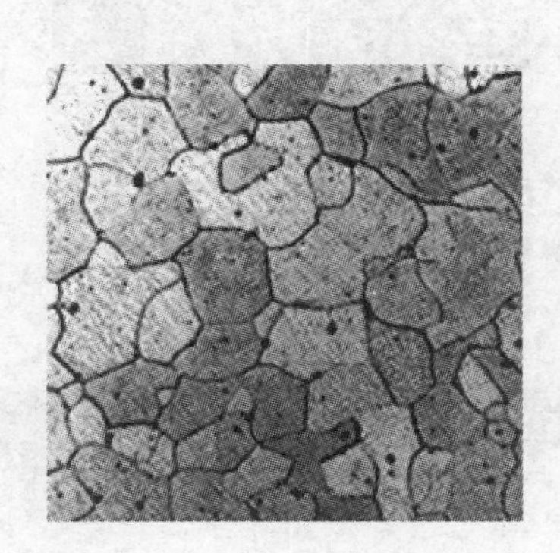

图1-13　工业纯铁显微组织

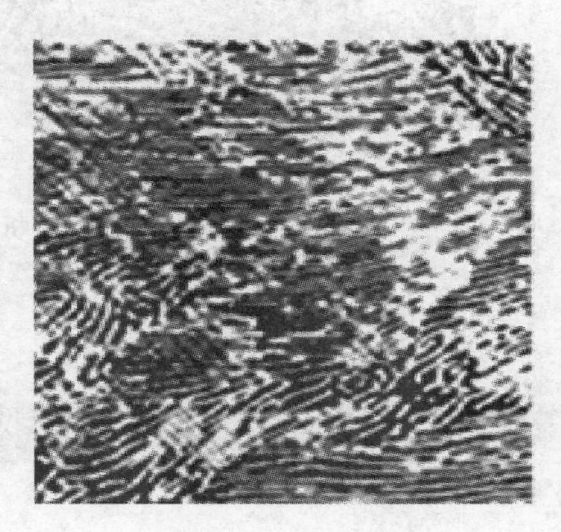

图1-14　片状珠光体组织

亚共析钢为$w(C)=0.0218\%\sim0.77\%$的铁碳合金。其组织由先共析铁素体和珠光体所组成，随着含碳量的增加，铁素体的数量逐渐减少，而珠光体的数量则相应地增多，图1-15所示为亚共析钢的显微组织，其中亮白色为铁素体，暗黑色为珠光体。

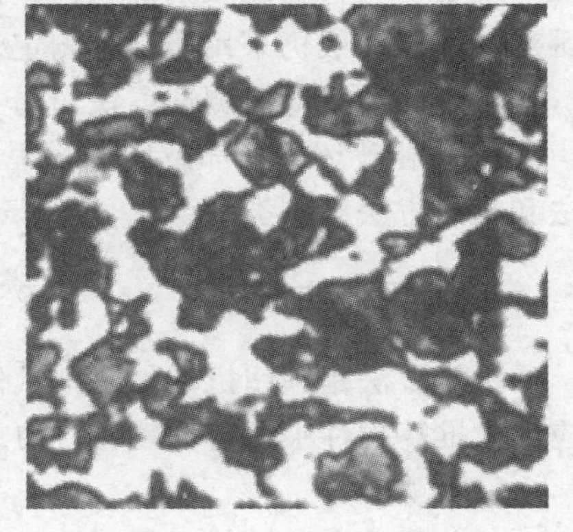

图1-15　45钢（亚共析钢）的显微组织

过共析钢为$w(C)=0.77\%\sim2.11\%$的铁碳合金。其组织由珠光体和先共析渗碳体（即二次渗碳体）组成。钢中含碳量越多，二次渗碳体数量越多。图1-16所示为$w(C)=1.2\%$的过共析钢的显微组织。组织中存在片状珠光体和网络状二次渗碳体，经质量分数为4%硝酸酒精浸蚀后珠光体呈暗黑色，而二次渗碳体则成白色网状（图 1-16a）。若要根据显微组织来区分过共析钢的网状二次渗碳体和亚共析钢的网状铁素体，可采用煮沸的苦味酸钠溶液来浸蚀，二次渗碳体被染成黑色网状，如图 1-16b 所示，而铁素体仍为白亮色。

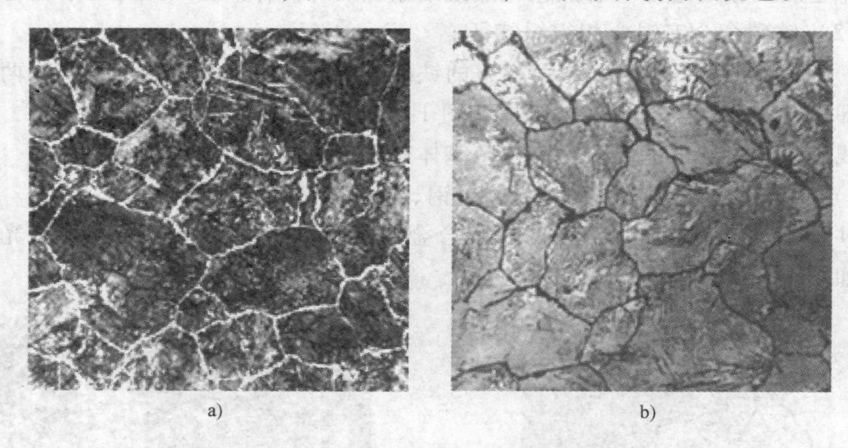

图 1-16　过共析钢（T12）的显微组织
a）经 4% 硝酸酒精溶液浸蚀　b）经碱性苦味酸钠溶液浸蚀

第四节　材料残留应力测试

材料残留应力对金属构件的使用性能及尺寸精度具有重要影响，因此有必要弄清构件中残留应力的大小与分布情况。虽然目前热弹塑性计算技术发展较快，已开发了若干种功能较强的软件，但用计算法分析各种构件的残留应力尚有一定困难，所以一般仍采用实验法测定焊接残留应力。

常用的残留应力测试方法可分为非破坏性测试方法（如 *X* 射线衍射法、超声波法）和破坏或局部破坏性方法（如裁条法、钻孔法等）；也可以分为机械方法和物理方法两大类。

一、机械方法

机械方法是利用机械加工把试件切开或切去一部分，测定由此而释放的弹性应变来推算构件中原有的残留应力，所以又称应力释放法。

1. 裁条法

裁条法是利用铣削或刨削把试件裁成 15 ~18mm 的板条，裁条前在试板上贴上应变片或是钻出测量长度的标距孔，并记录原始读数。然后将板条切开，待应力释放后再测出应变值或标记孔距离，根据应力-应变关系计算出残留应力。如

当板条缩短时，即表示此处的残留应力为拉应力，反之，表示此处存在压应力。

此种方法和与之效果相同的局部裁条法皆可以获得较为准确的结果，但将试件全部破坏了，而且加工量较局部裁条法大。

2. 小孔法

在残留应力场中钻孔，部分应力会被释放，孔周围的应力将重新分布，达到平衡状态，如果测出孔周围区域钻孔前后应变的变化，根据弹性力学公式，则可以算出该处原来的应力分布。三个应变片互成45°角，并与孔中心等距，钻孔后测出每一条应变片的应变值，根据弹性力学公式可计算出主应力的大小和方向。

3. 不通孔法

不通孔法与小孔法测残留应力的原理相同，但这种方法对结构只有很小的破坏，对于一般构件不需修补不通孔，它对结构的使用性能几乎没有影响。对于重要结构如压力容器等，可在应变测量后用电动手砂轮将其磨平。由于不通孔法对构件的破坏性比小孔法更小，所以小孔法在生产实践中已被不通孔法所取代。

不通孔法的测试过程与小孔法相同，钻孔直径一般为2～3mm，孔深与孔径相同时应变值即趋于稳定。

残留应力的计算公式与小孔法相同，试件在万能材料试验机上加载，当孔深固定时，改变载荷大小记录应变值变化，根据公式可计算出残留应力。

4. 套孔法

套孔法是用套料钻加工环形槽使残留应力得到释放的方法。套钻前在孔心处粘贴应变片或打出标记孔，套钻后重新测量。当已知主应力方向时，按主应力方向相互垂直粘贴应变片，测出其应变，再代入公式算出主应力。如果不知主应力的方向，可粘贴三片互成45°角的应变片，按公式算出主应力的大小和方向。

5. 逐层铣削法

逐层铣削法也是一种完全破坏的方法。当具有残留应力的工件被铣去一层时，部分应力释放后残留应力重新分布，试件要发生变形，如果在对面即非铣削面粘贴应变片，则可以测出每铣削一层后对面的应变值，根据这些数值则可以推算出在不同铣削层上的残留应力。

二、物理方法

对于残留应力的测定，根据测量的对象和目的，也常采用物理测定方法。例如，X射线法、磁性法以及其他各种方法。这些方法是利用应力影响材料物理性质的原理，测定材料内的残留应力的无损检测法。

1. 残留应力的X射线测定法

这是利用X射线入射到物质时的衍射现象测定残留应力的方法。测定时根据衍射线的移动可以测定出宏观残留应力（第一类及某些情况下的第二类残留应力），而根据衍射线的变宽则能测出微观的残留应力（第二、三类）。

X射线方法是根据在构成材料的晶粒上施加弹性应力时，晶粒内的特定晶面的面间距发生的变化，求得残留应力的方法。测定中选用了定波长的X射线，入射到原子上的X射线向各个方向散射，如果原子呈三维规则排列，则在特定条件下，散射的X射线要产生互相叠加增强的衍射现象。入射X射线的波长为λ，入射角为θ（称布拉格角），当满足布拉格条件式时，散射的X射线的位相就相同，并形成增强的合成衍射波。在晶格中，单位晶胞的晶格常数和面间角已知时，则晶面间距离即可直接求出，不同的晶面间距离值将代表内应力水平。

X射线衍射法是一种非破坏性测试方法，它对被测表面的要求较高，为了防止机械加工引起的局部塑性变形的影响，表面应进行电解抛光处理，处理时常用饱和食盐水溶液作为电解液。射线衍射法已在实际生产中获得应用，目前我国已生产出可用于现场的轻便型X射线残余应力测试仪。此种方法的缺点是只能测量表层的残留应力，而且设备较为昂贵。

2. *超声波法*

超声波法是根据金属的密度在应力作用下发生微小变化，而使得超声波在穿越时其速度或衰减程度发生变化的原理来测量残留应力的。它采用试验标定的方法，确定某种材料应力对超声波衰减程度的影响，作出应力与衰减程度的相关曲线，再来比较和推算出构件中的残留应力水平，此法是目前有希望测量大厚件中深层残留应力的方法。此种方法目前在国外已有商品设备出售，国内在生产中尚未实际采用。

3. *磁性法*

磁性法是一种非破坏性测试方法。当铁磁材料中存在着弹性变形时，它的磁导率将发生变化，如果能测出某一小范围内材料在不同方向上磁导率的变化，就可以估计出该处残留应力的数值和分布情况。

复习思考题

1. 金属材料分为哪几类？
2. 金属材料的性能主要包括哪几个方面？
3. 什么是金属材料的力学性能？主要包括哪几个指标？
4. 什么是强度？主要指标有哪些？
5. 什么是硬度？常用测量方法有哪几种？
6. 什么是塑性？主要指标有哪些？
7. 什么是韧性？
8. 金属材料分析方法主要有哪些？

第二章

钢铁材料与热处理

培训学习目标

了解金属学的基本知识，掌握钢铁材料的基本组织特点和常规热处理方法。了解金属材料的分类，熟悉金属材料牌号及性能特点。

第一节　金属与合金的晶体结构

不同的材料具有不同的性能，例如纯铁的强度比纯铝高，而电导性和热导性却不如纯铝高。

另外，即使是成分相同的材料，当采用不同的热加工工艺或热处理后性能也会有很大差异。例如，两块 $w(C)=0.8\%$ 的碳钢，其中一块是从冶金厂出厂的，硬度为 20HRC，另一块加工成刀具并进行热处理后硬度可达 60HRC 以。产生上述性能差异的主要原因，是由于材料内部结构不同。因此，研究金属与合金的内部结构，对于掌握金属与合金的性能是很重要的。

一、金属的晶体结构

一切物质都是由原子组成的，根据原子在物质内部排列的特征，固态物质可分为晶体与非晶体两类。晶体内部原子在空间呈一定的规则排列，如金刚石、石墨及一切固态金属与合金。晶体具有固定熔点和各向异性的特征，晶体中原子排列情况如图 2-1 所示。非晶体内部原子是无规则堆积在一起的，如玻璃、沥青、石蜡、松香等。非晶体没有固定熔点，并具有各向同性。

1. 晶格

为了便于描述晶体内部原子排列的规律，人为地将原子看作一个点，并用假

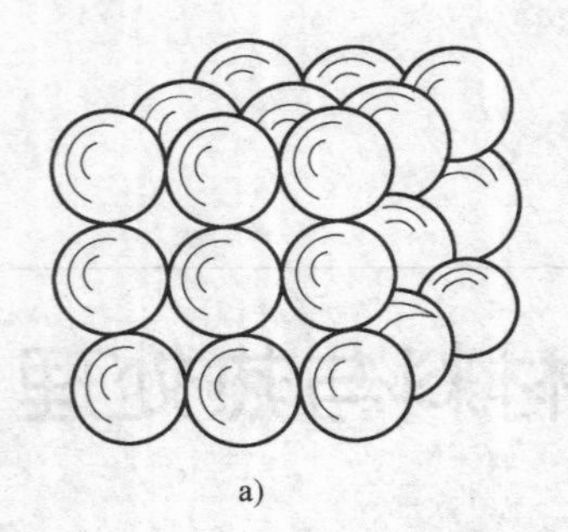

a)

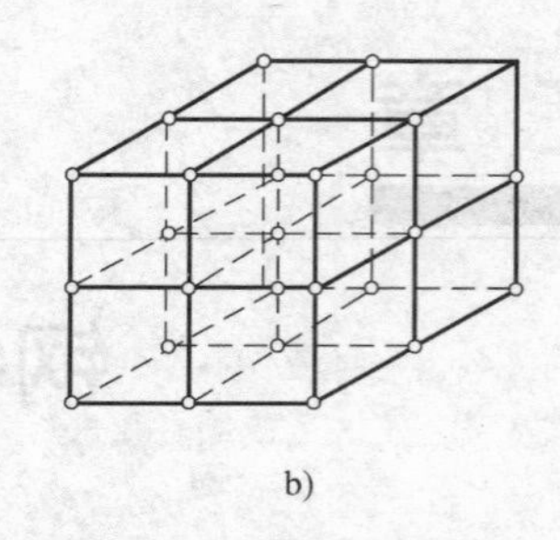

b)

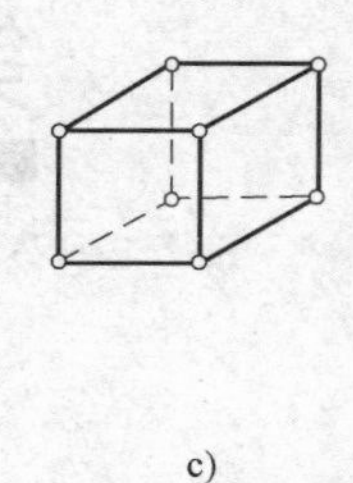

c)

图 2-1　简单立方晶格与晶胞示意图

a）晶体中的原子排列　b）晶格　c）晶胞

想的几何线条将晶体中各原子中心连接起来，便形成了一个空间格子（见图2-1b）。这种抽象的、用于描述原子在晶体中规则排列方式的空间几何图形称为晶格。晶格中直线相交点称为结点。

2. 晶胞

晶体中原子排列具有周期性变化的特点。因此，在研究晶体结构时，通常是从晶格中选取一个能够完全反映晶体特征的、最小的几何单元来分析晶体中原子排列的规律。这个最小的几何单元称为晶胞（见图2-1c）。实际上，晶格就是由许多大小，形状和位向相同的晶胞在空间重复堆积而成的。

3. 常见金属的晶格类型

在金属元素中，常见晶格类型有以下三种：

(1) 体心立方晶格　体心立方晶格的晶胞是一个立方体，在立方体的八个角上和立方体中心各有一个原子，如图2-2所示。体心立方晶胞每个角上的原子均为相邻八个，体心立方晶胞每个角上的原子均为相邻八个晶胞所共有，而中心原子为该晶胞所独有，所以体心立方晶胞中的原子数为2个。属于这种晶格类型的金属有铬、钨、钼、钒、α铁等。

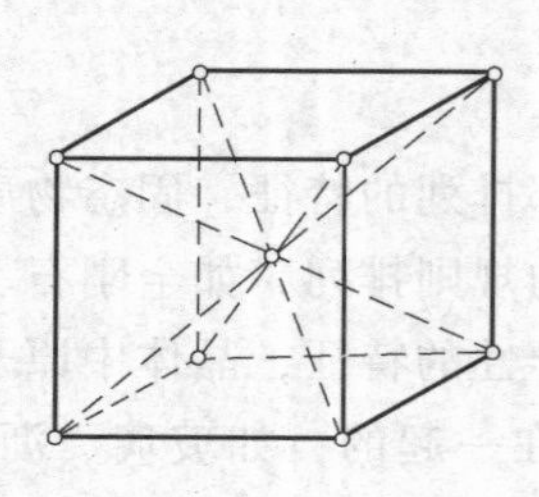

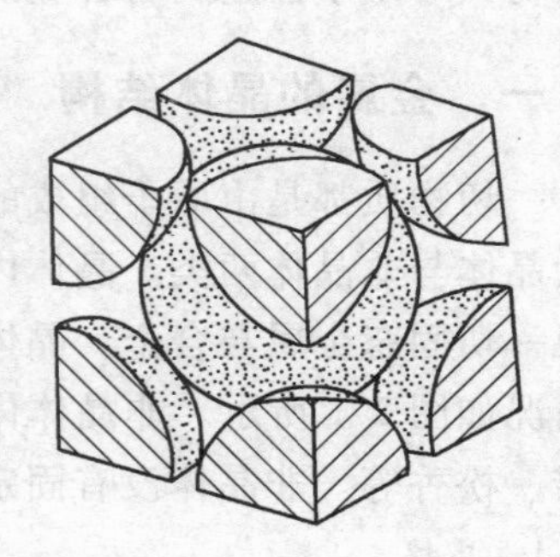

图 2-2　体心立方晶胞示意图

（2）面心立方晶格　面心立方晶格的晶胞是一个立方体，在立方体的八个角上和六个面中心各有一个原子，如图 2-3 所示。面心立方晶胞每个角上的原子均为相邻八个晶胞所共有。而每个面中心的原子为两个晶胞所共有，故面心立方晶胞中的原子数为 4 个。属于这种晶格类型的金属有铝、铜、镍、金、银、γ 铁等。

图 2-3　面心立方晶胞示意图

（3）密排六方晶格　密排六方晶格的晶胞是一个正六方柱体，它是由六个呈长方形的侧面和两个呈正六边形的上、下底面所组成的。在密排六方晶胞的 12 个角和上、下两个底面中心各有一个原子，另外在上、下底面之间还有三个原子，如图 2-4 所示。密排六方晶胞每个角上的原子为相邻六个晶胞所共有，上、下底面中心的原子为两个晶胞所共有，上、下底面之间的三个原子为该晶胞独有，故密排六方晶胞中的原子数为 6 个。属于这种晶格类型的金属有镁、锌、铍、α 钛等。

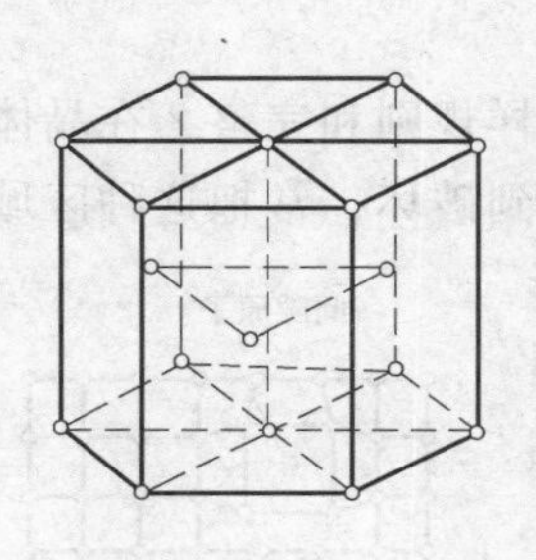

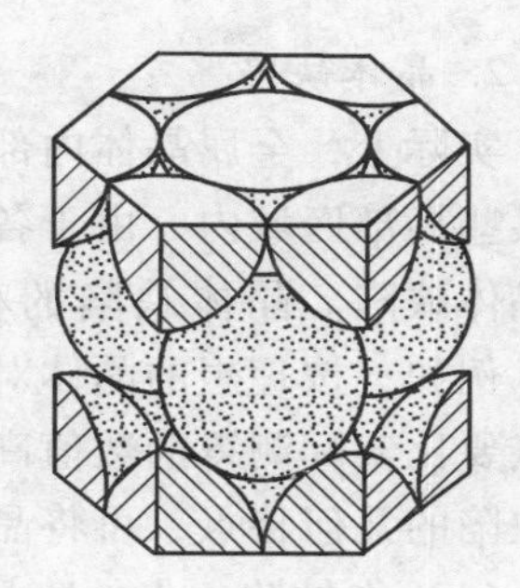

图 2-4　密排六方晶胞示意图

二、金属的实际晶体结构

1. 多晶体结构与亚晶粒

如果一块晶体内部的晶格位向（即原子排列的方向）完全一致，称这块晶体为单晶体。目前，只有采用特殊方法才能得到单晶体。实际使用的金属材料，哪怕是在很小体积中也包含有许多形状不规则、呈颗粒状的小晶体，每个小晶体内部的晶格位向都是一致的，而各小晶体之间位向却不相同，如图2-5所示。这种外形不规则，呈颗粒状的小晶体称为晶粒。晶粒与晶粒之间的界面称为晶界。由许多晶粒组成的晶体称为多晶体。

实践证明，在多晶体的每个晶粒内部，晶格位向也并不像理想晶体那样完全一致，而是存在许多晶格位向差小于2～3°的小晶块，这些小晶块称为亚晶粒，一个晶粒就是由许多亚晶粒组成的。亚晶粒之间的界面称为亚晶界。这种具有亚晶粒与亚晶界的组织称为亚组织，如图2-6所示。

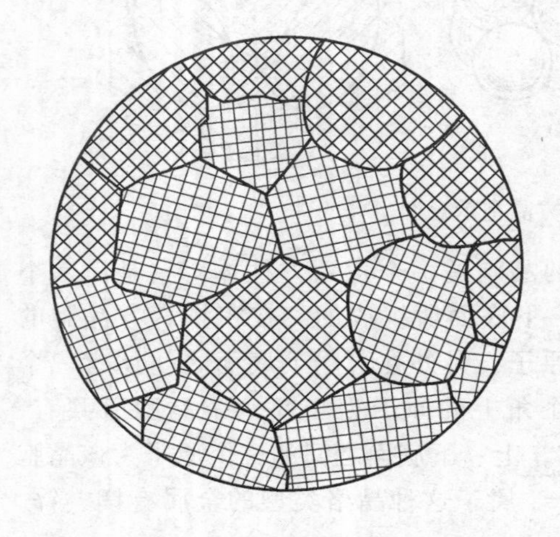

图2-5　金属的多晶体结构示意图

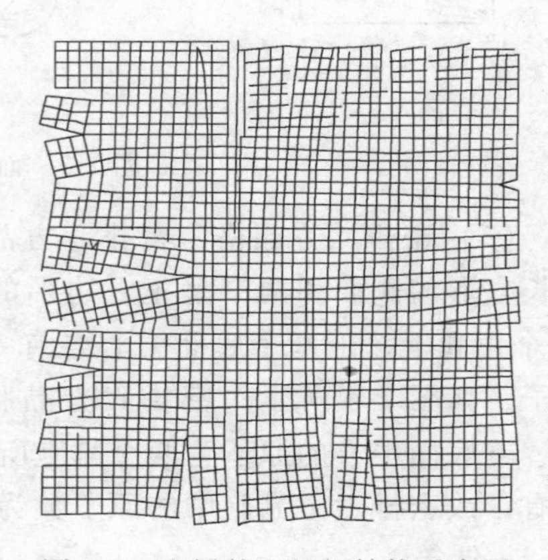

图2-6　金属的亚组织结构示意图

2. 晶体缺陷

实际上，金属晶体内部原子排列并不像理想晶体那样规则和完整，在晶体内部某些局部区域内，由于各种原因使原子的规则排列遭到破坏，常把这种区域称为晶体缺陷。晶体缺陷的存在，对金属性能有很大影响。例如，按理想的晶体对金属进行理论计算所得的屈服点要比实际测得的数值高出三个数量级左右。根据晶体缺陷的几何特点，可将晶体缺陷分为以下三种。

（1）点缺陷　点缺陷是指在晶体中长、宽、高尺寸都很小的一种缺陷。最常见的缺陷是晶格空位和间隙原子。原子空缺的位置叫空位；存在于晶格间隙位置的原子叫间隙原子，如图2-7所示。

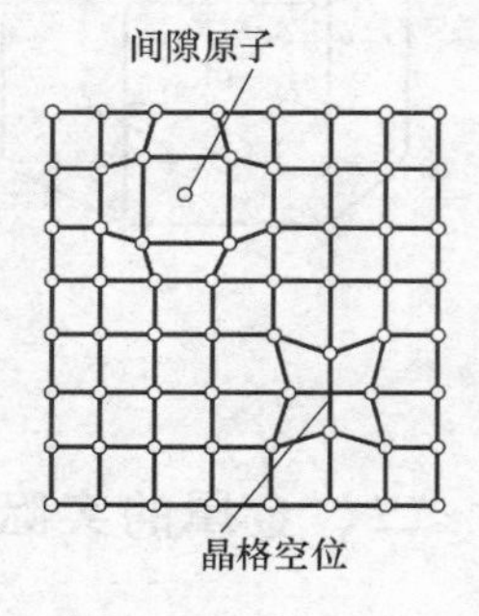

图2-7　晶格空位和间隙原子示意图

（2）线缺陷　线缺陷是指在晶体中呈线状分布（在一维方向上的尺寸很大，而在别的方向上则很小）

原子排列不均衡的晶体缺陷，如图2-8所示。这种缺陷主要是指各种类型的位错。所谓位错是指晶格中一列或若干列原子发生了某种有规律的错排现象。由于位错存在，造成金属晶格畸变，并对金属的性能，如强度、塑性、疲劳性能、原子扩散、相变过程等产生严重影响。

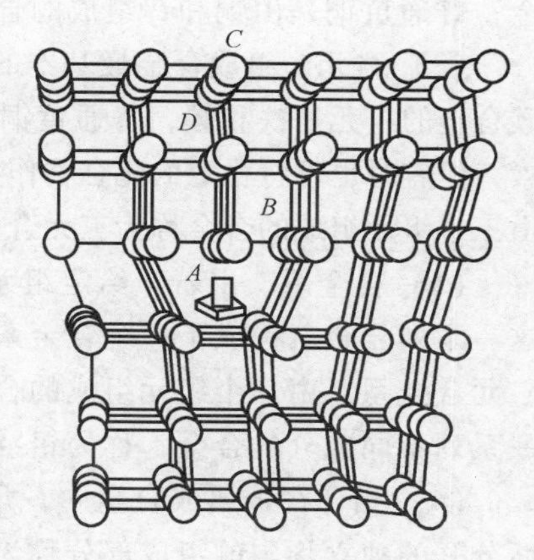

图2-8　刃型位错示意图

（3）面缺陷　面缺陷是指在二维方向上尺寸很大，在第三个方向上的尺寸很小，呈面状分布的缺陷，如图2-9所示。通常面缺陷是指晶界。在晶界处，由于原子呈不规则排列，使晶格处于畸变状态，它在常温下对金属的塑性变形起阻碍作用，从而使金属材料强度和硬度有所提高。

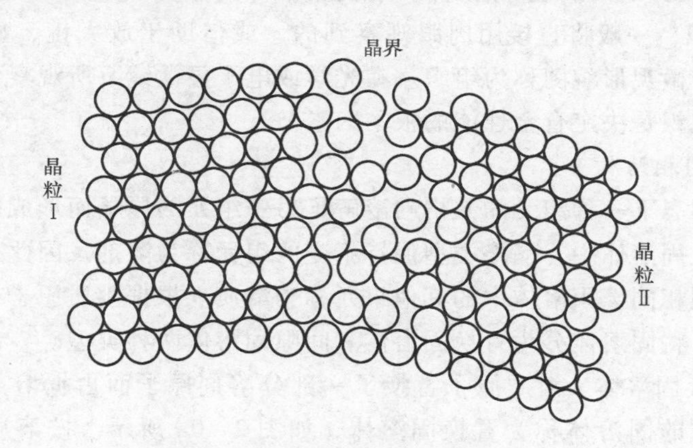

图2-9　晶界过渡结构示意图

三、合金的晶体结构

纯金属一般都具有优良的电导性和热导性，但由于力学性能较低，制取困难，价格较贵等，因此在应用上受到限制。实际上，大量使用的金属材料都是根据需要配制成的由不同元素组成的合金以满足生产中对金属材料多品种的要求。合金比纯金属具有更高的力学性能和某些特殊要求的物理和化学性能。因此，合金材料如碳钢、铸铁、合金钢等得到了广泛的应用。

1. 基本概念

（1）合金　合金是指由两种或两种以上金属元素或金属与非金属元素组成的具有金属特性的新物质。例如，碳钢和铸铁均是由铁和碳为主要元素组成的合金，普通黄铜是由铜和锌组成的合金。

（2）组元　组成合金最基本的，独立的物质称为组元，简称为元。例如，铁碳合金的组元是铁和碳，普通黄铜的组元是铜和锌。通常组元就是组成合金的元素，但有时也可将稳定的化合物作为组元。由两个组元组成的合金称为二元合金，由三个组元组成的合金称为三元合金，由多个组元组成的合金称为多元合金。

（3）合金系　由若干给定组元按不同的比例配制出一系列成分不同的合金，这一系列合金就构成了一个合金系统简称合金系。由两个组元组成的合金系称为二元合金系，由三个组元组成的合金系称为三元合金系。例如，由铅和锡组成的一系列不同成分的合金，称为铅-锡二元合金系。

（4）相　在金属或合金中，凡成分相同，结构相同并与其他部分有明显界面分开的独立均匀的组成部分称为相。若合金是由成分、结构都相同的同一种晶粒组成的，虽然各晶粒之间有界面分开，但却属于同一种相；若合金是由成分、结构都不相同的几种晶粒所组成的，它们属于不同的几种相。

（5）组织　一般将直接用肉眼观察到的，或借助于放大镜、显微镜观察到的材料内部的微观形貌图称为组织。在光学或电子显微镜下所观察到的组织称为显微组织。组织是决定合金性能的根本因素。

2. 合金的相结构

合金在固态下一种组元的晶格内溶解了另一组元的原子而形成的晶体相，称为固溶体。在固溶体中，晶格类型保持不变的组元称为溶剂。因此，固溶体的晶格类型与溶剂相同，固溶体中的其他组元称为溶质。根据溶质原子在溶剂晶格中所占位置，可将固溶体分为置换固溶体和间隙固溶体两种类型。

（1）置换固溶体　溶质原子替换了一部分溶剂原子而占据溶剂晶格部分结点位置而形成的固溶体称为置换固溶体，如图 2-10a 所示。按溶质的溶解度不

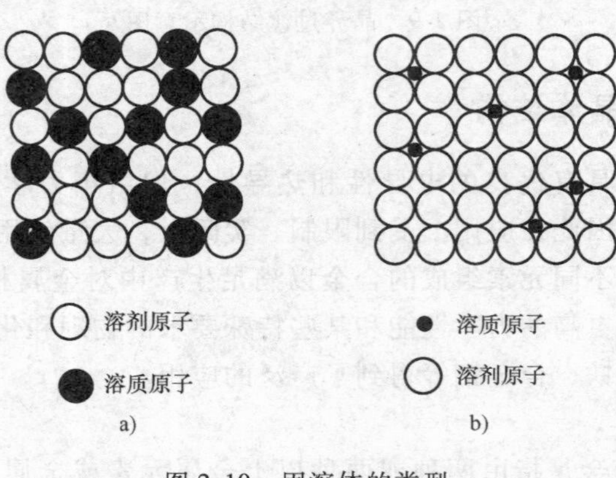

图 2-10　固溶体的类型
a）置换固溶体　b）间隙固溶体

同，置换固溶体又可分为有限固溶体和无限固溶体两种。其溶解度主要取决于组元间的晶格类型、原子半径和原子结构。实践证明，大多数合金只能有限固溶，且溶解度随着温度的升高而增加，只有两组元晶格类型相同、原子半径相差很小时，才可以无限互溶，形成无限固溶体。

（2）间隙固溶体　溶质原子在溶剂晶格中不占据溶剂结点位置，而是嵌入各结点之间的间隙而形成的固溶体称为间隙固溶体，如图 2-10b 所示。

由于溶剂晶格的间隙有限，所以间隙固溶体只能有限溶解溶质原子，同时只有在溶质原子与溶剂原子半径的比值小于 0.59 时，才能形成间隙固溶体。间隙固溶体的溶解度与温度、溶剂溶质原子半径比值和溶剂晶格类型等有关。

无论是置换固溶体，还是间隙固溶体，异类原子的溶入都将使固溶体晶格发生畸变。增加位错运动的阻力，使固溶体的强度、硬度提高。这种通过溶入溶质原子形成固溶体，从而使合金强度、硬度升高的现象称为固溶强化。固溶强化是强化金属材料的重要途径之一。同时，只要适当控制固溶体中溶质的含量，就能在显著提高金属材料强度的同时仍然使其保持较高的塑性和韧性。

3. 金属化合物

金属化合物是指合金组元间发生相互作用而形成的具有金属特性的合金相。例如，铁碳合金中的渗碳体就是铁和碳组成的化合物 Fe_3C，金属化合物具有与其构成组元晶格截然不同的特殊晶格，熔点高，硬而脆。合金中出现金属化合物时，通常能显著地提高合金的强度、硬度和耐磨性，但合金的塑性和韧性则会明显地降低。

第二节　铁碳合金的基本组织与铁碳相图

一、纯铁的同素异构转变

大多数金属结晶完成后晶格类型不会再发生变化。但也有少数金属如铁、锰、钴等，在结晶成固态后继续冷却时晶格类型还会发生变化。这种金属在固态下晶格类型随温度发生变化的现象，称为同素异构转变，如图 2-11 所示。由纯铁的冷却曲线可以看出液态纯铁在结晶后具有体心立方晶格，称为 δ-Fe，当其冷却到 1394℃时，发生同素异构转变，由体心立方晶格的 δ-Fe 转变为面心立方晶格的 γ-Fe；再冷却到 912℃时，原子排列方式又由面心立方晶格转变为体心立方晶格，称为 α-Fe。上述转变过程可由下式表示：

$$\delta\text{-Fe} \xrightarrow{1394℃} \gamma\text{-Fe} \xrightarrow{912℃} \alpha\text{-Fe}$$

纯铁同素异构转变的特性决定了钢和铸铁固态的组织转变，它是钢铁能够进行热处理的理论依据，也是钢铁材料性能多样化、用途广泛的主要原因之一。

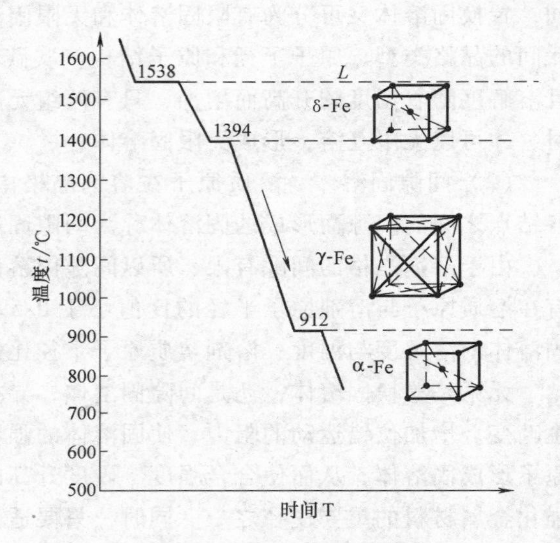

图 2-11　纯铁的同素异构转变

二、铁碳合金的基本相

铁碳合金中，因铁和碳在固态下相互作用不同，可以形成固溶体和金属化合物，其基本相有铁素体、奥氏体和渗碳体。

1. 铁素体

铁素体是指 α-Fe 或其内固溶有一种或数种其他元素所形成的晶体结构为体心立方晶格的固溶体，用符号 F 表示。

碳原子较小，在 α-Fe 晶格中碳处于间隙位置。铁素体溶碳量很小，在 727℃时溶碳量最大 $w(\mathrm{C}) = 0.0218\%$，随着温度的下降其溶碳量逐渐下降。其性能几乎和纯铁相同，即强度和硬度（$R_m = 180 \sim 280\mathrm{MPa}$，50～80HB）较低，而塑性和韧性（$A = 30\% \sim 50\%$，$a_{KU} = 160 \sim 200\mathrm{J/cm^2}$）较高，铁素体在 770℃以上则失去铁磁性。

2. 奥氏体

奥氏体是指 γ-Fe 内固溶有碳和（或）其他元素所形成的晶体结构为面心立方晶格的固溶体，常用符号 A 表示。

奥氏体溶碳能力较大，在 1148℃时溶碳量最大 $w(\mathrm{C}) = 2.11\%$，随着温度下降，溶碳量逐渐减少，在 727℃时的溶碳量为 $w(\mathrm{C}) = 0.77\%$。奥氏体具有一定强度和硬度（$R_m = 400\mathrm{MPa}$，160～220HB），塑性好（$A = 40\% \sim 50\%$），在压力加工中，大多数钢材要在高温奥氏体状态进行塑性变形加工。

稳定的奥氏体属于铁碳合金的高温组织，当铁碳合金缓冷到 727℃时，奥氏体发生转变，转变为其他类型的组织，奥氏体是非铁磁性相。

3. 渗碳体

渗碳体是铁和碳的金属化合物，具有复杂的晶体结构，用化学式 Fe_3C 表示。

渗碳体在钢和铸铁中与其他相共存时呈片状、球状、网状。

渗碳体没有同素异构转变，但有磁性转变，在 230℃以下具有弱铁磁性，而在 230℃以上则失去磁性。渗碳体是碳在铁碳合金中的主要存在形式，是亚稳定

的金属化合物，在一定条件下，渗碳体可分解成石墨，这一过程对铁的生产具有重要意义。

4. 珠光体

珠光体是铁素体和渗碳体组成的机械混合物，通常呈片层状相间分布，片层间距和片层厚度主要取决于奥氏体分解时的过冷度，用符号P表示。

三、铁碳合金相图

铁碳合金相图是铁碳合金在极缓慢冷却（或加热）条件下，不同化学成分的铁碳合金，不同温度下所具有的组织状态的图形。$w(C)>5\%$的铁碳合金，尤其当碳的质量分数超过6.69%时，铁碳合金几乎全部变为金属化合物Fe_3C。这种化学成分的铁碳合金硬而脆，机械加工困难，在机械制造方面很少应用。所以，研究铁碳合金相图时，只需研究$w(C)\leqslant 6.69\%$的部分。而$w(C)=6.69\%$时，铁碳合金全部为亚稳定的Fe_3C，因此，Fe_3C就可看成是铁碳合金的一个组元，实际上研究铁碳合金相图，就是研究$Fe-Fe_3C$相图，如图2-12所示。

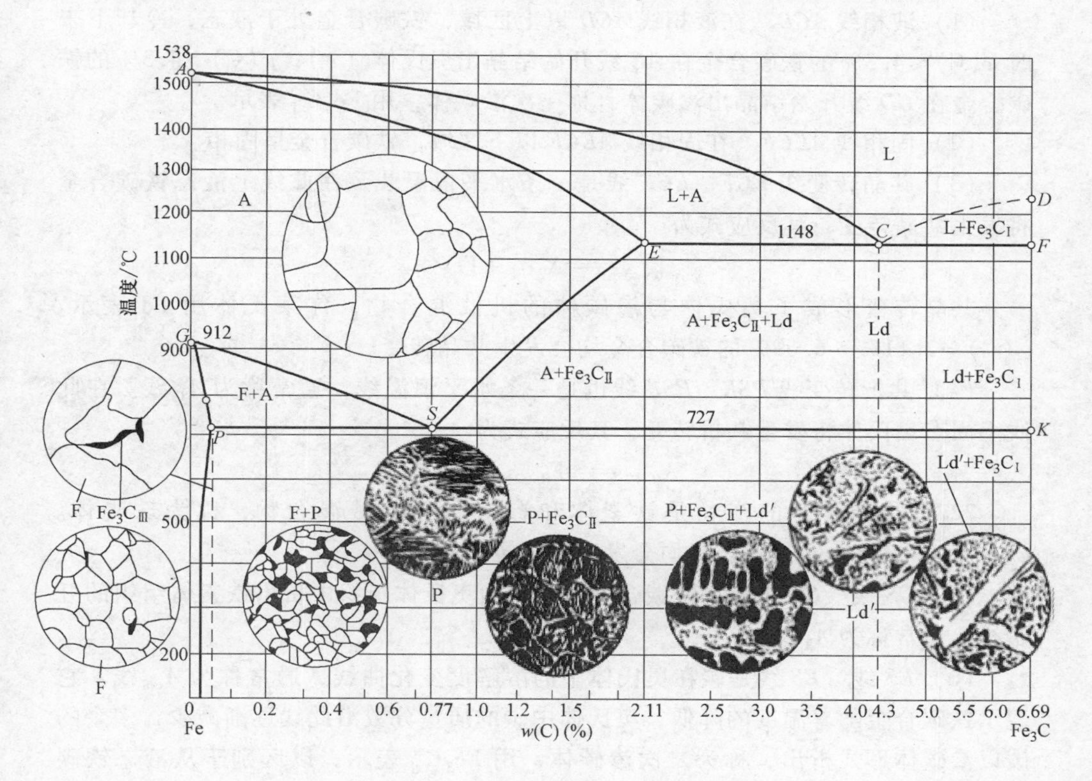

图2-12 简化后的$Fe-Fe_3C$相图

1. 铁碳合金相图中的特性点

铁碳合金相图中主要特性点的温度、碳的质量分数及其含义见表2-1。

表2-1　铁碳合金相图中主要特性点的温度、碳的质量分数及其含义

特性点	温度	w(C)(%)	特性点含义
A	1538	0	纯铁的熔点或结晶温度
C	1148	4.3	共晶点，发生共晶转变 $L_{4.3} \rightleftharpoons A_{2.11} + Fe_3C$
D	1227	6.69	渗碳体的熔点
E	1148	2.11	碳在γ-Fe中的最大溶碳度，也是钢与生铁的化学成分分界点
F	1148	6.69	共晶渗碳体的化学成分点
G	912	0	α-Fe与γ-Fe同素异构体转变点
S	727	0.77	共析点，发生共析转变 $A_{0.77} \rightleftharpoons F_{0.0218} + Fe_3C$
P	727	0.0218	碳在α-Fe中的最大溶解度

2. 铁碳合金相图中的主要特性线

（1）液相线*ACD*　在液相线*ACD*以上区域，铁碳合金处于液态，冷却下来时$w(C) \leqslant 4.3\%$的铁碳合金在*AC*线开始结晶出奥氏体（A）；$w(C) > 4.3\%$的铁碳合金在*CD*线开始结晶出渗碳体，称一次渗碳体，用Fe_3C_{I}表示。

（2）固相线*AECF*　在固相线*AECF*以下区域，铁碳合金呈固相。

（3）共晶转变线*ECF*　*ECF*线是一条水平恒温线，在此线上液态铁碳合金将发生共晶转变，其反应式为

$$L_{4.3} \rightleftharpoons A_{2.11} + Fe_3C$$

共晶转变形成了奥氏体与渗碳体的机械混合物，称莱氏体用Ld表示。$w(C) = 2.11\% \sim 6.69\%$的铁碳合金均会发生共晶转变。

（4）共析转变线*PSK*　*PSK*线也是一条水平恒温线，通常称为A_1线。在此线上固态奥氏体将发生共析转变，其反应式为

$$A_{0.77} \rightleftharpoons F_{0.0218} + Fe_3C$$

727℃共析转变的产物是铁素体和渗碳体的机械混合物，称为珠光体。$w(C) > 0.0218\%$的铁碳合金均会发生共析转变。

（5）*GS*线　*GS*线表示铁碳合金冷却时由奥氏体组织中析出铁素体组织的开始线，通常称为A_3线。

（6）*ES*线　*ES*线是碳在奥氏体中的溶解度变化曲线，通常称为A_{cm}线。它表示铁碳合金随着温度的降低，奥氏体中碳的质量分数沿此线逐渐减少，多余的碳以渗碳体形式析出，称为二次渗碳体，用Fe_3C_{II}表示，以区别于从液态铁碳合金中直接结晶出来的Fe_3C_{I}。

（7）*GP*线　*GP*线为铁碳合金冷却时奥氏体组织转变为铁素体的终了线或

者加热时铁素体转变为奥氏体的开始线。

（8）*PQ* 线 *PQ* 线是碳在铁素体中的溶解度变化曲线，它表示铁碳合金随着温度的降低，铁素体中碳的质量分数沿此线逐渐减少，多余的碳以渗碳体形式析出，称为三次渗碳体，用 $Fe_3C_Ⅲ$ 表示。由于 $Fe_3C_Ⅲ$ 数量极少，在一般钢中对性能影响不大，故可忽略。

四、铁碳合金的分类和室温平衡组织

铁碳合金相图中的各种合金按其碳的质量分数和室温平衡组织的不同，一般分为工业纯铁、钢、白口铸铁三类，见表 2-2。含碳量对铁碳合金组织和力学性能的影响如图 2-13 和图 2-14 所示。

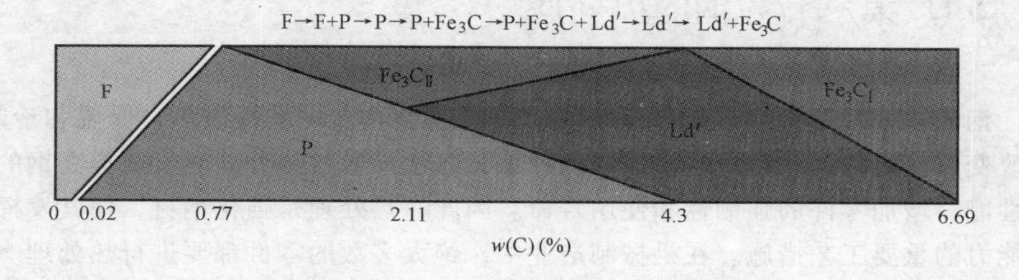

图 2-13 含碳量对铁碳合金组织的影响

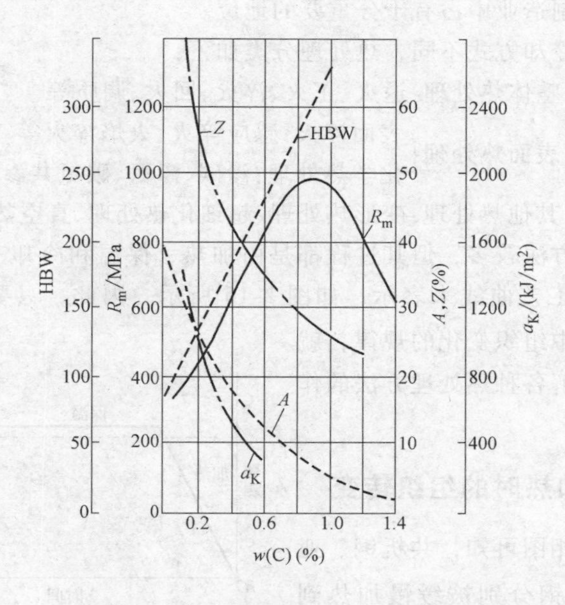

图 2-14 含碳量对钢的力学性能影响

表 2-2　铁碳合金分类

合金类别	工业纯铁	钢			白口铸铁		
		亚共析钢	共析钢	过共析钢	亚共晶白口铸铁	共晶白口铸铁	过共晶白口铸铁
$w(C)(\%)$	$w(C) \leqslant 0.0218$	$0.0218 < w(C) \leqslant 2.11$			$2.11 < w(C) \leqslant 6.69$		
		<0.77	0.77	>0.77	<4.3	4.3	>4.3
室温组织	F	F + P	P	$P + Fe_3C_{II}$	$Ld' + P + Fe_3C_{II}$	Ld′	$Ld' + Fe_3C_{I}$

第三节　钢的热处理

钢的热处理是将钢在固态范围内，采用适当的方式进行加热、保温和冷却，以改变内部组织，获得所需性能的一种工艺方法。通过热处理能显著提高钢的力学性能，增加零件的强韧性和使用寿命。因此，热处理是强化钢材，使其发挥潜在能力的重要工艺措施。在机械制造业中，绝大多数的零件都要进行热处理。例如汽车、拖拉机中 70% ~80% 的零件要进行热处理；在机床中有 60% ~70% 的零件要进行热处理；各种刃具、量具、模具和轴承等几乎全部要进行热处理。可见热处理在机械制造业中占有十分重要的地位。

根据加热和冷却方式不同，热处理分类如下：

热处理
- 整体热处理：退火、正火、淬火、回火、调质等
- 表面热处理
  - 表面淬火：感应淬火、火焰淬火等
  - 化学热处理：渗碳、渗氮、碳氮共渗等
- 其他热处理：变形热处理、超细化热处理、真空热处理等

虽然热处理方法较多，但其过程都是由加热、保温和冷却三个阶段组成的。一般可用热处理工艺曲线来表示，如图 2-15 所示。因此，只要掌握钢在加热、保温和冷却过程中组织变化的规律，就能比较容易地理解各种热处理方法的作用和目的。

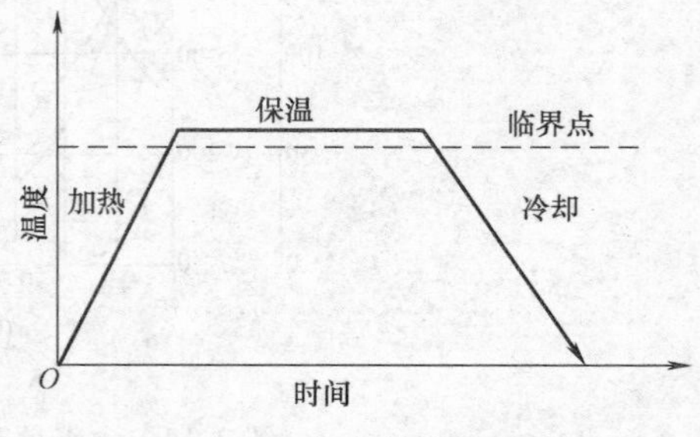

图 2-15　热处理工艺曲线

一、钢在加热时的组织转变

由 $Fe\text{-}Fe_3C$ 相图可知，共析钢、亚共析钢和过共析钢分别被缓慢加热到 A_1、A_3、A_{cm} 温度以上时均可获得单相

的奥氏体组织。A_1、A_3、A_{cm}是平衡时的相变温度，也称相变点。在实际生产中，加热和冷却并不是极其缓慢的，故实际发生组织转变的温度与相图所示的A_1、A_3、A_{cm}有一定的偏离，如图 2-16 所示。随着加热和冷却速度的增大，相变点的偏离程度也增大。为了与平衡的相变点相区别，通常将实际加热时的各相变点用Ac_1、Ac_3、Ac_{cm}表示；冷却时的各相变点用Ar_1、Ar_3、Ar_{cm}表示。

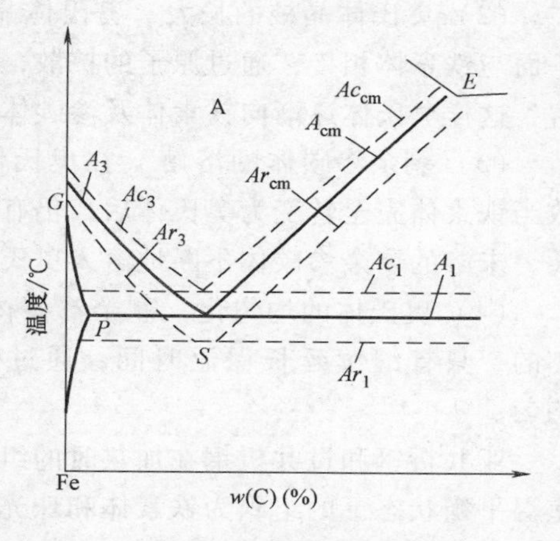

图 2-16　实际加热（或冷却）时 Fe-Fe_3C 相图上各相变点的位置

大多数机械零件进行热处理时，都需加热到相变点以上，以获得全部或部分均匀的奥氏体组织，称这一过程为奥氏体化。

1. 奥氏体的形成

以共析钢为例说明奥氏体形成过程。共析钢在A_1温度以下是珠光体组织，珠光体是由铁素体和渗碳体组成的复相物。铁素体具有体心立方晶格，在A_1温度时$w(C)=0.0218\%$；渗碳体具有复杂晶格，$w(C)=6.69\%$；而转变后的奥氏体具有面心立方晶格，在A_1温度时$w(C)=0.77\%$。由此可见，奥氏体的形成过程是晶格改组和铁、碳原子的扩散过程，并且遵循形核和核长大的基本规律。

奥氏体的形成过程可归纳为以下四个阶段，如图 2-17 所示。

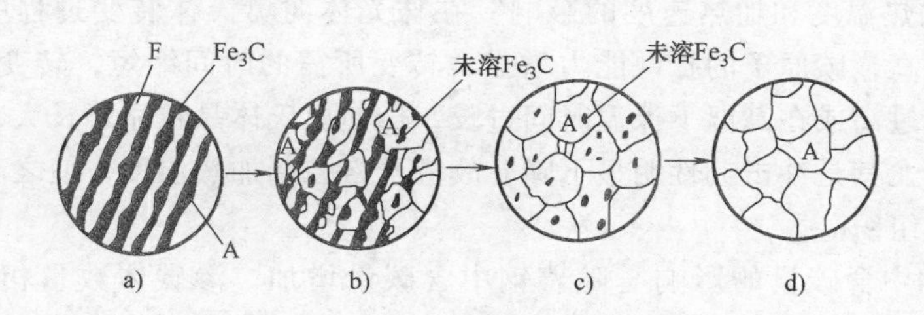

图 2-17　共析钢奥氏体形成过程示意图

a）形成奥氏体晶核　b）奥氏体长大　c）剩余渗碳体溶解　d）奥氏体均匀化

（1）奥氏体晶核的形成　研究表明，奥氏体的晶核优先在铁素体和渗碳体的相界面上形成。

这是由于奥氏体的含碳量介于铁素体和渗碳体的含碳量之间，并且相界面处原子排列比较紊乱，位错和空位密度较高，因此有利于奥氏体形核，如图 2-17a 所示。

（2）奥氏体晶核的长大　奥氏体晶核形成以后，它一面与渗碳体相接，另一面与铁素体相接，通过原子的扩散，使其相邻铁素体晶格改组和渗碳体不断溶解，这样奥氏体逐渐向铁素体及渗碳体两个方向成长，如图 2-17b 所示。

（3）剩余渗碳体的溶解　在奥氏体长大过程中，铁素体比渗碳体先消失，故当铁素体完全转变为奥氏体后，仍有部分渗碳体尚未溶解，随着保温时间的延长，未溶的剩余渗碳体不断地溶入奥氏体中，直至完全消失，如图 2-17c 所示。

（4）奥氏体的均匀化　剩余渗碳体完全溶解后，奥氏体中碳的浓度是不均匀的，只有继续延长保温时间，通过碳原子的扩散，方可使奥氏体成分达到均匀。

亚共析钢和过共析钢在加热时的组织转变过程与共析钢稍有不同。亚共析钢室温平衡状态下的组织为铁素体和珠光体。当缓慢加热至 Ac_1 温度时，珠光体转变为奥氏体，如果进一步提高加热温度或延长保温时间，则铁素体将逐渐转变为奥氏体。当温度超过 Ac_3 时，铁素体得到成分均匀的奥氏体组织。而过共析钢室温平衡状态下的组织为珠光体和二次渗碳体（呈网状）。当缓慢加热至 Ac_1 温度时，珠光体转变为奥氏体，如果进一步提高加热温度或延长保温时间，则二次渗碳体将逐渐溶解于奥氏体中。当温度超过 Ac_{cm} 时，二次渗碳体完全溶解，组织全为奥氏体。

2. 影响奥氏体化的因素

奥氏体的形成是通过形核和核长大过程来完成的。因此，奥氏体的形成速度取决于奥氏体的形核率和长大率。而形核率和长大率受加热温度、钢的化学成分和原始组织等因素的影响。

（1）加热温度和加热速度的影响　在珠光体向奥氏体转变过程中，随着加热温度的升高，碳原子的扩散能力增强，转变所需的时间缩短，转变速度加快。但加热温度过高或在高温下保温时间过长，会使奥氏体晶粒显著长大，钢的力学性能降低，尤其是冲击韧性明显下降，故应严格控制加热温度，使之获得均匀细小的奥氏体组织。

（2）钢中含碳量的影响　随着钢中含碳量增加，渗碳体数量相对地增多，铁素体与渗碳体的相界面也增多，这样有利于奥氏体的形核，加速奥氏体形成。

（3）钢原始组织的影响　如果钢的成分相同，其原始组织越细，相界面就越多，越有利于奥氏体的形核，奥氏体的形成速度也越快。例如，片状珠光体的相界面比球状珠光体多，更易形成奥氏体。

3. 控制奥氏体晶粒长大的措施

（1）合理选择加热温度和保温时间　随着加热温度的升高，奥氏体晶粒逐渐长大，温度高，则晶粒长大得越明显。在一定的温度下，保温时间越长，也将使奥氏体晶粒长大。

（2）在钢中加入一定量的合金元素　大多数合金元素都能不同程度地阻止奥氏体晶粒长大，尤其是与碳结合力较强的合金元素，如铬、钨、钼、钒、钛、锆等，由于它们在钢中形成难溶于奥氏体的碳化物并细密地分布在晶界上，会阻碍奥氏体晶粒长大。而锰、磷两种元素则有加速奥氏体晶粒长大的倾向。

（3）合理选择钢的原始组织　由于片状渗碳体溶解快，转变为奥氏体的速度也快，奥氏体形成后，就会较早地开始长大。所以，在生产中对于滚动工具钢等要求淬火前的原始组织为球化体。

二、钢在冷却时的组织转变

实践证明，同一化学成分钢，当加热到奥氏体状态后，采用不同冷却方式进行冷却时，其奥氏体在不同过冷度下，转变后的组织和性能将有较大差别。这是由于钢的内部组织因冷却速度的不同而发生了变化，从而导致性能上的差别。这种现象不能用 $Fe\text{-}Fe_3C$ 相图来解释。因为在缓慢冷却条件下，奥氏体在 A_1 温度时发生共析转变，当冷却速度加快时，奥氏体便过冷到 Ar_1 温度以下，才能发生转变。被冷却到 A_1 温度以下尚未发生转变而暂时存在的奥氏体称为过冷奥氏体。

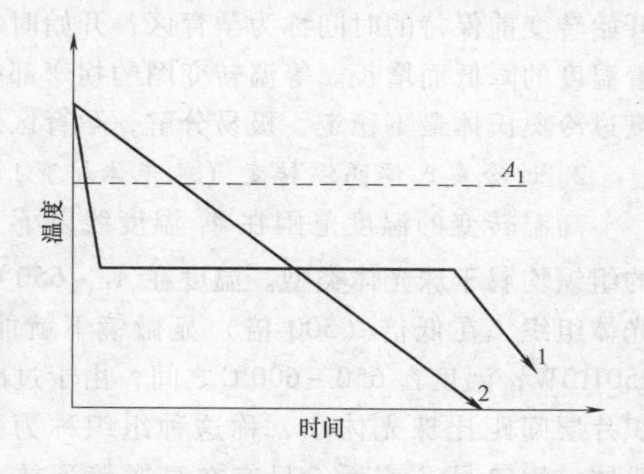

图 2-18　等温转变曲线与连续冷却转变曲线

1—等温转变　2—连续冷却转变

在热处理生产中，过冷奥氏体转变的方式有等温转变和连续冷却转变两种，如图 2-18 所示。等温转变是将已奥氏体化的钢快速冷却到相变点以下的某一温度，并等温停留一段时间，使奥氏体发生转变，然后再冷却到室温。连续冷却转变是将已奥氏体化的钢，以不同的冷却速度（如炉冷、空气冷、油冷和水冷等）连续冷却到室温，使之发生转变。

1. 过冷奥氏体的等温转变

过冷奥氏体在不同过冷度下的等温过程中，转变温度、转变时间与转变产物量（转变开始及转变终了）的关系曲线图称为等温转变图。图 2-19 所示为共析钢等温转变图。

由图 2-19 可见，左边一条曲线为过冷奥氏体等温转变开始线，右边一条曲线为过冷奥氏体等温转变终了线。等温转变图上面的水平线为 A_1 线，它表示奥氏体与珠光体的平衡温度，即 $Fe\text{-}Fe_3C$ 相图中的 A_1 温度。A_1 温度线以上是奥氏体稳定区域；A_1 温度线以下，转变开始线以左是过冷奥氏体区；A_1 温度线以下，转变终了线以右是转变产物区；在转变开始线和转变终了线之间是过冷奥氏体和转变产物共存区。等温转变图下面的水平线称为 *Ms* 线，它是以极快的冷却速度连续冷却时，测得过冷奥氏体开始向马氏体转变温度点的连接线，在其下面还有一条表示过冷奥氏体停止向马氏体转变的水平线，称为 *Mf* 线，一般都在室温以下，*Ms* 与 *Mf* 两条水平线之间为马氏体和过冷奥氏体共存区。在不同等温温度下，过冷奥氏体开始转变前保持的时间称为孕育区，开始时它随着温度的降低而缩短，然后又随着温度的降低而增长。等温转变图的拐弯部分或称“鼻头”约为550℃，在此温度过冷奥氏体最不稳定，极易分解，孕育区最短。

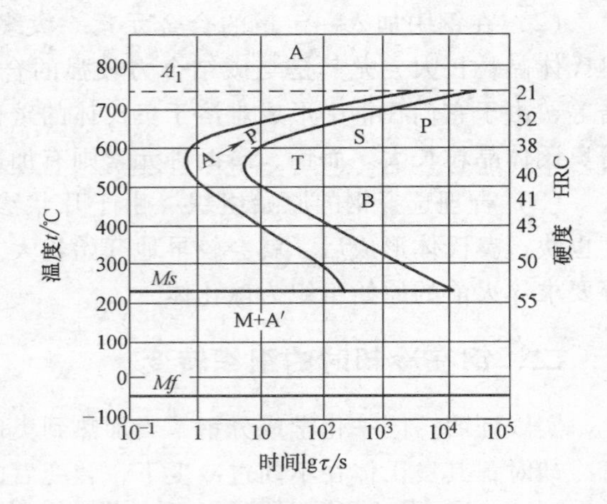

图 2-19 共析钢等温转变图

2. 过冷奥氏体高温转变（珠光体转变）

高温转变的温度范围在 A_1 温度线以下至550℃左右。这个温度范围内得到的组织均属于珠光体类型。温度在 A_1 ~650℃之间，转变速度较慢，得到粗片珠光体组织，在低倍（500倍）显微镜下就能分辨出片层形态，硬度约为160 ~ 250HBW；温度在650 ~600℃之间，由于过冷度增大，转变速度加快，得到的组织片层间距比珠光体小，称这种组织称为索氏体，用符号S表示。只有在显微镜下放大五六百倍才能分辨出铁素体薄片和渗碳体薄片交替重叠的复相组织（见图2-20），硬度约为25 ~35HRC；温度在600 ~550℃之间，由于过冷度更大，转变速度更快，得到的组织片层间距比索氏体小，称这种组织为托氏体，用符号T表示。只有在电子显微镜下才能分辨出很薄的铁素体片和渗碳体片交替重叠的复相组织，硬度约为35 ~48HRC。

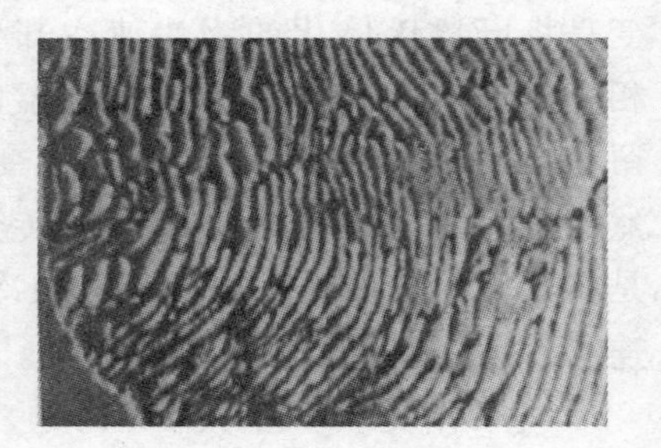

图 2-20 索氏体显微组织

3. 过冷奥氏体中温转变（贝氏体型转变）

中温转变的温度范围在550℃ ~ *Ms* 之间。在此温度范围内过冷奥氏体转变为贝氏体，用符号B表示。贝氏体是由含碳量过饱和铁素体与碳化物组成的复相组织，其组织形态及性能与珠光体有所不同。

过冷奥氏体转变为贝氏体的过程，也是通过形核与核长大完成的。但是，由于温度较低，铁原子不能进行扩散，只有碳原子的扩散，故贝氏体型转变是半扩散型转变。根据贝氏体形态和转变温度不同，一般可分为上贝氏体 $B_{上}$ 和下贝氏体 $B_{下}$ 两种。上贝氏体形成温度范围在 550～350℃之间，其组织形态呈羽毛状（见图 2-21a）。贝氏体的强度、硬度（40～48HRC）比珠光体高，塑性较低，脆性较大，在生产中很少采用；下贝氏体形成温度范围在 350℃～Ms 之间。下贝氏体组织在光学显微镜下观察时，呈黑色针状，（见图 2-21b）。下贝氏体具有高的强度和硬度（50HRC 左右），并具有良好的塑性和韧性，生产中常采用等温淬火方法获得下贝氏体，以提高零件的强韧性。

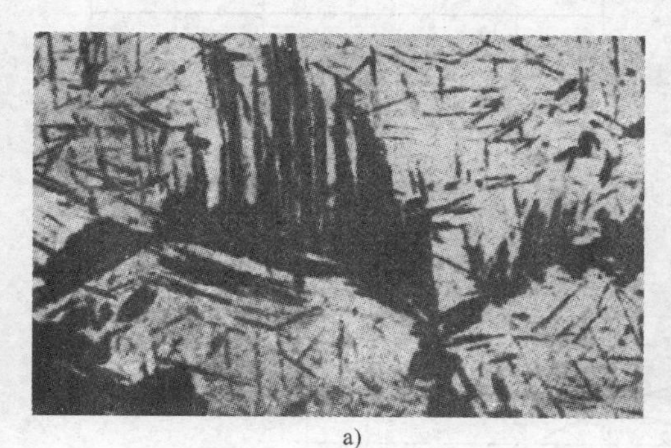
a)

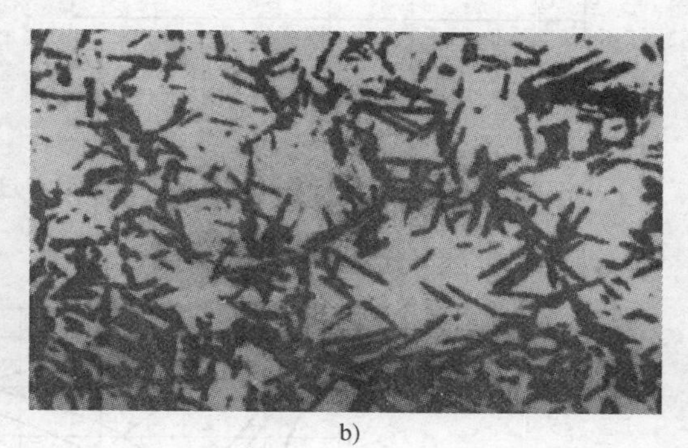
b)

图 2-21　贝氏体显微组织
a）上贝氏体　b）下贝氏体

亚共析钢和过共析钢的等温转变图与共析钢相比，在过冷奥氏体转变成珠光体之前，首先分别析出铁素体和二次渗碳体，所以在曲线图上分别还有一条铁素体和二次渗碳体的析出线，如图 2-22 所示。

4. 过冷奥氏体的连续冷却转变

连续冷却转变图是指钢经奥氏体化后在不同冷速的连续冷却条件下，过冷奥氏体转变为亚稳态产物时，转变开始及转变终了的时间与转变温度之间的关系曲线图。

若想知道某种钢在某一冷却速度下所得到的组织，可将连续冷却曲线画在此种钢的等温转变图上，根据它与等温转变曲线所交的位置，就可以大致估计出所得的组织和性能。图 2-23 是以共析钢为例，说明在等温转变图上估计连续冷却转变的情况。图中 $v_1 < v_2 < v_3 < v_4$，它们分别代表不同冷却速度的冷却曲线。v_1 相当于随炉冷却（退火）的情况，根据冷却曲线与等温转变曲线相交的位置，可估计出连续冷却后的转变产物为珠光体组织，硬度为 170～220HBW。v_2 相当于空冷（正火）情况，可大致判断其转变产物为索氏体，硬度为 25～35HRC。

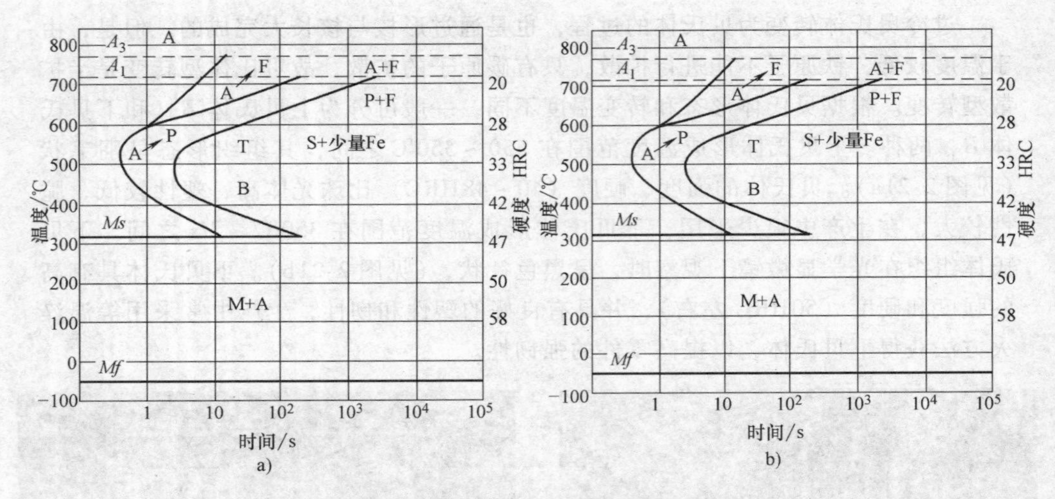

图 2-22 亚共析钢和过共析钢的等温转变图

a）亚共析钢的等温转变图 b）过共析钢的等温转变图

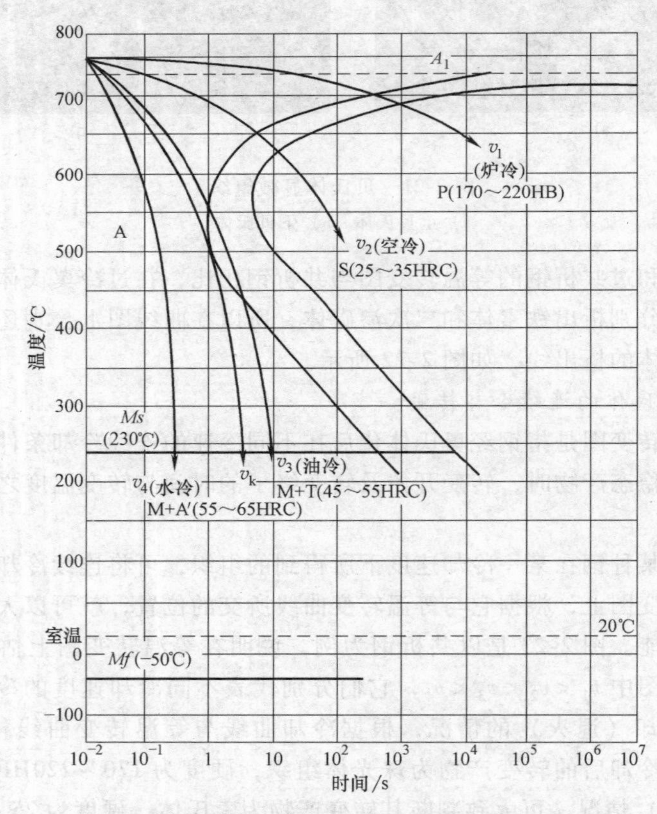

图 2-23 在共析钢等温转变图上估计连续冷却后过冷奥氏体转变产物

v_3 相当于油冷（油淬）情况，在油冷过程中先有一部分过冷奥氏体转变为托氏体，剩余的过冷奥氏冷却到 *Ms* 温度以下转变成马氏体，最后得到马氏体和托氏体的复合组织，硬度为 45～55HRC。v_4 相当于水冷或盐水冷却（淬火）情况，它不与等温转变曲线相交，故中途未发生转变，一直过冷至与 *Ms* 线相交，随后继续冷至室温，过冷奥氏体转变产物为马氏体和残留奥氏体，硬度为 55～65HRC。过冷奥氏体向马氏体的转变不能完全进行到底，总有一部分奥氏体未能转变而被保留下来，这部分奥氏体称为残留奥氏体，用符号 A′（或 $A_{残}$）表示。v_k 与等温转变曲线在拐弯处相切，表示全部获得马氏体组织的最小冷却速度。

5. 过冷奥氏体向马氏体的转变

当冷却速度大于 v_k 时，奥氏体很快地被过冷到 *Ms* 温度以下，此时温度极低，过冷度很大，转变很快，故铁、碳原子无法进行扩散，只是依靠铁原子进行短距离移动来完成晶格的改组，而过饱和的碳来不及以渗碳体形式在 α-Fe 中析出，结果奥氏体直接转变成碳在 α-Fe 中的过饱和固溶体，即马氏体，以符号 M 表示。

马氏体的形态有两种：片状马氏体和板条马氏体。马氏体的形态主要取决于奥氏体的含碳量，若 $w(C)>1.0\%$ 时，基本为片状；若 $w(C)<0.20\%$ 时，一般为板条状；若 $w(C)=0.20\%\sim1.0\%$，则为片状和板条状的复合组织。

片状马氏体的立体形态呈双凸透镜状，由于在显微镜下所看到的是金相表面上的马氏体截面形态，故呈针状。在一个奥氏体晶粒内，最先形成的马氏体针较为粗大，往往贯穿整个奥氏体晶粒，而后形成的马氏体因不能穿越先形成的马氏体，所以越是后形成的马氏体，尺寸越小，因而整个组织中马氏体针长短不一（见图 2-24a）。片状马氏体显微组织如图 2-24a 所示。一般共析钢和过共析钢在正常加热温度下淬火，马氏体组织非常细小，在光学显微镜下不易看清形态，通常称为隐针马氏体。

a)

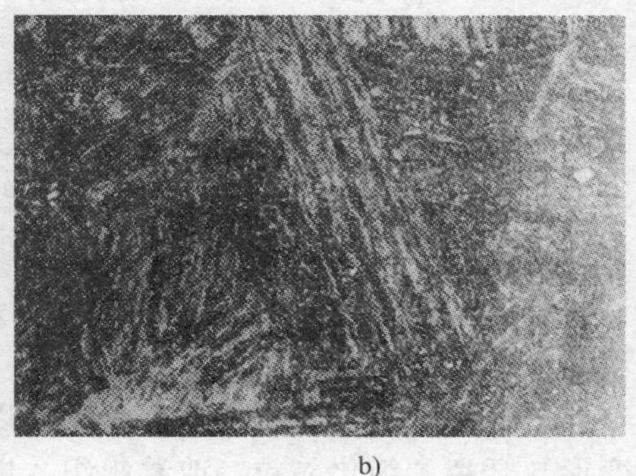

b)

图 2-24　马氏体的显微组织

a）片状马氏体显微组织　b）板条马氏体的显微组织

板条马氏体的立体形态呈椭圆形截面的细长条状，许多尺寸大致相同的马氏体定向互相平行排列，构成一个马氏体束或马氏体群。在一个奥氏体晶粒内，可形成几个位向不同的马氏体束，如图 2-24 所示。板条马氏体的显微组织在金相表面呈现为一束束细长板条状组织，如图 2-24b 所示。

马氏体的硬度随着马氏体含碳量的增加而提高，但当 $w(C)>0.6\%$ 以后，硬度的提高就不明显了，如图 2-25 所示。使马氏体硬度提高的主要原因是过饱和碳引起的畸变以及马氏体转变过程中产生大量晶体缺陷综合作用的结果。

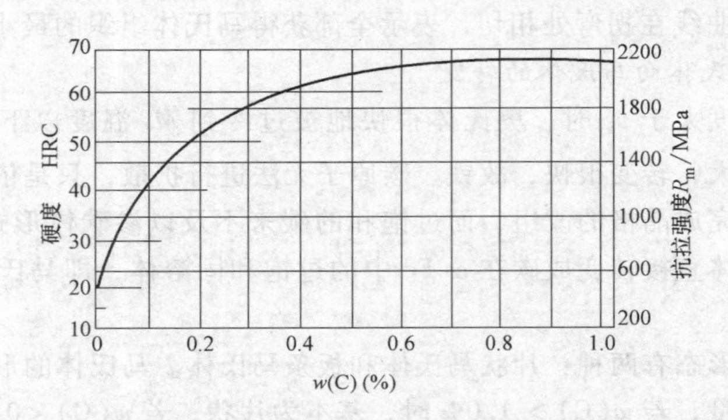

图 2-25　马氏体的强度和硬度与含碳量的关系

马氏体的塑性和韧性也与其含碳量有关。片状马氏体由于碳在马氏体中过饱和程度大，晶格畸变严重以及存在着较大内应力等原因，故塑性、韧性差；而板条马氏体具有较好的塑性和韧性。因而生产中已使用低碳钢或低碳合金钢来制造零件，经过淬火后获得具有良好强韧性的低碳马氏体组织，这对节约钢材，减轻机械质量和延长使用寿命等都有重要意义。

三、钢的常用热处理工艺方法

1. 钢的退火与正火

退火和正火是应用很广泛的热处理工艺，在机器零件或工模具等的加工制造过程中，经常作为预备热处理工序被安排在工件毛坯生产之后，切削（粗）加工之前，用以消除前一工序带来的某些缺陷，并为后一工序作好组织准备。对于少数铸件、焊件及一些性能要求不高的工件，也可作为最终热处理。

（1）钢的退火　退火是将钢件加热到适当温度，保温一定时间，然后缓慢冷却的热处理工艺。

退火的目的：降低钢件的硬度，以利于切削加工。消除残留应力，以防钢件变形与开裂。细化晶粒，改善组织，以提高钢的力学性能，并为最终热处理做好组织准备。

根据钢的成分和退火的目的、要求不同，退火又可分为完全退火、不完全退

火、球化退火、扩散退火、再结晶退火和去应力退火等。各种退火的加热温度范围和工艺曲线如图 2-26 所示。

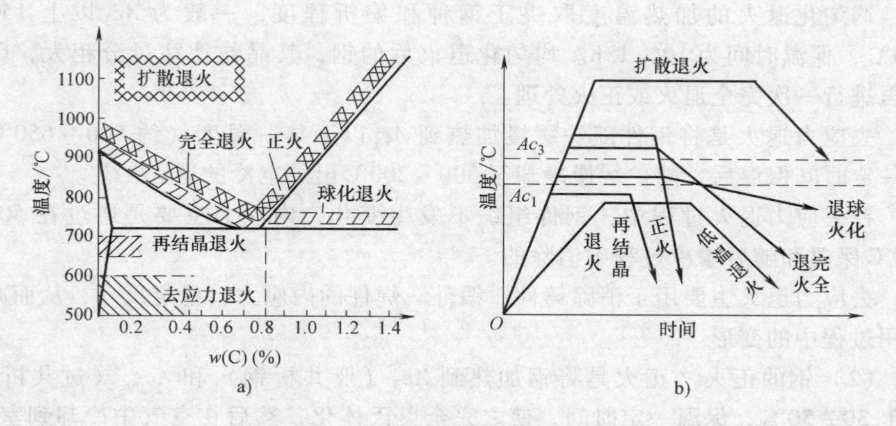

图 2-26 各种退火的加热温度范围和工艺曲线

a）加热温度范围 b）工艺曲线

完全退火是将钢件完全奥氏体化，随后缓慢冷却，获得接近平衡状态组织的退火工艺。在实际生产中，为提高生产率，在冷却至 500℃ 左右时可以将工件出炉空冷。

完全退火主要用于亚共析成分的各种碳钢和合金钢的铸件、锻件、热轧型材和焊接件的退火。它不能用于过共析钢，因为加热到 Ac_{cm} 温度以上，在随后缓冷过程中，二次渗碳体会以网状形式沿奥氏体晶界析出，严重地削弱了晶粒与晶粒之间的结合力，使钢的强度和韧性大大降低。

等温退火是将钢件加热到 Ac_3（或 Ac_1）温度以上，保温一定时间以较快的速度冷却到 Ar_1 以下某一温度，并在此温度等温停留，使奥氏体转变为珠光体型组织，然后在空气中冷却的退火工艺。

等温退火不仅可大大缩短退火时间，而且由于组织转变时工件内外处于同一温度，故能得到均匀的组织和性能。等温退火主要用于处理高碳钢、合金工具钢和高合金钢。

球化退火是将过共析钢或共析钢件加热至 Ac_1 以上约 20～40℃，保温一定时间，然后随炉缓冷至室温，或者在略低于 Ar_1 的温度下保温之后再出炉空冷的退火工艺。

过共析钢和合金工具钢热加工后，组织中常出现粗片状珠光体和网状渗碳体，增加了钢的硬度和脆性，使切削加工性能变坏，且淬火时易产生变形和开裂。为了消除过共析钢的这些缺陷，在热加工之后，必须进行一次球化退火。

均匀化退火　均匀化退火是将金属铸锭、铸件或锻坯加热到高温，在此温度长时间保温，然后缓慢冷却的退火工艺。其目的是减少铸件或锻造毛坯件的枝晶偏析和组织不均匀性。

均匀化退火的加热温度取决于钢种和偏析程度，一般为 Ac_3 以上 150～250℃，保温时间为 10～15h。均匀化退火后的钢，其晶粒往往过分粗大，因此需再进行一次完全退火或正火处理。

去应力退火是将钢件随炉缓慢加热到 Ac_1 以下某一温度（约 500～650℃），经一定时间保温后，随炉缓慢冷却至 300～200℃出炉空冷的退火工艺。

在去应力退火过程中，钢件组织不发生变化，内应力主要是通过在 500～650℃保温和随后缓冷过程中消除的。

去应力退火主要用于消除铸件、锻件、焊件的内应力，稳定尺寸，从而减小使用过程中的变形。

（2）钢的正火　正火是将钢加热到 Ac_3（亚共析钢）和 Ac_{cm}（过共析钢）以上 30～50℃，保温一定时间，使之完全奥氏体化，然后在空气中冷却到室温，以得到珠光体组织的热处理工艺。

正火目的为：

1）作为最终热处理。对某些受力较小、性能要求不高的零件，正火可以作为最终热处理。正火可以细化晶粒，使组织均匀化，减少亚共析钢铁素体的含量，使珠光体含量增多并细化，从而提高强度、硬度和韧性。

2）作为预备热处理。可用于中碳钢和合金结构钢制作的较重要零件的预备热处理。截面较大的结构钢件，在淬火或调质前魏氏体组织和带状组织，并获得细小而均匀的组织。

3）改善切削加工性。低碳钢和低碳合金钢经退火后，因组织中铁素体含量过多，硬度偏低，在切削加工时易产生粘刀现象，使表面粗糙度值增大。采用正火处理后可得到细小的珠光体组织，提高硬度（140～190HB），从而改善切削加工性能。

4）消除网状渗碳体为球化退火做好组织准备。由于正火加热温度高于 Ac_{cm}，冷却速度又较大，所以渗碳体来不及沿奥氏体晶界呈网状析出。正火还可以细化片状珠光体组织，更有利于渗碳体球化。

由于正火的生产周期短，设备利用率高，因此成本较低，在生产中应用广泛。

（3）退火和正火的选用　退火与正火的主要区别是：正火的冷却速度比退火稍快，过冷度较大；正火后所得到的组织比较细，强度和硬度比退火高一些。

生产上退火和正火工艺的选择应当根据钢种，冷、热加工工艺，零件的使用性能及经济性综合考虑。

从切削加工性上考虑。金属的最佳切削加工硬度为 170～230HB。低、中碳结构钢及低合金结构钢选用正火作为预备热处理较为合适，高碳结构钢和工具钢应用退火为好，中碳以上的合金钢也选用退火。

从使用性能上考虑。如果工件受力不大，性能要求不高，不必进行淬火、回火，可用正火提高钢的力学性能。

从经济成本上考虑。正火比退火生产周期短，设备利用率高，操作简单，工艺成本低，在钢的使用性能和工艺性能能够满足的条件下，应尽可能用正火代替退火。

2. 钢的淬火

淬火是将钢件加热到 Ac_3（亚共析钢）或 Ac_1（共析钢和过共析钢）以上某一温度，保温一定时间，然后以适当速度冷却获得马氏体（或贝氏体）组织的热处理工艺。

淬火的主要目的是获得马氏体或贝氏体组织，然后与适当的回火工艺相配合，以得到零件所要求的性能。淬火与回火是强化钢材的重要热处理工艺方法。

(1) 淬火加热温度的选择　碳钢的淬火加热温度可根据 $Fe-Fe_3C$ 相图来选择（见图 2-27）。亚共析钢淬火加热温度一般在 Ac_3 以上 30～50℃，可得到全部细晶粒的奥氏体组织，淬火后为均匀细小的马氏体组织。若加热温度在 Ac_1～Ac_3 之间，此时组织为铁素体和奥氏体，淬火后的组织为铁素体和马氏体，由于铁素体的存在，不仅会降低淬火后的硬度，而且回火后钢的强度也较低，故不宜采用。若加热温度过高，奥氏体晶粒粗化，淬火后得到粗大的马氏体，使钢的性能变差，同时也增加淬火应力，使变形和开裂倾向增大。

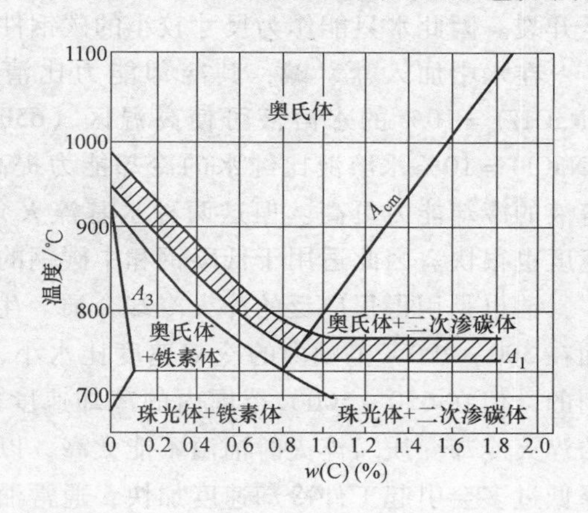

图 2-27　碳钢的淬火加热温度范围

共析钢和过共析钢适宜的淬火加热温度为 Ac_1 以上 30～50℃，此时的组织为奥氏体或奥氏体与渗碳体，淬火后得到细小的马氏体或马氏体与少量渗碳体。由于渗碳体的存在，提高了淬火钢的硬度和耐磨性。若加热温度在 Ac_{cm} 以上，渗碳体全部溶解于奥氏体中，提高了奥氏体中碳的质量分数，使 Ms 温度下降，淬火后奥氏体量增多，使硬度降低。同时，由于加热温度过高，奥氏体晶粒易长大，淬火后得到粗大马氏体，使钢的性能变差；若淬火加热温度过低，得到的是非马氏体组织，没有达到淬火目的。

(2) 淬火冷却介质　淬火时，为了保证奥氏体转变为马氏体，又不至于造成零件的变形和开裂，必须选择适当的淬火冷却介质。由等温转变图可知，理想的淬火冷却介质在冷却过程中应满足以下要求：在650℃以上时，由于过冷奥氏体稳定，故冷却速度可慢一些，以便减小零件内外温差引起的热应力，防止变形。

在650～500℃之间时，由于过冷奥氏体很不稳定（尤其是C曲线拐弯处），故在此温度区间要快速冷却，冷却速度应大于该钢种的马氏体临界冷却速度，使过冷奥氏体在650～500℃之间不至于发生分解而形成珠光体。在300～200℃之间，此时过冷奥氏体已进入马氏体转变区，故要求缓慢冷却，否则由于相变应力易使零件产生变形，甚至开裂。

常用的淬火冷却介质有水，盐或碱的水溶液及油。水是应用最广泛的淬火冷却介质。这是由于水价廉易得，且具有较强的冷却能力。但水的冷却特性并不理想，因为在需要快冷的650～500℃范围内，它的冷却速度较小；而在300～200℃需要慢冷时，它的冷却速度比所需求的要大，这样易使零件产生变形，甚至开裂。因此水只能作为尺寸较小的碳钢件的淬火冷却介质。

在水中加入盐、碱，其冷却能力比清水更强。例如 $w(NaCl)=10\%$ 或 $w(NaOH)=10\%$ 的水溶液可使高温区（650～550℃）的冷却能力显著提高，$w(NaCl)=10\%$ 水溶液比纯水的冷却能力提高10倍以上，而 $w(NaOH)=10\%$ 水溶液的冷却能力更高。但这两种水基淬火介质在低温区（300～200℃）的冷却速度也很快。因此适用于低碳钢和中碳钢的淬火。

油也是用得很广泛的淬火冷却介质。生产中常用机油、变压器油和柴油等。油在300～200℃范围内的冷却速度比水小，这对减小零件的变形和开裂是很有利的，但在650～500℃范围内的冷却速度比水小得多，故只能用来作为合金钢的淬火冷却介质。淬火时油温不能太高，以免起火危及安全，并可避免油的黏度降低过多会引起工件冷却速度加快，通常油温控制在40～50℃。

为减少工件的变形，熔融状态的盐也常用作淬火介质，称作盐浴。其特点是沸点高，冷却能力介于水、油之间，常用于等温淬火和分级淬火，处理形状复杂、尺寸小、变形要求严格的工件等。

(3) 淬火方法　为了保证淬火质量，除正确选用淬火冷却介质外，还应采用合理的淬火方法。常用的淬火方法有：

1) 水冷（或油冷）淬火。水冷（或油冷）淬火是将工件加热至相变点以上某一温度，保温适当时间，然后在水（或油）中急速冷却的淬火方法，如图2-28①所示。此法操作简单，易于实现机械化和自动化。但水冷淬火工件变形开裂倾向大，而油冷淬火由于冷却速度小，故大件淬不硬。通常碳钢件在水中淬火，合金钢件在油中淬火。

2) 双介质淬火。双介质淬火是将工件奥氏体化后，先放入一种冷却能力强

的介质中，在工件还未达到该淬火介质的温度之前即取出，马上放入另一种冷却能力弱的介质中冷却，以进行马氏体转变，如图2-28②所示。例如先水淬后油冷、先水淬后空冷等。此法主要适用于中等形状复杂的高碳钢零件和尺寸较大的合金钢零件。

3）马氏体分级淬火。马氏体分级淬火是将工件奥氏体化后，放入温度稍高或稍低于*Ms*点的液态介质（盐浴或碱浴）中，保持适当时间，待工件的内外层都达到介质的温度后取出空冷，以获得马氏体组织的淬火工艺，如图2-28③所示。

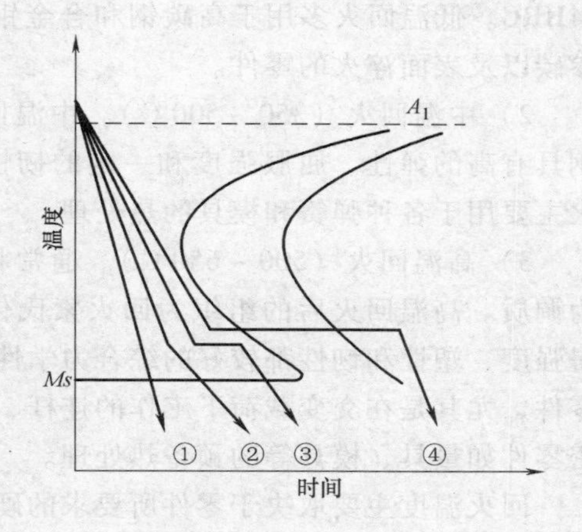

图2-28 常用淬火方法示意图
①水冷（或油冷）淬火 ②双介质淬火
③马氏体分级淬火 ④贝氏体等温淬火

马氏体分级淬火比双介质淬火易于控制，且能够减小工件的热应力，并缓和相变产生的组织应力，从而减少了淬火变形。它主要适用于尺寸较小，形状较复杂的工件。

4）贝氏体等温淬火。贝氏体等温淬火是将工件奥氏体化后，迅速放入温度稍高于该钢*Ms*点的硝盐浴（或碱浴）中，保温一定时间，使过冷奥氏体全部转变为下贝氏体，然后在空气中冷却的热处理方法，如图2-28④所示。

此法淬火应力与变形极小。且工件具有较高的韧性、塑性和耐磨性。但生产周期长，效率低，故主要用于各种高、中碳钢和低合金钢制作的、要求变形小且高韧性的小型复杂零件，如各种冷、热模具和成形刃具等的热处理。

3. 钢的回火

将淬火后的工件再加热到Ac_1点以下某一温度，保温一定时间，然后冷却到室温的热处理工艺称为回火。

回火是紧接着淬火后进行的一种操作，通常也是零件进行热处理的最后一道工序，所以它对产品最后所要求的性能起着决定性作用。淬火与回火常作为零件的最终热处理。

回火的目的是稳定工件组织和尺寸，消除或减少淬火内应力，提高钢的塑性和韧性，获得硬度、强度、塑性和韧性的适当配合，以满足不同工件的性能要求。

（1）回火温度

1）低温回火（150～250℃）。回火后的组织为回火马氏体。其目的是降低淬火应力和脆性，保持钢淬火后具有高的硬度和耐磨性。回火后硬度一般为58～

64HRC。低温回火多用于高碳钢和合金钢制作的刃具、量具、模具、滚动轴承、渗碳以及表面淬火的零件。

2）中温回火（350～500℃）。中温回火后组织为回火托氏体，其目的是使钢具有高的弹性、屈服强度和一定的韧性。回火后硬度为35～50HRC。中温回火主要用于各种弹簧和模具的热处理。

3）高温回火（500～650℃）。通常将淬火及高温回火的复合热处理工艺称为调质。高温回火后的组织为回火索氏体，硬度为25～35HRC。主要目的是获得强度、塑性和韧性都较好的综合力学性能。高温回火广泛用于各种重要的结构零件，尤其是在交变载荷下工作的连杆、螺栓、齿轮及轴类等，也可作为某些精密零件如量具、模具等的预备热处理。

回火温度主要取决于零件所要求的硬度范围。回火时间一般为1～3 h，具体时间要根据钢种、零件尺寸、装炉量等因素综合考虑确定，基本原则是保证工件热透以及组织转变充分。回火后的冷却方式对工件性能影响不大，大多采用在空气中冷却。

（2）回火脆性　淬火钢在某些温度区间回火或从回火温度缓慢冷却通过该温度区间时，冲击韧度显著下降的现象称为回火脆性。

几乎所有淬火后形成马氏体的钢，在300℃左右回火时都会出现第一类回火脆性。目前没有好的方法来完全消除第一类回火脆性，只有避开这个回火温度范围。

在500～650℃温度范围回火或经更高温度回火后缓慢冷却通过该温度区间所产生的脆性。由此可见，这类回火脆性与冷却速度有关，若回火时采用快速冷却则不出现回火脆性。

4. 钢的表面热处理

（1）表面淬火　许多机器零件，如齿轮、凸轮、曲轴等是在弯曲、扭转载荷下工作，同时受到强烈的摩擦、磨损和冲击。这时应力沿工件断面的分布是不均匀的，越靠近表面应力越大，越靠近心部应力越小。这种工件只需要一定厚度的表层得到强化，表面硬而耐磨，心部仍可保留高韧性状态。要同时满足这些要求，仅仅依靠选材是比较困难的，用普通的热处理也无法实现。这时可通过表面淬火的手段来满足工件的使用性能要求。

仅对钢的表面快速加热、冷却，把表层淬火成马氏体，心部组织不变的热处理工艺称为表面淬火。表面淬火的主要目的是使零件表面获得高硬度和高耐磨性，而心部仍保留足够的塑性和韧性。

根据加热方法不同，表面淬火可分为感应加热（高频、中频、工频）表面淬火、火焰加热表面淬火、电接触加热表面淬火、电解液加热表面淬火、激光加热表面淬火、电子束加热表面淬火等。工业上应用最多的为感应加热和火焰加热

表面淬火。

（2）化学热处理　化学热处理是将钢件置于一定温度的活性介质中保温，使介质中的一种或几种元素原子渗入工件表层，以改变钢件表层化学成分和组织，进而达到改变表面性能的热处理工艺。和表面淬火不同，化学热处理后的工件表面不仅有组织的变化，而且也有化学成分的变化。

化学热处理后的钢件表面可以获得比表面淬火更高的硬度、耐磨性和疲劳强度；心部具有良好的塑性和韧性的同时，还可获得较高的强度。通过适当的化学热处理还可使钢件具有减摩、耐蚀等特殊性能。因此，化学热处理工艺已获得越来越广泛的应用。

化学热处理的种类很多，根据表面渗入的元素不同，化学热处理可分为渗碳、渗氮、碳氮共渗、渗硼、渗金属等。

目前，生产上应用最广的化学热处理是渗碳、渗氮和碳氮共渗。

第四节　合金元素在钢铁材料中的作用

钢铁材料是铁碳为主的合金，不同的合金元素及含量对材料的组织和性能都有一定的影响。下面简要叙述几种常用合金对钢铁材料组织和性能的影响。

1）锅炉压力容器常用碳素钢中碳的质量分数一般不超过0.25%。除碳外，钢中还含有硅、锰、硫、磷、氮、氢、氧等杂质，这些杂质会对钢的性能产生影响。

2）锰的影响。一般认为锰在钢中是一种有益的元素。在碳钢中，锰的质量分数通常在0.25%～0.80%范围；在含锰合金钢中，锰的质量分数一般控制在1.0%～1.2%范围。

锰大部分溶于铁素体中，形成置换固溶体，并使铁素体强化；一部分锰也能溶于Fe_3C中，形成合金渗碳体；锰还能增加珠光体相对量，并使它变细，从而提高钢的强度。锰与硫化合成为MnS，以减轻硫的有害作用。当锰含量不多，在碳钢中仅作为少量杂质存在时，它对钢的性能影响并不显著。

3）硅的影响。硅在钢中也是一种有益的元素。在镇静钢（用铝、硅铁和锰铁脱氧的钢）中通常$w(\mathrm{Si})=0.10\%\sim0.40\%$；沸腾钢（只用锰铁脱氧的钢）中$w(\mathrm{Si})=0.03\%\sim0.07\%$。硅与锰一样，能溶于铁素体中，使铁素体强化，从而使钢的强度、硬度、弹性均提高，塑性、韧性均降低。硅也有一部分存在于硅酸盐夹杂中。当硅含量不多，在碳钢中仅作为少量杂质存在时，对钢的性能影响亦不显著。

4）硫的影响。硫主要以硫化铁的形式存在。硫化铁与铁形成熔点为985℃，低熔点共晶体，该共晶体分布于晶界上，当钢材在800～1200℃锻轧时，由于低熔点共晶体熔化而使钢材沿晶界开裂，即热脆。

为了避免热脆，钢中含硫量必须严格控制，对于锅炉压力容器专用钢板，硫的质量分数应不大于0.020%。

在钢中增加含锰量，可消除硫的有害作用。Mn与S形成熔点为1620℃的MnS，MnS高温时又有塑性，因此可避免热脆现象。

5）磷的影响。磷也是一种有害杂质。磷在钢中全部溶于铁素体中，虽可使铁素体的强度、硬度有所提高，但却使室温下钢的塑性、韧性急剧降低，并使脆性转化温度有所升高，使钢变脆，这种现象称为冷脆。

磷的存在也使焊接性能变坏，因此钢中含磷量要严格控制，锅炉压力容器专用钢材中磷的质量分数应不大于0.030%。

6）氮、氢、氧的影响。氮使钢耐蚀性下降，以及出现应变时效脆化。氧使钢强度、塑性降低，热脆现象严重，疲劳强度下降。氢会引起氢脆、延迟裂纹、白点等危险缺陷。

7）铬的影响。铬能提高钢的强度、硬度、耐磨性和耐蚀性，铬钢具有良好的综合力学性能，经淬火回火处理的铬钢，铬元素一般不降低其韧性。铬是决定不锈钢耐蚀性能的主要元素，钢中铬含量越高，其耐蚀性越好。通常，不锈钢的$w(Cr)>13\%$。

由于铬能提高铬镍调质钢和高铬高碳钢的淬透性，因此冷却时要防止由组织应力而产生裂纹。高铬钢（$w(Cr)>12\%\sim14\%$时）的导热性能很差，在热加工加热时应注意缓慢地升温，并有足够的保温加热时间。高铬钢在成型加工时，每次变形量要小些。

8）镍的影响。镍能使钢具有很高的强度、塑性和韧性。当$w(Ni)<20\%$时，其强度随镍含量的增高而增加，塑性随镍含量的增高而降低。当$w(Ni)>20\%$时，强度逐渐降低，但塑性提高。镍能提高钢的疲劳强度，减少钢对缺口的敏感性，降低钢的低温脆性转变温度。镍能够提高钢对大气、海水、酸（当$w(Ni)>15\%\sim20\%$时，对硫酸、盐酸均有很高的耐蚀能力）、碱、盐等耐蚀性能。

9）钼的影响。钼主要使钢具有耐热性和很高的高温力学性能。在结构钢中，钼的作用是消除回火脆性、细化晶粒，同时明显提高钢的淬透性，使横截面积较大的部件可以淬透、淬深。在含有导致回火脆性的元素，如锰钢、铬钢中加入钼，能防止和减少钢的回火脆性，提高冲击韧性。

10）钛的影响。钛是最好的脱氧剂和除气剂。若在钢中加入$w(Ti)=0.1\%\sim0.2\%$的钛，可加强熔炼时钢的精练作用，降低钢热处理的过热趋势。

钛能改善钢的热强性。在非合金钢和低合金钢中加入钛，能提高疲劳强度和

蠕变强度。$w(\mathrm{Cr})=4\%\sim6\%$ 的铬钢中加入钛后，能提高高温时的抗氧化性能。在不锈耐酸钢中加入钛，能避免晶界贫铬，减少晶间腐蚀倾向，提高钢的耐蚀性能和韧性，抑制钢在高温时晶粒长大倾向，改善钢的焊接性能。

11）钒的影响。钒在钢中的主要作用是细化晶粒，提高晶粒粗化温度，降低钢的过热敏感性，提高钢的强度和韧性。其次，钒能增加淬火钢的回火稳定性，并产生二次硬化效应。

12）钨的影响。钨的硬度和熔点都高，钨能增加钢的回火稳定性、热硬性和热强性，如在结构钢中加入 $w(\mathrm{W})=0.2\%\sim0.4\%$ 的钨，便能防止热处理时晶粒长大和粗大，降低回火脆性倾向，显著地提高钢的强度和韧性。

13）稀土元素的影响。钢中加入适量的稀土元素，能净化晶界上的杂质，提高钢的高温强度，还能改变钢中非金属夹杂物的形态，改善钢的塑性。

第五节　工业用金属材料

钢是国民经济中使用最广、用量最大的金属材料，是极为重要的基础材料。非合金钢价格低廉，便于冶炼，易于加工，是工业用钢中应用最广泛的钢材。但是，随着现代科学技术的发展，对钢铁材料提出了越来越高的要求。即使采用各种强化途径，如热处理、塑性变形等，非合金钢的性能在很多方面仍然不能满足要求。非合金钢主要存在以下不足：非合金钢的力学性能较低，屈强比低；非合金钢的淬透性低；现代工业对钢材提出了许多特殊性能要求。

在非合金钢基础上特意地加入一种或几种合金元素，使其使用性能和工艺性能得以提高的以铁为基的合金即为合金钢。正确地认识并合理使用合金钢，才能使其发挥出最佳效用。非合金钢和合金钢均为国民经济中广泛应用的材料。

一、钢的分类

钢是指碳的质量分数小于2.0%的铁-碳合金，在实际生产中钢的含碳量一般保持在1.5%以下。通常按钢中是否添加合金元素，将钢分为非合金钢和合金钢。

所谓合金元素是指特别添加到钢中为了保证获得所需要的组织结构、物理-化学和力学性能的化学元素。而由冶炼时所用原材料、冶炼方法和工艺操作等所带入钢中的化学元素，则称之为杂质。非合金钢中常见的杂质元素有锰、硅、硫、磷、氧、氮、氢等。而合金钢中常见的杂质元素有锰、硅、铬、镍、铜、钼、钨、硫、磷、氧、氮、氢等。同一合金元素既可能作为杂质又可能作为添加元素，若属于前者，则影响钢的质量；若属于后者，则决定钢的组织与性能。

合金钢是在化学成分上添加合金元素用以保证一定的生产和加工工艺以及所要求的组织与性能的合金。合金钢中所添加的个别元素量将高于这种元素视为杂质时的含量。若干合金元素（如 V、Nb、Ti、Zr 和 B）当其质量分数在 0.1%（B 为 0.001%）时，可能显著地影响钢的组织与性能，这类钢则称为微合金化钢。

国家标准 GB/T 13304.1—2008 和 GB/T 13304.2—2008 中已用“非合金钢”一词取代“碳素钢”，但由于许多技术标准是在新的国家标准钢分类实施之前制订的，所以为便于衔接和过渡，本书对非合金钢即碳素钢的介绍仍按原常规分类方法进行。

钢的分类方法很多，常用的分类方法如下。

1. 按钢中含碳量分类

（1）低碳钢　碳的质量分数 $w(C) \leqslant 0.25\%$ 的钢。

（2）中碳钢　碳的质量分数 $0.25\% < w(C) \leqslant 0.60\%$ 的钢。

（3）高碳钢　碳的质量分数 $w(C) > 0.60\%$ 的钢。

2. 按钢的质量等级（主要根据硫、磷质量分数）分类

（1）普通质量非合金钢　指生产中不规定需要特别控制质量要求的钢。

（2）优质非合金钢　指生产中需要特别控制质量的非合金钢。

（3）特殊质量非合金钢　指生产中需要特别严格控制质量和性能的非合金钢。

3. 按用途分类

（1）工程构件用钢　主要用于制作各种大型金属构件，如桥梁、船舶、屋架、车辆、锅炉、容器等工程构件，也称为工程用钢。常用的构件用钢有普通碳素钢，约占钢总产量的 70％。

（2）机器制造用钢　机器制造用钢是指用于制造各种机器零件，如轴类、齿轮、弹簧、轴承等所用的钢种。这类钢种包括调质钢、渗碳钢、弹簧钢、轴承钢、氮化钢等。

（3）工具钢　工具钢是用于制造各种加工工具的钢种，根据用途的不同，分为刃具钢、模具钢和量具钢三大类。按照化学成分的不同，又分为碳素工具钢、合金工具钢和高速钢三种。

（4）特殊性能钢　这些钢是具有特殊性能的钢种，包括不锈钢、耐热钢、超高强度钢、耐磨钢、磁钢等。

4. 按合金元素含量分类

1）低合金钢。合金元素的总含量 $w(Me) < 5\%$。

2）中合金钢。合金元素的总含量 $w(\mathrm{Me})=5\%\sim10\%$。

3）高合金钢。合金元素的总含量 $w(\mathrm{Me})>10\%$。

按照钢中主要合金元素的名称分为铬钢、锰钢、铬镍钢、铬锰硅钢等。

5. 按钢冶炼时的脱氧程度分类

1）沸腾钢。指脱氧不彻底的钢。

2）镇静钢。指脱氧彻底的钢。

3）半镇静钢。指脱氧程度介于沸腾钢和镇静钢之间的钢。

4）特殊镇静钢。指进行特殊脱氧的钢。

二、钢的编号或牌号表示方法

1. 碳素结构钢的编号（GB/T 221—2008）

我国现行的钢铁材料表示方法，是按照国家标准（GB/T 221—2008）规定，采用汉语拼音字母、化学符号和阿拉伯数字相结合的编排方法。

根据国家标准（GB/T 221—2008）规定，分为通用钢和专用钢两类。通用结构钢表示方法，由代表屈服强度的汉语拼音首字母（Q）、屈服强度的数值（单位 MPa）、质量等级符号（A、B、C、D）和脱氧方法符号四个部分按顺序排列组成。其中质量等级为 A 级的碳素结构钢中硫、磷的含量最高，D 级为碳素结构钢中硫、磷的含量最低；脱氧方法符号含义如下：F 表示沸腾钢，B 表示半镇静钢，Z 表示镇静钢，TZ 表示特殊镇静钢。

碳素结构钢的牌号有 Q195、Q215、Q235、Q255、Q275 等。这种钢的含碳量较低，而硫、磷等有害元素和其他杂质含量较多，故强度不够高。但塑性、韧性好、焊接性能优良、冶炼简便、成本低，使用时一般不进行热处理，通常作为工程用钢。

优质碳素结构钢。根据国家标准规定，优质碳素结构钢 $w(\mathrm{C})$ 一般在 0.05% ~0.9% 之间。与碳素结构钢相比，其硫、磷及其他有害杂质含量较少，因而强度较高，塑性和韧性较好。通常还需经过热处理进一步调整和改善其性能，因此应用最为广泛，适用于制造较重要的机器零件。

优质碳素结构钢的牌号用两位数表示，该数字表示钢中平均碳的质量分数为万分之几，如牌号 45 表示 $w(\mathrm{C})=0.45\%$。对于较高锰含量（$w(\mathrm{Mn})=0.7\%\sim1.2\%$）的优质碳素结构钢，则在对后加“Mn”表示，如 45Mn、65Mn 等。其性能比相应牌号的普通锰含量钢（$w(\mathrm{Mn})=0.35\%\sim0.80\%$）的优质碳素钢要好。平均含碳量为 $w(\mathrm{C})=0.08\%$ 的沸腾钢，表示为 08F。

碳素工具钢以符号 T 及后面的数字标识，其后以平均碳的质量分数为千分之几。含锰量较高的碳素工具钢，应将锰元素标出。高级优质钢末尾加 A，例如，T8MnA 表示平均 $w(C)=0.8\%$，$w(Mn)=0.4\%\sim0.6\%$ 的碳素工具钢。

2. 合金钢的编号（GB/T 221—2008）

我国合金钢的编号是按照合金钢中的含碳量及所含合金元素的种类和含量编制的。

含碳量一般以碳的平均质量分数的万分之几表示。例如平均含碳量 0.05%、0.1%、0.5% 等写成 5、10、50 等，如 40Cr。不锈钢、耐磨钢、高速钢等高合金钢，一般不标出。但如果几个钢的合金元素含量相同，仅含碳量不同，此时含碳量用千分之几表示。合金工具钢碳的平均质量分数大于或等于 1.00% 时，碳含量不标出，当小于 1.00% 时，以千分之几表示。

除铬轴承钢和低铬工具钢外，合金元素一律以平均含量计，平均含量小于 1.5% 时，牌号中仅标明元素，一般不标明含量。平均含量在 1.5% ~2.49%，2.5% ~3.49%，…，22.5% ~23.49% 等时，应相地写为 2、3、…、23 等。

为了避免铬轴承钢与其他合金钢表示方法的重复，其含碳量不标出，铬含量以千分之几表示，并以用途作为名称。例如，铬的平均质量分数为 1.5% 的铬轴承钢，其牌号写为“滚铬 15”或 GCr15。低铬合金工具钢的铬含量也以千分之几表示，但在含量前加个 0，例如铬的平均质量分数为 0.6% 的合金工具钢，其牌号为“铬 06”或 Cr06。

这些代表合金元素含量的数字，应与元素符号平排书写，如 20Cr2Ni4A。

易切削钢在牌号前冠以汉字易或符号 Y。各种高级优质钢则在牌号之后加高字或符号 A。特级优质钢则在牌号之后加符号 E。

合金工具钢的含碳量以千分之几表示，但当钢中 $w(C)>1.0\%$ 时，不再标出碳含量。如 Cr12MoV 钢的 $w(C)=1.2\%\sim1.4\%$，特殊性能钢与合金工具钢的表示方法相同。例如，06Cr13 表示 $w(C)\leqslant0.08\%$，$w(Cr)=2.5\%\sim13.5\%$ 的不锈钢。

三、常用金属材料

用来制造工程结构件及机械零件的钢称为结构钢。它是工业用钢中用途最广、用量最大的一类钢。

一般来说，工程构件的服役特点是不作相对运动，长期承受静载荷作用，有一定的使用温度和环境要求，如有的使用温度可达 250℃ 以上，有的则在寒冷（$-30\sim-40$℃）条件下工作、长期承受低温作用，通常在野外或海水条件下使用，承受大气或海水的侵蚀作用。

因此工程结构用钢所要求的力学性能是弹性模量大，以保证构件有更好的刚度；有足够抗塑性变形及抗破断能力；缺口敏感性及冷脆倾向性较小等。

1. 碳素结构钢

这类钢大部分用作钢结构，少量用作机器零件。由于其易于冶炼，工艺性能

好，价格低廉，在力学性能上一般能满足普通工程构件及机器零件的要求，所以工程上用量很大，约占钢总产量的 70% ~80%。它通常均轧制成钢板或各种型材供应，一般不经热处理强化。

根据国家标准 GB/T 700—2006，将碳素结构钢分为 Q195、Q215、Q235、Q255、Q275 五类。

碳素结构钢的牌号、化学成分、力学性能和用途举例见表 2-3。

表 2-3 碳素结构钢的牌号、化学成分、力学性能和用途

牌号	等级	质量分数(%)			力学性能			脱氧方法	应用举例
		C	S	P	R_{eH} /MPa	R_m /MPa	A_5 (%)		
Q195	—	≤0.12	≤0.04	≤0.045	195	315 ~390	≥33	F、Z	用于载荷不大的结构件、铆钉、垫圈、地脚螺栓、开口销、拉杆、螺纹钢、冲压件和焊接件等
Q215	A	≤0.15	≤0.050	≤0.045	215	335 ~450	≥31	F、Z	
	B		≤0.045						
Q235	A	≤0.22	≤0.050	≤0.045	235	370 ~500	≥26	F、Z	用于结构件、钢板、螺纹钢、型钢、螺栓、螺母、铆钉、拉杆、齿轮、轴、连杆等；Q235C、Q235D 可用作重要的焊接结构件等
	B	≤0.20	≤0.045						
	C	≤0.17	≤0.040	≤0.040				Z	
	D		≤0.035	≤0.035				TZ	
Q255	A	0.18 ~0.28	≤0.050	≤0.045	255	410 ~510	≥24	Z	强度较高，可用于承受中等载荷的零件，如键、链、拉杆、转轴、链轮、链环螺纹钢等
	B		≤0.045						
Q275	—	0.20 ~0.24	≤0.050	≤0.045	275	410 ~540	≥21	Z	

2. 低合金高强度结构钢

低合金高强度结构钢是在碳素结构钢的基础上，加入少量合金元素（一般 w(Me) <3%）发展起来的具有较高强度的工程结构钢。这类钢比碳素结构钢的强度提高 20% ~30% 以上，节约钢材 20 % 以上，从而可减轻构件自重、提高使用可靠性等。目前已广泛用于建筑、石油、化工、铁道、船舶等行业。

常用低合金高强度结构钢按其屈服强度的高低而分为 6 个级别：300、350、400、450、500、550 ~600MPa。其用途及特性见表 2-4。

Q345、Q420 是这类钢的典型牌号，分别属于 350MPa、450MPa 级别，多用于制作船舶、车辆、桥梁等大型钢结构。例如，主跨跨度为 216m、强度为300 ~450MPa 级的低合金结构钢均是在热轧状态或正火状态下使用，相应组织为铁素体 + 少量珠光体。

表 2-4　低合金高强度结构钢的用途及特性（摘自 GB/T 1591—2008）

牌号	主要用途	特　　性
Q295	钢中只有极少量的合金元素，强度不高，但有良好的塑性、冷弯、焊接及耐蚀性能	主要适用于制造汽车、机车车辆、建筑结构、桥梁、船舶、油罐、容器、冷变形钢、低温用钢、冲压件等
Q345	钢的强度较高，具有良好的综合性能和焊接性能	用于建筑结构、桥梁、压力容器、化工容器、重型机械、车辆、锅炉等
Q390	钢中加入 V、Nb、Ti 使晶粒细化，提高强度。具有良好的力学性能、工艺性能和焊接性能	适用于制造中、高压锅炉，高压容器、车辆、起重机械设备、汽车、大型焊接结构等
Q420	具有良好的综合性能和焊接性能	适用于制造大吨位船舶、高压容器、桥梁、电站设备等
Q460	强度高，在正火、回火或淬火 + 回火的状态下有很高的综合力学性能	适用于制造各种大型工程结构及要求强度高、载荷大的轻型结构中的部件

当强度级别超过 500MPa 时，其 F + P 组织很难达到要求，这时需在低碳钢中加入适量能延缓珠光体转变，而对贝氏体转变速度影响很小的元素，如 Mo、微量的 B 和 Cr 等，以保证空冷（正火）条件下得到大量下贝氏体组织，使 R_{eL} 显著提高，而仍具良好韧性和加工工艺性能。如 14CrMnMoVB，适用于制造受热 400 ~ 500℃ 的锅炉、高压容器等。

3. 不锈钢

用于制造在酸、碱、盐等腐蚀性环境下或在一定的温度条件下服役的各类机械零件的钢材，需要具有特殊的力学、物理、化学性能。这类零件常采用不锈钢或耐热钢。不锈钢和耐热钢在机械制造、石油、化工、仪表仪器、工业加热及国防工业等部门有着广泛的用途。

在化工机械设备中，许多机件在工作过程中与酸、碱、盐及腐蚀性气体和水蒸气直接接触，使机件产生腐蚀而失效。因此，用于制造这些机件的钢除了应满足力学性能及加工工艺性能要求之外，还必须具有良好的抗腐蚀性能。

不锈钢是指在大气和弱腐蚀介质中有一定耐蚀能力的钢，而在各种强腐蚀介质如酸中耐腐蚀的钢称为耐酸钢。

按正火状态的组织分类，通常可将不锈钢分为马氏体型不锈钢、铁素体型不锈钢、奥氏体型不锈钢三类。常用不锈钢的牌号、化学成分、力学性能及用途见表 2-5。

(1) 马氏体型不锈钢　典型的马氏体型不锈钢有 $w(Cr) = 13\%$ 的 Cr13 型不锈钢及 95Cr18 不锈钢。在马氏体型不锈钢中，当基体 $w(Cr) > 11.7\%$ 时，能在阳极区域基体表面形成一层富 Cr 的氧化物保护膜。这层膜会阻碍阳极区域反应，并增加其电极电位，使基体化学腐蚀过程减缓，从而使含 Cr 不锈钢具有一

表 2-5 常用不锈钢的牌号、化学成分、力学性能及用途

类别	牌号	化学成分 w(%)								力学性能				用途举例
		C	Si	Mn	P	S	Ni	Cr	其他	R_{eL} /MPa	R_m /MPa	A (%)	HBW	
奥氏体型	06Cr19Ni10	≤0.08	≤1.00	≤2.00	≤0.045	≤0.030	8.00~11.00	18.00~20.00		≥206	≥520	≥40	≤187	食品用设备，一般化工设备，原子能工业用钢
	06Cr18Ni11Ti	≤0.08	≤1.00	≤2.00	≤0.045	≤0.030	9.00~12.00	17.00~19.00	Ti≥5C	≥206	≥520	≥40	≤187	医疗器械，耐酸容器及设备衬里、输送管道等
铁素体型	10Cr17 Mo	≤0.12	≤1.00	≤1.00	≤0.040	≤0.030		16.00~18.00	w(Mo)=0.75~1.25	≥206	≥451	≥22	≤183	比 10Cr17 抗盐溶液性强，用作汽车外装材料
	10Cr17	≤0.12	≤1.00	≤1.00	≤0.040	≤0.030		16.00~18.00		≥206	≥451	≥22	≤183	重油燃气部件、家用电器部件
马氏体型	12Cr13	0.08~0.15	≤1.00	≤1.00	≤0.040	≤0.030	(0.60)	11.50~13.50		≥343	≥539	≥25	≥159	一般用途刃具
	20Cr13	0.16~0.25	≤1.00	≤1.00	≤0.040	≤0.030	(0.60)	12.00~14.00		≥441	≥637	≥20	≥192	汽轮机叶片

定的耐蚀性能。由于马氏体型不锈钢只有 Cr 进行单一的合金化，它们只在氧化性介质如在水蒸气、大气、海水、氧化性酸中有较好的耐蚀性，在非氧化性介质如盐酸、碱溶液等中不能获得良好的钝化状态，耐蚀性很低。

Cr13 型不锈钢中含碳量较低的 06Cr13、12Cr13、20Cr13 具有良好的力学性能，可进行深弯曲、卷边及焊接成型，但其切削性能较差，主要用于制造不锈钢的结构件如汽轮机叶片等。而 30Cr13 及 40Cr13 钢的含碳量较高，其强度、硬度均高于 20Cr13，但变形及焊接性能比 20Cr13 差，主要用于制造要求高硬度的医疗工具、餐具及不锈钢轴承等工件。

95Cr18 是一种高碳不锈钢，经淬火及低温回火处理后，其硬度值通常大于 55HRC，适于制造优质刀具、外科手术刀及耐蚀轴承。

30Cr13、40Cr13 和 95Cr18 钢制作的零件，需要较高的强度、硬度和耐磨性，所以在 200～300℃低温回火后使用。马氏体不锈钢有回火脆性，回火后应快冷。另外，马氏体不锈钢在 400～600℃回火后，易出现应力腐蚀开裂。

（2）铁素体型不锈钢　铁素体型不锈钢的成分特点是含碳量低而含铬量高。其碳的质量分数一般小于 0.25%，铬的质量分数为 13%～30%，有时还加入其他合金元素。

铁素体型不锈钢的金相组织主要是铁素体，加热及冷却过程中没有 $\alpha \rightarrow \gamma$ 转变，不能用热处理进行强化。当加入合金元素 Mo 时，则可在有机酸及含氯离子的介质中有较强的抗蚀性。同时，它还具有良好的热加工性。铁素体型不锈钢主要用来制作要求较高的耐蚀性而强度要求较低的构件，广泛用于制造硝氮肥等设备和化工使用的管道等。

铁素体型不锈钢的主要缺点是韧性低、脆性大。其主要原因有以下几方面。

1）晶粒粗大。铁素体型不锈钢在加热和冷却时不发生相变，粗大的铸态组织只能通过压力加工碎化，而无法用热处理来改变它。当温度超过 900℃时，晶粒将显著粗化。

2）475℃脆性。铁素体型不锈钢在 350～500℃之间长时间停留加热及冷却，将会导致脆化，强度升高，而塑性、韧性急剧降低。在 475℃发展最快，这种脆化现象最为明显，因而称 475℃脆性。

3）σ 相脆性。铁素体型不锈钢在 550～850℃长时间停留时，将从铁素体中析出高硬度的 σ 相（FeCr），并伴随有很大的体积变化，且 σ 相常常沿晶界分布，因此导致钢有很大的脆性。

（3）奥氏体型不锈钢　奥氏体型不锈钢是克服了马氏体型不锈钢耐蚀性不足和铁素体型不锈钢脆性过大而发展起来的。主要含有 Cr、Ni 合金元素，因而又称铬镍不锈钢，奥氏体型不锈钢中碳的质量分数很低，大多在 0.10% 以下。此类钢在常温下通常为单相奥氏体组织。其强度、硬度较低（135HBW 左右），

无磁性，塑性、韧性及耐蚀性均比马氏体不锈钢要好。奥氏体型不锈钢较适宜作冷成型。其焊接性能也较好，一般可采用冷加工变形强化措施来提高其强度及硬度。与马氏体型不锈钢相比，其切削加工性能较差，当碳化物在晶界析出时，还会产生晶间腐蚀现象，应力腐蚀倾向也较大。

为了提高奥氏体型不锈钢的性能，常用的热处理方法有固溶处理、稳定化处理及去应力处理。

固溶处理是奥氏体型不锈钢加热至单一奥氏体状态后，若以缓慢的速度进行冷却，在冷却过程中，奥氏体将会析出 $(Cr, Fe)_{23}C_6$ 碳化物，并发生奥氏体向铁素体转变。因此缓冷至室温时，将获得 $A+F+(Cr, Fe)_{23}C_6$ 混合组织，而并非单相奥氏体组织，而使其耐蚀性能降低。为保证奥氏体型不锈钢具有最为良好的耐蚀性能，必须设法使它获得单相奥氏体组织。在生产上常用的方法是进行固溶处理，即将钢加热至1050～1150℃，让所有碳化物溶于奥氏体中，然后快速冷却（水冷），使奥氏体在冷却过程中来不及析出碳化物或发生相变，冷却后，钢在室温状态下将呈单相奥氏体组织。

稳定化处理是针对含 Ti 的奥氏体型不锈钢进行的，在固溶处理后，由于碳化物消失，碳全部固溶在奥氏体中，使奥氏体呈过饱和状态。一旦在使用过程中受热至550～800℃较长时间，将会促进碳化物在晶界析出，使晶界处于贫 Cr 状态，在接触电解质溶液时将会导致沿晶界腐蚀的现象，即晶间腐蚀，而 Ti 正是为消除晶间腐蚀而特意添加的合金元素。稳定化处理的目的是彻底消除晶间腐蚀。

稳定化处理的加热温度通常为850～880℃，保温后空冷或炉冷。

经过冷塑性变形或焊接的奥氏体型不锈钢都会存在残留应力，如果不设法将应力消除，工件在工作过程中将会引起应力腐蚀，降低性能而导致早期断裂。

对于消除冷塑性变形而引起的残留应力，常用的方法是将钢件加热到300～350℃，保温后空冷。

为了消除焊接而引起的残留应力，宜将钢件加热至850℃以上，保温后慢冷。这样可同时起到减轻晶间腐蚀倾向的作用。因为当将钢加热至850℃以上，$(Cr, Fe)_{23}C_6$ 将完全溶解，并且通过扩散使晶界处存在的贫 Cr 区消失，晶间腐蚀的倾向可减轻。

4. 耐热钢

在发动机、化工、航空等部门，有很多零件是在高温下工作的，要求具有高的耐热性。

钢的耐热性包括高温抗氧化性和高温强度。金属的高温抗氧化性是指金属在高温下对氧化作用的抗力，而高温强度是指钢在高温下承受机械负荷的能力。所以，耐热钢既要求高温抗氧化性能好，又要求高温强度高。

金属的高温抗氧化性，通常主要取决于金属在高温下与氧接触时，表面能形成致密且熔点高的氧化膜，以避免金属的进一步氧化。一般碳钢在高温下很容易氧化，这主要是由于在高温下钢的表面生成疏松多孔的氧化亚铁（FeO），容易剥落，而且氧原子不断地通过 FeO 扩散，使钢继续氧化。

为了提高钢的抗氧化性能，一般采用合金化方法，加入铬、硅、铝等元素，使钢在高温下与氧接触时，在表面上形成致密的高熔点的 Cr_2O_3、SiO_2、Al_2O_3 等氧化膜，牢固地附在钢的表面，使钢在高温气体中的氧化过程难以继续进行。当钢中加入质量分数为 15% 的 Cr 时，其抗氧化温度可达 900℃；当钢中加入质量分数为 20%～25% 的 Cr 时，其抗氧化温度可达 1100℃。

金属在高温下所表现出的力学性能与在室温下大不相同。在室温下的强度值与载荷作用的时间无关，但金属在高温下，当工作温度大于再结晶温度、工作应力大于此温度下的弹性极限时，随时间的延长，金属会发生极其缓慢的塑性变形，这种现象叫作蠕变。

在高温下，金属的强度是用蠕变强度和持久强度来表示的。蠕变强度是指金属在一定温度下，一定时间内，产生一定变形量所能承受的最大应力。而持久强度是指金属在一定温度下，一定时间内，所能承受的最大断裂应力。工业上通常把在高温下能承受一定压力并具有抗氧化或耐蚀能力的钢称为耐热钢。常用耐热钢的牌号、化学成分、力学性能及用途举例见表 2-6。

5. 铸铁

铸铁是人类使用最早的金属材料之一。到目前为止，铸铁仍是一种被广泛应用的金属材料。从工业生产中使用金属材料的数量来看，铸铁的使用量仅次于钢材。例如，按质量统计，在机床中铸铁件约占 60%～90%，在汽车、拖拉机中铸铁件约占 50%～70%。因此，铸铁是国民经济中重要的基础材料。

铸铁是碳的质量分数大于 2.11%（一般为 2.5%～4.0%）的铁碳合金。它是以铁、碳、硅为主要组成元素，并含有比碳钢多的锰、硫、磷等杂质的多元合金。为了提高铸铁的力学性能或物理和化学性能，还可加入一定量的铬、钼、铜、钒、铝等合金元素，得到合金铸铁。

(1) 铸铁的石墨化　铸铁中石墨的形成过程称为石墨化。在铁碳合金中，碳可以两种形式存在，即渗碳体和石墨（用符号 G 表示）。

当铁碳合金的含碳量比较高时，渗碳体相很不稳定，在一定的条件下会分解为游离状态的石墨，即 $Fe_3C \rightarrow 3Fe + C$。这是因为石墨是一个稳定的相。熔融状态的铁液，根据其冷却速度，既可以从液相中或奥氏体中直接析出渗碳体，也可从其中直接析出石墨。析出石墨的可能性不仅与冷却速度有关，而且与硅含量有关。具有相同化学成分（铁、碳、硅三种元素）的铁液冷却时，冷却速度越慢，析出石墨的可能性越大；反之，则析出渗碳体的可能性就越大。

表 2-6 常用耐热钢的牌号、化学成分、力学性能及用途举例

类别	牌号	化学成分 w(%)									力学性能				用途举例
		C	Si	Mn	P	S	Ni	Cr	Mo	其他	R_{eL}/MPa	σ_b/MPa	δ(%)	HBW	
奥氏体型	06Cr19Ni10	≤0.08	≤1.00	≤2.00	≤0.045	≤0.030	8.00~11.00	18.00~20.00			206	520	40	≤187	可在 870℃ 以下反复加热
奥氏体型	4Cr14Ni14W2Mo	0.04~0.50	≤0.80	≤0.70	≤0.040	≤0.030	13.00~15.00	13.00~15.00	0.25~0.40	W2.00~2.75	314	706	20	≤248	内燃机重载荷排气阀
铁素体型	06Cr13Al	≤0.08	≤1.00	≤1.00	≤0.040	≤0.030		11.50~14.50		Al0.10~0.30	177	412	20	≥183	燃气透平压缩机叶片，退火箱，淬火台架
铁素体型	10Cr17	≤0.12	≤1.00	≤1.00	≤0.040	≤0.030		16.00~18.00			206	451	22	≥183	900℃以下耐氧化部件散热器，炉用部件，油喷嘴
马氏体型	12Cr5Mo	≤0.15	≤0.50	≤0.60	≤0.040	≤0.030	≤0.60	4.00~6.00	0.40~0.60		392	588	18		锅炉吊架，蒸汽轮机气缸衬套，泵、阀零件，高压加氢设备部件
马氏体型	12Cr13	0.08~0.15	≤1.00	≤1.00	≤0.040	≤0.030	(0.60)	11.50~13.50			343	539	25	≥159	耐氧化用部件(800℃以下)

根据铁碳相图（见图2-29），在极为缓慢的冷却条件下，铸铁的石墨化过程基本上可分以下两个阶段。

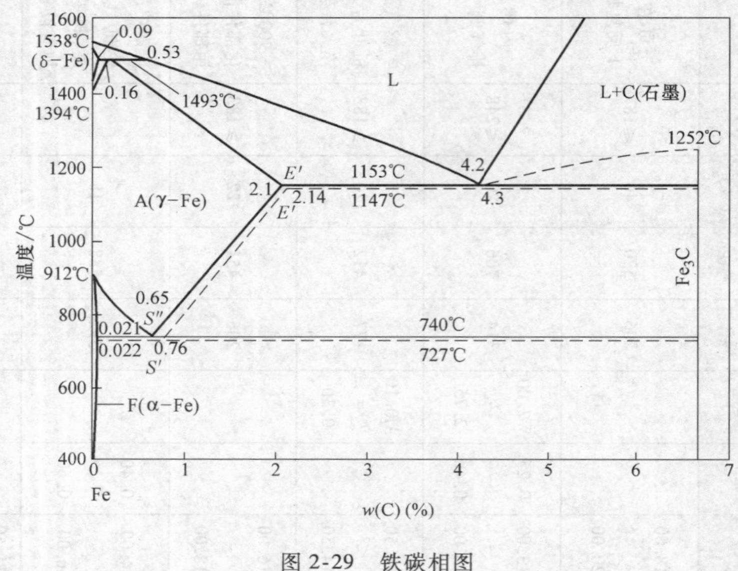

图2-29　铁碳相图

第一阶段，即液相至共晶结晶阶段。包括从过共晶成分的液相中直接结晶出一次石墨和共晶成分的液相结晶出奥氏体加石墨；以及由一次渗碳体在高温退火时分解为奥氏体加石墨。

第二阶段，即共晶至共析转变之间阶段。包括奥氏体冷却时沿着 *ES* 线析出的二次石墨，奥氏体在共析转变时形成的共析石墨。若析出渗碳体，则渗碳体在共析温度附近及以下温度将分解形成石墨。第二阶段石墨化形成的石墨大多附加在已有的石墨片上。

（2）铸铁的分类　根据碳在铸铁中存在的形式及断口的颜色可以将铸铁分为白口铸铁、麻口铸铁和灰铸铁。

1）白口铸铁。碳除少量溶入铁素体外，其余的碳都以渗碳体的形式存在于铸铁中，其断口呈银白色，故称白口铸铁。$Fe\text{-}Fe_3C$ 相图中的亚共晶、共晶、过共晶合金即属于这类铸铁。图2-30所示为亚共晶白口铁和过共晶白口铁的组织形貌。

这类铸铁组织中都存在着共晶莱氏体，性能硬而脆，很难切削加工，所以很少直接用来制造各种零件。但有时也利用它硬而耐磨的特性，如铸造出的表面有一定深度的白口层。中心为灰口组织的铸铁，称为冷硬铸铁件。冷硬铸铁件常用于一些要求高耐磨的工件，如轧辊、球磨机的磨球及犁铧等。目前，白口铸铁主要用作炼钢原料和生产可锻铸铁的毛坯。

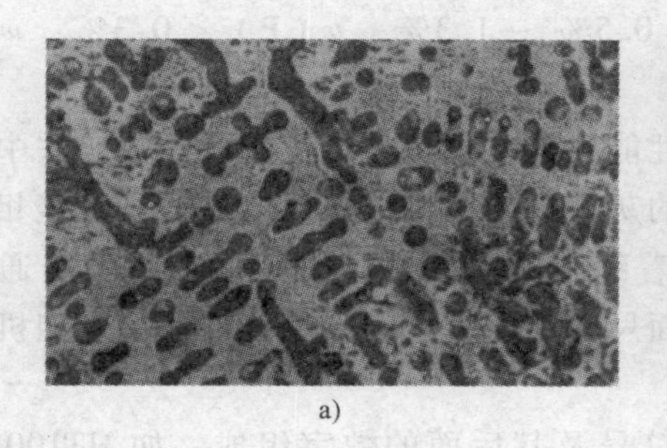

a)

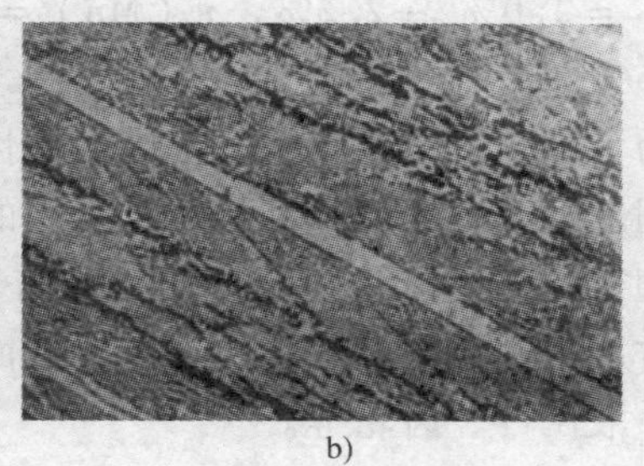

b)

图 2-30　亚共晶白口铁和过共晶白口铁的组织形貌

a）亚共晶白口组织　b）过共晶白口组织

2）麻口铸铁。碳中的一小部分以石墨形式存在，大部分以渗碳体形式存在。断口上呈黑白相间的麻点，故称麻口铸铁。这类铸铁也具有较大的硬脆性，故工业上很少应用。

3）灰铸铁。碳全部或大部分以片状石墨形式存在。灰铸铁断裂时，裂纹沿着各个石墨片延伸，因而断口呈暗灰色，故称为灰铸铁。工业上的铸铁大多属于这一类，其力学性能虽然不高，但生产工艺简单，价格低廉，故在工业上获得了广泛使用。

根据铸铁中石墨形态，可将铸铁分为灰铸铁、可锻铸铁、球墨铸铁和蠕墨铸铁。

1）灰铸铁。铸铁中石墨呈片状存在。

2）可锻铸铁。铸铁中石墨呈团絮状存在，其力学性能（特别是韧性和塑性）比灰铸铁高。

3）球墨铸铁。铸铁中石墨呈球状存在，它不仅力学性能比灰铸铁高，而且还可通过热处理进一步提高其力学性能，所以在生产中的应用非常广泛。

4）蠕墨铸铁。是 20 世纪 70 年代发展起来的一种新型铸铁，石墨形态介于片状与球状之间，呈蠕虫状，故性能也介于灰铸铁与球墨铸铁之间。

根据化学成分可将铸铁分为普通铸铁和合金铸铁。

1）普通铸铁。是指含有常规元素的铸铁，包括灰铸铁、可锻铸铁、球墨铸铁及蠕墨铸铁。

2）合金铸铁。又称特殊性能铸铁，是向普通铸铁中加入一定量的合金元素，如铬、镍、铜、钼、铝等制成具有某种特殊或突出性能的铸铁。

(3) 灰铸铁　在铸铁的总产量中，灰铸铁件要占 80% 以上，是应用最多的铸铁。铸铁的化学成分是决定石墨化的主要因素，它对铸铁的组织和性能有很大影响。铸铁中的碳、硅是促进石墨化的元素，故可调节组织；磷是控制使用的元素；硫是应限制的元素。灰铸铁的化学成分范围一般为：$w(\mathrm{C})=2.7\%\sim3.6\%$，

w(Si) = 1.0% ~ 2.2%，w(Mn) = 0.5% ~ 1.3%，w(P) < 0.3%，w(S) < 0.15%。

为了细化灰铸铁组织，提高力学性能，常在碳、硅含量较低的灰铸铁中加入孕育剂进行孕育处理，经过孕育处理的灰铸铁叫孕育铸铁或变质铸铁。金相组织为在细密的珠光体基体上，均匀分布着细小的石墨片，故其强度高于普通灰铸铁。常用来制造力学性能要求高，截面尺寸变化较大的大型铸件，如重型机床的床身、液压件、齿轮等。

灰铸铁牌号的表示方法是用 HT 符号及其后面的数字组成，如 HT100。HT 为灰铸、铁两字的汉语拼音首字母，后面的数字 100 表示最低抗拉强度。表 2-7 中列举了灰铸铁的牌号和性能。

表 2-7　灰铸铁的牌号和性能

牌　号	R_m/MPa	硬度 HB
HT100	100	143 ~ 229
HT150	150	163 ~ 229
HT200	200	170 ~ 241
HT250	250	170 ~ 241
HT300	300	187 ~ 255
HT350	350	197 ~ 269

灰铸铁的成分接近共晶成分，其流动性好；凝固时，不易形成集中缩孔，也少有分散缩孔，仅有长度方向的线收缩，故可以铸造形状非常复杂的零件。

灰铸铁组织中的石墨可以起断屑作用和对刀具的润滑作用，切削加工性良好。但焊接性差，这是因为铸铁中的 C、Mn 含量高，淬透性好，在焊缝凝固时极易出现硬而脆的马氏体和 Fe_3C，造成焊缝脆裂。

（4）球墨铸铁　球墨铸铁是将铁液经过球化处理及孕育处理而获得的一种铸铁。球化剂常用的有 Mg、稀土或稀土镁。孕育剂常用的是硅铁和硅钙合金。球墨铸铁的化学成分大致如下：w(C) = 3.6% ~ 4.0%，w(Si) = 2.0% ~ 2.8%，w(Mn) = 0.6% ~ 0.8%，w(P) < 0.1%，w(S) < 0.04%。w(Re) < 0.03% ~ 0.05%。

国标 GB/T 1348—2009 中列有七个球墨铸铁牌号。球墨铸铁牌号的表示方法是用 QT 符号及其后面的两组数字组成，如 QT400-18。QT 为球铁两字的汉语拼音首字母，第一组数字 400 代表最低抗拉强度值，第二组数字 18 代表断后伸长率。球墨铸铁的牌号和性能见表 2-8。

表 2-8　球墨铸铁的牌号和性能

牌　　号	R_m/MPa	A(%)	硬度　HBW
QT400-17	≥400	≥17	<179
QT420-10	≥420	≥10	<207
QT500-5	≥500	≥5	147~241
QT600-2	≥600	≥2	229~302
QT700-2	≥700	≥2	229~302
QT800-2	≥800	≥2	241~321

球墨铸铁的显微组织由球形石墨和金属基体两部分组成，根据成分和冷却速度不同，球墨铸铁在铸态下的金属基体可分为铁素体、铁素体加珠光体、珠光体三种。在光学显微镜下，所观察到的石墨外观接近于圆形。在电子显微镜下观察，可看到球形石墨的外表面实际上为一个多面体，并且在表面上存在着许多小的包状物。球形石墨的内部结构具有辐射状和年轮层状沟特征。

由于球墨铸铁中的金属基体组织是决定其力学性能的主要因素，所以像钢一样，球墨铸铁也可以通过合金化及热处理进一步提高它的力学性能。

与钢相比，球墨铸铁的屈强比高，为0.7~0.8。另外，球墨铸铁的耐磨性比钢好，这是因为石墨球嵌在基体上，基体可以承受载荷，石墨可以充当润滑剂，当石墨剥落后，留下的孔洞可以储存润滑剂。但应指出，球墨铸铁的韧性仍比钢差，球墨铸铁的韧-脆转折温度也较高。

球墨铸铁可以部分代替锻钢、铸钢及某些合金钢来制造汽缸套、汽缸体、汽缸盖、活塞环、连杆、曲轴、凸轮轴、机床床身、压缩机外壳和齿轮箱等。

6. 铜及铜合金

铜和铜合金是人类应用最早的金属材料，我国在3000年前就掌握了铜合金的冶炼和应用方法。古代所应用的铜合金主要是Cu与Sn的合金，即锡青铜。现在工业上的铜合金种类很多，有黄铜、青铜、白铜等。

(1) 工业纯铜　工业纯铜是重要的非铁金属，其全世界的产量仅次于钢和铝。工业上使用的纯铜，其铜的质量分数为99.70%~99.95%，它是玫瑰红色的金属，表面形成氧化亚铜（Cu_2O）膜后呈紫色，故又称紫铜。

纯铜的密度为8.96g/cm^3，熔点为1083℃，具有面心立方晶格，无同素异构转变。

纯铜的突出优点是具有良好的导电性、导热性及良好的耐蚀性（抗大气及海水腐蚀）。铜还具有抗磁性。

纯铜的强度不高（R_m=230~240MPa），硬度低，塑性高。冷塑性变形后，可以使铜的强度提高到400~500MPa，但延伸率急剧下降到2%左右，导电性略微降低，因此纯铜在加工硬化状态下用于制作导线。Sn、Bi、Pb、O、S、P 等杂质元素对纯铜的力学性能和物理性能影响极大，要严格控制其在铜中的含量。

工业纯铜分冶炼产品（铜锭、电解铜）和压力加工产品（铜材）两种。

工业纯铜主要用来制作导体和抗磁性干扰的仪器、仪表零件以及配制铜合金等。由于纯铜的力学性能不高，不宜直接用作结构件，需配制成铜合金后再使用。常用的铜合金有黄铜和青铜。

（2）黄铜　以锌为主要添加元素的铜合金称为黄铜，呈金黄色。根据黄铜中所含其他元素的种类，可把黄铜分为普通黄铜和特殊黄铜。

普通黄铜是简单的铜和锌的二元合金。普通工业黄铜分为 α、β、α + β 三种，分别是一次固溶体，二次固溶体 β 和 α + β 两相组成的合金。

Cu-Zn 合金中的 α 相是锌在铜中的固溶体。α 黄铜具有优良的塑性、焊接性和锻造性，适用于冷加工。

β 相是以电子化合物 CuZn 为基体的固溶体，具有体心立方晶格，其塑性良好，β 相在 453 ~468℃时，将发生有序化转变，增加脆性。

α + β 黄铜中锌的质量分数为 39% ~47%，加热时发生有序转变，塑性变好。

为了进一步提高黄铜的力学性能和化学稳定性，在铜锌二元合金的基础上再加入其他合金元素，就形成特殊黄铜。加入其他合金元素是为了改善黄铜的力学性能、耐蚀性能以及铸造性能。

常加入的合金元素有铝、硅、铅、锰、锡、铁、镍等，分别称为铝黄铜、硅黄铜、铅黄铜等。

铝黄铜中铝能提高黄铜的耐蚀性，也能提高其强度、硬度，但降低了塑性。铝黄铜主要用来制造船舶上要求具有高强度、高耐蚀性的零件。

硅黄铜中硅可降低黄铜的裂纹敏感性，并能显著提高黄铜的强度、耐磨性、铸造性能和焊接性能。硅黄铜主要用来制造船舶及化工机械零件。

铅黄铜中铅对黄铜的强度影响不大，但能提高其耐磨性，并可改善黄铜的切削加工性。铅黄铜主要用来制造要求耐磨性和切削加工性能较好的零件，如轴承等。

锰黄铜中锰可提高黄铜的强度和弹性极限，并且不降低塑性。锰还可提高黄铜在海水中和过热蒸汽中的耐蚀性能。锰黄铜主要用来制作耐蚀零件等。

锡黄铜中锡可提高黄铜在海水中和海洋大气中的耐蚀性能。并能改善黄铜的切削加工性能。锡黄铜主要用来制造船舶零件。

铁黄铜中铁可提高黄铜的力学性能和耐磨性。如果再加入少量的锰，可提高黄铜的耐蚀性。铁黄铜一般用来制作要求耐磨、耐大气和海水腐蚀的零件。

镍黄铜中镍可提高黄铜的力学性能、热强性和耐蚀性。也可改善其压力加工性，降低黄铜的裂纹敏感性。镍黄铜主要用来制作电机及船舶零件。

特殊黄铜的牌号表示方法是H加上主加元素符号（除锌以外）加上含铜量再加上主加元素含量。如HSi80-3表示w(Cu)=80%、w(Si)=3%（余量为锌）的硅黄铜。如是铸造产品，则在其前加上字母Z即可。

（3）青铜　早期，人们把以锡为主加元素的铜锡合金称为青铜。近年来，工业上应用了大量的含铝、硅、铍、锰、铅等的铜基合金，习惯上统称为青铜。分别称为铝青铜、硅青铜、铍青铜等。

青铜的牌号表示方法是用“青”字的汉语拼音第一个字母“Q”加上主加元素的化学符号和其百分含量再加上其他元素的百分含量来表示。如是铸造产品，则在牌号前加“Z”字。如ZQAl5表示铝的质量分数为5%的铝青铜；ZQSn10-1表示锡的质量分数为10%，其他合金元素的质量分数为1%的铸造锡青铜。

工业用铝青铜其铝的质量分数不超过11%，大多为5%～10%，如QAl5、QAl7。铝青铜的强度、硬度、耐磨性都超过锡青铜和黄铜，其耐蚀性能也比锡青铜和黄铜好，但铸造性，切削性、焊接性较差。

铍青铜是w(Be)=1.7%～2.5%的铜合金。铜内添加少量的铍即能使合金性能发生很大变化。铍青铜热处理后，可以获得很高的强度和硬度，R_m = 1250～1500MPa，硬度为350～400HB，远远超过其他所有铜合金，甚至可以和高强度钢相媲美。同时还有良好的导电性、导热性和弹性极限、疲劳极限、耐磨性、耐蚀性能。此外，还具有无磁性、受冲击时不产生火花等一系列优点。因此，铍青铜在工业上用来制造各种精密仪器、仪表的重要弹性元件、耐磨零件（如钟表、齿轮、高温高压高速工作的轴承和轴套）和其他重要零件（如航海罗盘、电焊机电极、防爆工具等）。

7. 铝及其合金

金属铝的应用较晚，仅仅约100年的历史。但是目前在工业、民用中已经十分广泛，仅次于钢铁材料而遥居非铁金属之首。

（1）工业纯铝　铝在地壳中分布很广，是地壳中储量最多的一种元素，约占地壳总质量的8.8%，位居四大金属元素铝、铁（5.1 %）、镁（2.1%）、钛（0.6%）之首。

工业上使用的纯铝，其纯度为99.7%～98%，是一种具有银白色金属光泽的金属，它的相对密度小（2.72g/cm^3），熔点低（660.4℃），沸点高（2477℃），熔化潜热高（376.4J/g）。

纯铝是一种具有面心立方晶格的金属，无同素异构转变。由于铝的化学性质活泼，在大气中极易与氧作用生成一层牢固致密的氧化膜，防止了氧与内部金属基体的作用，所以纯铝在大气和淡水中具有良好的耐蚀性，但在碱和盐的水溶液中，表面的氧化膜易破坏，使铝很快被腐蚀。

纯铝的强度较低（$R_m = 78 \sim 98\text{MPa}$），能够进行各种形式的塑性变形。铝还具有良好的低温性能，在0～－253℃之间塑性和冲击韧性不降低。纯铝具有一系列优良的工艺性能，易于铸造，易于切削，也易于通过压力加工制成各种规格的半成品。

纯铝具有良好的导电性和导热性，其导电性仅次于银、铜、金。因此，可用来制造电线、电缆等各种导电材料和各种散热器等导热元件。

铝的纯度越高，其主要特性表现越好。工业纯铝中，经常含有铁和硅等杂质，这些杂质将降低铝的塑性、导电性和导热性以及耐蚀性能。

（2）铝合金　为适应航空、航天、汽车、化工、电工等工业的发展，铝合金以其比重轻、比强度高而受到重视，发展迅速，出现了种类繁多的一系列铝合金。

纯铝中加入合金元素配制成的铝合金，不仅能保持铝的基本特性，而且由于合金化，可改变其组织结构与性能，使之适用于制作各种机器结构零件。经常加入的合金元素有铜、锌、镁、硅、锰及稀土元素等。

各类铝合金按相图结晶、固溶处理和时效处理，如图2-31所示。

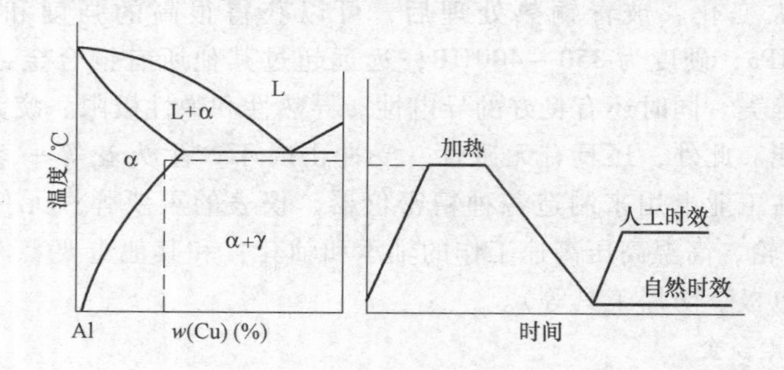

图2-31　Al-Cu合金相图及时效曲线

根据铝合金的成分及生产工艺特点，可把铝合金分为变形铝合金和铸造铝合金两大类。由图2-31可见，将虚线所示的合金加热到固溶线以上时，可得到均匀的单相固溶体，其塑性变形能力很好，适用于压力加工。因此，这种合金称为变形铝合金。成分在有共晶组织存在区时，压力加工性能很差，适宜于铸造；因此，这种合金称为铸造铝合金。

变形铝合金又可分为：固溶体成分不随温度而改变，不能热处理强化，称为不能热处理强化的变形铝合金。其固溶体成分随温度变化而变化，可用热处理强化，称为可热处理强化的变形铝合金。

这类铝合金的合金化目的，是在保持其比重小、塑性好的条件下，提高强度，所以，这类合金大多以铝的固溶体为基础，利用固溶强化和时效强化来提高强度。常用的主要合金元素有铜、镁、锌、锰及硅等。根据合金性能和使用特点，变形铝合金可分为五类：防锈铝（LF）、硬铝（LY）、超硬铝（LC）、锻铝（LD）、特殊铝（LT）。

防锈铝属于变形铝合金，其特点是具有良好的塑性和比纯铝较高的强度、突出的耐蚀性，良好的焊接性以及满意的压力加工成型性。Al-Mg 系和 Al-Mn 系合金属于这一类，其中 Al-Mg 系合金的比重比纯铝还小。

锰在铝中的最大固溶度为 1.82%（858.7℃），室温时降至 0.05%。尽管固溶度随温度的变化较大，但时效硬化效果不大，无实用意义。超过固溶度时，可形成化合物 Al_6Mn，其电位与基体 α 的相同，所以尽管 LF21（$w(Mn) \approx 1.0\% \sim 1.6\%$）为两相（$\alpha + Al_6Mn$）合金，但其耐蚀性很高。

镁在铝中的最大固溶度为 17.4%（449℃），室温时降至 1.4%。一般 Al-Mg 合金中的镁的质量分数约为 0.8% ~7.5%，时效强化效果不明显，除非提高至 8%以上。但镁含量过高时，合金中的 β 相（Mg_5Al_8）增多，铁、铜及锌是这类合金的有害杂质，可显著降低其耐蚀性，所以应尽量减少其含量。

铸造铝合金中应用最广的，是以硅铝明之名著称的是铝系合金，其中 $w(Si) = 5\% \sim 14\%$ 的二元铝硅合金是应用最早，最有价值的合金。后来，在此基础上加入铜、镁、锰、镍及锌等合金元素而组成。三元或多元硅铝明，称特种硅铝明。

硅铝明的强度偏低，即使变质处理后，其抗拉强度仅为 165 ~215MPa。为了强化，添加铜、镁，使其形成 Mg_2Si、θ、ω 等强化相，以便进行时效强化。铜的质量分数一般不超过 1.2%，镁的质量分数一般为 0.15% ~0.40%。在硅铝明中一般 $w(Mn) = 0.3\% \sim 0.5\%$，以减弱铁的有害作用。

在铸造铝合金中还应指出 $w(Zn) = 10\% \sim 14\%$ 及少量铜、镁和锰的锌硅铝明，这种铝合金中不含硅，由于没有共晶组织，故其铸造性较差，但强度较高，抗拉强度可达 195 ~340MPa，其延伸率 A 仍有 1% ~2%。若加入少量的铍和硼，抗拉强度可进一步提高到 390MPa。

复习思考题

1. 金属常见晶格类型有哪几种？
2. 什么是合金？
3. 什么叫组织？
4. 铁碳合金的基本组织有哪几种？

5. 什么是钢的热处理？
6. 常规热处理方法有哪几种？
7. 退火的作用有哪些？
8. 合金元素对钢的性能有哪些影响？
9. 熟悉常用金属材料的牌号含义。

第三章

金属材料的焊接

培训学习目标

理解焊接的定义，熟悉常用焊接方法、工艺、焊接材料、焊接过程管理等。掌握焊接缺陷分类及产生原因。了解常用材料的焊接工艺措施。

第一节　焊接定义及原理

一、焊接的本质定义及分类

1. 焊接及其本质

焊接是指通过适当的物理化学过程使两个分离的固态物体（工件）产生原子间结合力连接成一体的连接方法。被连接的两个物体可以是各种同类或不同类的金属、非金属（陶瓷、塑料等），也可以是一种金属与一种非金属。

2. 焊接方法的分类及特点

目前，在工业生产中应用的焊接方法已达百余种。根据它们的焊接过程特点可将其分为：熔焊、压焊和钎焊三大类，每大类又可按不同的方法细分为若干小类。

将两被焊工件局部加热并熔化，以克服固体间阻碍结合的障碍，然后冷却形成接头的方法称为熔焊，包括气焊、焊条电弧焊、埋弧焊、气体保护焊等。

将被焊工件在固态下通过加压（加热或不加热）措施，克服其连接表面的平度和氧化物等杂质的影响，使其分子或原子间接近到晶格之间的距离，从而形成不可拆连接接头的一类焊接方法，称为压焊。压焊的基本方法可分为：电阻焊（包括定位焊、缝焊、凸焊）、摩擦焊、超声波焊、扩散焊、冷压焊、爆炸焊和锻焊等。

用某些熔点低于被连接物体材料熔点的金属（即钎料）作为连接的媒介，利用钎料与母材间的扩散将两被焊工件连接在一起的焊接方法称为钎焊。钎焊时，通常要清除焊件表面污物，增加钎料的润湿性，这就需要采用钎料。钎焊时也必须加热熔化钎料但工件不熔化。按热源的不同可分为火焰钎焊（以乙炔在氧中燃烧的火焰为热源）、感应钎焊（以高频感应电流流过工件产生的电阻热为热源）、电阻炉钎焊（以电阻炉辐射热为热源）、盐浴钎焊（以高温盐熔液为热源）和电子束钎焊等。也可按钎料的熔点不同分为硬钎焊（熔点在450℃以上）和软钎焊（熔点在450℃以下）两类。钎焊时通常要进行保护，如抽真空、通保护气体和使用钎料等。

二、焊接电弧

电弧是一种气体放电现象，它是带电粒子通过两电极之间气体空间的一种导电过程。两电极间存在一定的电极电位差，如图3-1所示。

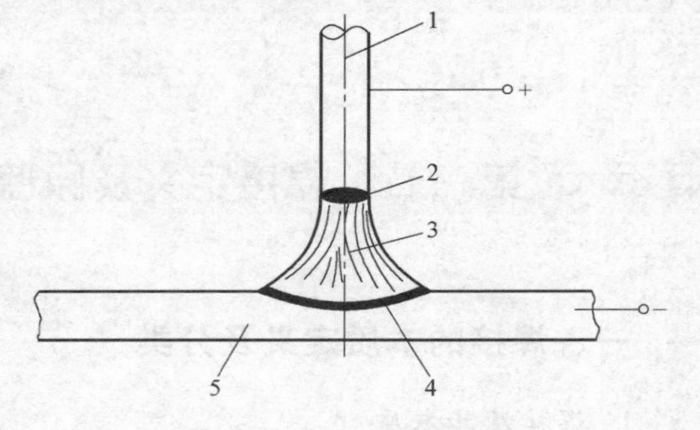

图3-1　焊接电弧示意图
1—焊条　2—阳极区　3—弧柱区　4—阴极区　5—焊件

电弧作为导体不同于金属导体，金属导体是通过金属内部自由电子的定向移动形成电流。焊接电弧主要由阴极区、阳极区和弧柱区三部分组成。

1. 阴极区

焊接电弧阴极区在电源的负极处（直流正接），该区域约只有10^{-4}mm左右。由于阴极表面有一个明显光亮的斑点，称为阴极斑点。它具有主动寻找氧化膜、破碎氧化膜的特点。

2. 阳极区

阳极区在电源的阳极处（直流正接），此区域比阴极区域稍宽些，大约有10^{-2}~10^{-3} mm。在阳极表面也有一个斑点，称为阳极斑点。

3. 弧柱区

弧柱区是阴极区与阳极区之间的区域，由于阴极区和阳极区都很窄，所以，电弧的主要组成部分是弧柱区，弧柱区长度基本上等于电弧长度。在弧柱的长度方向带电质点的分布是均匀的，所以弧柱的电压降也是均匀的。弧柱的温度受气体介质、电离大小、弧柱压缩程度等因素影响，弧柱的温度最高，而两个电极的温度较低，且阳极区温度高于阴极区。阳极区接受正离子撞击获得能量，而阴极

区发射电子吸收能量。

第二节　焊接工艺方法与设备

一、焊条电弧焊

1. 焊条电弧焊的原理及特点

焊条电弧焊是熔焊方法之一。焊条电弧焊在焊接过程中，焊条和焊件通过焊接电缆分别接在焊接电源的两个输出端，当焊条与焊件两电极间的空气间隙被加热并电离，电弧被引燃。焊接电弧是在两电极间或电极与母材间的气体介质中强烈而持久的放电现象。在电弧吹力及高温作用下，焊件的熔化金属形成具有一定形状和体积的熔池。

焊条熔化后，金属焊芯以熔滴形式向焊缝熔池过渡；而焊条药皮在熔化过程中产生一定量的气体和液态熔渣。在焊接过程中产生的气体包围在焊条端部、电弧和焊缝熔池周围，使之与空气隔离，避免液态金属被空气氧化。液态熔渣浮在熔池表面上，阻止液态金属与空气接触，起到隔离保护作用。焊条电弧焊时这种保护作用是气—渣联合保护。

随着焊接电弧的移动，焊缝熔池前方的焊条和焊件继续被熔化，而后面焊缝熔池液体金属逐渐冷却结晶形成焊缝，此时，焊缝表面上覆盖的液态熔渣凝固后形成的渣壳仍起保护作用，保护高温的焊缝金属不被氧化、减慢焊缝金属冷却速度。

在整个焊接过程中，焊条药皮为焊接区提供了大量的气体和液态熔渣，因此，焊条电弧焊的焊接区域将发生液态金属、液态熔渣和电弧气氛三者之间的冶金反应。这些冶金反应将在焊接熔池中起到脱氧、去硫、去磷、去氢和渗合金元素的作用，从而使焊缝金属获得合适的化学成分和组织，确保了焊缝金属的力学性能。焊条电弧焊过程如图 3-2 所示。

2. 焊条电弧焊工艺

(1) 焊条的组成　焊条是供焊条电弧焊焊接过程中使用的涂有药皮的熔化电极，它由焊芯和药皮两部分组成，如图 3-3 所示。

1) 焊芯作用　焊条的一端未涂药皮的焊芯部分，供焊接过程中焊钳夹持之用，称为焊条的夹持端。

焊条中被药皮所包覆的金属芯称为焊芯。它是具有一定长度、一定直径的金属丝。焊芯在焊接过程中有两个作用。其一是传导焊接电流并产生电弧，把电能转换为热能，既熔化焊条本身，又使被焊母材熔化而形成焊缝。其二是作为填充

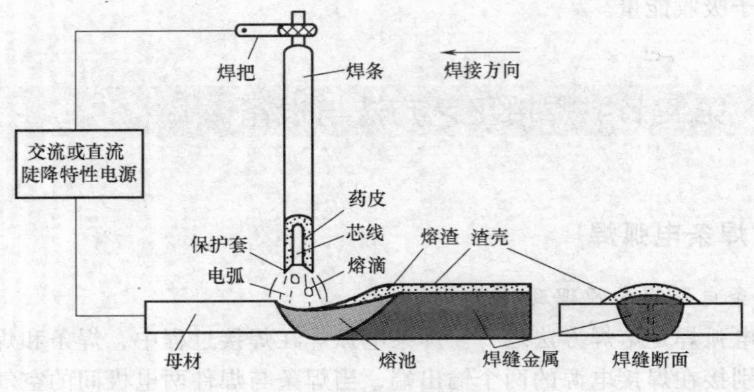

图 3-2 焊条电弧焊过程

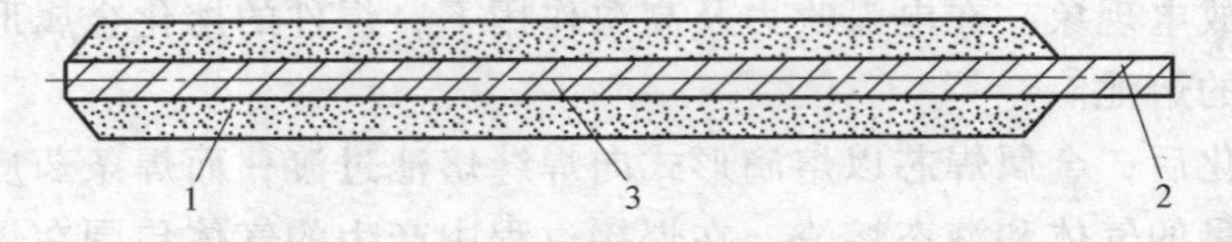

图 3-3 焊条结构示意图

1—药皮 2—夹持端 3—焊芯

金属，起到调整焊缝合金元素成分的作用。为保证焊缝质量，对焊芯的质量要求很高，焊芯金属对各合金元素的含量都有一定的限制，以确保焊缝的各性能不低于母材金属。按照国家标准，制造焊芯的钢丝可分为碳素结构钢、合金结构钢和不锈钢钢丝以及铸铁、非铁金属丝。焊芯的牌号用字母 H 做字首，后面的数字表示碳的质量分数，其他的合金元素含量表示方法与牌号表示方法大致相同。焊芯质量不同时，在牌号的最后标注特定的符号以示区别：A 为高级优质焊丝，S、P 含量较低，其质量分数不大于 0.030%；若末尾注有字母 E 或 C，则为特级焊丝，S、P 含量更低，E 级 S 和 P 的质量分数不大于 0.020%，C 级 S 和 P 质量分数不大于 0.01 5%。常用的碳素结构钢焊芯牌号有 H08A、H08MnA 等，常用的合金结构钢焊芯牌号有 H10Mn2、H08Mn2Si、H08Mn2SiA 等，常用的不锈钢焊芯牌号有 H1Cr19Ni9（奥氏体型）、H1Cr17（铁素体型）、H1Cr13（马氏体型）等。

2）药皮的作用

① 稳弧作用。焊条药皮中含有稳弧物质，如碳酸钾、碳酸钠、钛白粉和长石等，在焊接过程中可保证焊接电弧容易引燃。

② 保护作用。焊条药皮中含造气剂，如大理石、白云石、木屑、纤维素等，当焊条药皮熔化后，可产生大量的气体笼罩电弧区和焊接熔池，把熔化金属与空气隔绝开，保护熔池不被氧化和氮化。当焊条药皮熔渣冷却后，在高温的焊缝表

面上形成渣壳，可以减缓焊缝的冷却速度，又可以保护焊缝表面的高温金属不被氧化，改善焊缝成形。

③ 冶金作用。焊条药皮中加有脱氧剂和合金剂，如锰铁、钛铁、硅铁、钼铁、钒铁和铬铁等，通过熔渣与熔化金属的化学反应，减少氧、硫等有害物质对焊缝金属的危害，使焊缝金属达到所要求的性能。通过在焊条药皮中加入铁合金或纯合金元素，使之随焊条药皮熔化而过渡到焊缝金属中去，以补充被烧损的合金元素和提高焊缝金属的力学性能。

④ 改善焊接工艺性。焊条药皮在焊接时形成的套筒，能保证焊条熔滴过渡正常进行，保证电弧稳定燃烧。通过调整焊条药皮成分，可以改变药皮的熔点和凝固温度，使焊条末端形成套筒，产生定向气流，既有利于熔滴的过渡，又使焊接电弧热量集中，提高焊缝金属熔敷效率，可以进行全位置焊接。

（2）焊条分类与选用

1）焊条按用途分类见表3-1。

表3-1 焊条按用途分类表

国家标准编号	名　称	代　号
GB/T 5117—2012	非合金钢及细晶粒钢焊条	E
GB/T 5118—2012	热强钢焊条	E
GB/T 983—2012	不锈钢焊条	E
GB/T 984—2001	堆焊焊条	ED
GB/T 10044—2006	铸铁焊条及焊丝	EZ
GB/T 13814—2008	镍及镍合金焊条	
GB/T 3670—1955	铜及铜合金焊条	Tcu
GB/T 3669—2001	铝及铝合金焊条	TAl

2）按焊条药皮熔化后的熔渣特性分类。焊接过程中，焊条药皮熔化后，按所形成的熔渣呈现酸性或碱性，把焊条分为碱性焊条（熔渣碱度≥1.5）和酸性焊条（熔渣碱度≤1.5）两大类。

① 酸性焊条引弧容易，电弧燃烧稳定，可用交、直流电源焊接；焊接过程中飞溅少，对铁锈、油污和水分不敏感。抗气孔能力强，焊接过程中飞溅小，脱渣性好；焊接时产生的烟尘较少；焊条使用前需在75~150℃温度下烘干1~2h，烘干后允许在大气中放置的时间不超过6~8h，否则必须重新烘干。

② 碱性焊条药皮中由于含有氟化物而影响气体电离，所以焊接电弧燃烧的稳定性差，只能使用直流焊机焊接；焊接过程中对水、铁锈产生气孔缺陷敏感性较大；焊接过程中飞溅较大、脱渣性较差；焊接过程中产生的烟尘较多，由于药皮中含有氟石，焊接过程会析出氟化氢有毒气体，为此注意加强劳动保护；焊接

熔渣流动性好，冷却过程中黏度增加很快，焊接过程宜采用短弧连弧手法焊接；焊条使用前应经 250～400℃烘干 1～2h，烘干焊条应放在 100～150℃的保温箱（筒）内随取随用，否则必须重新烘干。焊缝常温、低温冲击性能好；焊接过程中合金元素过渡效果好，焊缝塑性好；碱性焊条脱氧、脱硫能力强，焊缝含氢、氧、硫低，抗裂性能好，常用于重要结构的焊接。

3）碳钢焊条的选用原则。焊条的选用正确与否，对确保焊接效率、焊接生产成本、焊工身体健康等都是很重要的。选用焊条时应遵循以下基本原则：

① 焊缝金属的使用性能要求。焊接碳素结构钢时，如属同种钢的焊接，按钢材抗拉强度等强度的原则选用焊条；焊接不同牌号的碳素结构钢时，按强度较低的钢材选用焊条；对于承受动载荷的焊缝，应选用熔敷金属具有较高冲击韧度的焊条；对于承受静载荷的焊缝，应选用抗拉强度与母材相当的焊条。

② 焊件的形状、刚度和焊接位置。结构复杂、刚度大的焊件，由于焊缝金属收缩时会产生应力，应选用塑性较好的焊条焊接；选用一种焊条，不仅要考虑其力学性能，还要考虑焊接接头形状的影响，因为强度和塑性好的焊条虽然适用于对接焊缝的焊接，但是，该焊条用于焊接角焊缝时，就会使力学性能偏高而塑性偏低；对于焊接部位焊前难以清理干净的焊件，应选用抗氧化性强、对铁锈、油污等不敏感的酸性焊条，这样更能保证质量。

③ 焊缝金属的抗裂性。当焊件刚度较大，母材含碳、硫、磷量偏高或外界温度偏低时焊缝容易出裂纹，焊接时最好选用抗裂性较好的碱性焊条。

④ 焊条操作工艺性。在保证焊缝使用性能和抗裂性要求的前提下，尽量选用焊接过程中电弧稳定、焊接飞溅少、焊缝成形美观、脱渣性好和适用于全位置焊接的酸性焊条。

⑤ 设备及施工条件。在没有直流焊机的情况下，就不能选用低氢钠型焊条，可以用交直流两用的低氢钾型焊条；当焊件不能翻转而必须进行全位置焊接时，应选用能适合各种空间位置焊接的焊条。例如，进行立焊和仰焊操作时，建议选用钛钙型药皮焊条、钛铁矿型药皮类型焊条焊接；在密闭的容器内或狭窄的环境中进行焊接时，除考虑应加强通风外，还要尽可能避免使用低氢型焊条，因为这种焊条在焊接过程中会放出大量有害气体和粉尘。

⑥ 经济合理。在同样能保证焊缝性能要求的条件下，应当选用成本较低的焊条，如钛铁矿型药皮类型焊条的成本要比具有相同性能的钛钙型药皮类型焊条低得多。

⑦ 生产率。对于焊接工作量大的焊件，在保证焊缝性能的前提下，尽量选用生产率高的焊条，如铁粉焊条、重力焊条、立向下焊条、连续焊条等专用焊条提高焊接效率。

3. 焊接参数

（1）焊接电源与极性　选用哪种焊接电源进行焊接，首先要看该焊接电源在焊接过程中能否保证电弧稳定燃烧。所以，在选用焊接电源时，要满足以下基本要求：适当的空载电压；陡降的外特性；焊接电流大小可以灵活调节；良好的外特性等。

焊条电弧焊焊接电源有两个输出的电极，在焊接过程中分别接到焊钳和焊件上，形成一个完整的焊接回路。直流弧焊电源的两输出电极，一个为正极、一个为负极，焊件接电源正极、焊钳接电源负极的接线法叫直流正接；焊件接电源负极、焊钳接电源正极的接线法叫直流反接，如图 3-4 所示。

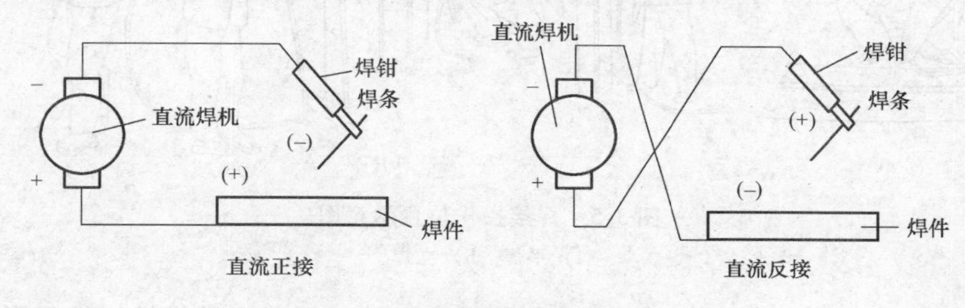

图 3-4　直流焊机电源极性接法

电源极性接法还要根据焊条药皮类型决定焊接电源的种类。除了低氢钠型焊条必须采用直流反接电源外，低氢钾型焊条可以采用直流反接或交流电源焊接，酸性焊条可以采用交流焊接电源焊接，也可以用直流焊接电源焊接。用直流电源焊接厚板时，采用直流正接法为好，酸性焊条用直流焊接电源焊接时，厚板宜采用直流正接法焊接，此时焊件接正极，正极温度较高，焊缝熔深大。焊接薄板时，则采用反接法为好，因为薄板焊接时，需要焊接电流小，电弧不稳。为此，无论选用碱性焊条还是酸性焊条，在焊接薄板时，为了防止烧穿，必须选用直流焊接电源反接法。

（2）焊条直径　焊条直径可以根据焊件的厚度、焊缝所在的空间位置，焊件坡口形式等进行选择。

1）焊件厚度。焊条直径的选择，主要应考虑焊件的厚度。当焊件的厚度较大时，为了减少焊接层次，提高焊接生效率，应选用直径较大的焊条；当焊件厚度较薄时，为了防止焊缝烧穿，宜采用小直径焊条焊接。焊条直径与焊件厚度之间的关系见表 3-2。

表 3-2　焊条直径与焊件厚度之间的关系

焊条直径/mm	1.5	2	2.5～3.2	3.2	3.2～4	3.2～5
焊件厚度/mm	≤1.5	2	3	4～5	6～12	>13

2）焊接位置。焊接操作位置示意图如图3-5所示。为了在焊接过程中获得较大的熔池，减小熔化金属下淌，在焊件厚度相同的条件下，平焊位置焊接用的焊条直径，比其他焊接位置在焊接过程中用的焊条直径大；立焊位置所用的焊条直径最大不超过 ϕ5mm；横焊及仰焊时，所用的焊条直径不应超过 ϕ4mm。

图3-5　焊接操作位置示意图

a）平焊　b）立焊

3）焊接层次。焊接层次取决于焊件厚度和坡口形式，常见焊接坡口形式示意图如图3-6所示。多层多道焊缝进行焊接时，如果第一层焊道选用的焊条直径过大，焊接坡口角度、根部间隙过小，焊条不能深入坡口根部，导致产生未焊透缺陷。所以，多层焊道的第一层焊道应采用的焊条直径为 ϕ2.5 ~ ϕ3.2mm，以后各层焊道可根据焊件厚度选用较大的焊条直径焊接。

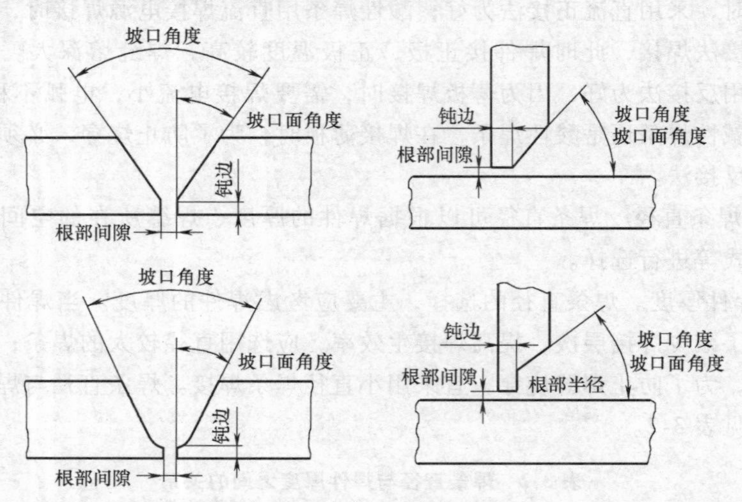

图3-6　焊接坡口形式示意图

（3）焊接电流　焊接电流是焊接过程中流经焊接回路的电流，它是焊条电

弧焊最重要的焊接参数。焊接时，焊接电流越大，焊缝熔深越大，焊条熔化越快，焊接效率也越高。但是如果焊接电流过大，焊接飞溅和焊接烟尘会加大，焊条药皮因过热而发红和脱落，焊缝容易出现咬边、烧穿、焊瘤、焊缝表面成形不良等缺陷。此外，因为焊接电流过大，焊接热输入也大，造成焊缝接头的热影响区晶粒粗大，焊接接头力学性能下降；如焊接电流过小，则焊接过程中频繁的引弧会出现困难，电弧不稳定，焊缝熔池温度低，焊缝宽度变窄而余高增大，焊缝熔合不好，容易出现夹渣及未焊透等缺陷，焊接生产率低。焊接打底层焊道时，焊接电流要比填充层焊道小。而定位焊时，焊接电流应比正式焊接时高10%～15%。

焊接电流的选择要考虑的因素很多，主要有焊条直径、焊接位置、焊道层数等。

1）焊条直径。焊条直径越大，焊条熔化所需要的热量越大，为此，必须增大焊接电流。焊条直径与焊接电流的关系见表3-3。

表3-3　焊接焊条直径与电流的关系

焊条直径/mm	焊接电流/A	焊条直径/mm	焊接电流/A
1.6	25～40	4.0	150～200
2.0	40～70	5.0	180～260
2.5	50～80	5.8	220～300
3.2	80～120		

2）焊接位置。在焊件板厚、结构形式、焊条直径等都相同的条件下，平焊位置焊接时，可选择偏大些的焊接电流；在非平焊位置焊接时，焊接电流应比平焊时的焊接电流小，立焊、横焊的焊接电流比平焊焊接电流小10%～15%；仰焊的焊接电流比平焊的焊接电流小15%～20%。角焊缝的焊接电流比平焊焊接电流稍大；而不锈钢焊接时，为减小晶间腐蚀倾向，焊接电流应选择允许值的下限。

3）焊接接头形式和焊道。焊接接头分为对接接头、角接接头、T形接头、搭接接头（见图3-7）。在焊缝的打底层焊道焊接时，为了保证打底层既能焊透，又不会出现根部烧穿缺陷，所以焊接电流应偏小些，这样有利于保证打底层焊缝的质量。填充层焊道焊接时，为了提高焊填充层焊缝各层各道熔合良好，通常都使用较大的焊接电流。盖面层焊缝焊接时，为了防止焊缝咬边及使焊缝表面成形美观，使用的焊接电流可稍小些。此外，定位焊时，对焊缝焊接质量的要求与打底层焊缝相同。

（4）电弧电压　焊条电弧焊的电弧电压，是指焊接电弧两端即两电极之间的电压，其值大小取决于电弧的长度，电弧长，则电压高，电弧短，则电压低。

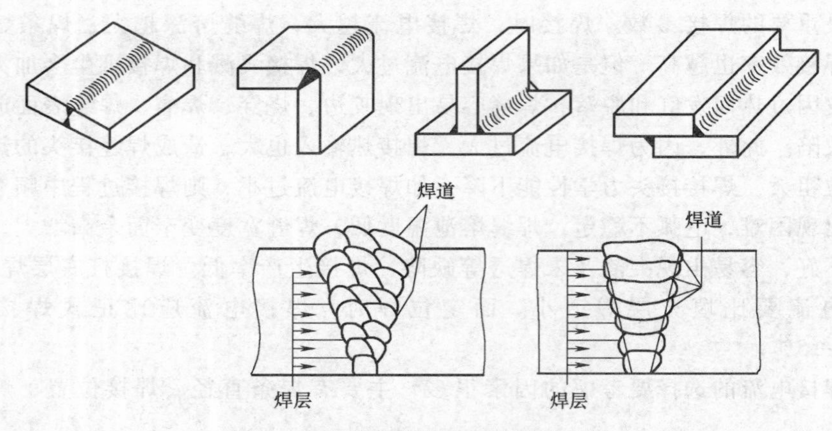

图 3-7　焊接接头形式和焊道示意图

焊接过程中，在保证焊缝焊接质量和力学性能的前提下，电弧长度适中，如果电弧过长则出现焊接电弧不稳定，易摆动，焊缝易出现咬边缺陷，电弧的热能分散，熔滴飞溅大。电弧长度增加时，与空气的接触面积加大，空气中的有害气体如氧气、氮气等容易侵入焊接熔池中，使焊缝产生气孔缺陷。所以在焊接过程中，焊接弧长允许在 1 ~ 6mm 之间变化，而弧长变化的前提是焊工能保证电弧稳定燃烧，焊出的焊缝不仅具有优良外观形状，而且焊缝内在质量也符合技术要求。

（5）焊接层数　中厚板焊接，为了保证焊透，需要在焊前开坡口，然后用焊条电弧焊进行多层焊或多层多道焊。中厚板焊接采用多层焊或多层多道焊，有利于提高焊接接头的塑性和韧性。在进行多层多道焊接时，前一层焊道对后一层焊道起预热作用，而后一层焊道对前一层焊道起热处理作用，能细化焊缝晶粒，提高焊缝金属的塑性和韧性。每层的焊道厚度不应大于 4 ~ 6mm，如果每层焊道太厚，会使焊缝组织晶粒变粗，力学性能下降。

（6）焊接热输入　焊接热输入是指熔焊时由焊接能源输入给单位长度焊缝上的热能，其计算公式如下

$$E = \eta IU/v$$

式中　E——单位长度焊缝的热输入（J/mm）；

I——焊接电流（A）；

U——电弧电压（V）；

v——焊接速度（mm/s）；

η——热效率，焊条电弧焊时 $\eta = 0.7 \sim 0.8$，埋弧焊时 $\eta = 0.8 \sim 0.95$，TIG 时，$\eta = 0.5$。

热输入对低碳钢焊接接头的性能影响不大，因此，对低碳钢的焊条电弧焊，

一般不规定热输入。对于低合金钢和不锈钢而言，热输入太大时，焊接接头的性能将受到影响；热输入太小时，有的钢种在焊接过程中会出现裂纹缺陷，因此，对这些钢种，焊接工艺应规定热输入量。

4. 焊接参数对焊缝形状的影响

焊接过程中，焊接参数选择正确与否，对焊缝形状的影响很大。例如，当其他焊接参数不变，增加焊接电流时，焊缝厚度和余高都会增加，而焊缝宽度则几乎不变或略有增加。如果焊接电流过大，有可能出现漏焊或焊瘤缺陷。当焊接电流减小时，焊缝厚度会减小，焊接熔透变差。

当其他焊接参数不变，增大电弧电压时，焊缝宽度显著增加，而焊缝厚度和余高则略有减小。

当其他焊接参数不改变，增大焊接速度时，由于在单位长度上输入热量的时间变短，输入的热量减少，导致焊缝的宽度和厚度下降。

对接焊缝的外观质量要求是：在焊缝全长上的焊缝宽度应均匀一致，余高平整均匀，焊条电弧焊平焊的余高为0~3mm；焊缝表面不允许有气孔和裂纹；焊缝两侧无飞溅物；焊缝表面焊波均匀，焊缝两侧咬边深度小于0.5mm，咬边总长不超过设计要求；焊缝接头处不应有明显的凹凸现象，焊缝表面无明显的焊瘤；多层多道焊缝焊接时，每道焊缝表面的焊波应保持均匀；焊缝的直线度要在规定的范围内。

角焊缝外观质量要求是：焊脚尺寸大小均匀一致，焊脚边缘无明显的焊缝边线不齐现象；焊脚尺寸满足设计要求，无明显的凹陷；有密封性要求的角焊缝表面不允许存在气孔；角焊缝的咬边深度小于0.5mm，咬边长度应符合设计要求；角焊缝表面不允许存在裂纹；立角焊焊缝表面不应有明显的焊瘤；多层多道焊时，焊缝叠加平整，角焊缝两侧无飞溅物残留。

满足焊缝外观质量要求的前提是，在选择合适的焊接参数的同时，还要在焊接前仔细清除焊件坡口表面铁锈、油污、水分，降低焊缝产生气孔、夹渣、裂纹的倾向。

5. 焊条电弧焊设备

(1) 对焊条电弧焊电源的要求　焊条电弧焊电源是一种利用焊接电弧产生的热量来熔化焊条和焊件的电器设备，在焊接过程中，焊接电弧的电阻值一直在变化着，并且随着电弧长度的变化而改变，当电弧长度增加时，电阻就大，反之电阻就小。

(2) 焊条电弧焊电源种类　焊条电弧焊电源按产生的电流种类，可分为交流电源和直流电源两大类。交流电源有弧焊变压器；直流电源有弧焊整流器和弧焊逆变器。

(3) 焊条电弧焊电源的选用原则

1）根据焊条药皮分类及电流种类选用焊机。当选用酸性焊条焊接低碳钢时，首先应该考虑选用交流弧焊变压器，如 BX1-160、BX2-125、BX3-400、BX6-400 等。

当选用低氢钠型焊条时，只能选用直流弧焊机反接法才能进行焊接，可以选用硅整流式弧焊整流器，如 ZXG-400 等；三相动圈式弧焊整流器，如 ZX3-400 等；晶闸管式弧焊整流器，如 ZX5-250 等。

2）根据焊接现场有无外接电源选用焊机。当焊接现场用电方便时，可以根据焊件的材质、焊件的重要程度选用交流弧焊变压器或各类弧焊整流器。当焊接为野外作业用电不方便时，应选用柴油机驱动直流弧焊发电机，如 AXC—400 等；或选用焊接工程车，如 AXH—200 等。特别适合野外长距离架设管道的焊接。

3）根据额定负载持续率下的额定焊接电流选用焊机。弧焊电源铭牌上所给出的额定焊接电流，是指在额定负载持续率下允许使用的最大焊接电流。

二、埋弧焊

1. 埋弧焊原理及特点

（1）埋弧焊焊接过程　埋弧焊的电弧引燃、焊丝送进和使电弧沿焊接方向移动等过程都是由机械装置自动完成的。埋弧焊的焊接过程如图 3-8 所示。

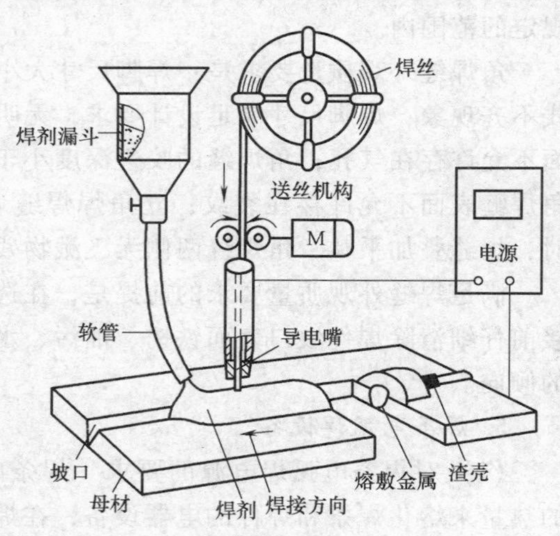

图 3-8　埋弧焊的焊接过程

焊接时电源的两极分别接在导电嘴和焊件上，焊丝通过导电嘴与焊件接触。在焊丝周围盖上焊剂，然后起动电源，当电流经过导电嘴、焊丝与焊件所构成的焊接回路时。焊丝和焊件之间引燃电弧，电弧的热量使周围的焊剂熔化形成熔渣，部分焊剂分解、蒸发成气体，气体排开熔渣形成一个气泡，电弧就在这个气泡中燃烧。连续送入电弧的焊丝在电弧高温作用下加热熔化，与熔化的母材混合形成金属熔池。金属熔池上覆盖着一层熔渣，熔渣外层是未熔化的焊剂，它们一起保护着金属熔池，使其与周围空气隔离，并使有碍操作的电弧光辐射不能散射出来。电弧向前移动时，电弧力将熔池中的液态金属排向后方，熔池前方的金属就暴露在电弧的强烈辐射下熔化而形成新的熔池。冷却凝固

成焊缝，熔渣也凝固成焊渣覆盖在焊缝表面，由于熔渣的凝固温度低于液态金属的结晶温度，熔渣总是比液态金属凝固迟一些。这就使混入熔池的熔渣、溶解在液态金属中的气体和冶金反应中产生的气体能够不断地逸出，使焊缝不易产生夹渣和气孔等缺陷。

（2）埋弧焊的优缺点

1）生产率高。与焊条电弧焊相比，导电的焊丝长度短，其表面又无药皮包覆，不存在药皮成分受热分解的限制，所以允许使用比焊条电弧焊大得多的电流，使得埋弧焊的电弧功率、熔透深度及焊丝的熔化速度都相应增大。

2）焊缝质量好。这首先是因为埋弧焊时电弧及熔池均处在焊剂与熔渣的保护之中，保护效果比焊条电弧焊好。电弧气氛主要成分为 CO 和 H_2，它们都是有一定还原性的气体，因而可大大降低焊缝金属中氮含量、氧含量。其次，焊剂的存在也使熔池金属凝固速度减缓，液态金属与熔化的焊剂之间有较多的时间进行冶金反应，减少了焊缝中产生气孔、裂纹等缺陷的可能性。

3）焊接成本较低。埋弧焊使用的焊接电流大，可使焊件获得较大的熔深，故埋弧焊时焊件可不开坡口或开小坡口，因此既节约了因加工坡口而消耗掉的焊件金属和加工工时，也减少了焊缝中焊丝的填充量。由于焊接时金属飞溅极少，又没有焊条损失，所以也节约了填充金属。埋弧焊的热量集中，且热效率高，故在单位长度上所消耗的电能也大大减少。

4）劳动条件好。埋弧焊实现了焊接过程的机械化，操作较简便，焊接过程中操作只是监控焊机，大大减轻了焊工的劳动强度。埋弧焊时电弧是在焊剂层下燃烧，没有弧光的有害影响，放出的烟尘和有害气体也较少，焊工的劳动条件好。

5）难以在平焊以外的其他焊接位置施焊。这主要是因为采用颗粒状焊剂，而且埋弧焊的熔池也比焊条电弧焊大得多，为保证焊剂、熔池金属和熔渣不流失，埋弧焊通常只适用于平焊位置的焊接。

6）难以焊接易氧化的金属材料。这是由于焊剂的主要成分为 MnO、SiO_2 等金属和非金属化物，具有一定的氧化性，故难以焊接铝、镁等对氧化性敏感的金属及其合金。

7）对焊件装配质量要求高。由于电弧埋在焊剂层下，操作人员不能直接观察电弧与坡口的相对位置，当焊件装配质量不好时易焊偏而影响焊接质量。

8）不适合焊接薄板和短焊缝。埋弧焊电流小于 100A 时电弧稳定性不好，故不适合焊接太薄的焊件。另外，埋弧焊由于受焊接小车的限制，一般只适合焊接长直焊缝或大圆弧焊缝。

（3）埋弧焊应用　埋弧焊可焊接的焊件厚度范围很大。除了厚度在 3mm 以下的焊件由于容易烧穿，埋弧焊用得不多外，较厚的焊件都适于用埋弧焊焊接。目前，埋弧焊焊接的最大厚度已达 650mm。

适合埋弧焊的钢材有低合金结构钢、不锈钢、耐热钢以及某些非铁金属，如镍基合金、铜合金等。此外，埋弧焊还可在基体金属表面堆焊耐磨或耐腐蚀的合金层。

铸铁一般不能用埋弧焊焊接，因为埋弧焊的电弧功率大，产生的热收缩应力很大，焊后容易形成裂纹。铝、镁、钛及其合金因还没有适当的焊剂，目前还不能使用埋弧焊焊接。铅、锌等低熔点金属材料也不适合用埋弧焊焊接。

多丝埋弧焊能达到厚板一次成形；窄间隙埋弧焊可使厚板焊接提高生产率，降低成本；埋弧堆焊能使焊件在满足使用要求的前提下节约贵重金属或提高使用寿命。

2. 埋弧焊焊剂与焊丝

埋弧焊的焊接材料包括焊丝和焊剂，它们相当于电焊条的焊芯和药皮。埋弧焊时焊丝和焊剂直接参与焊接过程中的冶金反应，因而它们的化学成分和物理特性都会影响焊接工艺过程，并通过焊接过程对焊缝金属的化学成分、组织和性能产生影响。

1）焊丝。焊丝在埋弧焊中是作为填充金属的，也是焊缝金属的组成部分，所以对焊缝质量有直接影响。根据焊丝的成分和用途可将其分为碳素结构钢焊丝、合金结构钢焊丝和不锈钢焊丝三大类。随着埋弧焊所焊金属种类的增加，焊丝的品种也在增加，目前生产中已在应用高合金钢焊丝、各种非铁金属焊丝和堆焊用的特殊合金焊丝等新品种焊丝。

在选择埋弧焊用焊丝时，最主要的是考虑焊丝中锰和硅的含量。无论是采用单道焊还是多道焊，应考虑焊丝向熔敷金属中过渡的 Mn、S 对熔敷金属力学性能的影响。埋弧焊焊接低碳钢时，选用的焊丝牌号有 H08、H08A、H15Mn 等，其中以 H08A 的应用最为普遍。当焊件厚度较大或对力学性能的要求较高时，则可选用含 Mn 量较高的焊丝，如 H10Mn2。在对合金结构钢或不锈钢等合金元素含量较高的材料进行焊接时，则应考虑材料的化学成分和其他方面的要求，选用成分相似或性能上可满足材料要求的焊丝。

为适应焊接不同厚度材料的要求，同一牌号的焊丝可加工成不同的直径。埋弧焊常用的焊丝直径有 2mm、3mm、4mm、5mm 和 6mm 五种。使用时，要求将焊丝表面的油、锈等清理干净，以免影响焊接质量。有些焊丝表面镀有一层铜，可防止焊丝生锈并使导电嘴与焊丝间的导电更为可靠，提高电弧的稳定性。

2）焊剂。焊剂在埋弧焊中的主要作用是造渣，以隔绝空气对熔池金属的污染，控制焊缝金属的化学成分，保证焊缝金属的力学性能，防止气孔、裂纹和夹渣等缺陷的产生。考虑焊接工艺的需要，还要求焊剂具有良好的稳弧性能，形成的熔渣应具有合适的密度、黏度、熔点、颗粒度和透气性，以保证焊缝获得良好的成形，最后熔渣凝固形成的渣壳具有良好的脱渣性能。

埋弧焊的焊剂可按制造方法、用途、化学成分、化学性质以及颗粒结构等分类。我国目前主要是按制造方法和化学成分分类。按制造方法可将焊剂分为熔炼焊剂、烧结焊剂和粘结焊剂三大类。熔炼焊剂是按配方比例将原料干混均匀后入炉熔炼。然后经过水冷粒化、烘干、筛选成为成品的焊剂；烧结焊剂和粘结焊剂都属于非熔炼焊剂，都是将原料粉按配方比例混拌均匀后，加入粘结剂调制成湿料，再经烘干、粉碎、筛选而成。所不同的是，烧结焊剂是在400～1000℃温度下烘干（烧结）而成的；而粘结焊剂则是在350～400℃的较低温度下烘干而成的。熔炼焊剂成分均匀、颗粒强度高、吸水性小、易储存，是国内生产中应用最多的一类焊剂。其缺点是焊剂中无法加入脱氧剂和铁合金，因为熔炼过程中烧损十分严重。非熔炼焊剂由于制造过程中未经高温熔炼，焊剂中加入的脱氧剂和铁合金等几乎没有损失，可以通过焊剂向焊缝过渡大量合金成分，补充焊丝中合金元素的烧损，常用来焊接高合金钢或进行堆焊。另外，烧结焊剂脱渣性能好，所以大厚度焊件窄间隙埋弧焊时均用烧结焊剂。

3）焊剂和焊丝的选用与配合。焊丝与焊剂的正确选用及二者之间的合理配合，是获得高质量焊缝的关键，所以必须按工件的成分、性能和要求正确、合理地选配焊丝和焊剂。

在焊接低碳钢和强度等级较低的合金钢时，选配焊丝、焊剂通常以满足力学性能要求为主，使焊缝强度达到与母材等强度，同时要满足其他力学性能指标要求。在此前提下，即可选用下面两种配合方式中的任何一种：用高锰高硅焊剂如HJ430、HJ431配合低碳钢焊丝如H08A或含锰焊丝如H08MnA；用无锰高硅或低锰中硅焊剂如HJ130、HJ250配合高锰焊丝如H10Mn2。焊接低合金高强度钢时，除要使焊缝与母材等强度外，要特别注意提高焊缝的塑性和韧性，一般选用中锰中硅或低锰中硅焊剂如HJ350、HJ250配合相应钢种焊丝。焊接低温钢、耐热钢和耐蚀钢时，选择的焊丝、焊剂首先要保证焊缝具有与母材相同或相近的低温性能或耐热、耐腐蚀性能，为此可选用中硅或低硅型焊剂与相应的合金钢焊丝配合。焊接奥氏体不锈钢等高合金钢时，主要是保证焊缝与母材有相近的化学成分，同时满足力学性能和抗裂性能等方面的要求。由于在焊接过程中，铬钼等主要合金元素会烧损，应选用合金含量比母材高的焊丝。如果只有合金成分较低的焊丝，也可以配用专门的烧结焊剂，依靠焊剂过渡必要的合金元素，同样可以获得满意的焊缝成分和性能。

常用埋弧焊剂的用途及配用的焊丝见表3-4。

3. 埋弧焊工艺

（1）埋弧焊的焊前准备　埋弧焊的焊前准备包括焊件的坡口加工、焊件的清理与装配、焊丝表面清理及焊剂烘干、焊机检查与调整等工作。这些准备工作与焊接质量的好坏有着十分密切的关系，所以必须认真完成。

表 3-4 常用埋弧焊焊剂与焊丝配合

焊剂类别	焊剂型号	配用焊丝	适用电流种类	用途
熔炼焊剂	HJ130	H10Mn2	交直流	低碳钢、低合金高强度钢
	HJ150	H2Cr13、H3CrW8	交直流	轧滚堆焊
	HJ251	CrMo 钢焊丝	直流	珠光体耐热钢
	HJ431	H08A、H08MnA	交直流	重要低碳钢、低合金高强度钢
烧结焊剂	SJ101	H08MnMoA 、H10Mn2	交直流	低合金高强度钢
	SJ301	H08MnA 、H10Mn2	交直流	低碳钢、锅炉钢
	SJ401	H08A	交直流	低碳钢、低合金高强度钢

1）坡口的选择与加工。由于埋弧焊可使用较大的电流焊接，电弧具有较强的穿透力，所以当焊件厚度不太大时，一般不开坡口也能将焊件焊透。但随着焊件厚度的增加，为了保证焊件焊透，并使焊缝有良好的成形，应在焊件上开坡口。坡口形式与焊条电弧焊时基本相同，其中尤以 Y 形，X 形、U 形坡口最为常用。当焊件厚度为 10～24mm 时，多为 Y 形坡口；厚度为 24～60mm 时，可开 X 形坡口；埋弧焊焊缝坡口的基本形式已经标准化，各种坡口适用的厚度、基本尺寸和标注方法见 GB 986—2008 的规定。坡口常用气割或机械加工方法制备。

2）焊件的清理与装配。焊件装配前，需将坡口及附近区域表面上的锈蚀、油污、氧化物、水分等清理干净。

焊件装配时必须保证接缝间隙均匀，平整不错边，特别是在单面焊双面成形的埋弧焊中更应严格控制。装配时，焊件必须用夹具或定位焊缝可靠地固定。定位焊使用的焊条要与焊件材料性能相符，其位置一般应在第一道焊缝的背面，长度一般不大于 30mm。定位焊缝应平整，且不允许有裂纹、夹渣等缺陷。

对直缝的焊件装配，须在接缝两端加装引弧板和引出板。如果焊件带有焊接试板，应将其与工件装配在一起。焊接试板、引弧板、引出板的安装位置如图 3-9 所示。加装引弧板和引出板是因为埋弧焊焊接速度快。开始引弧时焊件来不及达到热平衡，使引弧处质量不易保证。装上引弧板后，电弧在引弧板上引燃后进入焊件，可使焊件上焊缝首端保证质量。同理，焊件（包括试板）焊缝焊完后将整个熔池引到引出板上再结束焊接，可防止收弧处熔池金属流失或留下弧坑，保证焊缝末端质量。引弧板和引出板的材质和坡口尺寸完全与所焊接的焊件相同，焊接结束后切割去

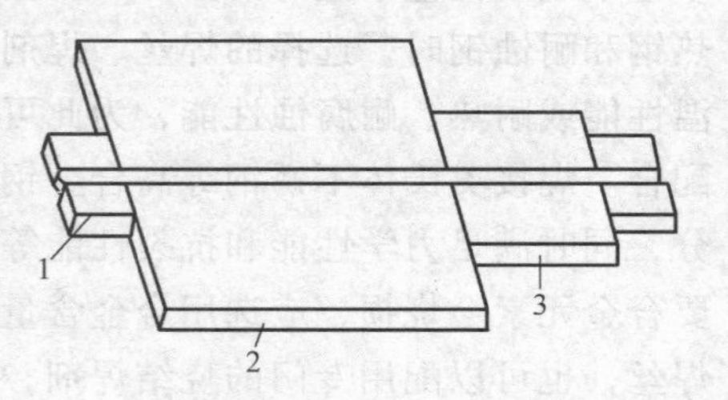

图 3-9 焊接试板、引弧板、引出板的安装位置

1—引弧板 2—焊件试板 3—引出板

除引弧板引出板即可。焊接环焊缝时，引弧部位被正常焊缝重叠，熄弧在已焊成的焊缝上进行，不另加装引弧板和引出板。

3）焊丝表面清理与焊剂烘干。埋弧焊用的焊丝要严格清理，焊丝表面的油、锈及拔丝用的润滑剂都要清理干净，以免污染焊缝造成气孔。

焊剂在运输及储存过程中容易吸潮，所以使用前应经烘干去除水分。一般焊剂须在250℃温度下烘干，并保温1～2h。限用直流焊接的焊剂使用前必须经350～400℃烘干，并保温2h，烘干后应立即使用。回收使用的焊剂要过筛清除焊渣等杂质后才能使用。

4）焊机的检查与调试。检查无误后，再按焊机的操作顺序进行焊接操作。

（2）埋弧焊焊接参数　埋弧焊焊接参数分为主要参数和次要参数。主要参数是指那些直接影响焊缝质量和生产效率的参数。它们是焊接电流、电弧电压、焊接速度、焊丝和焊剂的成分与配合、电流种类及极性和预热温度等。对焊缝质量产生有限影响或无多大影响的参数为次要参数。它们是焊丝伸出长度、焊丝倾角、焊丝与焊件的相对位置、焊剂粒度、焊剂堆散高度和多丝焊的丝间距离等。

1）焊接电流。焊接电流是埋弧焊最重要的工艺参数，它直接决定焊丝熔化速度、焊缝熔深和母材熔化量的大小。增大焊接电流使电弧的热功率和电弧力都增加，因而焊缝熔深增大，焊丝熔化量增加，有利于提高焊接生产率。焊接电流对焊缝形状的影响，在给定焊接速度的条件下，如果焊接电流太大，焊缝会因熔深过大而熔宽变化不大造成成形系数偏小。这样的焊缝不利于熔池中气体及夹杂物的上浮逸出，容易产生气孔、夹渣及裂纹等缺陷，严重时还可能烧穿焊件。太大的电流也使焊丝消耗增加，导致焊缝余高过大。电流太大还使焊缝热影响区增大，可能引起较大焊接变形。焊接电流减小时焊缝熔深减小，生产率降低。如果电流过小，就可能造成未焊透，电弧也不稳定。

电流种类和极性对焊接过程和焊缝成形也有影响。当使用含氟焊剂进行埋弧焊时，焊接电弧阴极区的产热量将大于阳极区，因此采用直流正接比采用直流反接时焊丝获得的热量多，因而熔敷速度比反接时快，使焊缝的余高较大而熔深较浅；采用直流反接时，则与前述相反，可使焊件得到较大熔深。所以从应用的角度来看，直流正接适用于薄板焊接、堆焊及防止熔合比过大的场合；直流反接适宜厚板焊接，以使焊件焊透。

2）电弧电压。电弧电压与电弧长度成正比。电弧电压主要决定焊缝熔宽，因而对焊缝截面形状和表面成形有很大影响。

提高电弧电压时弧长增加，电弧斑点的移动范围增大，熔宽增加。同时，焊缝余高和熔深略有减小，焊缝变得平坦。电弧斑点的移动范围增大后，使焊剂熔化量增多，因而向焊缝过渡的合金元素增多，可减小由焊件上的锈或氧化皮引起的气孔倾向。当装配间隙较大时，提高电弧电压有利于焊缝成形。

如果电弧电压继续增加，电弧会突破焊剂的覆盖，使熔化的液态金属失去保护而与空气接触，造成密集气孔。降低电弧电压可增强电弧的刚直性。但电弧电压过低时，会形成高而窄的焊缝，影响焊缝成形并使脱渣困难；在极端情况下，熔滴会使焊丝与熔池金属短路而造成飞溅。

因此，埋弧焊时适当增加电弧电压，对改善焊缝形状、提高焊缝质量是有利的，但应与焊接电流相适应，见表3-5。

表3-5　埋弧焊电流与电压配合对应关系

焊接电流/A	520～600	600～700	700～850	850～1000	1000～1200
电弧电压/V	34～36	36～38	38～40	40～42	42～44

3）焊接速度。焊接速度对熔宽、熔深有明显影响，它是决定焊接生产率和焊缝内在质量的重要焊接参数。不管焊接电流与电弧电压如何匹配，焊接速度对焊缝成形的影响都有一定的规律。在其他参数不变的条件下，焊接速度增大时，电弧对母材和焊丝的加热减少，熔宽、余高明显减小。与此同时，电弧向后方推送金属的作用加强，电弧直接加热熔池底部的母材，使熔深增加。当焊接速度增大到40m/h以上时，由于焊缝的热输入明显减少，则熔深随焊接速度增大而减小。

从提高生产率的角度考虑，总是希望焊接速度越快越好。但焊接速度过快，电弧对焊件的加热不足，使熔合比减小，还会造成咬边、未焊透及气孔等缺陷。减小焊接速度，使气体易从正在凝固的熔化金属中逸出，能降低形成气孔的可能性。但焊速过低，则将导致熔化金属流动不畅，易造成焊缝波纹粗糙和夹渣，甚至烧穿焊件。

4）焊丝直径与伸出。焊丝直径主要影响熔深。在同样的焊接电流下，直径较细的焊丝电流密度较大，形成的电弧吹力大，熔深大。焊丝直径也影响熔敷速度。电流一定时，细焊丝比粗焊丝具有更高的熔敷速度；而粗焊丝比细焊丝能承载更大的焊接电流，因此，粗焊丝在较大的焊接电流下使用也能获得较高的熔敷速度。焊丝越粗，允许使用的焊接电流越大，生产率越高。当装配不良时，粗焊丝比细焊丝的操作性能好，有利于控制焊缝成形。

焊丝直径应与所用的焊接电流大小相适应，如果粗焊丝用小电流焊接，会造成焊接电弧不稳定；相反，细焊丝用大电流焊接，容易形成“蘑菇形”焊缝，而且熔池不稳定，焊缝形差。不同直径焊丝适用的焊接电流范围见表3-6。

表3-6　不同直径焊丝适用的焊接电流范围

焊接电流/A	200～400	350～600	500～800	700～1000	800～1200
焊丝直径/mm	2	3	4	5	6

除上述焊接参数外，埋弧焊时还有一些参数如焊剂、焊丝的种类与合理配合，焊丝和焊件的倾斜角度，焊件的材质、厚度、装配间隙和坡口形状等也对焊缝的成形和质量有着重要影响。

（3）埋弧焊常见缺陷及防止　埋弧焊常见缺陷有焊缝成形不良、咬边、未焊透、气孔、裂纹、夹渣、焊穿等。埋弧焊主要缺陷及产生原因见表3-7。

表3-7　埋弧焊主要缺陷及产生原因

缺陷名称	产生原因
焊缝表面宽度不均匀	焊接速度不均；焊丝送给速度不均；焊丝导电不良
焊缝金属满溢	焊接速度过慢；电压过大；下坡焊时倾角过大；环焊缝焊接位置不当；焊接时前部焊剂过少；焊丝向前弯曲
气孔	接头未清理干净；焊剂潮湿；焊剂（尤其是焊剂垫）中混有垃圾；焊剂覆盖层厚度不当或焊剂斗阻塞；焊丝表面清理不够；电压过高
裂纹	焊件、焊丝、焊剂等材料配合不当；焊丝中含碳量和含硫量较高；焊接区冷却速度过快而导致热影响区硬化；多层焊的第一道焊缝截面过小；焊缝形状系数太小；角焊缝熔深太大；焊接顺序不合理；焊件刚度大
焊穿	焊接参数及其他工艺因素配合不当
咬边	焊丝位置或角度不正确；焊接参数不当
未熔合	焊丝位置未对准；焊缝局部弯曲过大
未焊透	焊接参数不当，如电流过小，电弧电压高；坡口不合适；焊丝未对准
内部夹渣	多层焊时，层间清渣不干净；多层分道焊时，焊丝位置不当

4. 埋弧焊设备

常用的埋弧焊机有等速送丝式和变速送丝式两种类型。它们一般都由机头、控制箱、导轨（或支架）及焊接电源组成。按照不同的工作需要，埋弧焊机可做成不同的型式。常见有焊车式、悬挂式、车床式、悬臂式和门架式等。表3-8为MZ—1000国产埋弧焊机的主要技术数据。

表3-8　MZ—1000国产埋弧焊机主要技术参数

MZ—1000	送丝方式	焊接电流/A	焊丝直径/mm	送丝速度/(cm/min)	焊接速度/(cm/min)	焊接电源
	变速送丝	400～1200	3～6	50～200	25～117	直流或交流

目前国内使用最普遍的埋弧焊机是MZ—1000型，是一种变速送丝式埋弧焊机。这种埋弧焊机适合于水平位置或与水平面倾斜不大于15°的各种有无剖口的对接、角接和搭接接头的焊接，也可借助滚轮转胎焊接圆筒形的内、外环缝。

MZ—1000型埋弧焊机主要由自动焊车、控制箱和焊接电源三部分组成并由电缆和控制电缆连接在一起。

通常直流电源适用于小电流、快速引弧、短焊缝、高速焊接以及所采用焊剂的稳弧性较差和对焊接参数稳定性有较高要求的场合。采用直流电源时，不同的极性将产生不同的效果。当采用直流正接时，焊丝的熔敷效率高；采用直流反接时，焊缝熔深大。采用交流电源时，焊丝熔敷效率及焊缝熔深介于直流正接与反接之间，而且电弧的磁偏吹最小。因而交流电源多用于大电流埋弧焊和采用直流时磁偏吹严重的场合。

三、二氧化碳气体保护焊

二氧化碳气体保护焊是利用 CO_2 作为保护气体的熔化极电弧焊方法。这种方法具有生产率高、成本低、焊接质量好的特点，被广泛用于汽车制造、石油化工及造船等工业中。

1. 二氧化碳气体保护焊的原理及特点

二氧化碳气体保护焊采用可熔化的焊丝与焊件之间的电弧作为热源来熔化焊丝与母材金属，并向焊接区输送保护气体，使电弧、熔化的焊丝、熔池及附近的母材金属免受周围金属空气的有害作用。连续送进的焊丝金属不断熔化并过渡到熔池，与熔化的母材金属融合形成焊缝金属，从而使工件相互连接起来。其焊接过程示意如图 3-10 所示。

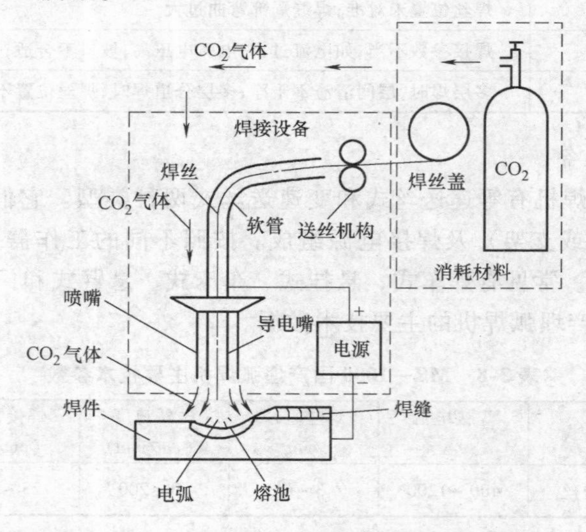

图 3-10　二氧化碳气体保护焊的焊接过程示意

二氧化碳气体保护焊与渣保护焊方法（如焊条电弧焊与埋弧焊）相比，在工艺性、生产效率与经济效果等方面有下列优点：

1）生产效率高和节省能量。由于该法焊接电流密度较大，通常为 100 ~ 300A/mm，这样电弧热量集中，焊丝的熔化效率高，母材的熔透深度大，

焊接速度高，同时焊后不需要清渣，所以能够显著提高焊接效率并节省电能。

2）焊接成本低。由于 CO_2 气体和焊丝的价格低廉，对于焊前的生产准备要求高，焊后清理和校正工时少，所以成本低。

3）焊接变形小。由于电弧热量集中、热输入低和 CO_2 气体具有较强的冷却作用，则焊接工件受热面积小。特别是焊接薄板时变形很小。

4）对油、锈的敏感性较低。

5）焊缝中含氢量少，所以提高了焊接低合金高强度钢抗冷裂纹的能力。

6）短路过渡焊可用于立焊、仰焊和全位置焊接。

7）电弧可见性好，有利于观察，使焊丝对准焊接线。尤其是在半自动焊时，容易实现短焊缝和曲线焊缝的焊接工作。

8）操作简单，容易掌握。

但是，还存在以下一些缺点：

1）与焊条电弧焊相比，CO_2 气体保护焊的设备较复杂，易出现故障，要求较高的维护设备的技术能力。

2）抗风能力差，给室外作业带来一定困难。

3）弧光较强，必须注意劳动保护。

4）与焊条电弧焊和埋弧焊相比，焊缝成形不够美观，焊接飞溅较大。

二氧化碳气体保护焊适用于焊接大多数金属和合金，最适于焊接碳钢和低合金钢、耐热合金。二氧化碳气体保护焊可焊接的金属厚度范围很广，最薄为0.5mm，最厚几乎不受限制。

2. 焊接材料与焊接冶金

（1）CO_2 气体　为了得到致密的焊缝，CO_2 气体纯度应大于99.5%，也就是其中杂质的含量不应该超过0.5%，尤其是其中含水量影响最大，按质量计不得超过0.05%。CO_2 气体为无色、无味、无毒气体。其密度为空气密度的1.5倍。沸点为-78.9℃，在常压下冷却时，气体将直接变成固体。气体在较高压力下能变成液体；其密度随温度有很大变化。当温度低于-11℃时，液态 CO_2 比水重。在0℃和1个大气压下，1kg液态 CO_2 可蒸发509L气体。焊接用 CO_2 气体以液态形式贮存于气瓶中供用户使用。气瓶涂银白色，并有“CO_2”标记。气瓶不得放在火炉、暖气等热源附近，也不得放在烈日下曝晒，以防止发生爆炸。

（2）焊丝　CO_2 焊焊丝既是填充金属又是电极，所以焊丝应保证一定的化学成分和力学性能，又要保证具有良好的导电性和工艺性能。焊丝的供应状态按有关标准分为三种形式：焊丝盘、焊丝卷和焊丝捆。

CO_2 焊主要用于焊接低碳钢和普低钢，焊丝应符合有关规定。目前我国 CO_2

焊用的实心焊丝主要是H08Mn2Si类型。根据其杂质（S和P）含量和检查项目（镀铜层附着力和焊丝松弛直径及挠距）又分成四种。H08Mn2SiA为优质焊丝，与H08Mn2Si相比，前者的冲击韧度值较高。

H04Mn2SiTiA焊丝由于含有较多Ti，不但脱氧能力增强，而且脱氮能力也增强，所以这种焊丝抗气孔能力较强，适合于200A以上的大电流焊接。H04MnSiAlTiA焊丝与H04Mn2SiTiA类似，具有更强的脱氧和脱氮能力，抗气孔性也更强，特别适合于大电流填充水平角焊缝。

药芯焊丝是将含有脱氧剂、稳弧剂和其他成分的粉末放到钢带上，经包卷后冷拔而成。焊丝按不同情况可以分成几种类别。按保护情况可分为CO_2气体保护和无气体保护（又称自保护）两种。按焊丝直径可分为细丝（ϕ1.2mm、ϕ1.4mm、ϕ1.6mm和ϕ2.0mm）和粗丝（ϕ2.4mm和ϕ3.2mm），其横截面形状如图3-11所示。

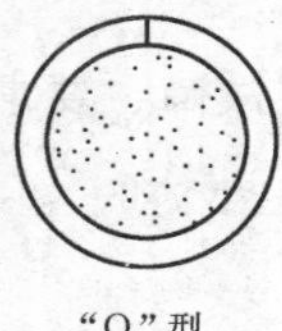

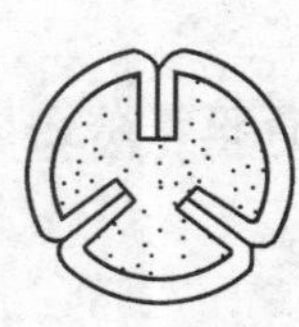

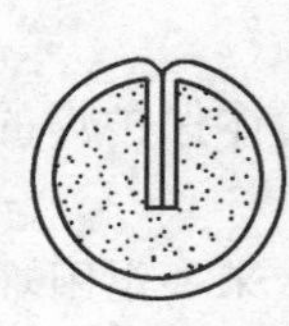

图3-11　药芯焊丝横截面形状

药芯焊丝可以使用较大电流（常用在500A以下），焊接飞溅少，焊缝成形良好，可以通过药芯成分来调整焊缝性能，所以它可用于焊接低碳钢和50～60kg/mm^{2}级的低合金钢。

（3）CO_2焊接冶金

1）合金元素的氧化。CO_2气体在电弧高温作用下分解：$CO_2 \rightarrow CO + O$，实际电弧区中约有40%～60%的CO_2气体完全分解，因此在电弧气氛中同时存在着CO_2、CO和O_2，所以CO_2气体在高温时有强烈的氧化性。高温下与钢中的Fe、S、Mn元素反应生成物SiO_2和MnO_2成为杂质浮于熔池表面；CO气体则因为是在液态金属表面反应生成的，一般逸出到大气中去，不会在焊缝中形成气孔；FeO则溶入液态金属，并进一步和熔池及熔滴中的合金元素发生反应，使它们氧化烧损。FeO溶入熔池时，会与碳发生反应，即$FeO + C \rightarrow Fe + CO$，此时生成的CO气体，若来不及逸出熔池就会在焊缝中形成气孔。FeO溶入熔滴时与碳同样会发生反应生成CO气体，此时反应气体在电弧高温下急剧膨胀，使熔滴爆破而造成金属飞溅。

2）脱氧措施及焊缝金属合金化。高温时，与氧的亲和力比Fe大的合金元素按亲和力大小顺序为：Al、Ti、Si、Mn、Cr、Mo。CO_2焊常用Al、Ti、Si、

Mn 作为脱氧元素，Cr、Mo 因比较贵重，脱氧能力又不强，一般不用。

实践证明，用 Si、Mn 联合脱氧时其效果最好。目前，应用最广泛的 H08Mn2SiA 焊丝，就是采用 Si、Mn 联合脱氧的。加入焊丝中的 Mn、Si 元素，在焊接过程中一部分直接氧化和蒸发掉，一部分消耗于 FeO 的脱氧，还有一部分则留在焊缝金属中作补充合金元素，所以要求焊丝中 Si、Mn 含量要足够且有合适的比例。但是 Si、Mn 的含量也不宜过高。以免使焊缝金属的塑性和冲击韧度值下降。

在 CO_2 焊的冶金过程中，碳也是一个很重要的元素。因为碳和氧的亲和力比 Fe 大，为了防止气孔和减少飞溅以及降低焊缝产生裂纹的倾向，焊丝中 $w(C)<0.15\%$。但碳是保证钢的强度不可缺少的元素，焊丝中的碳受到限制，就会使焊缝的含碳量比母材的含碳量低，降低了焊缝的强度。焊接低碳钢和一般低合金钢时，依靠脱氧后剩留在焊缝中的 Si 和 Mn 可以弥补碳的损失，而使焊缝强度得到保证。

3）气孔。CO_2 焊时，可能产生 CO 气孔、氢气孔和氮气孔。

产生 CO 气孔的原因，主要是熔池中的 FeO 和 C 发生反应所致。因为该反应在熔池处于结晶温度时进行得比较剧烈，而这时熔池已开始凝固，CO 气体不易逸出，于是在焊缝中形成 CO 气孔。

如果熔池在高温时熔入了大量氢气，在结晶过程中又不能充分排出，则在焊缝金属中成为氢气孔。电弧区的氢主要来自焊丝、焊件表面的油污及铁锈，以及 CO_2 气体中所含的水分。

在电弧高温下，氮气溶解到熔池中。当金属凝固时，氮气在金属液体中的溶解度突然下降，如果氮气来不及从熔池中逸出就会形成氮气孔。氮气的可能来源：一是空气侵入焊接区；二是 CO_2 气体不纯混有氮气。在 CO_2 焊工艺中，为获得稳定的焊接过程，可采用短路过渡、细颗粒滴状过渡两种形式，其中短路过渡形式应用最为广泛。

3. CO_2 焊工艺

（1）短路过渡焊接工艺　短路过渡时，采用细焊丝、低电压和小电流。熔滴细小而过渡频率高，电弧非常稳定。飞溅小，焊缝成形美观。主要用于焊接薄板及全位置焊接。焊接薄板时，生产率高、变形小，焊接操作容易掌握，对焊工技术水平要求不高。另外，由于焊接参数小，焊接过程中光辐射、热辐射以及烟尘等都比较小，因而应用广泛。短路过渡焊接时主要工艺参数有电弧电压、焊接电流、焊接回路电感、焊接速度、焊丝直径和伸出长度等。

1）电弧电压和焊接电流。电弧电压大小决定了电弧的长短和熔滴的过渡形式，实现短路过渡的条件之一是保持较短的电弧长度。

在一定的焊丝直径及焊接电流（亦即送丝速度）下，电弧电压若过低，电弧引燃困难，焊接过程不稳定。电弧电压过高，则由短路过渡转变成大颗粒过渡，焊接过程也不稳定。只有电弧电压与焊接电流匹配得较合适时，才能获得稳定的焊接过程，并且飞溅小，焊缝成形好。表3-9为不同直径焊丝典型的短路过渡焊接参数，焊接时飞溅最小。

表3-9　不同直径焊丝典型的短路过渡焊接参数

焊丝直径/mm	0.8	1.2	1.6
电弧电压/V	18	19	20
焊接电流/A	100～110	120～135	140～180

2）焊接回路电感。在其他工艺条件不变的情况下，回路的电感值直接影响短路电流上升速度和短路峰值电流大小。电感值过小，短路电流上升速度过快，短路峰值电流就会过大以致产生大量小颗粒飞溅；电感值过大，短路电流上升速度过慢，峰值电流就会过小，液体金属过桥难以形成，且不易断开，同时会产生大颗粒的金属飞溅，甚至造成焊丝固体短路，大段爆断而中断焊接过程。因此必须正确地选择回路电感值的大小。

3）焊丝直径和焊丝伸出长度。短路过渡焊接主要采用细焊丝，特别是直径在$\phi0.6$～$\phi1.2$mm范围内的焊丝。随着直径增大，飞溅颗粒和数量都相应增大。在实际应用中，焊丝直径最大用到$\phi1.6$mm。一般焊丝伸出长度为10倍的焊丝直径较为合适，通常在5～15mm范围内。

4）气体流量。气体流量通常选用5～15L/min。若焊接电流增大，焊接速度加快，焊丝伸出长度较大或在室外作业等情况下，气体流量应加大，以使保护气体有足够的挺度、加强保护效果。但气体流量也不宜过大，以免将外界空气卷入焊接区，降低保护效果。表3-10为短路过渡CO_2焊接参数。

表3-10　短路过渡CO_2焊接参数

钢板厚度/mm	焊丝直径/mm	焊接电流/A	电弧电压/V	气体流量/(L/min)	接头形式
0.8～2.0	0.8	80～140	18～21	6～8	平焊对接
2.0～4.0	1.0	130～160	20～23	8～10	平焊对接
4.0～6.0	1.2	150～250	22～28	10～18	平焊对接

（2）细颗粒滴状过渡焊接工艺　细颗粒过渡焊接参数的特点是电弧电压较高，焊接电流较大，因而电弧穿透力强，母材熔深大，适合于中等厚度及大厚度工件的焊接，随着电流增大，电弧电压必须相应提高，否则，电弧对熔池的冲刷作用加剧，会使焊缝成形恶化。目前以直径$\phi1.6$mm和直径$\phi2.0$mm的焊丝用得最多，直径为$\phi3$～$\phi5$mm的焊丝也有应用。

4. CO_2 焊焊接设备

半自动 CO_2 焊设备由焊接电源、送丝机构、焊枪、供气系统、冷却水循环装置及控制系统等几部分组成，而自动 CO_2 焊设备除了上述几部分外还有焊车行走机构。

焊接电源一般为直流平外特性或缓降外特性，只有在粗丝 CO_2 焊时选用陡降外特性。焊枪是输送焊丝，馈送电流和保护气体的操作器具，所以焊接电缆、控制电缆、送丝软管、气管及冷却水管等与它相连。

CO_2 气体的压力和流量由减压表和流量计调节。如果 CO_2 气体流量较大时，还需要加热 CO_2 气体的预热器，否则易使减压表冻结。

调整焊接电流和电弧电压的旋钮，一种是安装在电源箱的面板上，另一种是安装在单独设置的遥控盒上。自动焊机则安装在小车上。

CO_2 半自动焊时，沿焊缝移动焊枪是靠手工操作。而自动焊却不同，这时沿焊缝移动是靠焊接小车或工件移动（或转动焊或横焊等）的机头才具有较复杂的摆动机构。

（1）电源外特性　CO_2 焊一般采用直流电源且反极性连接。根据不同直径焊丝直焊的焊接特点，一般细焊丝采用等速送丝式焊机，配合平特性电源，粗焊丝采用变速送丝式焊机，配合下降特性电源。

细焊丝 CO_2 焊的熔滴过渡一般为短路过渡过程，送丝速度快，宜采用等速送丝式焊机配合平外特性电源。粗丝 CO_2 焊的熔滴过渡一般为细滴过渡过程。宜采用变速送丝式焊机，配合下降的外特性电源。

（2）焊枪　焊枪应送气、导电可靠和气体保护良好；结构简单、经久耐用和维修简便；使用性能良好。焊枪按用途分为半自动焊枪和自动焊枪。

（3）焊枪的喷嘴和导电嘴　喷嘴是焊枪上的重要零件，其作用是向焊接区域输送保护气体，以防止焊丝端头、电弧和熔池与空气接触。喷嘴形状多为圆柱形，也有圆锥形，喷嘴内孔直径与焊接电流大小有关，通常为 $\phi12\sim\phi24$mm。焊接电流较小时，喷嘴直径也小。焊接电流较大时，喷嘴直径也大。

导电嘴直径的大小对送丝速度和焊丝伸出长度有很大影响。如孔径过大或过小，会造成焊接参数不稳定而影响焊接质量。

（4）供气系统　供气系统的作用是保证纯度合格的 CO_2 保护气体能以一定的流量均匀地从喷嘴中喷出。它由 CO_2 钢瓶、预热器、干燥器、减压器、流量计及电磁气阀等组成。

CO_2 气瓶储存液态 CO_2，钢瓶通常漆成灰色并用黄字写上 CO_2 标志。瓶中有液态 CO_2 时，瓶中压力规定不大于 0.6kg/L。

（5）预热器　由于液态 CO_2 转变成气态时，将吸收大量的热，再经减压后，气体体积膨胀，也会使温度下降。为防止管路冻结，在减压之前要将 CO_2 气体通过预热器进行预热。预热器一般采用电阻加热式。干燥器内装有干燥剂，如硅胶、脱水硫酸铜和无水氯化钙等。只有当含水量较高时，才需要加装干燥器。减压器的作用是将高压 CO_2 气体变为低压气体。流量计用于调节并测量 CO_2 气体的流量。电磁气阀是装在气路上，利用电磁信号控制的气体开关，用来接通或切断保护气体。

四、钨极惰性气体保护焊

钨极惰性气体保护焊，简称 TIG 焊，是以高熔点的纯钨或钨合金作为电极，用惰性气体（氩气、氦气）或其混合气体作保护气的一种不熔化极电弧焊方法。通常把用氩气作保护气的 TIG 焊称为钨极氩弧焊。

1. 钨极惰性气体保护焊原理

钨极惰性气体保护焊（TIG 焊）是在惰性气体的保护下，利用钨极和工件之间产生的焊接电弧熔化母材及焊丝的一种焊接方法。焊接时，惰性气体从焊枪的喷嘴喷出，把电弧周围一定范围的空气排出焊接区，而为形成优质焊接接头提供了保障，如图 3-12 所示。焊接时，保护气体可采用氩气、氦气或氩气与氦气的混合气体，特殊场合也采用氩气＋氢气或氦气＋氢气混合气体。焊丝根据焊件设计要求，可以添加或不添加。如果添加焊丝，一般从电弧的前端加入或者直接预置在接头的间隙中。

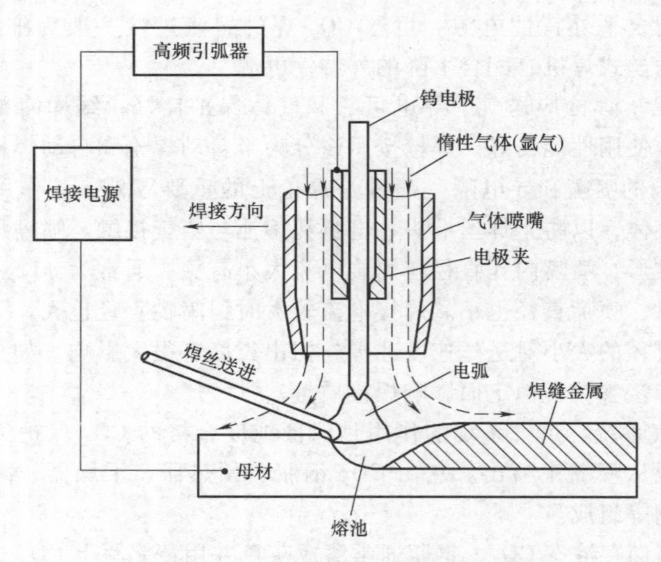

图 3-12　钨极惰性气体保护焊示意图

2. TIG 焊分类及特点

（1）TIG 焊分类　TIG 焊可按操作方式和电流种类进行分类。

1）按操作方式。分为手工 TIG 焊和自动 TIG 焊。手工 TIG 焊焊接时焊丝的添加和焊枪的运动完全是靠手工操作来完成的。而自动 TIG 焊焊枪运动和焊丝填充都是由机电系统按设计程序自动完成的。在实际生产中，手工 TIG 焊应用最广泛。

2）按电流种类。分为直流 TIG 焊、交流 TIG 焊和脉冲 TIG 焊。一般情况下，直流用于焊接除铝、镁及其合金以外的各种金属材料。交流又分为正弦波交流、矩形波交流等，用于焊接铝、镁及其合金。脉冲 TIG 焊用于焊接对热敏感的金属材料和薄板、超薄板构件，以及用于薄壁管子的全位置焊接等。

（2）TIG 焊的特点

1）保护效果好。由于氩气和氦气是惰性气体，密度比空气大，既不与金属反应，又能够有效地隔绝空气，所以能对钨极、熔池金属及热影响区进行很好的保护，防止被氧化、氮化。

2）焊接过程稳定。在 TIG 焊电弧燃烧过程中，电极不熔化，易维持恒定的电弧长度。氩气、氦气的热导率小，不与液态金属反应或溶解在液态金属中，不会造成焊缝中合金元素的烧损。填充焊丝不通过电弧区，不会引起很大的飞溅。焊接过程十分稳定，易获得良好的焊接接头质量。

3）适宜于各种位置施焊。因为 TIG 焊时热源和送丝可以分别控制，热输入容易得到调节，从而能很方便地实现全位置焊接。

4）易于实现自动化。由于 TIG 焊电弧是明弧，又没有熔滴过渡，焊接电弧稳定，焊缝成形好等因素，故很容易实现机械化和自动化。现已有环缝自动钨极氩弧焊、管子对接自动钨极氩弧焊等自动 TIG 焊方法。

但 TIG 焊还有以下缺点：

1）需要特殊的引弧措施。由于氩气和氦气的电离电压较高，钨极的逸出功又较高。一般不允许钨极和工件接触，以防止烧损钨极，产生夹钨缺陷。TIG 焊的引弧比较困难，通常需采用特殊的引弧措施。

2）对工件清理要求高。TIG 焊时没有脱氧去氢的能力，因此对焊前的除油、去锈等工作要求严格。尤其在焊接易氧化的非铁金属如铝、镁及其合金等，否则会严重影响焊缝质量。

3）生产率低。由于钨极对电流的承载能力有限，过大的电流会引起钨极的熔化，造成钨污染。电流小也就限制了焊接熔深，使得 TIG 焊与各种熔化极电弧焊相比生产率低。

4）生产成本高。由于惰性气体较贵，与焊条电弧焊、二氧化碳气体保护焊、埋弧焊相比，生产成本高。

TIG 焊几乎可以焊接所有的金属及合金。但从经济性及生产率考虑，TIG 焊主要用于焊接不锈钢、高温合金和铝、镁、铜、钛等金属及其合金，以及难熔金属（如锆、钼、异种金属。对于低熔点和易蒸发金属（如铅、锡、锌等），焊接较困难。

TIG 焊所焊板材的厚度，由于受承载能力的限制，一般适用于焊接薄件，钨极氩弧焊一般焊接厚度小于 6mm 的构件。目前，TIG 焊广泛应用于航空航天、原子能、化工、纺织、锅炉、压力容器、医疗器械及炊具等工业部门的生产中。

3. 焊接参数的影响及选择

TIG 焊的焊接参数有：焊接电流、电弧电压（电弧长度）、焊接速度、填丝速度、保护气体流量及喷嘴孔径、钨极直径与形状等。

1）焊接电流是决定熔深的主要参数。在其他条件不变的情况下，电弧能量与焊接电流成正比。焊接电流越大，可焊接的材料厚度越大。因此，焊接电流是根据焊件的材料性质与厚度来确定的。随着焊接电流的增大（或减小），凹陷深度、背面焊缝余高、熔透深度以及焊缝宽度都相应地增大（或减小），而焊缝余高相应地减小（或增大）。当焊接电流太大时，易引起焊缝咬边、焊漏等缺陷。反之，焊接电流太小时，易形成未焊透焊缝。

2）电弧电压或电弧长度。当弧长增加时，电弧电压即增加。焊缝熔宽和加热面积都略有增大。但弧长超过一定范围后，会因电弧热量的分散使热效率下降，电弧力对熔池的作用较小，熔宽和母材熔化面积均较小。同时电弧长度还影响到气体保护效果的好坏。在一定限度内，喷嘴到焊件的距离越短，则保护效果就越好。一般在保证不短接的情况下，应尽量采用较短的电弧进行焊接。不加填充焊丝焊接时，弧长以控制在 1 ~ 3mm 之间为宜，加填充焊丝焊接时，弧长约为 3 ~ 6mm。

3）焊接速度。在其他条件不变的情况下．焊接速度越小，热输入越大，则焊接凹陷深度、熔透深度、熔宽都相应增大。反之，上述参数减小。

当焊接速度过快时，焊缝易产生未焊透、气孔、夹渣和裂纹等缺陷。反之，焊接速度过慢时，焊缝易产生焊穿和咬边现象。从影响气体保护效果的方面来看，随着焊接速度的增大，从喷嘴喷出的柔性保护气流，因为受到前方静止空气的阻滞作用，会产生变形和弯曲。当焊接速度过快时，就可能使电极末端、部分电弧和熔池暴露在空气中，从而恶化了保护作用。这种情况在自动高速焊时容易出现。此时，为了扩大有效保护范围，可适当加大喷嘴孔径和保护气流量。

用较低的焊接速度比较有利。焊接不锈钢、耐热合金和钛及钛合金材料时，尤其要注意选用较低的焊接速度，以便得到较大范围的气体保护区域。

4）填丝速度与焊丝直径。焊丝的填送速度与焊丝的直径、焊接电流、焊接速度、接头间隙等因素有关。一般焊丝直径大时送丝速度慢，焊接电流、焊接速度、接头间隙大时，送丝速度快。送丝速度选择不当，可能造成焊缝出现未焊透、烧穿、焊缝凹陷、焊缝堆高过大、成形不光滑等缺陷。

5）保护气体流量和喷嘴直径。保护气体流量和喷嘴孔径的选择是影响气体

保护效果的主要因素。为了获得良好的保护效果，必须使保护气体流量与喷嘴直径匹配，对于一定直径的喷嘴，有一个获得最佳保护效果的气体流量，喷嘴直径增大，气体流量也应随之增加才可得到良好的保护效果。

6）电极直径和端部形状。钨极直径的选择取决于焊件厚度、焊接电流的大小、电流种类和极性。原则上应尽可能选择小的电极直径来承担所需要的焊接电流。此外，钨极的许用电流还与钨极的伸出长度及冷却程度有关，如果伸出长度较大或冷却条件不良，则许用电流将下降。一般钨极的伸出长度为 5～10mm。表 3-11 为常用材料对接接头手工钨极氩弧焊焊接工艺。

表 3-11 常用材料对接接头手工钨极氩弧焊焊接工艺

材料	板厚/mm	电流/A（正接法）	焊丝直径/mm	焊接速度/(mm/min)	氩气流量/(L/min)
碳钢	1.2	100～125	1.6	300～370	4～5
	1.5	100～140	1.6	300～450	4～5
	3.2	150～200	3.2	250～300	4～5
不锈钢	1.0	50～80	1.0	100～120	4～6
	2.4	80～120	2.0	100～120	6～10
	4	150～200	2.4	100～150	6～10

4. 钨极惰性气体保护焊设备

TIG 焊设备一般由焊接电源、引弧及稳弧装置、焊枪、供气系统、水冷系统和焊接控制系统等部分组成。对于自动 TIG 焊还应增加焊车行走机构及送丝装置。

（1）焊接电源。TIG 焊的焊接电源有直流、交流或交直流两用三种电源形式。而钨极氩弧焊机一般采用直流电源。不论是直流电源还是交流电源，都采用陡降外特性或垂直陡降外特性电源，其目的是保证在弧长变化时尽量减小焊接电流的波动，保证焊缝的熔深均匀。

TIG 焊常用的引弧方法有下列三种：接触引弧，是指钨极与引弧板或焊件接触引燃电弧的方法。其缺点是钨极易磨损并可能在焊缝中产生夹钨现象。高频引弧，利用高频振荡器产生的高频高压击穿钨极与焊件之间的气体间隙（约 3mm）而引燃电弧。高压脉冲引弧，在钨极与焊件之间加一个高压脉冲，使两极间气体介质电离而引燃电弧。

（2）焊枪。焊枪的功能与要求：能可靠夹持电极，具有良好的导电性。能及时输送保护气体，具有良好的冷却性能。TIG 焊焊枪一般分为气冷式和水冷式两种。

（3）喷嘴。喷嘴的结构形式与尺寸对喷出气体的流态及保护效果影响很大，圆柱形喷嘴保护效果最好，它喷出的气流具有较长的层流区和熔池的保护效果。

（4）供气和水冷系统。供气系统主要由氩气瓶、减压阀、流量计和电磁气阀组成。氩气瓶外表涂为灰色，并标有氩气字样。氩气在钢瓶中呈气态，使用时不需预热和干燥。氩气瓶的最大压力为12～15MPa，容积为40L。

减压阀的作用是将高压气瓶中的气体压力降至焊接所要求的压力。有时把减压阀和流量计做成一体。流量计是用来测量和调节气体流量的装置。电磁气阀是控制保护气体通断的一种电磁开关。水冷系统的作用是当焊接电流大于150A时冷却焊接电缆、焊枪和钨棒。

（5）控制系统。控制系统由引弧器、稳弧器、行车（或转动）速度控制器、程序控制器、电磁气阀和水压开关等构成。一般通过控制系统正常工作达到如下目的：控制电源的通断；焊前提前供气1.5～4s，焊后滞后停气5～15s，以保护钨极和引弧、熄弧处的焊缝自动控制引弧器、稳弧器的起动和停止。

焊接结束前电流能自动衰减，以消除火口和防止弧坑开裂，对于环缝焊接及热裂纹敏感材料尤为重要。

五、熔化极氩弧焊

1. 熔化极氩弧焊基本原理

熔化极气体保护焊是以可熔化的金属焊丝作电极，并由气体作保护的电弧焊。利用焊丝和母材之间的电弧来熔化焊丝和母材，形成熔池，熔化的焊丝作为填充金属进入熔池与母材融合，冷凝后即为焊缝金属。通过喷嘴向焊接区喷出保护气体，使处于高温的熔化焊丝、熔池及其附近的母材免受周围空气的有害作用。焊丝是连续的，由送丝轮不断地送进焊接区。熔化极氩弧焊示意图如图3-13所示。操作方式主要是半自动焊和自动焊两种。焊丝有实心焊丝和药芯焊丝两类，前者一般含具有脱氧作用的合金元素和焊缝金属所需要的合金元素；后者的药芯成分及作用与焊条的药皮相似。

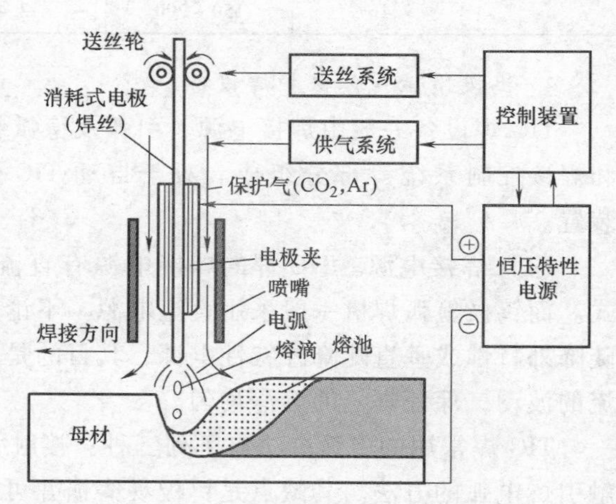

图3-13　熔化极氩弧焊示意图

2. 熔化极氩弧焊特点

几乎可焊接所有金属，尤其适合焊接铝、铜及其合金以及不锈钢等材料；焊接时几乎没有氧化烧损，只有少量的蒸发损失，冶金过程比较简单；劳动生产率

高；MIG焊可直流反接，焊接铝、镁等金属时有良好的阴极雾化作用；成本比TIG焊低，有可能取代TIG焊；MIG焊焊接铝及铝合金时，可以采取亚射流熔滴过渡方式提高接头质量；对焊丝及母材表面的油污、铁锈等较为敏感，容易产生气孔。

第三节 常用金属材料焊接

一、焊接性概念

GB/T 3375—1994标准中规定焊接性是金属材料对焊接加工的适应性。金属焊接性就是金属是否能适应焊接加工而形成完整的、具备一定使用性能的焊接接头的特性。也就是说，金属焊接性的概念有两方面内容：一是金属在焊接加工中是否容易形成缺陷；二是焊成的接头在一定的使用条件下可靠运行的能力。焊接性不仅包括结合性能，而且包括结合后的使用性能。

从理论上分析，只要在熔化状态下能够相互形成溶液或共晶的任意两种金属或合金都可以经过熔焊形成接头。同种金属或合金之间当然是可以形成焊接接头的。许多异种金属或合金之间也是可以形成焊接接头的，只是有时是需要通过中间过渡层的。金属焊接工艺过程简单而接头质量高、性能好时，就称作焊接性好。反之，就称作焊接性差。

焊接性主要是金属本身所固有的性能，但工艺条件也起着重要的影响，所以分析焊接性不能完全脱离工艺条件。

1. 工艺焊接性与使用焊接性

工艺焊接性，主要着眼于材料对焊接工艺的适应性，使用焊接性，则着眼于接头或整个结构的使用性能。

某一焊接工艺条件下，能得到优质焊接接头的能力。工艺焊接性不是金属本身的固有性能，而是根据某一焊接方法和所采用的具体工艺措施而进行评定的。工艺焊接性取决于以下三个因素：

1）热源对被焊金属的热作用。加热是熔焊时不可少的手段，在热源作用下金属将发生一系列的物理、化学变化过程，这些变化的结果决定了接头的组织与性能。热作用对金属性能所带来的影响，不仅取决于材料本身的成分，而且与热源的性质、保护条件及焊接工艺参数等因素有关。

2）熔池金属的冶金处理（与焊接材料有关）。冶金处理作用决定了焊缝的成分、杂质的含量及产生缺陷的可能性。

3）预热和后热等工艺措施。预热和后热是附加于热源以外的热作用。

工艺焊接性主要着眼于工艺条件对焊接接头的影响。在进行金属材料的工艺性能评定时，主要进行工艺焊接性的评定。

使用焊接性，就是整个焊接接头或整体结构满足技术条件规定的使用性能的程度，包括力学性能、缺口敏感性及耐蚀性等。

使用焊接性既要考虑焊接工艺条件对金属材料的影响，又要考虑产品的几何因素与条件。产品的形状、尺寸、接头形式、焊缝的分布等因素，决定了焊接接头中的拘束度、应力集中系数，从而决定焊接接头的应力水平，进而对焊接质量也有一定的影响。如低碳钢焊件，在厚度不大时，焊后不会产生裂纹，但厚度很大（如大于100mm）时，则需采取措施。产品的技术条件中所规定的使用性能是根据产品的使用条件制定的。工作条件越恶劣（如高温、高压，与强腐蚀介质接触对焊接接头的质量要求越高，满足这些条件的难度也随之增加）。

2. 金属焊接性试验

焊接性试验，即评定母材焊接性的试验。例如，焊接裂纹试验，接头力学性能试验、接头腐蚀试验等。通过焊接性试验可以评定某种金属材料焊接性的优劣；对不同材料进行焊接性的比较，为选择焊接方法、焊接材料和确定焊接参数提供实验依据。

焊接性涉及面比较宽，影响因素也比较多，而一个具体的试验往往只能说明某一个方面的问题，所以焊接性试验的方法也就很多。

为了比较全面地评定金属的焊接性，焊接性试验应包括以下内容：

1）焊缝金属的热裂纹（主要是结晶裂纹）。热裂纹是焊缝中常见的严重缺陷，与焊缝金属的冶金条件有密切关系。因此，常以焊缝金属的抗热裂纹能力作为衡量某些金属材料冶金焊接性的重要标志。

2）焊缝及热影响区的抗冷裂纹能力。对一些冷裂纹敏感性较强的材料，焊缝和热影响区的抗冷裂能力则是衡量材料工艺焊接性优劣的重要标志之一。

3）焊接接头的使用性能。包括常温、高温力学性能、低温韧性、耐蚀性及产品技术条件中所规定的其他性能要求。随着焊接技术在大型结构制造中得到广泛的应用，近年来由于金属的脆性断裂而酿成重大事故屡有发生，因此，在使用性能中焊接接头的抗脆化能力成为大众所关注的重要内容。

4）焊接接头（或结构）的抗再热裂纹与层状撕裂的能力。

3. 焊接性试验方法分类

按照不同目的，对其主要焊接试验可分为以下几类，实际应用时可根据需要选用其中几类。

（1）对母材进行试验

1）母材化学成分分析。

2）母材力学性能试验。除常规拉伸、弯曲、冲击等力学性能试验外，有时

还需根据产品使用条件作低温冲击、疲劳和蠕变试验等。

3）母材断裂韧性试验。目的在于评定结构在使用时的脆断倾向，包括应力场强度因子试验、裂纹张开位移试验等。

4）母材缺陷检验。如母材的表面质量、轧制缺陷及内部的分层硫化物夹渣等。

（2）对焊接接头进行试验

1）焊缝金属化学成分分析。

2）焊接接头的力学性能试验。具体试验项目与母材试验相似，试样取自于焊接接头，按有关规定决定取样部位及试件尺寸。

3）焊接接头的断裂韧性试验。

4）焊接接头的抗裂性能试验。这是焊接性试验中最重要的项目之一。抗裂试验用来确定母材与焊接材料的裂纹敏感性，达到正确选用母材及焊接材料的目的。在生产中，针对一定产品，通过接头的抗裂性能试验，可以制定正确的焊接工艺方案与合理的工艺规程。

5）焊接接头的探伤及其使用性能的试验。

二、热轧、正火钢的焊接

凡是屈服强度为294～490MPa的低合金高强钢，一般都在热轧或正火状态下供货使用，故称热轧钢或正火钢。这是一种非热处理强化钢，在我国得到了很大的发展，并广泛地应用于各类焊接结构。属于C-Mn或Mn-Si系钢，有时也可能用一些V、Nb代替部分Mn，以达到细化晶粒和沉淀强化的作用。

通常所谓的正火钢是指在固溶强化的基础上，通过沉淀强化和细化晶粒来进一步提高强度和保证韧性的一类低合金钢。这类钢的屈服强度一般在343～490MPa之间，它是在C-Mn或Mn-Si系的基础上加入一些碳化物和氮化物的生成元素（如V、Nb、Ti和Mo等）形成的。正火的目的是使这些合金元素能以细小的化合物质点从固溶体中充分析出，并同时起细化晶粒的作用，在提高强度的同时，适当地改善了钢材的塑性和韧性，以达到最佳的综合性能。

1. 热轧、正火钢的焊接性分析

钢材的焊接性和其他性能一样，主要取决于它的化学成分。随着钢材强度级别的提高和合金元素含量的增加，焊接性也随着发生变化。焊接性通常表现为两方面的问题：一是焊接引起的各种缺陷，对这类钢来说主要是各类裂纹问题；二是焊接时材料性能的变化，对这类钢来说主要是脆化问题。

（1）焊缝中热裂纹、冷裂纹　从热轧、正火钢的成分看，一般含碳量都较低，而含Mn量都较高。因此，它们的Mn/S比都能达到要求，具有较好的抗热裂性能，正常情况下焊缝中不会出现热裂纹。但当材料成分不符合要求或因严重偏析使局部 C、S 含量偏高时，Mn/S 就可能低于要求而出现热裂纹。

冷裂纹是焊接这类钢时的一个主要问题。从材料本身考虑，淬硬组织是引起冷裂纹的决定性因素。因此，焊接时能否形成对氢致裂纹敏感的淬硬组织是评定材料焊接性的一个重要指标。

（2）热影响区的性能变化　热影响区的性能变化与所焊钢材的类型和合金系统等都有很大关系。焊接热轧钢和正火钢时，热影响区的主要性能变化是过热区的脆化问题。

由于过热区温度很高，接近于熔点，因此发生了奥氏体晶粒的显著长大和一些难熔质点（如碳化物和氮化物）的溶入等过程。这些过程的产生直接影响到过热区性能的变化，如难熔质点溶入后往往在冷却过程中来不及析出而使材料变脆；过热的粗大奥氏体晶粒增加了它的稳定性，随着钢材成分的不同以及所采用的焊接热输入不同，冷却过程中可能发生一系列不利的组织转变，如魏氏体、粗大的马氏体以及塑性很低的混合组织（即铁素体、高碳马氏体和贝氏体的混合组织）和 M-A 组元等。因此过热区的性能变化不仅取决于影响高温停留时间和冷却速度的焊接热输入，而且与钢材本身的类型和合金系统有着密切的关系。

正火钢与热轧钢在热影响区脆化问题上的差别，以及由此决定的在选择焊接热输入上的差别，根本原因在于合金化方式不同。C-Mn，Mn-Si 系的热轧钢，如 16Mn 要靠固溶强化，合金元素在全部固溶的条件下能保证良好的综合性能。Mn-V、Mn-Nb 和 Mn-Ti 钢均属正火钢。这类钢除固溶强化外，还有沉淀强化作用，因此必须通过正火才能获得最佳的综合性能。

焊接接头的性能变化情况如图 3-14 所示。

（3）热应变脆化　热应变脆化和室温下预应变后的应变时效，本质上都是由固溶碳、氮引起的。差别在于热应变脆化是直接发生于焊接过程中，在热应变同时作用下产生的一种动态应变时效，一般认为在 200～400℃ 时热应变脆化最为明显；当焊前已经存在缺口时，这种脆化就变得更为严重。热应变脆化容易发生于一些固溶 C、N 含量较高的低碳钢和强度级别不高的低合金钢（如抗拉强度为 490MPa 级的 C-Mn 钢）中；因此只要加入足够量的 C、N 化合物形成元素（如 Al、Ti、V 等）后，脆化倾向就显著减弱。焊后退火处理，材料的韧性基本上能恢复到原来的水平。

2. 热轧钢、正火钢焊接工艺特点

热轧钢和正火钢焊接时，焊接方法的选择并不是一个关键问题，它对焊接方法无特殊要求，像焊条电弧焊、埋弧焊、气体保护焊和电渣焊等一些常用的焊接方法都能采用，它主要根据材料厚度、产品结构和具体施工条件来确定。

（1）焊接材料选择　选择焊接材料时必须考虑到两方面的问题：一要焊缝没有缺陷；二要满足使用性能的要求。焊接合金结构钢时，焊缝中的主要缺陷是

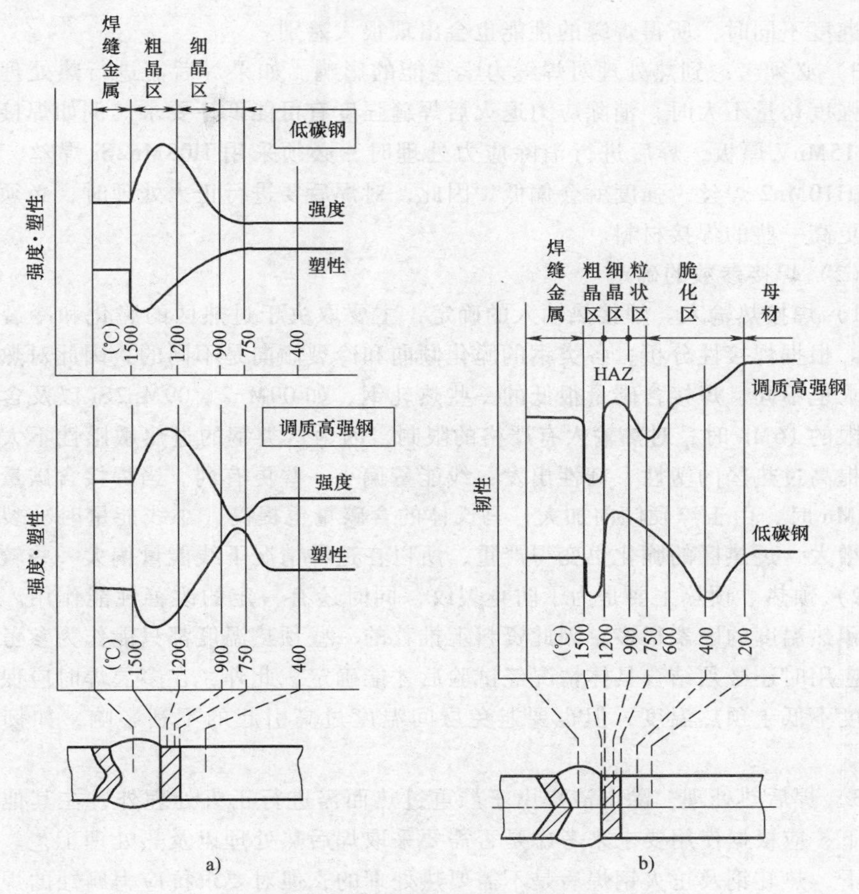

图 3-14 焊接接头的性能变化情况

a）钢材焊接区的强度和塑性分布 b）钢材焊接区的韧性分布

裂纹问题。焊接热轧钢、正火钢时，选择焊接材料的主要依据是保证焊缝金属的强度、塑性和韧性等力学性能与母材相匹配，为此，必须注意如下问题：

1）选择相应强度级别的焊接材料。为了达到焊缝与母材的力学性能相等，在选择焊接材料时应该从母材的力学性能出发，而并不是从化学成分出发选择与母材成分完全一样的焊接材料。因为力学性能并不完全取决于化学成分，它还与材料所处的组织状态有很大关系。由于焊接时的冷却速度很大，完全脱离了平衡状态，使焊缝金属具有一个特殊的过饱和状态组织。

2）必须同时考虑熔合比和冷却速度的影响。前面讲到焊缝金属的力学性能取决于两个因素：一是化学成分；二是组织的过饱和度。焊缝化学成分不仅取决于焊接材料，而且与母材的熔入量即熔合比有很大关系；而焊缝组织的过饱和度则与冷却速度有很大关系。因此，当所用的材料完全相同，但由于熔合比不同或冷却速度不同时，所得焊缝的性能也会出现很大差别。

3）必须考虑到热处理对焊缝力学性能的影响。如果焊后需进行热处理，当焊缝强度裕量不大时，消除应力退火后焊缝强度有可能低于要求。例如焊接大坡口的15MnV厚板，焊后进行消除应力处理时，必须采用H08Mn2Si焊丝，若此时用H10Mn2焊丝，强度就会偏低。因此，对焊后要进行正火处理时，必须选择强度更高一些的焊接材料。

（2）焊接参数的确定

1）焊接热输入。焊接热输入的确定，主要取决于过热区的脆化和冷裂两个因素。根据焊接性分析，各类钢的脆化倾向和冷裂倾向是不同的，因此对热输入的要求也不同。焊接含碳量很低的一些热轧钢，如09Mn2、09Mn2Si以及含碳量偏下限的16Mn时，对热输入有严格的限制，因为这类钢的过热敏感性不大。如果从提高过热区的塑性、韧性出发，线能量偏小一些更有利。当焊接含碳量偏高的16Mn时，由于淬硬倾向加大，马氏体的含碳量也提高，小线能量时冷裂倾向就会增大，过热区的脆化也变得严重，所以在这种情况下线能量偏大一些较好。

2）预热。预热主要是为了防止裂纹，同时还有一定的改善性能作用。由于影响预热温度的因素很多，因此资料上推荐的一些预热温度都只能作为参考，工程上应用时还必须结合具体情况经试验后才能确定。此外，在多层焊时应保持层间温度不低于预热温度，但也要避免层间温度过高引起的不利影响，如韧性下降等。

3）焊后热处理。除电渣焊由于严重过热而需进行正火处理外，在其他焊接条件下，应根据使用要求来考虑是否需要采取焊后热处理以及热处理工艺。一般情况下，热轧钢及正火钢焊后是不需要热处理的；但对要求抗应力腐蚀的焊接结构、低温下使用的焊接结构及厚壁高压容器等，焊后都需进行消除应力的高温回火。

三、奥氏体不锈钢的焊接

1. 奥氏体不锈钢焊接性分析

（1）奥氏体不锈钢焊接接头耐蚀性

1）晶间腐蚀。有代表性的18-8钢焊接接头，有三个部位能出现晶间腐蚀现象，如图3-15所示。但在同一个接头并不能同时看到这三种晶间腐蚀的出现，这取决于钢和焊缝的成分。出现敏化区腐蚀就不会有熔合区腐

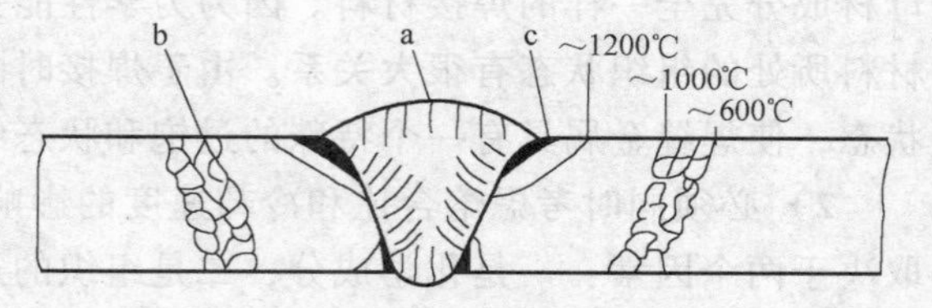

图3-15　18-8不锈钢焊接接头可能出现晶间腐蚀的部位
a—焊缝区　b—HAZ敏化区　c—熔合区

蚀。焊缝区的腐蚀主要取决于焊接材料。在正常情况下，现代技术水平已可以完全保证焊缝区不会产生晶间腐蚀。

2）HAZ 敏化区晶间腐蚀。所谓 HAZ 敏化区晶间腐蚀，是指焊接热影响区中加热峰值温度处于敏化加热区间的部位（故称敏化区）所发生的晶间腐蚀。不过对于 $w(C)=0.1\%$ 的 18-8 钢的热影响区，发生敏化的区间并非平衡加热时 450～850℃，而是有一个过热度，可达 600～1000℃。因为焊接是快速加热和冷却的过程，而铬碳化物沉淀是一个扩散过程，为足够扩散需要一定的过热度。

显然只有普通 18-8 钢（0Cr19Ni9）才会有敏化区存在，含 Ti 或 Nb 的 18-8Ti 或 18-8Nb，以及超低碳 18-8 钢，不易有敏化区出现。为防止 18-8 钢敏化区腐蚀，在焊接工艺上应采取快速过程，以减少处于敏化加热的时间。

3）刀口腐蚀。在熔合区产生的晶间腐蚀，有如刀削切口形式，故称“刀口腐蚀”。腐蚀区宽度初期不超过 3～5 个晶粒，逐步扩展 1.0～1.5mm（一般电弧焊）。

刀口腐蚀只发生在含 Nb 或 Ti 的 18-8Nb 和 18-8Ti 钢的熔合区，其实质是由于 $M_{23}C_6$ 沉淀而形成的贫 Cr 层。高温过热和中温敏化作用，是刀口腐蚀的必要条件，但不含 Ti 或 Nb 的 18-8 钢不应有刀口腐蚀现象发生。超低碳不锈钢不但不发生敏化区腐蚀，也不会有刀口腐蚀。

（2）应力腐蚀开裂　焊接接头应力腐蚀开裂（stress corrosion cracking），后简称 SCC 是焊接性中最不易解决的问题之一。如在化工设备破坏事故中，不锈钢的 SCC 超过 60％，其次是点腐蚀约占 20% 以上，晶间腐蚀只占 5% 左右。而应力腐蚀开裂超过 30%。焊接拉应力越大，越易发生 SCC。一般说来，为防止应力腐蚀开裂，从根本上看，退火消除焊接残留应力最为重要。

另外，材质与介质有一定的匹配性，才会发生 SCC。对于焊缝金属，选择焊接材料具有重要意义。从组织上看，焊缝中含有一定数量的 δ 相有利于提高氯化物介质中的耐 SCC 性能，但却不利于防止 HEC 型的 SCC，因而在高温水或高压加氢的条件下工作就可能有问题。

（3）点蚀　奥氏体钢焊接接头有点蚀倾向，其实即使耐点蚀性优异的双相钢有时也会有点蚀产生。

但含 Mo 钢耐点蚀性能比不含 Mo 的要好，如 18-8Mo 就比 18-8 耐点蚀性能好。现已将点蚀视为首要问题，因为点蚀更难控制，常成为应力腐蚀的裂源。为提高耐点蚀性能，一方面减少 Cr、Mo 的偏析；另一方面采用比母材 Cr、Mo 含量更高的所谓“超合金化”焊接材料。

同时，为提高耐点蚀性能，不能进行自熔焊接；焊接材料与母材必须超合金化匹配；必须考虑母材的稀释作用，以保证足够的合金含量；提高 Ni 量有利于减少微观偏析，必要时可考虑采用 Ni 基合金焊丝。

2. 奥氏体不锈钢焊接接头热裂纹

奥氏体不锈钢焊接时，在焊缝及近缝区都有产生裂纹的可能性，主要是热裂纹。最常见的是焊缝凝固裂纹。HAZ 中近焊缝区的热裂纹多半是液化裂纹。实践表明，25-20 型奥氏体不锈钢比 18-8 型奥氏体不锈钢具有更大的焊接热裂纹倾向。

奥氏体不锈钢焊接热裂的基本原因与一般结构钢相比，Cr-Ni 奥氏体不锈钢焊接时有较大热裂倾向，主要与下列特点有关：

1）奥氏体不锈钢的热导率小和线胀系数大，在焊接局部加热和冷却条件下，接头在冷却过程中可形成较大的拉应力。焊缝金属凝固期间存在较大拉应力是产生热裂纹的必要条件。

2）奥氏体不锈钢易于联生结晶形成方向性强的柱状晶焊缝组织，利于有害杂质偏析，而促使形成晶间液膜，显然易于促使产生凝固裂纹。

3）奥氏体不锈钢及焊缝的合金组成较复杂，不仅 S、P、Sn、Sb 之类杂质可形成易溶液膜，一些合金元素因溶解度有限（如 Si、Nb），也能形成易溶共晶，如硅化物共晶、铌化物共晶。这样，焊缝及近缝区都可能产生热裂纹。在焊接高 Ni 稳定奥氏体不锈钢时，Si、Nb 往往是产生热裂纹的重要原因之一。

3. 奥氏体不锈钢焊缝脆化

（1）焊缝低温脆化　Cr-Ni 奥氏体钢用于不锈耐蚀的条件时，通常都是在常温或不太高的温度（350℃）条件下使用。这时对焊接接头的主要要求是耐蚀性，对力学性能并无特别要求。但如用于低温条件下，如 -196℃或 -253℃，关键就在于保证韧性。如耐热抗氧化钢，主要是防止氧化，对力学性能也无特殊要求。对于热强钢，如短时工作（不超过几十小时），要求焊接接头与母材等强就十分必要。

为了满足低温韧性要求，有时采用 18-8 钢，焊缝组织希望是单一 γ 相，成为完全面心立方结构，尽量避免出现 δ 相。δ 相的存在，总是恶化低温韧性。虽然单相 γ 相焊缝低温韧性比较好，但仍不如固溶处理后的 1Cr18Ni9Ti 钢材。

（2）焊缝 σ 相脆化　σ 相是指一种脆硬而无磁性的金属间化合物相，具有变成分和复杂的晶体结构。σ 相的产生，是 $\gamma\rightarrow\sigma$ 或是 $\delta\rightarrow\sigma$。在奥氏体钢焊缝中，Cr、Mn、Nb、Si、Mo、W、Ni、Cu 均可促使 $\gamma\rightarrow\sigma$，其中 Nb、Si、Mo、Cr 影响显著。25-20 钢焊缝在 800～875℃加热时，$\gamma\rightarrow\sigma$ 的转变非常激烈。

4. 奥氏体不锈钢焊接工艺焊接材料选择

不锈钢及耐热钢用焊接材料，包括有：药皮焊条、埋弧焊丝焊剂、TIG 和 MIG 焊丝及药芯焊丝，其中药芯焊丝发展最快。在工业发达国家，仅次于药皮焊条，药芯焊丝是不锈钢焊接生产中用量最大的一种焊接材料。目前，除了渣量多的药芯焊丝外，也发展了渣量少的金属粉芯的药芯焊丝。

焊接材料的选择首先决定于具体焊接方法的选择。在选择具体焊接材料时，至少应注意以下几个问题：

1）焊接材料类型繁多，商品牌号复杂，应对照相应技术标准考虑选择。

2）应坚持适用性原则。必须熟悉产品所用钢种类型、具体成分、用途和使用服役条件，以及对焊缝金属的技术要求。

3）必须根据所选各焊接材料的具体成分，来确定是否适用，并应加以验收，绝不能只根据商品牌号或标准的名义成分就决定取舍。

4）必须考虑具体应用的焊接方法和焊接参数可能造成的熔合比大小，即应考虑母材的稀释作用。否则将难以保证焊缝金属的合金化程度。有时还需考虑凝固时的负偏析对局部合金化的影响。熔敷金属不等于焊缝金属。

5）必须根据技术条件规定的全面焊接性要求来确定合金化程度，即是采用同质焊接材料，还是超合金化焊接材料。

6）不仅要重视焊缝金属合金系统，而且要注意具体合金成分在该合金系统中的作用。不仅考虑使用性能要求，也要考虑防止焊接缺陷的工艺焊接性的要求。为此要综合考虑。不能顾此失彼，特别要限制有害杂质，尽可能提高纯度。

四、铝及铝合金的焊接

铝是广泛应用于工业中的主要非铁金属之一。其主要特点是材质轻、无磁性，导电，导热性能好，并具有良好的耐蚀性能及很强的耐低温工作能力。特别是添加某些合金元素而制成的铝合金，其强度会显著提高，因而获得了大量的应用。

在铝及铝合金的焊接中，纯铝和防锈铝（如铝镁合金）的焊接应用最多，铸造铝合金主要是进行铸件修复和缺陷焊补。硬铝和超硬铝合金因焊后接头失强严重，故在焊接结构中尚未大量使用。

1. 铝及其合金的焊接件分析

铝及其合金的化学活泼性很强，表面极易形成氧化膜，且多具有难熔性质（如 $A1_2O_3$ 熔点约为 2050℃，MgO 熔点约为 2500℃），加之铝及其合金导热性强，焊接时容易造成不熔合现象。由于氧化膜密度同铝的密度极其接近，所以也易成为焊缝金属的夹杂物。同时，氧化膜（特别是有 MgO 存在的不很致密的氧化膜）可以吸收较多水分而常常成为形成焊缝气孔的重要原因之一。

此外，铝及其合金的线胀系数大，导热性又强，焊接时容易产生翘曲变形，这些也都是焊接生产中颇感困难的问题。

（1）焊缝气孔　铝及其合金熔焊时最常见的缺陷是焊缝气孔，尤其是纯铝和防锈铝的焊接。

氢是铝及其合金熔焊时产生气孔的主要原因，已为实践所证明。氢的来源，主要是弧柱气氛中的水分、焊接材料以及母材所吸附的水分。其中，焊丝及母材表面氧化膜的吸附水分，是产生焊缝气孔的主要原因。

1）弧柱气氛中水分的影响。弧柱空间总是或多或少存在一定数量的水分，尤其在潮湿季节或湿度大的地区进行焊接时，由弧柱气氛中水分分解而来的氢，溶入过热的熔融金属中，可成为焊缝气孔的主要原因。这时所形成的气孔，具有自亮内壁的特征。

2）氧化膜中水分的影响。在正常的焊接条件下，对于气氛中的水分已经尽量加以限制，这时，焊丝或工件的氧化膜中所吸附的水分将是生成焊缝气孔的主要原因。而氧化膜不致密、吸水性强的铝合金（主要是Al-Mg合金），要比氧化膜致密的纯铝具有更大的气孔倾向。这是因为Al-Mg合金的氧化膜是由Al_2O_3和MgO所构成，而MgO越多，形成的氧化膜越不致密。因而更易于吸附水分；纯铝的氧化膜只是由Al_2O_3构成，比较致密，与Al-Mg合金相比吸水性要小。Al-Li合金的氧化膜更易吸收水分而促使产生气孔。

TIG焊接时，在熔透不足的情况下，母材坡口根部未净的氧化膜中所吸附的水分，常是产生焊缝气孔的主要原因。

（2）焊接裂纹

1）结晶裂纹。铝及其合金焊接时，常见到的热裂纹主要是焊缝金属结晶裂纹，有时也可在近缝区见到的液化裂纹。铝合金属于典型的共晶型合金，理论分析指出，最大裂纹倾向正好与合金的最大凝固温度区间相对应。热裂纹产生于结晶过程中，当合金的结晶温度区间较宽时，极易在结晶后期形成液态薄膜，因而结晶裂纹倾向随之增大。合金的结晶温度区间随成分不同而变化，其固液阶段的温度区间大小也不同。裂纹倾向亦随之改变。

2）近缝区液化裂纹。除焊缝金属中容易产生结晶裂纹外，当焊接热输入过大时，在铝合金多层焊的焊缝，或与熔合线毗连的热影响区中，还常会产生显微液化裂纹。同焊缝结晶裂纹一样，其形成原因也是和晶间易熔共晶的存在有联系。但是，这种易熔共晶夹层并非晶间原已存在的，而是在焊接加热条件下不平衡结晶因偏析而形成的。这种显微裂纹在Al-Mg、Al-Mg-Si及Al-Zn-Mg合金焊接时，在多层焊的焊接接头，或热影响区由于局部过热而容易产生。并且基本金属的晶粒越粗大，产生裂纹的倾向也越大。因此，焊接上述铝合金时必须控制焊接热输入，以减少近缝区的热输入量。

（3）焊接接头软化　铝及铝合金焊接后，存在着不同程度的接头软化问题，特别是硬铝和超硬铝合金，接头相对强度损失可达40%～60%，由于强度降低了很多，达不到与母材的等强要求，从而影响了整个工件的使用寿命。

1）不能热处理强化铝合金的软化问题。产生这种软化的主要原因是焊接热影响区晶粒粗大和接头局部冷作硬化效果消失。

当采用气焊时，由于气焊火焰温度较低且热量不集中，使加热时间长，加热面积大，故焊后焊缝组织疏松，晶粒粗大，热影响区也较宽。所形成的焊接接头强度虽下降不多，但是塑性和韧性会有很大降低。

当采用 TIG 焊和 MIG 焊时，由于热量集中，在高温停留时间短，焊接热影响区较窄，焊缝结晶速度也较快，所以整个接头的组织都比较细小，强度和塑性基本接近于基本金属。因此，不能热处理强化的合金及纯铝，利用 TIG 或 MIG 焊在退火状态下焊接时，可以认为焊接接头与母材是等强度的。

2）热处理强化铝合金的软化问题 其原因主要是由于焊缝和热影响区的组织与性能变化。热处理强化铝合金的焊接接头组织示意图如图 3-16 所示。

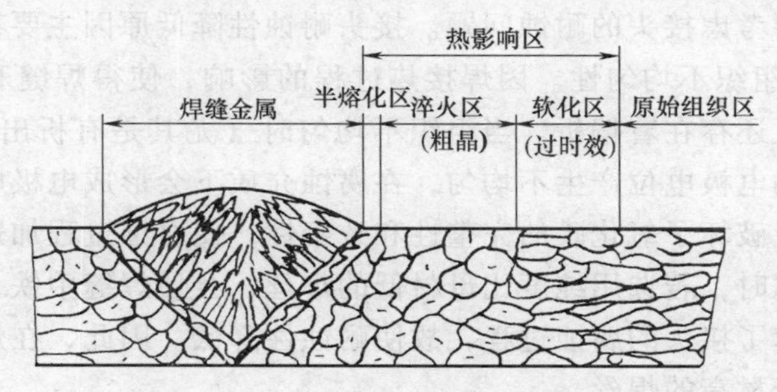

图 3-16 热处理强化铝合金焊接接头组织示意图

影响焊接接头性能的区域主要是焊缝、半熔化区和过时效软化区。

焊缝是铸造组织，组织疏松且晶粒粗大，故性能一般低于母材。在铝合金焊缝中还存在有许多共晶体，所以使其脆性更大。

半熔化区在母材与焊缝交界处，其加热温度一般在 500℃以上（具体温度因合金而异）。在该区域内，除母材晶粒严重长大外，局部晶粒还发生熔化，出现了晶粒过烧及被氧化。不仅强度和塑性下降，还有可能产生裂纹。当焊接热输入过大时，某些铝合金还会在半熔化区析出网状脆性化合物，形成液化裂纹。所以，半熔化区主要使接头的塑性严重下降，成为整个接头的薄弱环节。

不均匀淬火区加热温度约 350～500℃，在该温度区域，合金的析出相会熔解消失，成为固溶体，这时已时效强化的合金力学性能又会回复到淬火状态时的性能，产生了所谓回归软化，合金的固溶体过饱和状态时，经时效后仍会有一定强化作用。但是，由于淬火区中的焊接热循环作用温度不同，冷却后的过饱和程度也不同。距焊缝越近，加热温度就越高，固溶体的过饱和程度就越大，经时效后的强度也就越高。反之，强度则越低。因此，该区域的组织和性能的分布是不均匀的。

过时效软化区域是距焊缝更远的区域，加热温度相当于合金的退火温度区域，一般约为 200～350℃。热处理强化铝合金经淬火时效后，由于第二相的析出偏聚而得到具有共格特征的非平衡相（如硬铝的强化相），使合金的强度提高。因这些强化相是不平衡组织，当再次加热到超过时效温度约200℃以后就会逐步脱溶析出成为非共格的平衡相，形成过时效。合金的强化效果将完全消失。热处理强化铝合金的回归软化现象，在焊后经自然时效后会有一定程度的恢复；而由于过时效所造成的软化现象，仅靠自然时效是难以恢复的。

（4）焊接接头耐腐蚀　生产实践已证明：即使采用可靠的焊接方法（如氩弧焊），配以纯度较高的焊丝，严格按照操作规程焊接，焊接接头的耐蚀性一般仍低于母材。其中，热处理强化铝合金（如硬铝）接头的耐蚀性的降低尤其明显，包铝的硬铝接头要好一些。由于纯铝和防锈铝多用于要求耐腐蚀性能的场合，所以常需要考虑接头的耐蚀问题。接头耐蚀性降低原因主要有以下几点：

1）接头的组织不均匀性。因焊接热过程的影响，使得焊缝和热影响区的组织不均匀，并且还存在着偏析。当组织不均匀时（尤其是有析出相存在时），会使接头各部位的电极电位产生不均匀，在腐蚀介质下会形成电极电位差，形成电化学腐蚀，并且破坏了氧化膜的完整性和致密性，使腐蚀过程加速。

在焊接纯铝时，若选用纯度比母材低的焊丝，会使焊缝中铁、硅、铜等杂质含量增高，加速了接头的腐蚀过程，故使耐蚀性降低。因此，在焊接纯铝时，最好选用纯度比母材高的焊丝。

2）焊接缺陷降低耐蚀性。在焊接接头中总是或多或少的存在有焊接缺陷如气孔、夹渣、未焊透等。它们会破坏接头的连续性，减小了缺陷处焊缝金属的耐腐蚀有效厚度。当与电解质接触时，在缺陷处电解质溶液的浓度可能会与正常表面处的浓度不一致，将会使缺陷处的腐蚀加快，造成整个接头的耐蚀性降低。

3）焊缝铸造组织影响耐蚀性。焊缝组织比母材粗大疏松，表面也不如母材光滑，因而其表面氧化膜的连续性差。另外，焊缝为铸造组织，具有明显的柱状晶特点，由于存在着枝晶偏析，具有很大的组织和成分不均匀性，也将会使缺陷处的腐蚀加快，造成整个接头的耐蚀性降低。

焊缝的柱状晶结晶方向，对其耐蚀性有一定的影响，如图3-17所示。当柱状晶方向平行于腐蚀介质面时，呈鱼骨状腐蚀（见图3-17a），此时因腐蚀过程沿杂质分布的长度方向无法延伸到金属内部，故腐蚀程度小。但是，当柱状晶方向垂直于腐蚀介质时，会呈蜂窝状腐蚀（见图3-17b）。由于腐蚀过程是沿着杂质的分布方向延伸到金属内部的，所以焊缝的腐蚀程度加剧。

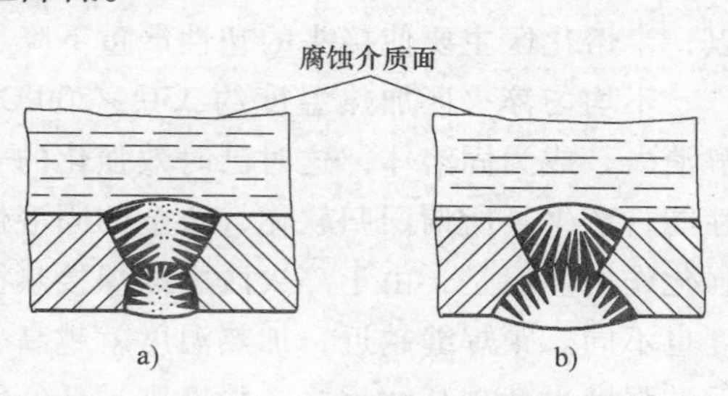

图3-17　焊缝的柱状晶耐蚀性示意图
a）平行于腐蚀介质面　b）垂直于腐蚀介质面

除上述原因之外，焊接应力的存在，也是导致接头产生应力腐蚀的主要原因。

2. 铝及其合金的焊接工艺

（1）焊接方法的选择　铝及铝合金的导热性强，比热容和线胀系数大，所以在焊接时消耗的热源功率大，需要采用热量集中的热源。否则，将会造成未焊透或者因加热不集中而造成变形严重。

目前，铝及铝合金焊接应用最多的方法是氩弧焊及电阻焊，其次还有钎焊。就熔焊而言，国内最常见的方法是气焊、焊条电弧焊和氩弧焊。

1）气焊。气焊是一种较古老的焊接方法，虽然它有火焰能率低，热量分散、焊接效率低等缺点，但它设备简单、经济方便，特别适于一些薄件的焊接。所以目前在小批生产及维修焊接中应用仍较为广泛。气焊一般用于厚度为0.5～1.0mm薄板的焊接。因其焊后接头晶粒粗大，容易产生夹渣、裂纹等缺陷，故只能用于焊接质量要求不太高的焊接结构件或铸件焊补。

2）焊条电弧焊。焊条电弧焊热量比较集中，焊接速度较快，但用于铝及铝合金焊接时飞溅严重，电弧不稳定，焊接质量也很差。因此在实际生产中应用较少，仅用于板厚大于4mm且要求不高的工件焊补及修复中。

3）钨极氩弧焊（TIG）。焊接铝及铝合金时，从“阴极雾化”作用和钨极许用电流方面考虑，一般多采用交流钨极氩弧焊。由于是在氩气的良好保护下施焊，熔池可免受氧气、氮气、氢气等有害气体的影响。氩弧焊电弧稳定、热量集中、其焊缝组织致密、成形美观、强度和塑性高。但是，因受到钨极许用电流的限制，电弧的熔透能力较小，故一般多用于板厚在6mm以下薄板件焊接。

4）熔化极氩弧焊（MIG）。熔化极氩弧焊电弧功率大，热量集中、热影响区小、生产效率可比钨极氩弧焊提高三倍以上，因此适用于厚板结构的焊接。它可焊接50mm以下的铝及铝合金板材，焊接30mm厚的铝板可不预热。半自动熔化极氩弧焊，主要适用于定位焊，断续焊缝及结构形状不规则工件的焊接。

（2）焊接材料选择　铝及铝合金的焊接材料，主要指填充焊丝、气焊剂及焊条。

1）填充焊丝。铝及铝合金焊接时所用的填充焊丝大体可分为三类：

专用焊丝即专用于焊接与其成分相同或相近的母材，可根据母材成分选用。无现成焊丝，也可从母材上切下窄条作为填充金属。

通用焊丝即$w(\mathrm{Si})=5\%$的Al-Si焊丝。这种焊丝可在焊缝中产生大量的共晶物，流动性好，有很好的愈合作用，因而可提高焊缝的抗裂能力，可通用于除Al-Mg合金以外的各种铝合金。

特种焊丝是为焊接各种硬铝，超硬铝而专门冶炼的焊丝。这类焊丝的成分与母材相近，一般是在母材的基础上加入变质剂如Ti，Zr、V，B等，并适当调整合金元素如 Cu、Mg、Zn 的含量。以达到细化晶粒，缩小结晶温度区间或增加共晶数量的目的。与通用焊丝相比，焊缝金属既有良好的抗裂性，又有较高的强度和塑性。

2）气焊溶剂。在气焊时，要使用气焊熔剂以去除焊接时的氧化膜及其他杂质，改善熔池金属的流动性。气焊剂可购买，也可按配方自制。

气焊剂一般有含锂和不含锂两类。含锂的焊剂熔点较低，所形成的熔渣熔点、黏度低，焊后清理容易，其缺点主要是锂盐价格较贵，吸潮性也较强。不含锂的气焊剂价格便宜，但熔点较高，熔渣黏度较大，所以容易使焊缝形成夹渣缺陷，适用于在较高温度下焊接时使用。焊接铝及铝合金时常用的气焊剂牌号为气剂 401。

3）焊条　铝及铝合金焊接用手工焊条，其药皮组成与气焊剂相似，一般由氧化物和氟化物组成。药皮在焊接中除造渣保护熔池外，更主要的是在焊接时与熔池表面的氧化膜起物理、化学作用，以便于清除。铝焊条药皮极易吸潮，应妥善保存。使用前，应在 150℃左右温度下焙烘 1h 左右。施焊时一般要采用直流电源，并用反接法。

（3）焊前及焊后清理

1）焊前油污清理。铝及铝合金表面覆盖的氧化膜，不仅妨碍与液体金属熔合，还含有一定的结晶水（如 $Al_2O_3 \cdot H_2O$、$Al_2O_3 \cdot 2H_2O$ 等），是形成气孔的原因之一。另外，在基本金属与焊丝的表面，有时还会粘附油类和其他污物，这些都应予以清除。

当工件表面比较干净，可用热水或蒸汽吹洗。若只有轻微油污，可用 60 ~ 70℃的碱性混合液或温度为 60 ~ 70℃的 $w(NaOH) = 3\% \sim 50\%$ 的水溶液清洗。如果油污严重或有油漆，则要用有机溶剂如三氯乙烯、丙酮、松香水等清洗。

2）焊前氧化膜清理。机械方法是指采用机械切削、喷砂处理、细钢丝刷及锉刀手工清理等方法，将焊口两侧 30 ~ 40mm 范围内的氧化膜去除。当使用砂轮、砂纸或喷砂方法清理时，容易使残留砂粒进入焊缝，故在焊前还应清除残留在焊口上的砂粒。选用钢丝刷时，其钢丝直径应不大于 0.1 ~ 0.15mm。否则，将会使划痕过深。

化学方法是指用酸或碱溶液溶解金属表面的方法来去除氧化膜，常与除油工序同时进行，最常用的方法是，用体积分数为 5% ~ 10% 的 NaOH 溶液（约 70℃），浸泡坡口两侧各 100mm 范围，30 ~ 60s 后先用清水冲洗，然后在体积分数约为 15% 的 HNO_2 水溶液（常温）中浸泡 2min，用清水冲洗后，再用温水洗干净，最后进行干燥处理。

清除氧化膜后，通常是在 2h 之内焊接，否则会有新的氧化膜生成。氩弧焊时可在 24 h 之内焊接。因为新生成的氧化膜极薄，氩弧焊可利用“阴极雾化”

破碎作用将其清除。

3）焊后清理。在使用焊条或焊剂后，残留在接头表面的熔渣与焊剂、药皮中的氯离子，氟离子及钾、钠离子有很强的腐蚀作用，所以焊后应尽快清除掉。焊后清理常采用下列方法：用 60～80℃ 的热水刷洗；先用 60～80℃ 热水刷洗，后用 60～80℃、质量分数为 2% 的稀铬酸溶液浸洗 5～10min 等方法。最后用清水冲洗干净。

焊后表面清洗结束时，应检查是否清洗干净。具体方法是：用质量分数为 5% 硝酸银溶液滴在检查面上，若出现白色沉淀（AgCl），说明尚未清洗干净，还应再次清洗，直到检查无沉淀生成方为合格。

第四节　焊接应力与变形

熔焊是一个不均匀加热过程，当结构局部加热，随温度的升高而膨胀时，由于受到周边未受热金属的限制，冷却后导致焊件产生了内应力和变形。当残余应力和变形超过某一范围时，将直接影响焊接构件的承载能力、使用寿命、加工精度和尺寸、引起脆性断裂、疲劳断裂、应力腐蚀裂纹等。本章主要讨论焊接应力与变形的基本概念与产生原因，变形的类型，各种焊接构件焊接后的应力分布，以及降低焊接应力的工艺措施和焊后消除焊接残留应力的方法。

一、焊接应力

（1）应力　物体受到外力作用或加热时引起物体内部之间相互作用的力，称为内力。单位横截面积上的内力称为应力。

引起金属材料内力的原因有工作应力和内应力。工作应力是指外力施加给构件的，工作应力的产生与消失与外力有关。当构件有外力时，构件内部即存在工作应力，相反同时消失；内应力是指在没有外力的条件下平衡于物体内部的应力，在物体内部构成平衡的力系。

按产生原因分类有热应力、相变应力和塑变应力。

热应力是指在加热过程中，焊件内部温度有差异所引起的应力，故又称温差应力。热应力的大小与温差大小有关，温差越大应力越大，温差越小应力越小。

相变应力是指在加热过程中，局部金属发生相变，使比容增大或减小而引起的应力。

塑变应力是指金属局部发生拉伸或压缩塑性变形后引起的内应力。对金属进行剪切、弯曲、切削、冲压、铆接、铸造等冷热加工时常产生这种内应力。

（2）温度产生内应力的原因　温度差异所引起应力（热应力）的举例如图

3-18 所示。它是一个既无外力又无内应力封闭的金属框架，若只对框架中心杆件加热，而两侧杆件保持原始温度，如果无两侧杆件，中心杆件随加热温度的升高而伸长，但由于受到两侧杆件和封闭框架的限制，不能自由伸长，此时中心杆件受压而产生压应力，两侧杆件受到中心杆件的反作用受拉而产生拉应力。压应力和拉应力是在没有外力作用下产生的，压应力和拉应力在框架中互相平衡，由此构成了内应力。如果加热的温度较低，应力在金属框架材料的弹性极限范围内，当温差消失后，温度差产生的应力随之消失。

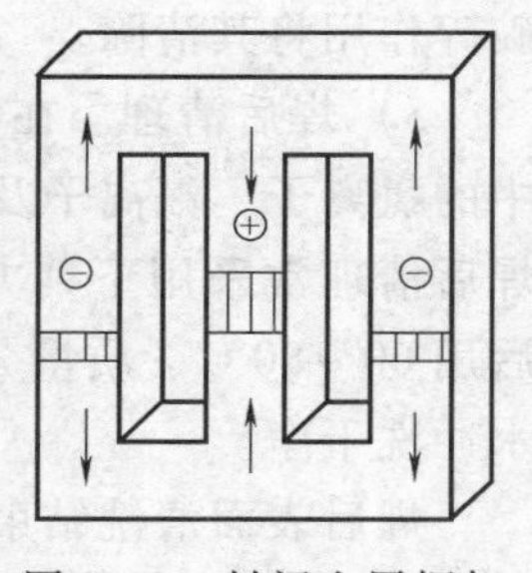

图 3-18　封闭金属框架

（3）残留应力　如果加热时产生的内应力大于材料的弹性极限，中间杆件就会产生压缩塑性变形，当温度恢复到原始温度，若杆件能自由收缩，那么中间杆件的长度必然要比原来的短，这个差值就是中心杆件的压缩塑性变形量；若杆件不能自由收缩，中间杆件就会产生内应力，这种内应力是温度均匀后产生在物体中的，故称残留应力。实际上，框架两侧杆件阻碍着中心杆件的自由收缩使其受到残留拉应力，两侧杆件本身则由于中心杆件的反作用而产生残留压应力。

（4）焊接残留应力　平行焊缝轴线方向的应力称纵向残留应力 σ_x，垂直焊缝轴线的应力为横向残留应力 σ_y，厚度方向的残留应力为 σ_z。在厚度小于 20mm 的对接接头结构中，厚度方向 σ_z 应力较小，可以不计，焊接残留应力基本是沿两个方向即板件的长和宽。

1）纵向应力。图 3-19 所示为低碳钢板件熔化焊对接接头残留应力分布图，从图中看出，沿焊缝 x 轴方向应力分布不完全相同，焊缝的中间区域，纵向应力为拉应力，其数值可达到材料的屈服强度，在板件两端，拉应力逐渐减小至自由边界 $\sigma_x = 0$（O-O 截面）。靠近自由端面Ⅰ-Ⅰ和Ⅱ-Ⅱ截面的 $\sigma_x < \sigma_s$。随着截面离开自由端距离的增大，σ_x 逐渐趋近于 σ_s，板件两端都存在一个残留应力过渡区。在Ⅲ-Ⅲ截面 $\sigma_x = \sigma_s$，此区为残留应力稳定区。图 3-20 所示为三种长度堆焊焊缝的纵向残留应力在焊缝横截面上的分布情况。由图中看出，随着焊缝的长度增加，稳定区也增长，当焊缝的长度较短时无稳定区，则 $\sigma_x < \sigma_s$。焊缝越短，σ_x 越小。

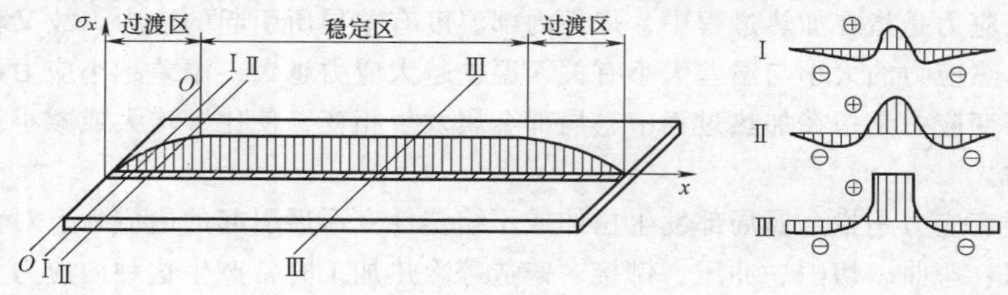

图 3-19　对接焊缝各截面中 σ_x 的分布

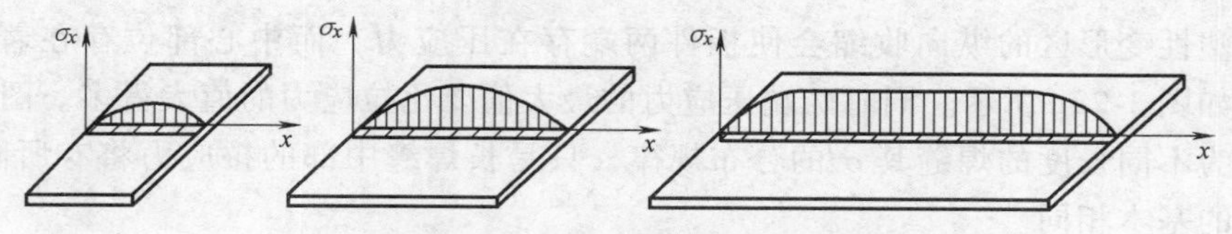

图 3-20　三种长度堆焊焊缝 σ_x 的分布

不同成分的板材纵向应力分布规律基本相同，但由于热物理性能和力学性能不同，其残留应力大小不尽相同。如钛材焊缝中的纵向应力一般为板件材料屈服极限的 0.5～0.8 倍，铝材焊缝为 0.6～0.8 倍。

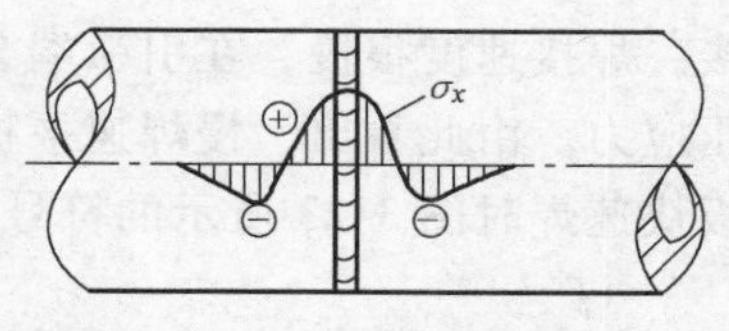

图 3-21　圆筒环缝对接的纵向残留应力分布

焊接对接圆筒环焊缝的纵向残留应力（切向应力）分布如图 3-21 所示。它的残留应力分布不同于平板对接，其 σ_x 的大小与圆筒直径、壁厚、圆筒化学成分和压缩塑性变形区的宽度有关。如圆筒直径与壁厚之比较大时，σ_x 的分布和平板对接相似，当直径比较小时 σ_x 就有所降低。如直径为 ϕ1200mm，壁厚为 6mm 的低碳钢圆筒，环缝中的 σ_x 为 210MPa，而直径为 ϕ384mm，壁厚也为 6mm 的圆筒环焊缝中的 σ_x 为 115MPa。

2）横向应力。平板对接焊缝中横向残留应力 σ_y 垂直于焊缝，它的分布与纵向应力 σ_x 的分布规律不同。横向残留应力 σ_y 由两部分组成，一部分是由焊缝及其附近塑性区的纵向收缩引起的横向应力 σ_y，另一部分是由焊缝及其附近塑性变形区的横向收缩所引起的横向应力 σ_y'。

图 3-22a 所示两块平板对接的板件，图中表示连接后室温板件的应力分布。板件中间受拉，两侧受压。如果假想沿焊缝中心将板件一分为二，就相当于板边堆焊，有焊缝一边产生压缩变形，无焊缝一边出现拉伸变形，如图 3-22b 所示，要使两块板件恢复原来位置，应在两端加上横向拉应力。由此推断，焊缝及其

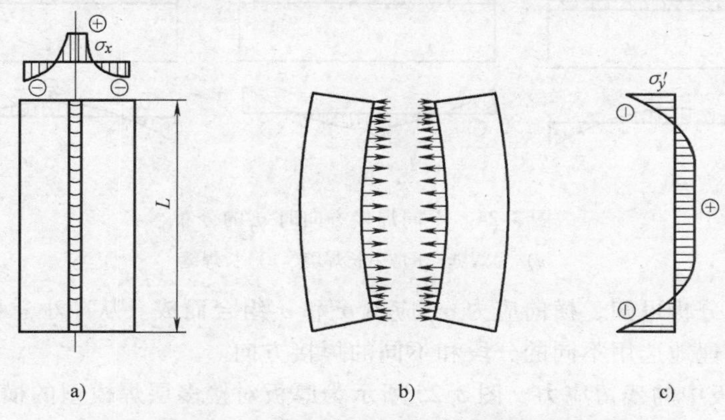

图 3-22　平板对接纵向收缩引起的横向应力 σ_y' 的分布

附近塑性变形区的纵向收缩会使板件两端存在压应力，而中心部位存在着拉应力，如图3-22c所示。同时两端压应力的最大值要比拉应力的值大得多。图3-22所示为不同长度的焊缝其σ_y'的分布规律，只是长焊缝中部的拉应力将有所降低，其他的基本相同。

焊缝的横向应力分布还与焊接速度、焊接方向和顺序等有关。长焊缝平板对接，焊接速度很慢，在引弧端会产生高值的横向拉伸残留应力，而在焊缝中部为压应力。由此看出，慢焊速平板对接焊缝的横向应力分布图形的正负符号，与短板快速焊时图3-23所示的符号相反。

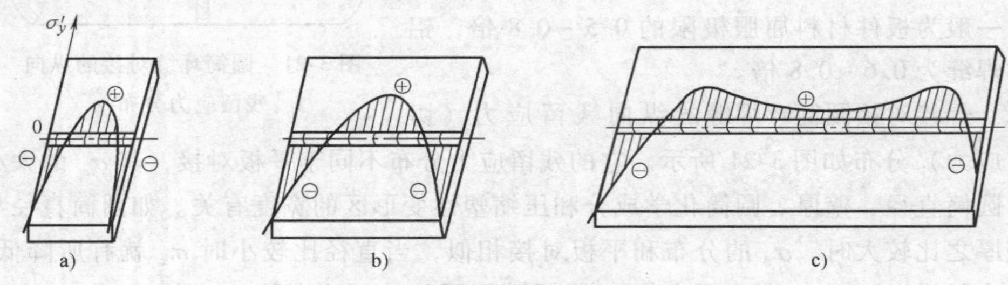

图3-23　不同长度焊缝σ_y'的分布规律

a）短焊缝　b）中长焊缝　c）长焊缝

不同焊接方向时，σ_y''的分布规律也不相同。一条焊缝如果不能同时完成，先焊部分先冷却，后焊部分后冷却。先冷却的焊缝限制后冷却焊缝的横向收缩。这种相互制约构成了横向应力σ_y''。此外，一条焊缝从中间分成两段焊时，先焊的焊缝部分受压应力，后焊的焊缝部分受拉应力（图3-24中箭头表示焊接方向），直通焊的尾部σ_y''受拉应力。分段焊法的σ_y有多次正负反复，拉应力峰值往往高于直通焊。

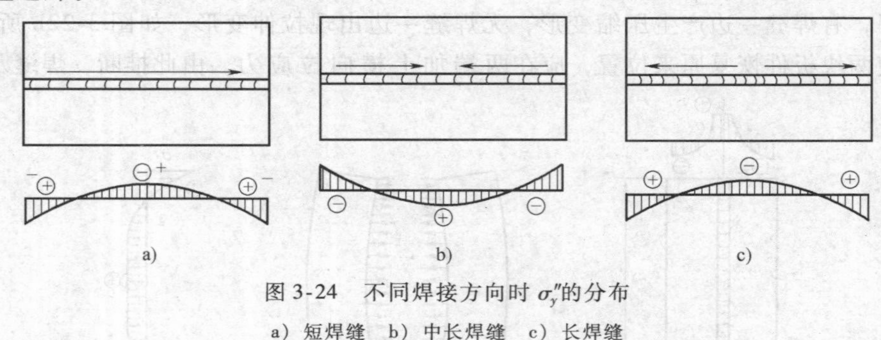

图3-24　不同焊接方向时σ_y''的分布

a）短焊缝　b）中长焊缝　c）长焊缝

从以上分析可知，横向应力σ_y应由σ_y'和σ_y''组合而成。从减小总横向应力σ_y来看，应合理地选用不同的分段和不同的焊接方向。

3）厚板中的残留应力。图3-25所示为厚板对接多层焊模型的横向残留应力分布情况。图3-25a中间为填充材料，随着填充材料厚度的增加，横向收缩应力

σ_y 也沿 z 轴向上移动，并在已填充的坡口的纵截面上引起应力。若板材在焊接中可自由变形，即板边在无拘束的情况下，随着坡口填充层的增加，产生急剧的角收缩，导致横向残留应力在焊根部位产生高值拉应力，如图 3-25b 所示。相反，厚板根部如果采用刚性约束，则发生图 3-25c 所示的根部为高值横向残留压应力。

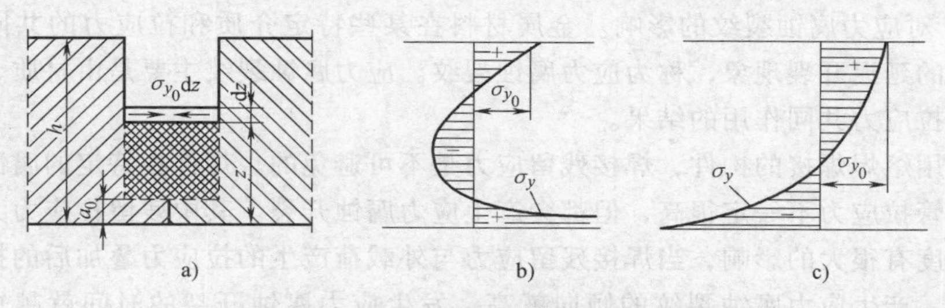

图 3-25　厚板多层焊横向应力分布模型

a）多层焊模型　b）无拘束应力分布　c）刚性约束情况下应力分布

4）残留应力对结构的影响。熔焊必然会带来焊接残留应力，焊接残留应力在钢结构中并非都是有害的。根据钢结构在工程中的受力情况，使用的材料、采用的设计结构等，正确选择焊接工艺，将不利的因素变为有利的因素。同时要做到具体情况具体分析。

① 对静载强度的影响。正常情况下，平板对接直通焊焊接纵向残留应力分布，中间部分为拉应力，两侧为压应力。焊件在外拉应力 F 的作用下，焊件内部的应力分布将发生变化，焊件两侧受压应力会随着拉应力 F 的增加，压应力逐渐减小而转变为拉应力，而焊件中的拉应力与外力叠加。如果焊件是塑性材料，当叠加力达到材料的屈服点时，局部会发生塑性变形，在这一区域应力不会再增加，通过塑性变形，焊件截面的应力可以达到均匀化。因此，塑性良好的金属材料，焊接残留应力的存在并不影响焊接结构的静载强度。在塑性差的焊件上，因塑性变形困难，当残留应力峰值达到材料的抗拉强度时，局部首先发生开裂，最后导致钢结构整体破坏。由此可知，焊接残留应力的存在将明显降低脆性材料钢结构的静载强度。

② 对构件加工尺寸精度的影响。对尺寸精度要求高的焊接结构，焊后一般都采用切削加工来保证构件的技术条件和装配精度。通过切削加工把一部分材料从构件上去除，使横截面积相应减小，同时也释放了部分残留应力，使构件中原有残留应力的平衡得到破坏，引起构件变形。如图 3-26 所示，在 T 形焊件上切削上表面，切削后去

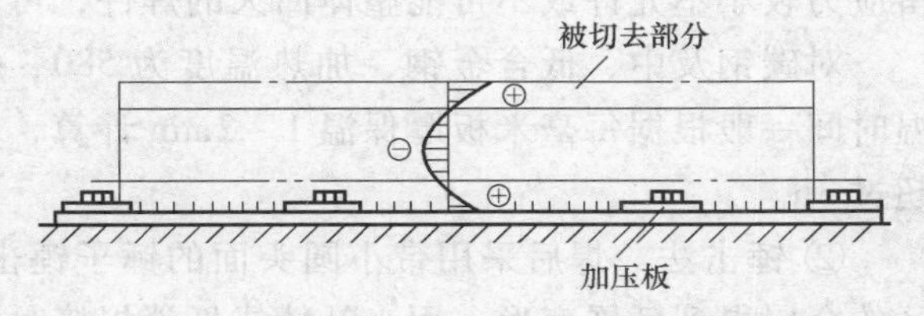

图 3-26　切削加工引起内应力释放和变形

除压板，T 形焊件就会失稳产生上挠变形，影响 T 形焊件的精度。为防止因切削加工产生的精度下降，对精度要求高的焊件，在切削加工前应对焊件先进行消除应力退火，再进行切削加工，也可采用多次分步加工的办法来释放焊件中的残留应力和变形。

③ 对应力腐蚀裂纹的影响。金属材料在某些特定介质和拉应力的共同作用下发生的延迟开裂现象，称为应力腐蚀裂纹。应力腐蚀裂纹主要是由材质、腐蚀介质和拉应力共同作用的结果。

采用熔焊焊接的构件，焊接残留应力是不可避免的。焊件在特定的腐蚀介质中，尽管拉应力不一定很高，但都会产生应力腐蚀开裂。其中残留拉应力大小对腐蚀速度有很大的影响，当焊接残留应力与外载荷产生的拉应力叠加后的拉应力值越高，产生应力腐蚀裂纹的倾向就高，发生应力腐蚀开裂的时间就越短。所以，在腐蚀介质中服役的焊件，首先要选择抗介质腐蚀性能好的材料，此外，对钢结构的焊缝及其周围处进行锤击，使焊缝延展开，消除焊接残留应力。对条件允许焊接加工的钢结构，在使用前进行消除应力退火等。

5）消除焊接残留应力的方法。消除焊接残留应力的方法有：热处理、锤击、振动法和加载法等。

① 热处理。热处理包括整体高温回火和局部回火。消除残留应力的效果主要取决于焊件整体或局部加热温度、焊件的成分和组织、保温时间长短、冷却速度以及焊后焊件的状态等。对于同一种材料，回火温度越高，保温时间越长，残留应力越小。图 3-27 所示为低碳钢在不同温度下，经不同时间的保温，残留应力消除的效果。此外，采用整体回火效果好于局部回火。对于某些残留应力较小不允许或不可能整体回火的焊件，可采用局部回火。

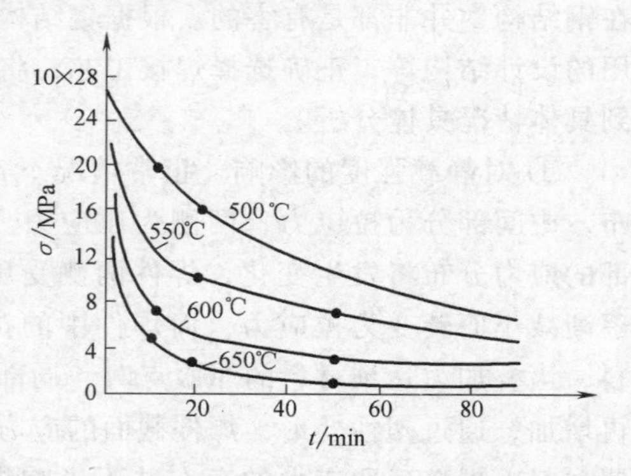

图 3-27　退火温度和保温时间与消除应力关系

对碳钢及中、低合金钢，加热温度为 580 ~ 680℃；铸铁为 600 ~ 650℃，保温时间一般根据每毫米板厚保温 1 ~ 2min 计算，但总时间不少于 30min，最长不超过 3h。

② 锤击法。焊后采用带小圆头面的锤子锤击焊缝及近缝区，使焊缝及近缝区的金属得到延展变形，用来补偿或抵消焊接时所产生的压缩塑性变形，使焊接残留应力降低。

锤击时要掌握好打击力量，保持均匀、适度，避免因打击力量过大造成加工硬化或将焊缝锤裂。另外，焊后要及时锤击，除打底层不宜锤击外，其余焊完每

一层或每一道都要进行锤击。锤击铸铁时要避开石墨膨胀温度。

③ 振动消除法。振动消除法是利用由偏心轮和变速马达组成的激振器，钢结构焊接件在激振器上发生共振所产生的循环应力来降低内应力的。

二、焊接变形

(1) 焊接变形种类　焊接是一种局部加热的工艺过程，焊件局部被加热产生膨胀，受到周边冷金属的约束不能自由伸长，产生了压缩塑性变形，冷却时这部分金属不能自由收缩，就会产生残存在构件内部的应力，称为焊接残留应力，焊后引起的焊接构件形状、尺寸的变化称为焊接变形。

钢结构焊接后出现变形的类型和大小与结构的材料、板厚、形状、焊缝在结构上的位置，以及采用的焊接顺序、焊接电流大小、焊接方法等有关。按焊接残留变形的外观形态来分有收缩变形、角变形、弯曲变形、波浪变形和扭曲变形五种基本类型，见表 3-12。下面对部分焊接变形进行分析。

表 3-12　焊接变形种类

名称		变形示意图	说明
整体变形	纵向收缩变形	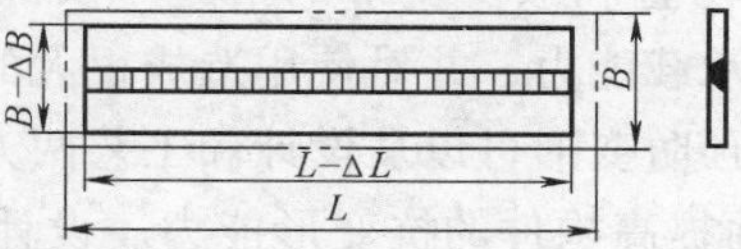	沿焊缝轴线方向尺寸的缩短
	横向收缩变形	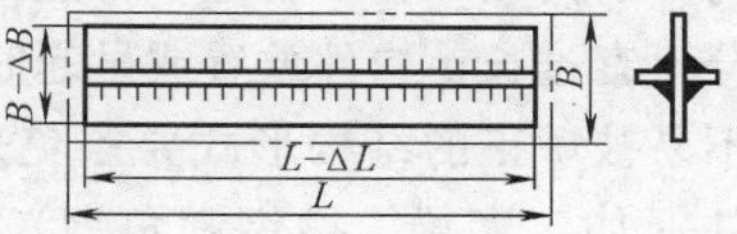	垂直于焊缝轴线方向尺寸的缩短
	弯曲变形	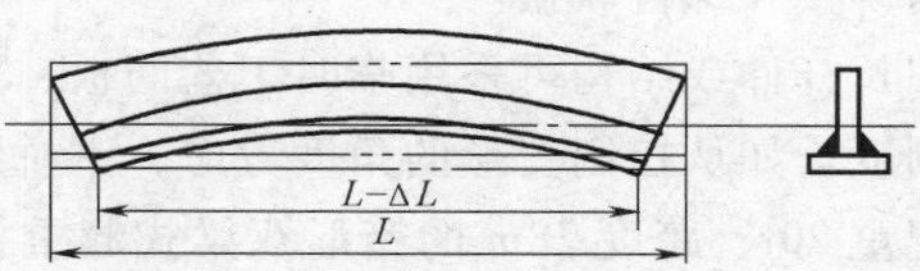	焊缝纵向收缩引起的弯曲变形
		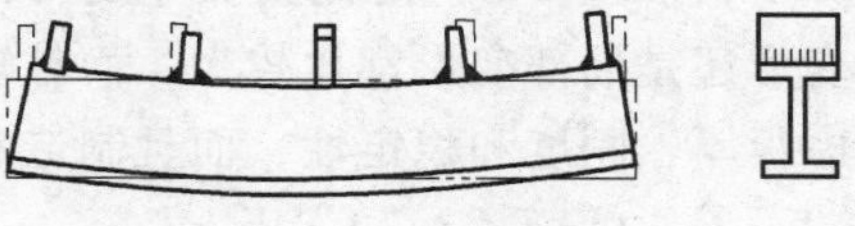	焊缝横向收缩引起的弯曲变形
	扭曲变形	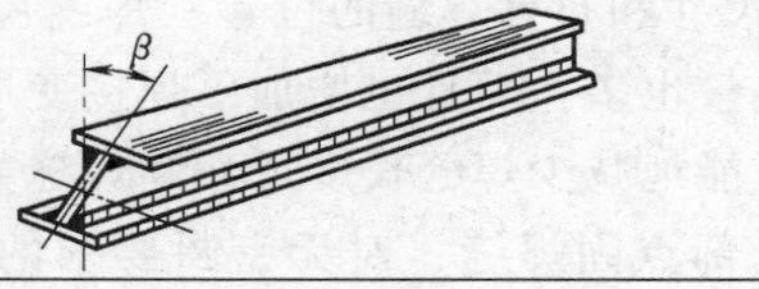	纵向焊缝的横向收缩不均匀或焊接顺序不合理等使 H 型钢绕自身轴线扭转

（续）

名称		变形示意图	说明
局部变形	角变形	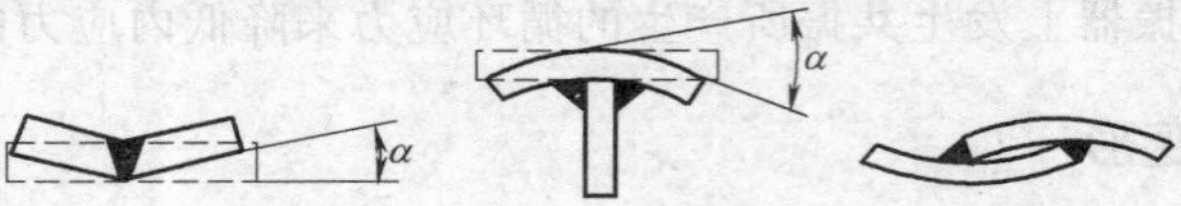 α α	构件的平面围绕焊缝产生的角位移
	错边变形	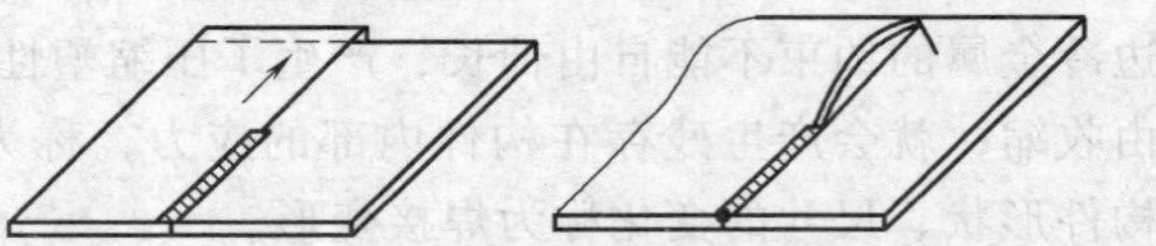	两焊件的热膨胀不一致，引起长度方向和厚度方向上的错边
	波浪变形	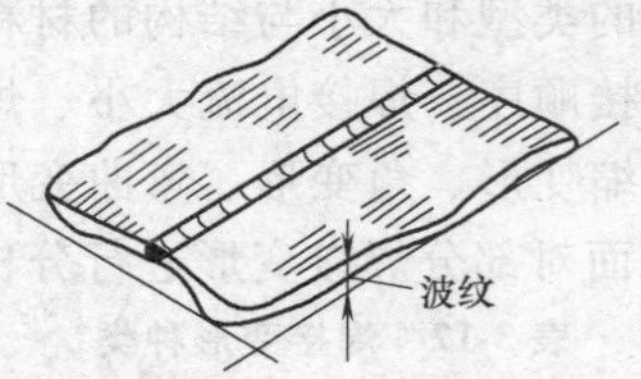 波纹	加热中产生的压缩残留应力，使薄板发生波浪变形或失稳

（2）从设计方面考虑防止和减少变形的措施　实践证明，变形严重影响着钢结构的制造、安装及其承载能力，并对使用造成很大的影响，因此，防止变形要比矫正变形更为重要。预防变形可以从设计和工艺两方面考虑。

1）合理选择构件截面提高构件的抗变形能力。设计结构时要尽量使构件稳定、截面对称，薄壁箱形构件的内板布置要合理，特别是两端的内隔板要尽量向端部布置；构件的悬出部分不宜过长；构件放置或吊起时，支承部位应具有足够的刚度等。较容易变形和不易被矫正的结构形式要避免采用。可采用各种型钢、型钢零件、弯曲件和冲压件（如工字梁、槽钢和角钢）代替焊接结构，对焊接变形大的结构尽量采用铆接和螺栓联接。

对一些易变形的细长杆件或结构可采用临时工艺筋板、冲压加强筋、增加板厚等形式提高板件的刚度。如从控制变形的角度考虑，钢桥结构的箱形薄壁结构的板材不宜太薄。如起重20t、跨度28m的箱形双梁式起重机，主体箱形梁长度达45m，断面为宽800mm、高1666mm，内侧腹板厚度为8mm，外侧腹板6mm，焊成箱形后，无论整体变形还是局部变形都比较大，而且矫正困难。因此，箱型钢结构的强度不但要考虑板厚、刚度和稳定性，而且制造和安装过程中的变形也是非常重要的。

2）合理选择焊缝尺寸和布置焊缝的位置。焊缝尺寸过大不但增加了焊接工作量，对焊件输入的热量也多，而且也增加了焊接变形。所以，在满足强度和工艺要求的前提下，尽可能地减少焊缝长度尺寸和焊缝数量，在保证工件不相互窜动的前提下，可采用局部点固焊缝；对无密封要求的焊缝，尽可能采用断续焊

缝。但对易淬火钢要防止因焊缝尺寸过小产生淬硬组织等。

设计焊缝时，尽量设计在构件截面中心轴的附近和对称于中性轴的位置，使产生的焊接变形尽可能相互抵消。如工字梁的截面是对称的，焊缝也对称于工字梁截面的中性轴。焊接时只要选用合理的焊接顺序，焊接变形，特别是挠曲变形可以得到有效的控制。图3-28所示为箱形和工字梁的焊缝布置。

图3-28　钢结构的焊缝布置

3）合理选择焊缝的截面和坡口形式。开坡口和不开坡口的T形和十字接头，当强度相等时，开坡口填充的金属量要少于不开坡口的，这对减少焊接变形是有利的。对于厚板开坡口焊缝的经济意义更大，因为角焊缝的尺寸与焊角尺寸的平方成正比，用开坡口来代替不开坡口的角焊缝，可节省大量人力和物力。开坡口的对接焊缝，不同的坡口形式所需的焊缝金属相差很大，选择填充焊缝金属少的坡口，有利于减小焊接变形。所以，要做到在保证焊缝承载能力的前提下，设计时应尽量采用焊缝横截面尺寸小的焊缝。但要防止因焊缝尺寸过小，热量输入少，焊缝冷却速度快造成的裂纹、气孔、夹渣等缺陷。因此，应根据板厚、焊接方法、焊接工艺等合理地选择焊缝尺寸。

此外，要根据钢结构的形状、尺寸大小等选择坡口形式。如平板对接焊缝，一般选用对称的坡口，对于直径和板厚都较大的圆形对接筒体，可采用非对称坡口形式控制变形。在选择坡口形式时，还应考虑坡口加工的难易、焊接材料用量、焊接时工件是否能够翻转及焊工的操作方便等问题。如直径比较小的筒体，由于在内部操作困难，所以纵焊缝或环焊缝可开单面V形或U形坡口。

4）尽量减少不必要的焊缝。焊缝数量与填充金属量成正比，所以，在保证强度的前提下，钢结构中应尽量减少焊缝数量，避免不必要的焊缝。为防止薄板产生波浪变形，可适当采用筋板增加钢结构的刚度，用型钢和冲压件代替焊件。

（3）从焊接工艺措施防止和减少焊接变形

1）选择合理的装配焊接顺序。图3-29所示为工字梁采用焊条电弧焊腹板与翼板两层对称焊接顺序。焊接中采用分段退焊，每段长1m左右。

图3-30所示为焊条电弧焊圆筒体与底板的对称焊缝，图示箭头为焊接方向，数字为焊接顺序。焊接时，由2～4名焊工按图示在两边对称地焊接，这样不仅可以有效地减小变形，而且可大大减小焊接应力。

对称焊也适合对称的桁架结构，但焊接应从桁架中部的节点开始，逐步向两端支座方向施焊。

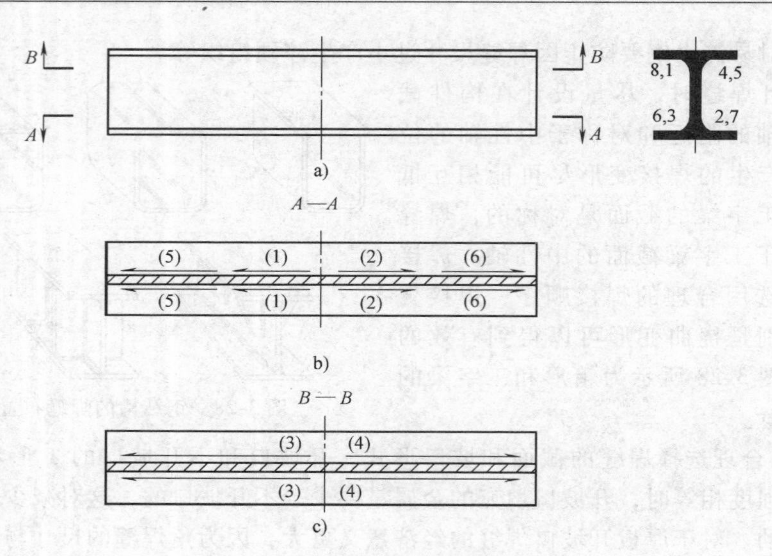

图 3-29　工字梁对称焊接顺序

2）局部增加刚度法。焊前通过判断或试验得出焊件产生的变形方向和类型，焊接前在局部采用临时支撑、加固件、拉杆等方式，增加焊件局部的刚度，达到减小变形的目的，如图 3-31 所示。

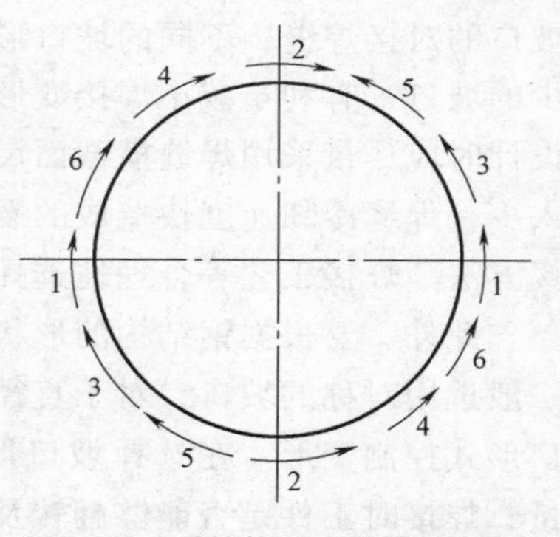

图 3-30　圆筒体的对称焊接顺序

3）焊接前反变形。根据焊接生产中已经发生的变形规律，在焊前或未装配时，先将焊件人为地制成一个变形，使焊件的变形方向相反、变形量相等。

图 3-32 所示为 Y 形坡口单面对接焊反变形的示意图。图 3-32a 所示为焊前经试板测试得出的变形量，图 3-32b 所示为根据测试的结果在焊件下部预先加了一块垫铁，使其产生的反变形量与预先测试的结果一样，焊后变形量可基本抵消。这是一种最常用也是最基本的反变形方法。

从材料变形程度分，反变形法包括有塑性反变形法和弹性反变形法；从加工阶段，可分为下料反变形法和焊接变形法。

4）散热法。散热法又称强制冷却法，就是利用冷水或传热快的金属，在焊接处将焊接中产生的热量迅速传走，减小焊缝及其附近受热区的受热程度，达到减小焊接变形的目的。

（4）焊接变形的矫正　钢结构焊接生产中，矫正是一种补救措施，有些大型结构的变形是很难矫正的，所以，应立足采取各种措施防止和控制焊接变形，其次，对变形超过技术要求范围时，才考虑对焊件的变形进行矫正。

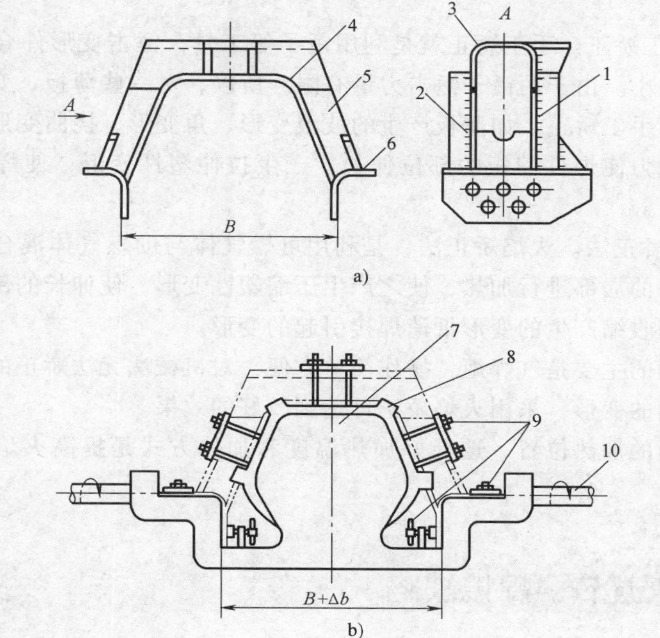

图 3-31 胎具固定法

a）汽车横梁 b）胎具

1，2—焊缝 3—槽形板 4—拱形板 5—立平板 6—角形板

7—胎架 8—定位铁 9—螺栓卡紧器 10—回转轴

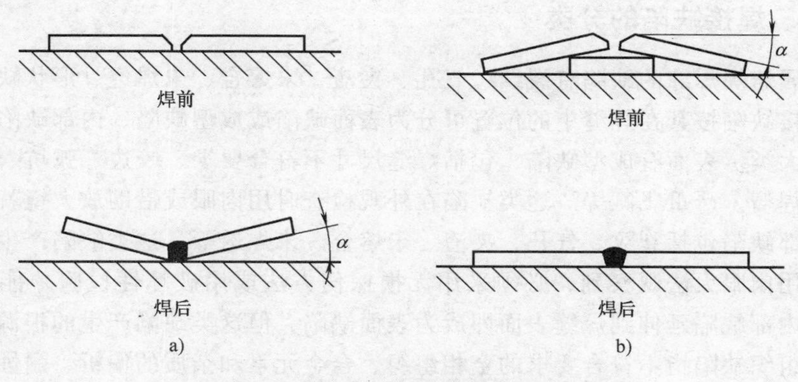

图 3-32 Y 形坡口单面对接焊反变形示意图

a）测试结果 b）制造反变形

焊件矫正方法有冷加工法和热加工法。冷加工包括手工矫正和机械矫正。冷加工法矫正有时会使金属产生冷作硬化，并且会引起附加应力，一般对尺寸较小、变形较小的零件可以采用。对于变形较大、结构较大的应采用热加工法矫正

（火焰矫正）。

1）冷加工矫正。手工矫正就是利用锤子等工具，锤击变形件合适的位置使焊件的变形减小。由于用锤子锤击力量有限，所以，对一些薄板、变形小、细长的焊件可采用手工矫正。如薄板产生的波浪变形、角变形、挠曲变形等。机械矫正是利用机械力使焊件缩短的部位伸长，产生拉伸塑性变形，使焊件达到技术要求。

2）火焰矫正法。火焰矫正法，是利用可燃气体与助燃气体混合燃烧放出的热量对变形件的局部进行加热，使之产生压缩塑性变形，使伸长的部位冷却后局部缩短，利用收缩产生的变形抵消焊接引起的变形。

加热采用的主要是气焊炬，操作简单方便，对机械法无法矫正的变形，尤其是大型钢结构的变形，采用火焰矫正可达到较好的效果。

确定准确的加热位置、选择好加热温度和加热方式是提高火焰矫正效果的关键。

第五节　焊接缺陷

为了确保在焊接过程中焊接接头的质量符合设计或工艺要求，应在焊接过程中对被焊金属的焊接性、焊接工艺、焊接规范、焊接设备和焊工操作进行焊接检验，并对焊成的焊接结构进行全面的质量检验。

一、焊接缺陷的分类

金属熔焊焊缝的缺陷有裂纹、气孔、夹渣、未熔合、未焊透、形状缺陷等。

焊接缺陷按其在焊缝中的位置可分为表面缺陷或成型缺陷、内部缺陷和组织缺陷三大类。表面有成型缺陷，包括焊缝尺寸不符合要求、咬边、弧坑、烧穿和塌陷、焊瘤、严重飞溅等。这类缺陷在外观检查时用肉眼或借助放大镜就能够发现。内部缺陷包括裂纹、气孔、夹渣、未熔合、未焊透等，这类缺陷产生于焊缝内部，用肉眼无法观察到，必须采用无损探伤方法或用破坏性检验才能检验出来。若内部缺陷延伸到焊缝表面即成为表面缺陷，但这类缺陷产生的根源在焊缝内部。组织缺陷指不符合要求的金相组织、合金元素和杂质的偏析、耐蚀性降低和晶格缺陷等，这类缺陷用无损探伤方法也不能检测到，必须用金相检测等破坏性检验方法，并且需要借助于高倍显微放大镜才能观察到。

二、焊接缺陷的产生原因、危害和防止措施

（1）外观缺陷焊缝尺寸不符合要求　焊缝的尺寸与设计上规定的尺寸不符，

或者焊缝成形不良。出现高低、宽窄不一、焊波粗劣等现象。焊缝尺寸不符合要求，不仅影响焊缝的美观，还会影响焊缝金属与母材的结合，造成应力集中，影响焊件的安全使用，焊缝形状和尺寸如图 3-33 所示。

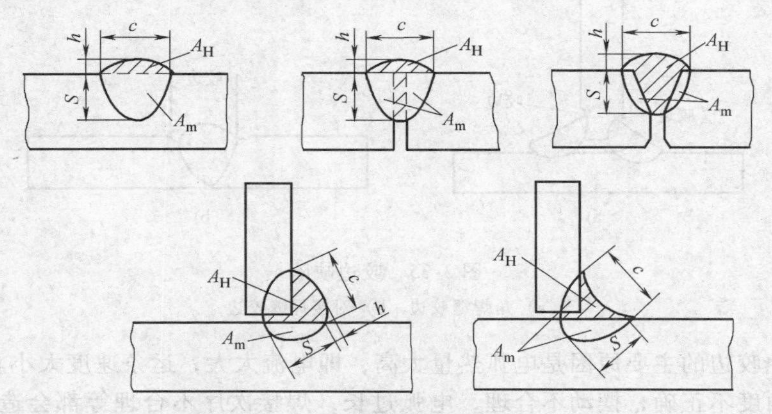

图 3-33　焊缝形状和尺寸

各种不同的焊接结构对焊缝的尺寸都有一定的要求。对焊缝尺寸的要求主要有以下几个指标：余高、宽度、背面余高、焊缝平直度、焊脚高。图 3-34 所示为焊缝形状缺陷。

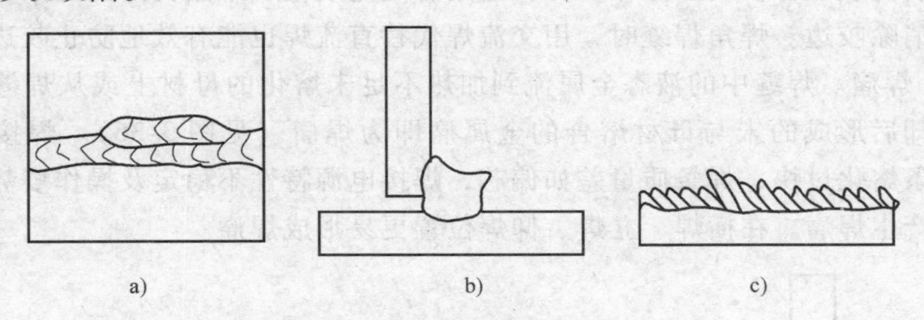

图 3-34　焊缝形状缺陷

a）焊缝宽度不一致　b）角焊缝凸度过大　c）焊缝高度突变

1）余高过高和不足。余高指超出表面焊趾连线上面的焊缝金属高度。对接焊缝的余高标准为 0 ~4mm。余高过高会造成接头截面的突变，在焊趾处产生应力集中，降低焊接接头的承载能力。余高不足会使焊缝的有效截面积减小，同样也会使承载能力降低。

焊缝余高过高和过低是由于焊接工艺参数不合理，尤其是焊接速度大小及运条方法不当常产生该种缺陷。在同等条件下，焊接电流过小和电弧电压过低时焊缝越窄越高，电弧电压越高焊缝越宽越平。焊接速度越低，焊缝越高，焊接速度越快，焊缝越低。焊条摆动越大，焊缝越宽越平，摆动幅度越小，焊缝越窄。

2）咬边。是焊接中最常见的缺陷，指沿着焊趾，在母材部分形成的凹陷或沟槽，它是由于电弧将焊缝边缘的母材熔化后没有得到熔敷金属的充分补充所留下的缺口（见图 3-35 ）。

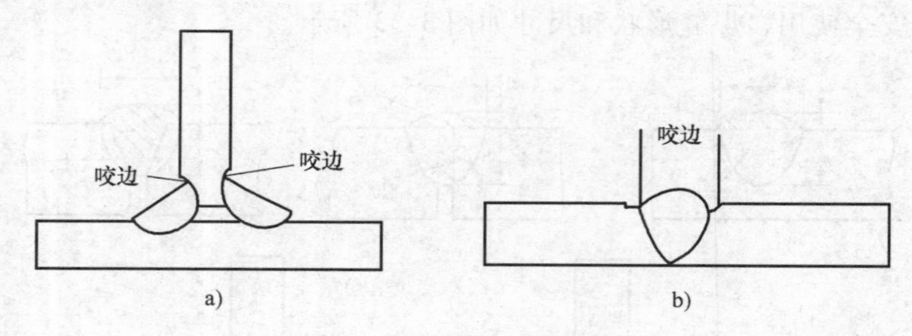

图 3-35　咬边缺陷

a）角焊缝咬边　b）对接焊缝咬边

产生咬边的主要原因是电弧热量太高，即电流太大，运条速度太小。焊条与工件间角度不正确，摆动不合理，电弧过长，焊接次序不合理等都会造成咬边。直流焊时，电弧的磁偏吹也是产生咬边的一个原因。某些焊接位置如立焊、横焊、仰焊会加剧咬边。

咬边减小了母材的有效截面积，降低结构的承载能力，同时还会造成应力集中，发展为裂纹源。矫正操作姿势，选用合理的规范，采用良好的运条方式都会有利于消除咬边。焊角焊缝时，用交流焊代替直流焊也能有效地防止咬边。

3）焊瘤。焊缝中的液态金属流到加热不足未熔化的母材上或从焊缝根部溢出，冷却后形成的未与母材熔合的金属瘤即为焊瘤（见图 3-36）。焊接规范过强、焊条熔化过快、焊条质量差如偏芯，焊接电源特性不稳定及操作姿势不当等都容易产生焊瘤。在横焊、立焊、仰焊位置更易形成焊瘤。

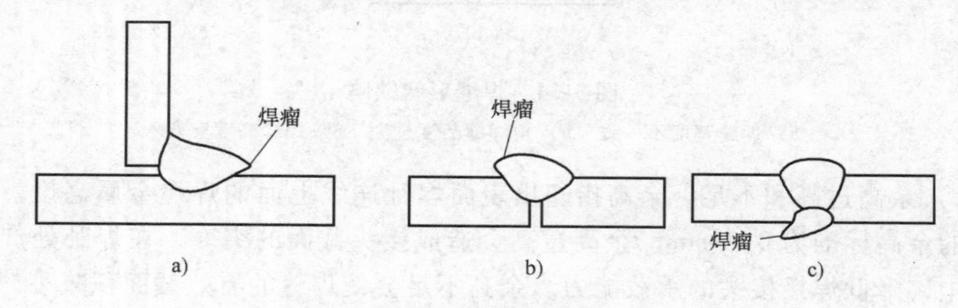

图 3-36　焊瘤缺陷

a）角焊缝焊瘤　b）对接焊缝焊瘤　c）根部焊瘤

焊瘤改变了焊缝的实际尺寸，会带来应力集中。管子内部的焊瘤减小了它的内径，可能造成流动物堵塞。

防止焊瘤的措施：使焊缝处于平焊位置，正确选用规范，选用无偏芯焊条，合理操作。

4）凹坑。指焊缝表面或背面局部的低于母材的部分。凹坑多是由于收弧时焊条（焊丝）未作短时间停留造成的（此时的凹坑称为弧坑），仰焊、立焊、横焊时，常在焊缝背面根部产生内凹。凹坑减小了焊缝的有效截面积，弧坑常带有弧坑裂纹和弧坑缩孔。

防止凹坑的措施：选用有电流衰减系统的焊机，尽量选用平焊位置，选用合适的焊接规范，收弧时让焊条在熔池内短时间停留或环形摆动，填满弧坑。

5）未焊满。是指焊缝表面上连续的或断续的沟槽。填充金属不足是产生未焊满的根本原因。规范太弱，焊条过细，运条不当等会导致未焊满。

未焊满同样削弱了焊缝，容易产生应力集中，同时，由于规范太弱使冷却速度增大，容易产生气孔、裂纹等。

防止未焊满的措施：加大焊接电流，加焊盖面焊缝。

6）烧穿和下塌。是指焊接过程中，熔深超过工件厚度，熔化金属自焊缝背面流出，形成穿孔性缺陷。穿过单层焊缝根部，或在多层焊接接头中穿过前层熔敷金属塌落的过量焊缝金属称为下塌。图 3-37 所示为烧穿和下塌缺陷。

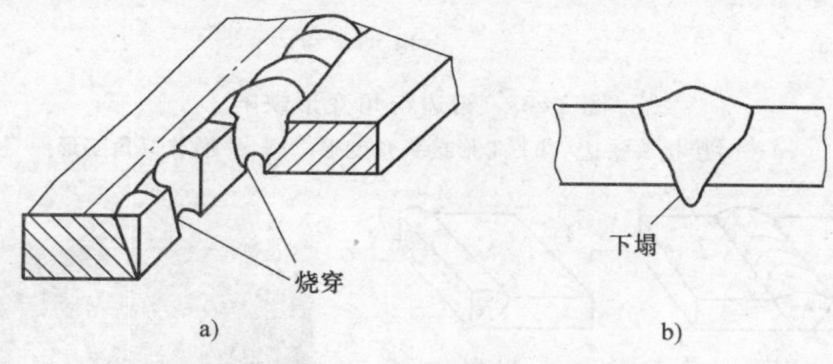

图 3-37　烧穿和下塌缺陷

a）烧穿　b）下塌

焊接电流过大，速度太慢，电弧在焊缝处停留过久，都会产生烧穿缺陷。工件间隙太大，钝边太小也容易出现烧穿现象。

烧穿是锅炉压力容器产品上不允许存在的缺陷，它完全破坏了焊缝，使接头丧失连接及承载能力。选用较小电流并配合合适的焊接速度，减小装配间隙，在焊缝背面加设垫板或药垫，使用脉冲焊，能有效地防止烧穿。

7）其他表面缺陷。焊缝的外观几何尺寸不符合要求。有焊缝超高，表面不光滑，以及焊缝过宽，焊缝向母材过渡不圆滑、表面飞溅，电弧表面擦伤等缺陷。图 3-38 和图 3-39 所示分别为电弧擦伤和表面严重飞溅。各种焊接变形如角变形、扭曲变形、波浪变形、错边等都属于焊接缺陷。图 3-40 所示为错边与角变形缺陷。

（2）内部缺陷产生的原因和防止措施

1）气孔。是指焊接时，熔池中的气体没有逸出，残存于焊缝之中形成的空洞。气体可能是熔池从外界吸收的，也可能是焊接过程中反应生成的。气孔从其形状上分，有球状气孔、链状气孔、长虫状气孔等。从数量上可分为单个气孔和密集气孔，如图 3-41 所示。

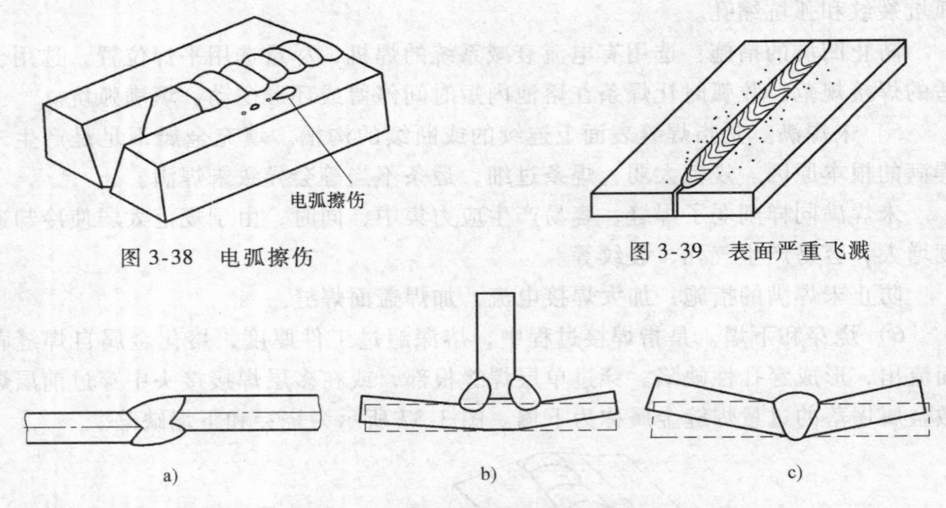

图 3-38　电弧擦伤

图 3-39　表面严重飞溅

图 3-40　错边与角变形缺陷

a）对接接头错边　b）T 形接头角变形　c）V 形坡口角变形

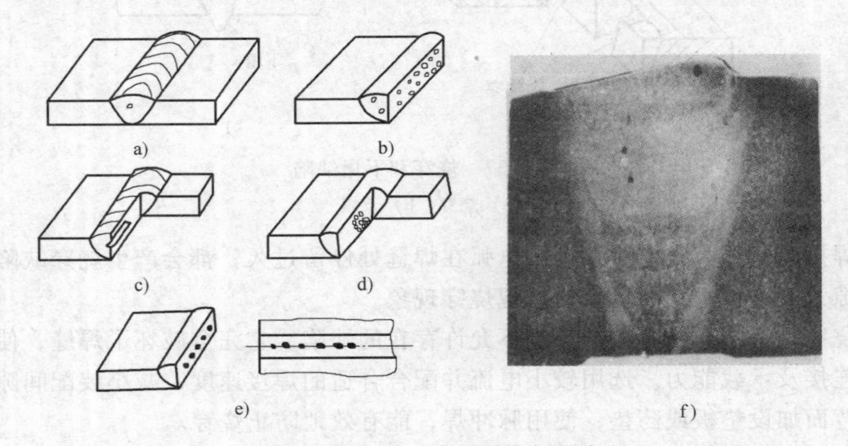

图 3-41　气孔示意图及金相照片

a）单个球状气孔　b）密集气孔　c）长虫状气孔　d）均布气孔

e）链状气孔　f）气孔金相照片

产生气孔的主要原因是母材或填充金属表面有锈、油污等，焊条及焊剂未烘干。因为锈、油污及焊条药皮、焊剂中的水分在高温下分解为气体，增加了高温金属中气体的含量。焊接热输入过小，熔池冷却速度大，不利于气体逸出。焊缝金属脱氧不足也会增加氧气孔。

气孔的危害：气孔减小了焊缝的有效截面积，使焊缝疏松，从而降低了接头的强度，降低塑性，还会引起泄漏。气孔也是引起应力集中的原因。氢气孔还可能促成冷裂纹。

防止气孔的措施：清除焊丝，工件坡口及其附近表面的油污、铁锈、水分和杂物；采用碱性焊条、焊剂，并彻底烘干；采用直流反接并用短电弧施焊；焊前预热，减缓冷却速度；用偏强的焊接规范施焊。

2）夹渣。是指焊后熔渣残存在焊缝中的现象。夹渣的分布与形状有单个点状夹渣，条状夹渣，链状夹渣和密集夹渣，如图 3-42 所示。

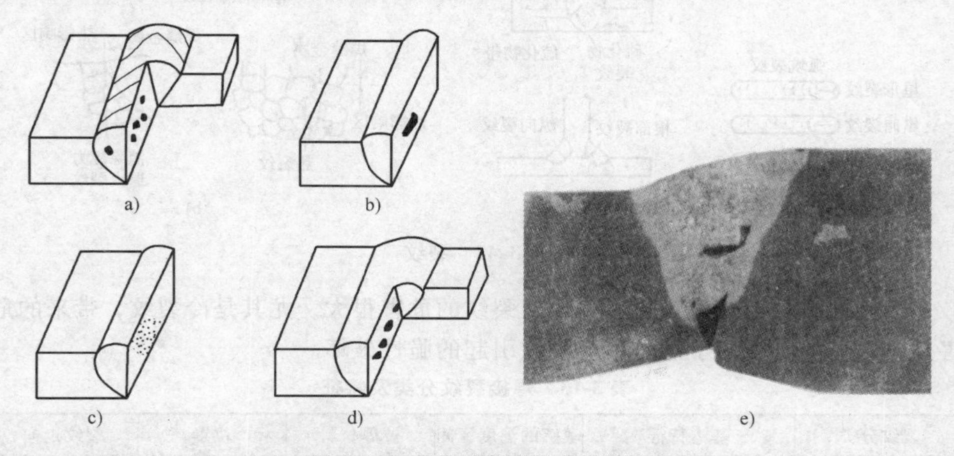

图 3-42　夹渣示意图及金相照片

a）单个点状夹渣　b）单个条状夹渣　c）密集夹渣　d）链状夹渣　e）夹渣金相照片

夹渣产生的原因：坡口尺寸不合理，坡口有污物，多层焊时，层间清渣不彻底，焊接热输入小，焊缝散热太快；钨极惰性气体保护焊时，电源极性不当，电流密度大，钨极熔化脱落于熔池中；手工电弧焊时，焊条摆动不良，不利于熔渣上浮等。可根据以上原因分别采取对应措施以防止夹渣的产生。

夹渣的危害：点状夹渣的危害与气孔相似，带有尖角的夹渣会产生尖端应力集中，尖端还会发展为裂纹源，危害较大。

3）裂纹。裂纹是焊接中最危险的缺陷，从产生本质分为热裂纹、冷裂纹、再热裂纹和层状撕裂四类。各种裂纹的特征如图 3-43 所示。

在焊接过程中，焊缝和热影响区金属冷却到固相线附近的高温区产生的焊接裂纹称为热裂纹。冷裂纹是焊接接头冷却到较低温度时（对钢来说在 *Ms* 温度以下或 200℃ ~ 300℃）产生的焊接裂纹。冷裂纹一般是在焊后一段时间（几小时，几天甚至更长时间）才出现的，故又称延迟裂纹。再热裂纹是焊后焊件在一定温度范围再次加热（消除应力热处理或其他加热过程如多层焊时）而产生的裂纹叫再热裂纹。层状撕裂是指焊接时，在焊接构件中沿钢板轧层形成的呈阶梯状裂纹。

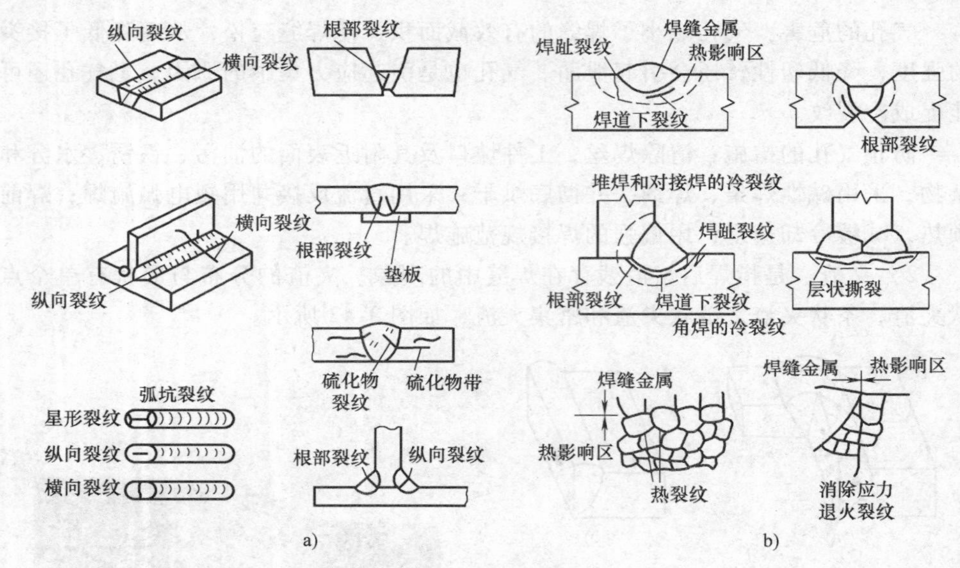

图 3-43　裂纹

焊接裂纹分类及特征见表3-13。裂纹的危害很大，尤其是冷裂纹，带来的危害是灾难性的。很多事故是由于裂纹引起的脆性破坏。

表 3-13　焊接裂纹分类及特征

裂纹分类		基本特征	敏感的温度区间	被焊材料	位置	裂纹走向
热裂纹	结晶裂纹	在结晶后期，由于低熔共晶形成的液态薄膜消弱了晶粒间的联结，在拉伸应力的作用下发生开裂	在固相温度以上稍高的温度（固液状态）	杂质较多的碳钢，低中合金钢，奥氏体钢，镍基合金及铝	焊缝上	沿奥氏体晶界
	多边化裂纹	已凝固的结晶前沿，在高温和应力的作用下，晶格缺陷发生移动和聚集，形成二次边界，它在高温处于低塑性状态，在应力作用下产生的裂纹	固相线以下再结晶温度	纯金属及单相奥氏体合金	焊缝上，少量再热影响区	沿奥氏体晶界
	液化裂纹	在焊接热循环峰值温度的作用下，在热影响区和多层焊的层间发生重熔，在应力作用下产生的裂纹	固相线以下稍低温度	含 S、P、C 较多的镍铬高强钢，奥氏体钢，镍基钢	热影响区及多层焊的层间	沿晶界开裂

（续）

裂纹分类		基本特征	敏感的温度区间	被焊材料	位置	裂纹走向
再热裂纹		厚板焊接结构消除应力处理过程中，在热影响区的粗晶区存在不同程度的应力集中时，由于应力松弛所产生附加变形大于该部位的蠕变塑性，则产生再热裂纹	600～700℃回火处理	含有沉淀强化元素的高强钢，珠光体钢，奥氏体钢，镍基合金等	热影响区的粗晶区	沿晶界开裂
冷裂纹	延迟裂纹	在淬硬组织、氢和拘束应力的共同作用下而产生的具有延迟特性的裂纹	在 *Ms* 点以下	中高碳钢，低中合金钢，钛合金等	热影响区，少量在焊缝	沿晶或穿晶
	淬硬脆化裂纹	主要是由淬硬组织，在焊接应力的作用下产生的裂纹	*Ms* 附近	含碳的NiCrMo钢，马氏体不锈钢，工具钢	热影响区，少量在焊缝	沿晶或穿晶
	低塑性脆化裂纹	在较低温度下，由于被焊材料的收缩应变，超过了材料本身的塑性储备而产生的裂纹	在400℃以下	铸铁，堆焊硬质合金	热影响区及焊缝	沿晶及穿晶
层状裂纹		主要是由于钢板的内部存在有分层的夹杂物（沿轧制方向），在焊接产生的垂直于轧制方向的应力，致使在热影响区或稍远的地方，产生“台阶”式层状开裂	在400℃以下	含有杂质的低合金高强钢厚板结构	热影响区附近	穿晶或沿晶

热裂纹的防止措施：合理预热或采用后热，控制冷却速度；降低残留应力避免应力集中；回火处理时尽量避开热裂纹的敏感温度区或缩短在此温度区内的停留时间。

冷裂纹主要产生于热影响区，也有发生在焊缝区的。防止冷裂纹的措施：采用低氢型碱性焊条，严格烘干，在100～150℃下保存，随取随用。提高预热温度，采用后热措施，并保证层间温度不小于预热温度，选择合理的焊接规范，避免焊缝中出现脆硬组织；选用合理的焊接顺序，减少焊接变形和焊接应力，焊后及时进行消氢热处理。

4）未焊透。未焊透是指母材金属未熔化，焊缝金属没有进入接头根部的现象。

产生未焊透的原因：焊接电流小，熔深浅；坡口和间隙尺寸不合理，钝边太大；磁偏吹影响；焊条偏芯度太大；层间及焊根清理不良。

未焊透的危害之一是减小了焊缝的有效截面积，使接头强度下降。其次，未焊透引起的应力集中所造成的危害，比强度下降的危害大得多。未焊透严重降低焊缝的疲劳强度。未焊透可能成为裂纹源，是造成焊缝破坏的重要原因。

未焊透的防止措施：使用较大电流来焊接是防止未焊透的基本方法；另外，焊接角焊缝时，用交流代替直流以防止磁偏吹；合理设计坡口并加强清理，用短弧焊等措施也可有效防止未焊透的产生。

5）未熔合。是指焊缝金属与母材金属，或焊缝金属之间未熔化结合在一起的缺陷（见图 3-44）。

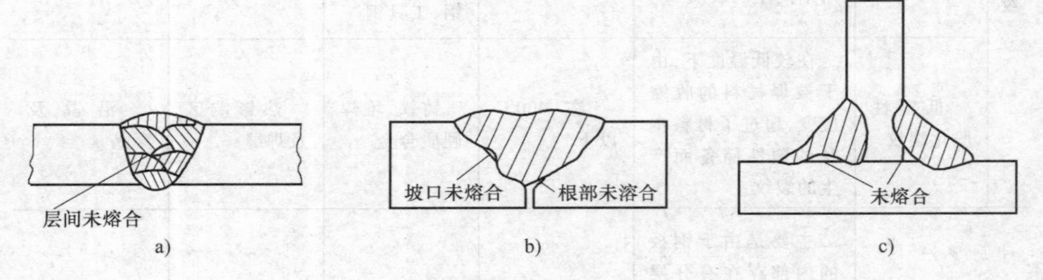

图 3-44　未熔合

a）层间未熔合　b）坡口未熔合　c）角焊缝未熔合

产生未熔合缺陷的原因：焊接电流过小；焊接速度过快，焊条角度不对，产生了弧偏吹现象；焊接处于下坡焊位置，母材未熔化时已被铁水覆盖。

未熔合的危害。未熔合是一种面积型缺陷，坡口未熔合与根部未熔合对承载截面积的减小都非常明显，应力集中也比较严重，其危害性仅次于裂纹。未熔合的防止应采用较大的焊接电流，正确地进行施焊操作，注意坡口部位的清洁。

综上所述，虽然产生焊接缺陷的原因是多种多样的，但采取有针对性的措施，特别是在实际操作过程中要严格遵守焊接工艺的要求，这样大部分的焊接缺陷还是可以避免的，只有通过不断的实践和总结，焊接技术才能得到不断的提高和进步。

◈◈◈ 第六节 焊接质量管理与焊接检验

一、焊接材料管理

在焊接过程中，焊接材料管理直接影响产品质量。选材不正确、保管不妥善，发放不严格往往是造成废品与灾害性事故的原因。焊接材料的验收是一项重要的工作，是杜绝劣质焊接材料进入工厂仓库的关键。购买焊接材料时，材料入库前，除了查阅制造厂的质量保证书外，必要时应根据国家标准及验收标准检查该焊接材料的性能，对于焊条、焊剂、焊丝、药芯焊丝等，应根据国家标准复验其表面质量，如包装、外观、粒度、偏芯度、涂层均匀性、色泽等，焊接工艺性如电弧稳定性、飞溅性、脱渣性、成形均匀性等。力学性能如抗拉强度、屈服强度、伸长率、断面收缩率、硬度等，化学成分及耐蚀性等。复验合格的焊接材料，才允许加贴合格标记，注明批号，加盖检验员印章，然后入库。

1. 焊接材料存放

焊接材料应存放在温度不低于20℃，相对湿度在65%以下的空气干燥并有良好通风的库房内。存放焊接材料的库房内应有去湿机和加热装置，每天定时记录相对湿度与温度。焊接材料的存放应按焊接材料的品种、牌号、规格、批号、制造厂名分别加标记存放，并注明入库年月日。对于焊接材料二级库或直接发放焊接材料至焊工的仓库，应配置专职人员，进行焊条的管理与发放。仓库内应配置焊条烘干器、焊条烘干箱、保温筒等。焊条与焊接材料的烘干温度与时间应严格按标准或按制造厂说明书的规定进行，不允许不同烘干温度的焊条同炉烘焙。重复烘干的次数不得超过3次。焊条不允许直接放在地上，暂时不用的整箱焊条也应放置在距离地面一定高度的货架上。

2. 焊接气体管理

焊接气体不仅直接影响焊接生产质量，还直接影响整个作业场所的安全。对于尚未实现管道化的工厂，必须集中管理焊接与切割用气体，特别是各种不同性质的焊接保护气体，如氩气、氦气、氮气、氧气、二氧化碳及其混合气体，要分类放置，按标准验收。

二、焊接生产组织管理

1. 技术人员管理

(1) 焊接工程师　能够严格贯彻执行国家有关法规和标准，具有全面的压力容器焊接专业理论和实践知识。具有能对焊接工程的质量工作进行控制和管理的能力。

焊接责任工程师的职责包括参加与编制、修订、贯彻《质量保证手册》焊接系统的有关内容及制度；编审焊接工艺实验和焊接工艺评定方案，指导并参加焊接工艺设计与评定工作，审核焊接工艺评定报告和焊接工艺指导书；监督检查焊接的质量控制工作。负责焊工技术培训与考试工作；负责审批一、二次焊缝返修工艺的质量控制工作。负责焊工技术培训与考试工作；负责审批一、二次焊缝返修工艺，负责审核焊缝超次返修工艺；负责焊接材料代用批准及其他材料代用的会签工作。协助做好焊接设备的管理及指导设备的检修工作等。

（2）焊工管理　焊工操作水平的高低直接影响焊接质量，培训中应注重培养严谨的焊接作风和提高理论水平。对焊工进行焊接理论和操作技能的培训，并进行定期考核。在考核中，应着重于操作技能上的基本功，它包括焊工综合掌握影响焊接质量的各种因素的能力。

焊接工程开始前，应对所有在岗焊工进行统一培训和考试，并签发焊工合格证。从事特殊焊接工作的焊工，应按特殊的焊接方法和工艺规程接受培训与考试。

2. 焊接生产管理

生产准备工作，是在生产项目正式开工前所进行的一切准备，目的是为生产施工活动创造有利条件。其主要包括技术准备工作、物资准备工作、劳动组织准备、生产场地准备和外协准备等。

熟悉审查施工图样，通常按图样自审、会审和现场签证等三个阶段进行。编制工艺规程，进行焊接工艺评定。编制和施工组织设计 。

生产过程严格执行焊接工艺并做好记录。

三、焊接检验

1. 焊前检验

检验焊接基本金属、焊丝、焊条的型号和材质是否符合设计或规定要求；检验其他焊接材料，如埋弧焊焊剂的牌号、气体保护焊保护气体的纯度和配比等是否符合工艺规程的要求；对焊接工艺措施进行检验，以保证焊接能顺利进行；检验焊接坡口的加工质量和焊接接头的装配质量是否符合图样要求；检验焊接设备及其辅助工具是否完好，接线和管道连接是否符合要求；检验焊接材料是否按照工艺要求进行去锈、烘干、预热等；对焊工操作技术水平进行鉴定；检验焊接产品图样和焊接工艺规程等技术文件是否齐备。

2. 焊接生产过程中的检验

检验在焊接过程中焊接设备的运行情况是否正常：检验焊接工艺规程和规范规定的执行情况；焊接夹具在焊接过程中的夹紧情况是否牢固；操作过程中可能

出现的未焊透、夹渣、气孔、烧穿等焊接缺陷等；焊接接头质量的中间检验，如厚壁焊件的中间检验等。

3. 成品检验

检验焊缝尺寸、外观及探伤情况是否合格；产品的外观尺寸是否符合设计要求；变形是否控制在允许范围内；产品是否在规定的时间内进行了热处理等。

4. 焊接检验方法

焊接检验方法包括破坏性检验和非破坏性检验，如图 3-45 所示。

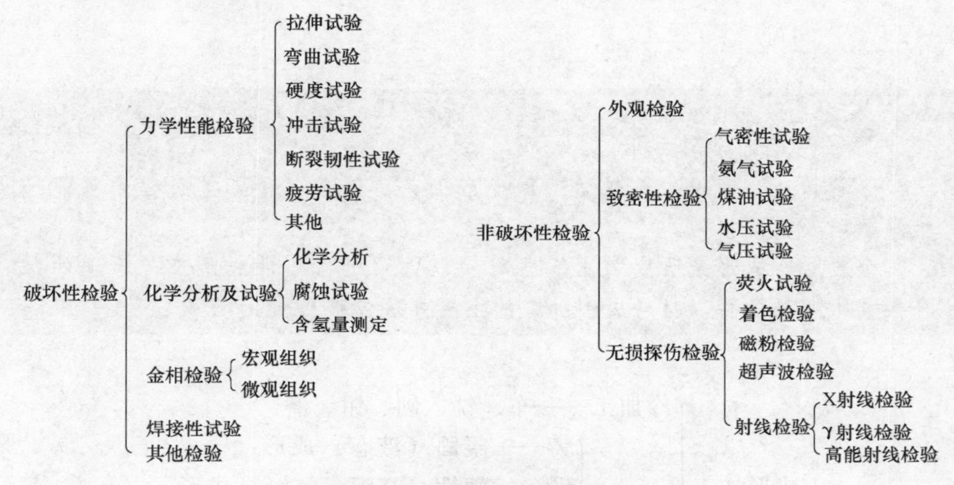

图 3-45 焊接缺陷检验方法

复习思考题

1. 如何理解焊接的定义？
2. 常用焊接方法有哪些？
3. 常见焊接接头有哪几种？
4. 手工电弧焊有哪些特点？
5. 钨极氩弧焊有哪些优点？
6. 焊条药皮的作用有哪些？
7. 埋弧焊有哪些特点？
8. 焊接裂纹有哪几类？产生原因有哪些？
9. 焊接变形主要有哪几种？
10. 焊接缺陷主要分为哪几类？

第四章

金属材料成形加工工艺

培训学习目标

了解铸造、锻压、切削加工等生产工艺，熟悉各种工艺过程中可能产生的缺陷及预防措施。

金属材料成形是研究常用工程材料坯件及机器零件成形工艺原理的综合性技术基础学科。材料成形加工的主要方法包括：

成形加工
- 冷加工——车、铣、刨、钳、磨
- 热加工
  - 铸——凝固（液态）成形
  - 锻——塑性（高温、室温）成形
  - 焊——连接成形
  - 热处理、表面加工、粉末冶金加工

第一节　铸造

铸造是将液态合金浇注到与零件的形状、尺寸相适应的铸型空腔中，使其冷却凝固，得到毛坯或零件的成形工艺（生产方法）。其实质是液态金属或合金充填铸型型腔并在其中凝固和冷却。

随着工业技术的发展，铸造技术的发展迅速，特别是19世纪末和20世纪上半叶，出现了很多新的铸造方法，如低压铸造、陶瓷铸造、连续铸造等。由于现今对铸造质量、铸造精度、铸造成本和铸造自动化等要求的提高，铸造技术向着精密化、大型化、高质量、自动化和清洁化的方向发展。

铸造的优点：

1）能制成形状复杂、特别是具有复杂内腔的毛坯，如阀体、泵体、叶轮、

螺旋桨等。

2）铸件的大小几乎不受限制，质量从几克到几百吨。

3）常用原材料来源广泛，价格低廉，成本较低，应用极其广泛。机床、内燃机中铸件有70%～80%，农业机械中有40%～70%。

4）但铸造生产过程较复杂，废品率一般较高，易出现浇不足、缩孔、夹渣、气孔、裂纹等缺陷。导致铸件力学性能，特别是冲击性能较低。铸造生产会产生粉尘、有害气体和噪声对环境的污染，比起其他机械制造工艺更为严重，需要采取措施进行控制。

铸造主要工艺过程包括金属熔炼、模型制造、浇注凝固和脱模清理等。铸造用的主要材料是铸钢、铸铁、铸造有色合金等。铸造方法常用的是砂型铸造，其次是特种铸造方法，如金属型铸造、熔模铸造、石膏型铸造等。而砂型铸造又可分为黏土砂型、有机粘结剂砂型、树脂自硬砂型、消失模等。

一、铸件成型工艺分类

铸造的方法有多种，按照形成铸件的铸型可分为砂型铸造、金属型铸造、熔模铸造、壳型铸造、陶瓷型铸造、消失模铸造、磁型铸造等。铸造按充型条件的不同，可分为重力铸造、压力铸造、离心铸造等。传统上，将有别于砂型铸造工艺的其他铸造方法统称为特种铸造。其中砂型铸造应用最为广泛，世界各国用砂型铸造生产的铸件占铸件总产量的90%以上，成本低。砂型铸造可分为手工造型和机器造型两种。特种铸造包括熔模铸造、金属型铸造、压力铸造、低压铸造、离心铸造等铸造方法，其铸造质量和生产率高，但成本也高。

1. 砂型铸造

将液态金属浇入用型砂紧实成型的铸型中，待凝固冷却后，再将铸型破坏，取出铸件的铸造方法称为砂型铸造。砂型铸造是传统的铸造方法，它适用于各种形状、大小及各种常用金属铸件的生产，应用最为广泛。砂型铸造工艺的主要工序包括制造模样、制备造型（芯）砂、造型、制芯、合型、熔炼、浇注、落砂、清理与检验等。如图4-1所示为齿轮的砂型铸造工艺过程。

砂型铸造工艺流程主要包括：型砂配制→造型→砂型干燥；工装准备→炉料准备→合金冶炼；芯砂配制→造芯→型芯干燥；合型浇注→凝固冷却→落砂清理→铸件检验→入库。工艺三大要点是合金冶炼，造型（芯）和浇注。

2. 特种铸造工艺

特种铸造是指砂型铸造以外的其他铸造方法。随着生产技术的发展，特种铸造的方法已得到了日益广泛的应用。常用的特种铸造方法有熔模铸造、金属型铸造、压力铸造和离心铸造等。

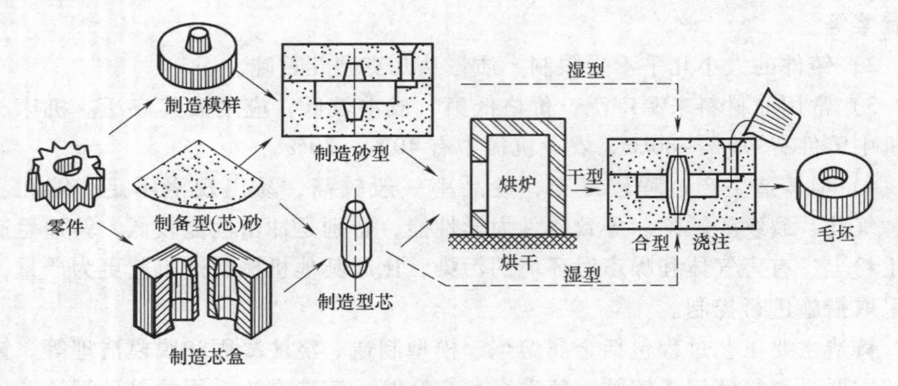

图 4-1　齿轮的砂型铸造工艺过程

（1）熔模铸造　熔模铸造是指用易熔材料如蜡料制成模样，在模样上包覆若干层耐火材料，经过干燥、硬化制成型壳，然后加热型壳，模样熔化流出后，经高温焙烧而成为耐火型壳，再将液体金属浇入型壳中，待金属冷凝后去掉型壳获得铸件的方法。熔模铸造的工艺流程如图 4-2 所示。

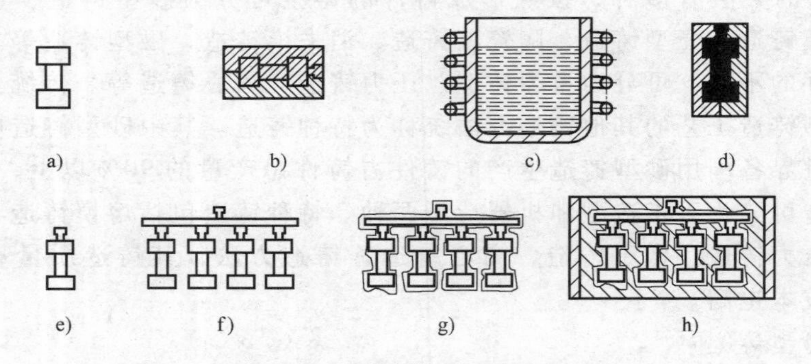

图 4-2　熔模铸造的工艺流程

a）母模　b）压型　c）熔蜡　d）造蜡模　e）单个蜡模　f）蜡模组
g）制造型壳，熔去蜡模　h）填砂，浇注

熔模铸造由于采用可熔化的模子，型壳无须起模，型壳为一整体而无分型面，而且型壳是由耐火度高的材料制成，因此具有以下优点：铸件尺寸精度高，表面粗糙度值低，且可生产出形状复杂、轮廓清晰的薄壁铸件。目前铸件的最小壁厚为 0.25 ~ 0.4 mm；可以铸造各种合金铸件，包括铜、铝等有色合金，各种合金钢，镍基、钴基等特种合金（高熔点、难切削加工合金）。对于耐热合金的复杂铸件，熔模铸造几乎是其唯一的生产方法；生产批量不受限制，能实现机械化流水作业；但是，熔模铸造工序繁多，工艺流程复杂，生产周期较长（一般 4 ~ 15 天）；铸件不能太长、太大，质量多为几十克到几公斤，一般不超过 25kg；某些模料、粘结剂和耐火材料价格较高，质量不够稳

定，因而生产成本较高。

熔模铸造适用于制造形状复杂，难以加工的高熔点合金及有特殊要求的精密铸件。目前，主要用于汽轮机、燃气轮机叶片、切削工具、仪表元件、汽车、拖拉机及机床生产。

（2）金属型铸造 是指将金属液在重力作用下浇入金属铸型中，以获得铸件的方法。金属型常用铸铁、铸钢或其他合金制成，可以反复使用，所以又有永久型铸造之称。

金属型的结构按分型面的不同分为整体式、垂直分型式、水平分型式和复合分型式。如图4-3所示为水平分型式、垂直分型式金属型，其中垂直分型式金属型便于开设浇口和取出铸件，易于实现机械化，故应用较多。

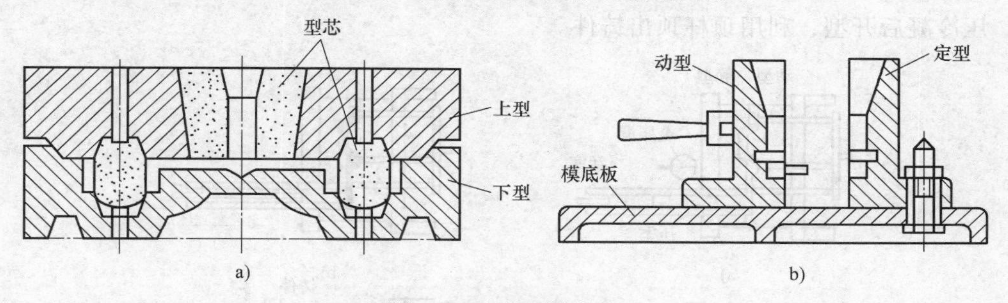

图4-3 金属型的构造

a）水平分型式金属型 b）垂直分型式金属型

金属型的材料根据浇注的合金种类而定，浇注低熔点合金锡合金、锌合金、镁合金等铸件可用灰铸铁铸型；浇注铝合金、铜合金铸件可用合金铸铁铸型；浇注铸铁和铸钢件则需用碳钢及镍铬合金钢等。铸件的内腔由型芯制成，浇注形状简单的合金用金属型芯，浇注形状复杂或高熔点合金则用砂芯。

金属型本身没有透气性，为便于排出型腔内的气体，可在型腔上部型壁上开排气孔，或在分型面上开设通气槽或使用排气塞等。在高温下，为便于取出铸件，大多数金属型都设有顶出铸件的机构。

金属型铸造工艺中最大的特点是金属型导热快，无退让性和透气性。因此，铸件易产生冷隔、浇不足、裂纹等缺陷，灰铸铁件还常常出现白口组织。此外，由于受到高温金属液的反复冲刷，型腔易损坏而影响铸件表面质量和铸型使用寿命。

与砂型铸造相比，金属型铸造主要有以下优点：金属型使用寿命长，可实现一型多铸，提高生产率；铸件的晶粒细小，组织致密，力学性能比砂型铸件高25%；铸件的尺寸精度高，表面质量好；铸造车间无粉尘和有害气体的污染，工人的劳动条件有所改善。

金属型铸造的不足之处是金属型制造周期长，成本高，工艺要求高，且不能生产形状复杂的薄壁铸件，否则易出现浇不足和冷隔等缺陷；受铸型材料的限制，浇注高熔点的铸钢件和铸铁件时，金属型的寿命低。

(3) 压力铸造 熔化金属在高压、高速下充型并凝固而获得铸件的方法称为压力铸造，简称压铸。常用压射比压为30～70MPa，压射速度为0.5～50m/s，有时高达120m/s，充型时间为0.01～0.2s。高压、高速充填铸型是压铸的重要特征。

压铸通过压铸机完成，压铸机分为热压室和冷压室两大类。热压室压铸机的压室与坩埚连成一体，适于压铸低熔点合金。冷压室压铸机的压室和坩埚分开，广泛用于压铸铝、镁、铜等合金铸件。卧式冷压室压铸机应用最广，其工作原理如图4-4所示。合型后，把金属液浇入压室，压射冲头将液态金属压入型腔，保压冷凝后开型，利用顶杆顶出铸件。

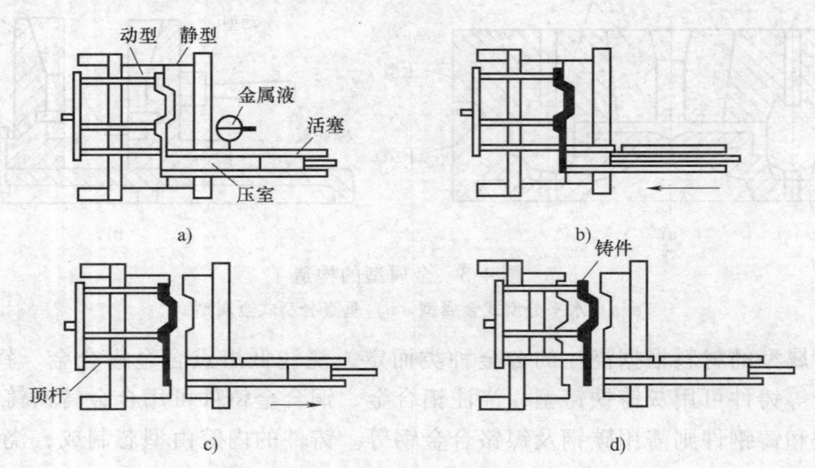

图4-4 卧式压铸机的工作过程

a）合型和浇注 b）压入金属液 c）开型 d）顶出铸件

压力铸造具有以下特点：生产率高，便于实现自动化；铸件的精度高，表面质量好；组织细密，性能好；能铸出形状复杂的薄壁铸件。但是，压力铸造设备投资大，铸型制造周期长，成本高；受压型材料熔点的限制，目前不能用于高熔点铸铁和铸钢件的生产；由于浇注速度大，常有气孔残留于铸件内，因此铸件不宜进行热处理，以防气体受热膨胀，导致铸件变形破裂。

压铸主要用于生产铝、锌、镁等合金铸件，在汽车、拖拉机等工业中得到广泛应用。目前，生产的压铸件重达50kg，轻的只有几克，如发动机缸体、缸盖、箱体、支架、仪表及照相机壳体等。近年来，真空压铸、加氧压铸、半固态压铸的开发利用，扩大了压铸的应用范围。

(4) 离心铸造 离心铸造是将液体金属浇入高速旋转的铸型中，在离心力

作用下凝固成形的铸造方法。离心铸造适合生产中空的回转体铸件，并可省去型芯。

根据铸型旋转轴空间位置的不同，离心铸造机可分为立式和卧式两大类（见图4-5）。立式离心铸造机的铸型绕垂直轴旋转（见图4-5a）。由于离心力和液态金属本身重力的共同作用，使铸件的内表面为一回转抛物面，造成铸件上薄下厚，而且铸件越高，壁厚差越大。因此，它主要用于生产高度小于直径的圆环类铸件，也能浇注成形铸件（见图4-5b）。卧式离心铸造机的铸型绕水平轴旋转（见图4-5c）。由于铸件各部分冷却条件相近，故铸件壁厚均匀。适于生产长度较大的管、套类铸件。

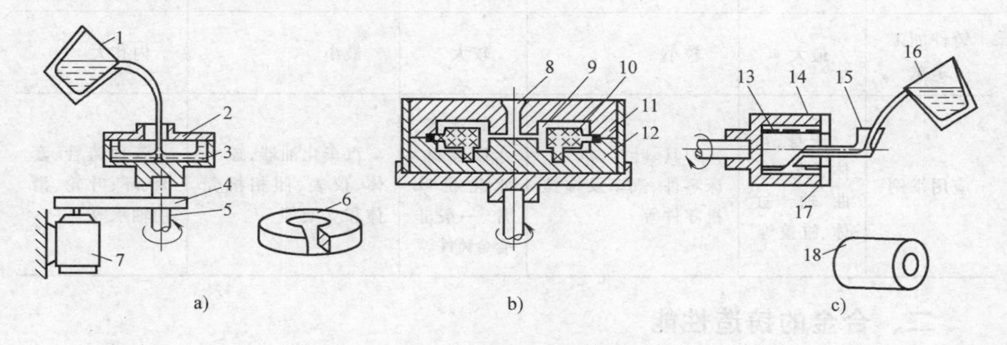

图4-5 离心铸造示意图

a）立式离心铸造示意图 b）立式离心铸造成形铸件示意图 c）卧式离心铸造示意图

1、16—浇包 2、14—铸型 3、13—液体金属 4—带轮和传动带 5—旋转轴 6、18—铸件 7—电动机 8—浇注系统 9—型腔 10—型芯 11—上型 12—下型 15—浇注槽 17—端盖

离心铸造具有以下特点：铸件在离心力作用下结晶，组织致密，无缩孔、缩松、气孔、夹渣等缺陷，力学性能好；铸造圆形中空铸件时，可省去型芯和浇注系统，简化了工艺，节约了金属；便于铸造双金属铸件，如钢套镶铸铜衬，不仅表面强度高，内部耐磨性好，还可节约贵重金属。但离心铸件内表面粗糙，尺寸不易控制，需增大加工余量来保证铸件质量，且不适宜生产易偏析的合金。

离心铸造是生产管、套类铸件的主要方法，如铸铁管、铜套、气缸套、双金属钢背铜套、双金属轧辊、加热炉滚道、造纸机滚筒等。铸件内径小至ϕ7mm，大到ϕ3m，长8m，重达十几吨。

3. 常用铸造方法比较

各种铸造方法均有其特点和各自的适用范围，因此，必须结合铸件结构形状、质量要求、合金种类、生产批量及生产条件等具体情况认真进行综合分析，从中确定最佳铸造方法。表4-1对几种常用铸造方法进行了比较，可为合理选择铸造方法提供参考。

表 4-1　常用铸造方法综合比较

铸造方法	砂型铸造	熔模铸造	金属型铸造	压力铸造	离心铸造
适用合金	各种铸造合金	以碳钢、合金钢为主	以非铁合金为主	非铁合金	铸钢、铸铁和铜合金
适用铸件大小	不限	几十克到几千克的复杂铸件	中、小型铸件	几十克到几千克的复杂铸件	零点几千克至十几吨的铸件
铸件最小壁厚/mm	铸铁 >3～4	0.5～0.7 孔 $\phi0.5\sim\phi2.0$	铸铝 >3 铸铁 >5	铝合金 0.5 锌合金 0.3 铜合金 2	优于同类铸型的常压铸件
铸件加工余量	最大	较小	较大	最小	内孔大
应用举例	床身、箱体、支座、曲轴、缸体、缸盖等	刀具、叶片、机床零件、汽车及拖拉机零件等	铝活塞、水暖器材、水轮机叶片、一般非合金铸件等	汽车化油器，缸体、仪表、照相机壳体和支架等	各种铸管、套筒、环、叶轮、滑动轴承等

二、合金的铸造性能

合金的铸造性能是指在铸造过程中获得尺寸精确、结构完整的铸件的能力，主要包括合金的流动性、收缩性、吸气性及其成分偏析倾向性等。

1. 合金的充型

液态合金填充铸型的过程简称充型；液态金属充满铸型，获得尺寸精确、轮廓清晰的铸件的能力，简称充型能力。在液态合金充型过程中，一般伴随结晶现象，当充型能力不足时，在型腔被填满之前，形成的晶粒将充型的通道堵塞，金属液被迫停止流动，于是铸件将产生浇不足或冷隔等缺陷。浇不足使铸件未能获得完整的形状；冷隔时，铸件虽可获得完整的外形，但因存有未完全熔合的垂直接缝，铸件的力学性能严重受损。充型能力首先取决于金属液本身的流动能力，同时又受铸型性质、浇注条件及铸件结构等因素的影响。

影响充型能力的因素有合金的流动性、合金的收缩性、合金的吸气性等，见表 4-2。

流动性是液态合金充满型腔，形成轮廓清晰，形状和尺寸符合要求的优质铸件的能力。流动性体现在两个方面：充满型腔及形成符合要求的优质铸件。这个定义突出地表明了流动性对金属液态成型工艺的重要性。如果流动性不好，就不能充满型腔，就不能形成符合要求的优质铸件。也说明不同的合金具有不同的流动性特点。在制定铸件设计和铸造工艺时，必须考虑合金的流动性。

合金的流动性指液态合金本身的流动能力，它是合金主要的铸造性能；流动性越强，越便于浇铸出轮廓清晰、薄而复杂的铸件；有利于非金属夹杂物和气体的上浮与排除；有利于对收缩进行补缩。流动性越好，浇出的试样越长。灰铸铁、硅黄铜最好，铝合金次之，铸钢最差。

流动性不好容易产生浇不足、冷隔、气孔、夹渣、缩孔等缺陷。

2. 影响合金流动性的因素

(1) 化学成分

1）共晶成分合金　结晶是在恒温下进行的，从表层逐层向中心凝固，已结晶的固体层内表面比较光滑，对金属液的阻力较小。共晶成分合金的凝固温度最低。合金的过热度（浇注温度与合金熔点的温差）大，推迟了合金的凝固，故共晶成分合金的流动性最好。

2）其他成分合金　结晶是在一定温度范围的逐步凝固，即经过液相、固相并存的两相区。树枝状晶体使已结晶固体层的表面粗糙，故流动性变差。

3）某些元素对金属液黏度的影响　磷使铸铁凝固温度、黏度降低，流动性变好；但引起冷脆性。硫使金属黏度增大，流动性变差。

(2) 浇注条件

1）浇注温度　浇注温度提高，黏度降低，过热度增大，保持液态时间长，流动性好。但浇注温度过高，收缩增大，吸气增多，氧化严重且易产生缩孔、缩松、气孔、粘砂等。灰铸铁浇注温度范围为1200～1380℃，铸铜浇注温度范围为1520～1620℃，铝合金浇注温度范围为680～780℃。

2）浇注压力　压力越大，流动性越好。可以增加直浇口的高度、采用压力铸造、离心铸造。

(3) 铸型充填条件

1）铸型的蓄热能力。铸型材料的热导率和质量热容越大，对液态合金的激冷能力越强，流动性差。如金属型比砂型铸造更容易产生浇不足等缺陷。

2）铸型中气体。在金属液的热作用下，型腔中气体膨胀，型腔中气体压力增大，合金流动性变差。改善措施是使型砂具有良好的透气性，远离浇口最高部位开设气孔。

3. 液态金属的凝固

在铸件凝固过程中，铸件断面上存在三个区域，即固相区、凝固区和液相区。其中凝固区对铸件质量有较大影响。铸件的凝固方式也可根据凝固区的宽窄来划分，常见的凝固方式有逐层凝固、糊状凝固和中间凝固。纯金属或共晶成分的合金的凝固为逐层凝固，结晶温度范围很宽的合金的凝固为糊状凝固，中间凝固介于逐层凝固和糊状凝固之间，大多数合金为此种凝固方式。

影响铸件凝固方式的主要因素有合金的结晶温度范围和铸件的温度梯度，合金的结晶温度范围越小，凝固区域越窄，越倾向于逐层凝固。在合金结晶温度范围已确定的前提下，凝固区域的宽窄取决于铸件内外层之间的温度差。若铸件内外层之间的温度差由小变大，则其对应的凝固区由宽变窄。

表 4-2　影响充型能力的因素

序号	影响因素	定　义	具体影响
1	合金的流动性	液态金属本身的流动能力	流动性好，易于浇注出轮廓清晰、薄而复杂的铸件；有利于非金属夹杂物和气体的上浮和排除；易于对铸件的收缩进行补缩
2	浇注温度	浇注时金属液的温度	浇注温度越高，充型能力越强
3	充型压力	金属液体在流动方向上所受的压力	压力越大，充型能力越强。但压力过大或充型速度过高时，会发生喷射、飞溅和冷隔现象
4	铸型中的气体	浇注时因铸型发气而在铸型内形成的气体	能在金属液与铸型间产生气膜，减小摩擦阻力，但发气太大，铸型的排气能力又小时，铸型中的气体压力增大，阻碍金属液的流动
5	铸型的蓄热系数	铸型从其中的金属吸收并存储在本身中热量的能力	蓄热系数越大，铸型的激冷能力就越强，金属液在其中保持液态的时间就越短，充型能力下降
6	铸型温度	铸型在浇注时的温度	温度越高，液态金属与铸型的温差就越小，充型能力越强
7	浇注系统的结构	各浇道的结构复杂情况	结构越复杂，流动阻力越大，充型能力越差
8	铸件的折算厚度	铸件体积与表面积之比	折算厚度大，散热慢，充型能力好
9	铸件复杂程度	铸件结构复杂状况	结构复杂，流动阻力大，铸型充填困难

4. 合金的收缩性

合金收缩性是指合金从浇注、凝固直至冷却到室温的过程中，其体积或尺寸缩减的现象。收缩控制不好，易产生缩孔、缩松、应力、变形和裂纹。合金收缩的三个阶段如图 4-6 所示。

液态收缩 $\varepsilon_{液}$ 指从浇注温度（$T_{浇}$）到凝固开始温度（$T_{液}$）间收缩；凝固收缩 $\varepsilon_{凝}$ 指凝固开始到凝固终了温度间收缩；固态收缩 $\varepsilon_{固}$ 指凝固终了至室温间收缩。

$$总收缩：\varepsilon_{总}=\varepsilon_{液}+\varepsilon_{凝}+\varepsilon_{固}$$

体收缩导致产生缩孔、缩松；线收缩导致产生内应力、变形、裂纹。常用铸

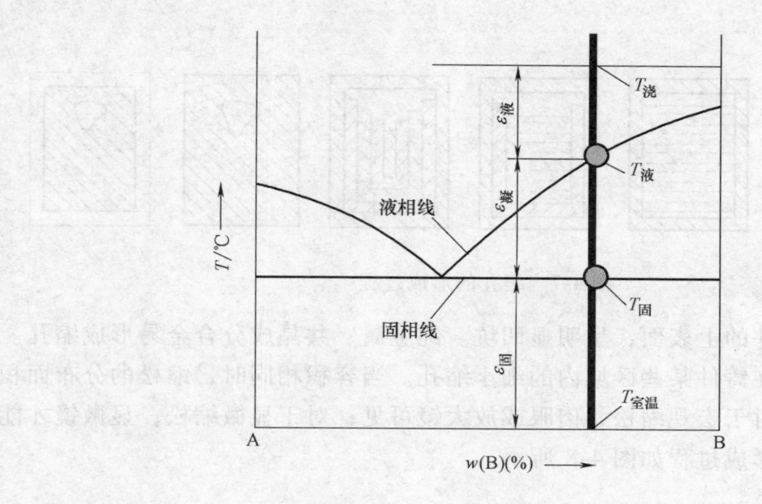

图 4-6　合金收缩的三个阶段

造合金中铸钢收缩率最高；灰铸铁收缩率最小，因为内部的石墨析出，体积膨胀。

5. 影响合金收缩的因素

（1）化学成分　碳素钢随含碳量增加，凝固收缩增加，而固态收缩略少；灰铸铁中，碳、硅含量增加，收缩率减小。硫阻碍石墨的析出，使铸铁的收缩率增大。适量的锰可与硫生成 MnS，减小硫对石墨的阻碍作用，使收缩率减小。

（2）浇注温度　浇注温度越高，过热度越大，合金的液态收缩增加。

（3）铸件结构　铸型中的铸件冷却时，因形状和尺寸不同，各部分的冷却速度不同，结果对铸件收缩产生阻碍。

（4）铸型和型芯对铸件的收缩也产生机械阻力　铸件的实际线收缩率比自由线收缩率小。因此设计模样时，应根据合金的种类、铸件的形状、尺寸等因素，选取适合的收缩率。

三、铸造缺陷

1. 铸件中的缩孔和缩松

（1）缩孔和缩松的形成　液态合金在冷凝过程中，若其液态收缩和凝固收缩所缩减的容积得不到补足，则会在铸件最后凝固的部位形成一些孔洞。按照孔洞的大小和分布，可将其分为缩孔和缩松。

缩孔是集中在铸件上部或最后凝固的部位容积较大的孔洞。缩孔的形成过程如图 4-7 所示。

缩孔多呈倒圆锥形，内表面粗糙，通常隐藏在铸件的内层，但在某些情况

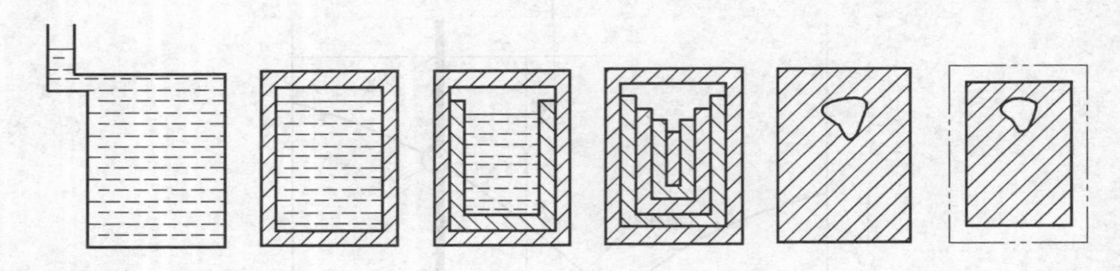
图 4-7　缩孔的形成过程

下，可暴露在铸件的上表面，呈明显凹坑。纯金属、共晶成分合金易形成缩孔。

缩松是分散在铸件某些区域内的细小缩孔。当容积相同时，缩松的分布面积比缩孔大得多。对于宏观缩松，肉眼或放大镜可见；对于显微缩松，显微镜才能观察到。缩松的形成过程如图 4-8 所示。

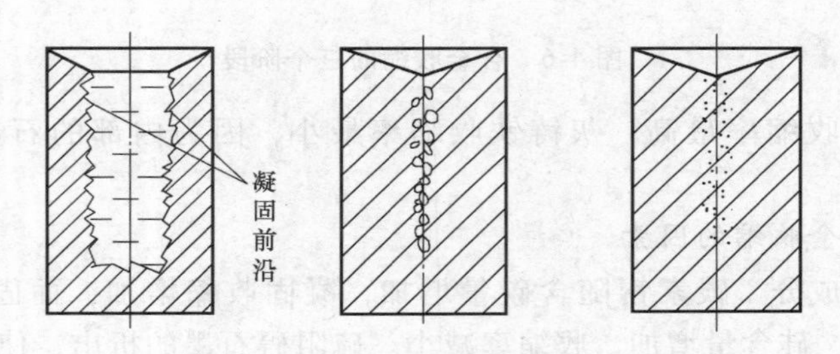

图 4-8　缩松的形成过程

（2）缩孔和缩松的防止

① 缩孔的防止：采用冒口和冷铁，控制铸件凝固顺序，即在铸件上可能出现缩孔的厚大部位，通过安放冒口等工艺措施，使远离冒口部位先凝固，靠近冒口部位次凝固，冒口本身最后凝固。这样，先凝固部位的收缩，由后凝固部位的金属液来补充；后凝固部位的收缩，由冒口的金属液来补充，使铸件各部位收缩均能得到补充，缩孔移到冒口中除掉。形状复杂有多个热节要同时采用冒口和冷铁。

② 缩松的防止：热节处要放冷铁；或在局部砂型表面涂激冷涂料，加大冷却速度；或加大结晶压力，破碎枝晶，提高合金流动性。

2. 铸造内应力、变形和裂纹

铸件在凝固之后的继续冷却过程中，因其固态收缩受到阻碍，在铸件内部产生了内应力，并一直保留到室温，称残留应力。铸造内应力是铸件产生变形和裂纹的基本原因。

按内应力产生的原因，可分为热应力和机械应力。

1）热应力。由于铸件的壁厚不均匀，各部分冷却速度不同，以致在同一时

期内铸件各部分收缩不一致而引起的应力称为热应力。热应力形成过程如图 4-9 所示。

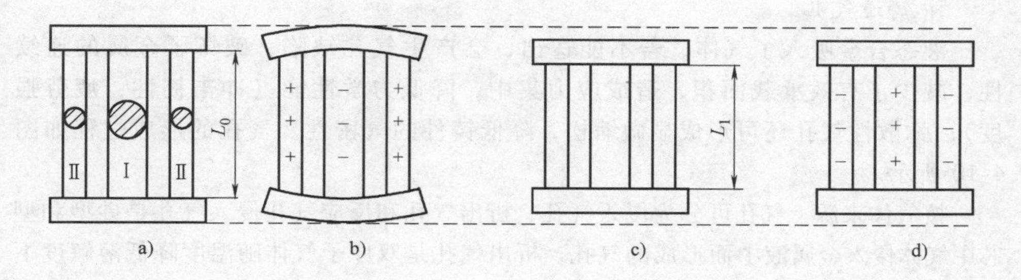

图 4-9 应力框及其热应力的形成过程

a）应力框铸件 b）第二阶段的暂时应力 c）杆Ⅰ与杆Ⅰ同时缩短 d）第三阶段的残余应力

+表示拉应力 −表示压应力

① 热应力的性质：铸件缓冷处（厚壁或心部）受拉伸；快冷处（薄壁或表层）受压缩。

② 影响铸件热应力的因素：冷却时各处的温差越大；顺序凝固越明显；合金的固态收缩率越大；弹性模量越大；热应力越大。

③ 预防热应力的基本途径：减少铸件各部分的温差，使其均匀冷却。主要措施：壁厚均匀，控制各部位同时凝固。

2）机械应力（收缩应力）：合金的线收缩受到铸型或型芯机械阻碍而形成的应力。使铸件产生拉伸或剪切应力（暂时的），落砂后，内应力便消除。在铸型中可与热应力共同起作用，增大某些各部位的拉伸应力，产生裂纹。

3. 铸件的变形与防止

1）产生变形的原因 残留应力（厚的部分受拉伸，薄的部分压缩）造成不稳定状态，工件自发地通过变形，减缓内应力达到稳定状态。即原受拉部分会产生压缩变形，原受压部分会产生拉伸变形。

2）防止变形的措施：结构上 壁厚均匀，形状对称；工艺上同时凝固，冷却均匀。采用“反变形法”，统计铸件变形规律基础上，在模型上预先做出相当于铸件变形量的反变形量，以抵消铸件的变形。用于长且易变形的工件。

4. 铸件的裂纹与防止

当铸件的内应力超过金属的强度极限时，铸件便产生裂纹。裂纹是严重缺陷，甚至导致报废。裂纹包括热裂和冷裂。热裂是在高温下产生的裂纹；裂纹短，缝隙宽、形状曲折、缝内呈氧化色。冷裂是在低温下形成的裂纹；裂纹细小，呈连续直线状，缝内有金属光泽或轻微氧化色。

防止热裂应选择凝固温度范围小，热裂倾向小的合金，提高型砂和芯砂的退

让性，控制含硫量，以防热脆。

防止冷裂应减小内应力，控制含磷量，浇注之后，勿过早打箱。

5. 铸造气孔

液态合金吸入了气体，若不能逸出，会产生气孔缺陷，破坏了金属的连续性，减少了有效承载面积，造成应力集中，降低力学性能（冲击韧性，疲劳强度）；弥散性气孔还可形成显微缩松，降低铸件的气密性。气孔的形成过程如图4-10所示。

按气体来源，气孔可分为侵入气孔、析出气孔和反应气孔侵入气孔是砂型和型芯中气体侵入金属液中而形成的气孔。析出气孔是双原子气体随温度降低溶解度下降，呈过饱和状态以气泡形式从金属液中析出（铝合金中最多见）。反应气孔是液态金属与铸型材料、芯撑、冷铁或熔渣之间发生化学反应产生气体而形成的气孔。

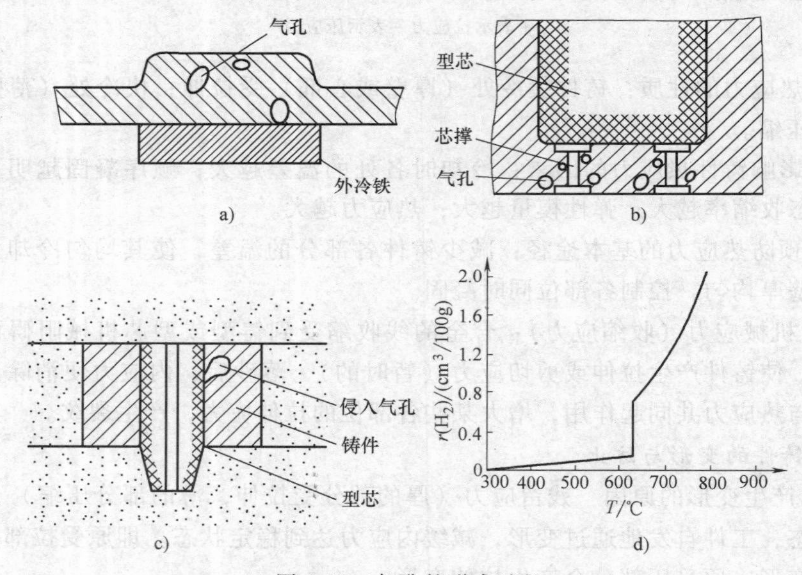

图4-10 气孔的形成过程

a）由外冷铁引起 b）由芯撑引起 c）侵入气孔 d）氢在纯铝中溶解度

6. 常见的铸造缺陷及其产生原因

铸造的缺陷很多，常见的铸造缺陷及产生原因见表4-3。

表4-3 常见的铸造缺陷及产生原因

类别	名称	特征	主要原因
气孔类缺陷	气孔	是铸件内部和表面的孔洞；孔洞内壁光滑，多呈圆形或梨形	舂砂太紧或型砂透气性太差；型砂含水过多或起模、修型刷水过多；型芯未烘干或通气孔堵塞；浇注系统不合理，排气不畅通或产生涡流、卷入气体

（续）

类别	名称	特征	主要原因
气孔类缺陷	缩孔	铸件厚大部位出现的形状不规则、内壁粗糙的孔洞	铸件结构设计不合理，壁厚不均匀；内浇道、冒口位置不对；浇注温度过高；金属成分不合理
	砂眼	铸件内部和表面出现的充塞型砂、形状不规则的孔洞	型芯砂强度不够，被金属液冲坏；型腔或浇注系统内散砂未吹净；合型时砂型局部损坏，铸件结构不合理
	渣孔	铸件内部和表面出现的充塞熔渣、形状不规则的孔洞	浇注系统设计不合理；浇注温度太低；渣不易上浮排除
表面类缺陷	粘砂	铸件表面粗糙，粘有烧结砂粒	浇注温度过高，型、芯砂耐火度低；砂型、型芯表面未涂涂料
	夹砂	铸件表面有一层突起的金属片状物，在金属片与铸件之间夹有一层型砂	砂型含水过多，黏土过多，砂型紧实不均匀；浇注温度过高或速度太慢，浇注位置不当
	冷隔	铸件表面有未完全熔合的缝隙，其交接边缘圆滑	浇注温度过低，浇注速度太慢；内浇道位置不当或尺寸过小，铸件结构不合理，壁厚过小
形状尺寸不合格缺陷	偏芯	铸件上的孔出现偏斜或轴线偏移	型芯变形，浇口位置不当；金属液将型芯冲倒，型芯座尺寸不合理
	错箱	铸件沿分型面有相对位置错移	合型时上下型未对准，定位销或泥号不准，模样尺寸不正确
	浇不足	铸件未浇满	浇注温度过低，浇注速度过慢或金属液不足；内浇道尺寸过小，铸件壁厚太薄
	裂纹	热裂是铸件开裂，裂纹表面氧化；冷裂是铸件开裂，裂纹表面不氧化或有轻微氧化	铸件结构不合理，尺寸相差太大；退让性太差，浇口位置开设不当；金属含硫、磷量较多
其他缺陷		铸件的化学成分、组织和性能不合格	炉料的成分、质量不符合要求，熔化时配料不准，铸件结构不合理；热处理方法不正确

第二节 锻压成形

锻压是利用金属能够产生塑性变形的能力，使金属在外力作用下，加工成一定形状的成形方法。锻压成形是对坯料施加外力，使其产生塑性变形，改变形状和尺寸，并改善其内部组织和力学性能，从而获得所需毛坯或零件的成形加工方法。它是锻造和冲压成形的总称。

一、锻压成形的特点和分类

锻压成形的基本成形条件：被成形的金属材料应具备一定的塑性；要有外力作用于固态金属材料上。锻压成形受到内外两方面因素的制约：内在因素即金属本身能否进行固态变形和可形变的能力大小；外在因素即需要多大的外力。另外，外界条件（如温度等）对内外因素有相当大的影响，且成形过程中这两方面因素相互影响。

1. 锻压成形优缺点

（1）优点　细化晶粒组织致密、力学性能提高；体积不变的材料转移成形，材料利用率高；生产率高，易机械化、自动化等；可获得精度较高的零件或毛坯，可实现少、无切削加工。

（2）缺点　不能加工脆性材料；难以加工形状（特别是内腔）特别复杂、体积特别大的制品；设备、模具投资费用大。

锻压成形技术是国民经济可持续发展的主体技术之一。据统计，全世界有75%的钢材需经锻压成形，在汽车生产中，70%以上的零部件是利用锻压加工而成的。

2. 锻压成形性能的影响因素

（1）内在因素

1）化学成分。钢的含碳量越高，锻压成形性越好；钢的合金元素含量越高，锻压成形性能越差。

2）金属组织。单相固溶体的锻压成形性优于多相组织，常温下，均匀细晶的锻压成形性优于粗晶组织，钢中存在网状二次渗碳体时锻压成形性下降。

（2）加工条件

1）变形温度。温度越高，塑性指标增加，变形抗力降低，可锻性提高。

2）变形速度。一方面变形速度增大，硬化速度随之增大，塑性指标下降，变形抗力增大，可锻性变差；另一方面变形速度越大，热效应越明显，使塑性指标提高、变形抗力下降，可锻性变好。一般生产条件下采用较小的变形速度。

（3）应力状态　三个方向中的压应力数目越多，塑性越好，变形抗力越大；拉应力数目多，则金属的塑性就差，变形抗力越低。

3. 锻压成形的分类

按锻压成形时的温度分为两大类

（1）冷成形过程　冷成形是指金属在进行锻压成形时的温度低于该金属的再结晶温度。冷成形过程的特征：成形后具有加工硬化现象，强度、硬度升高，塑性和韧度下降。冷成形过程优点：①冷成形制成的产品尺寸精度高、表面质量

好。②对于不能用热处理方法提高强度、硬度的金属构件（特别是薄壁细长件），可通过冷变形来提高强度、硬度。

利用加工硬化来提高构件的强度、硬度，不但有效而且经济。

冷成形过程缺点：①冷成形过程的加工硬化使金属的塑性变差，给进一步塑性变形带来困难。②对加工坯料要求其表面干净、无氧化皮、平整。③加工硬化使金属变形处电阻升高，耐蚀性降低。

（2）热成形过程　是指金属材料在其再结晶温度以上进行的锻压成形。热成形过程的特征：① 金属在热变形中始终保持良好的塑性，可使工件进行大量的塑性变形；又因高温下金属的屈服强度降低，故变形抗力低，易于成形。②热成形使内部组织结构致密细小，力学性能特别是韧度明显改善和提高。因为金属材料内部的缩松、气孔或空隙被压实，粗大的树枝状的晶粒组织结构被再结晶细化。③形成纤维组织，力学性能具有方向性。

锻压成形的分类如图 4-11 所示。

常用的锻压成形方法有自由锻、模锻、板料冲压、挤压、轧制和拉拔等，如图 4-12 所示。

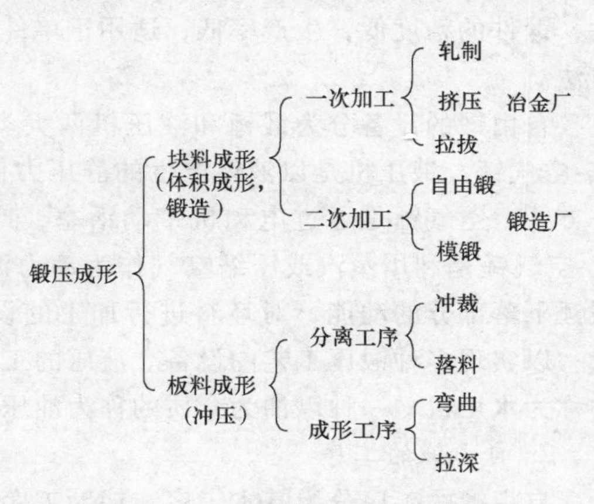

图 4-11　锻压成形的分类

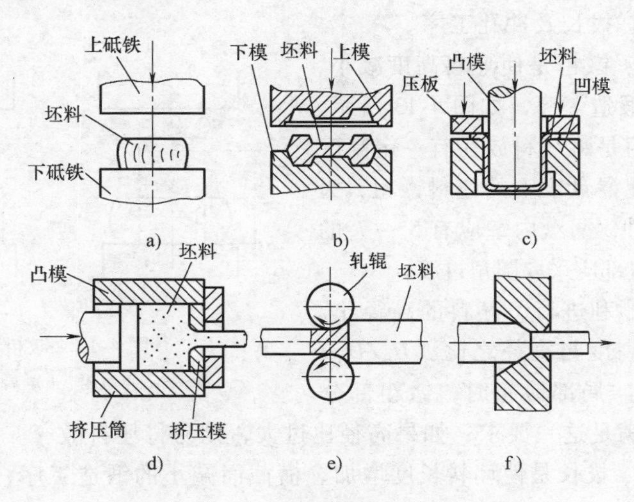

图 4-12　常用的锻压成形方法

a）自由锻　b）模锻　c）板料冲压　d）挤压　e）轧制　f）拉拔

二、自由锻

利用冲击力或静压力使经过加热的金属在锻压设备的上、下砧间产生塑性变形，获得所需的尺寸、形状和加工质量的毛坯的加工方法称为自由锻。自由锻分为手工锻造和机器锻造两种。手工锻造只能生产小型锻件，机器锻造是自由锻的主要方式。自由锻主要用于单件、小批量锻件的生产以及大型锻件的生产。

1. 自由锻的特点

自由锻的特点是坯料变形时，只有部分表面受到限制，其余可自由流动，所用设备及工具简单，适应性强，锻件质量不受限制；由人工控制锻件的形状和尺寸，锻件的精度低，生产率低；适用于单件小批量生产，是大型锻件的唯一锻造方法。

自由锻的设备分为锻锤和液压机两大类。生产中使用的锻锤有空气锤和蒸汽-空气锤。液压机是以液体产生的静压力使坯料变形的，是生产大型锻件的唯一方式。空气锤是通过电动机带动活塞，产生压缩空气，以驱动锤头动作。蒸汽-空气锤是利用蒸汽或压缩空气作为动力源，把蒸汽或压缩空气的能量转变为锻锤下落部分的动能，对坯料进行加工的设备。液压机是以液体为介质传递能量，以实现多种锻压工艺的设备。液压的工作介质有两种：一种以乳化液为介质的称为水压机，一种以油为介质的称为油压机。

2. 自由锻的工序

自由锻的工序分为基本工序、辅助工序、精整工序三大类。其中，基本工序为自由锻的主要工序，包括镦粗、拔长、冲孔、弯曲、扭转、错移、切割等，生产上常用镦粗、拔长及冲孔工序。

（1）镦粗　镦粗是使坯料高度减小、横截面增大的锻造工序，如图 4-13 所示。其中，局部镦粗是将坯料放在有一定高度的漏盘内，仅使漏盘以上的坯料镦粗，为了便于取出锻件，漏盘内壁应有 5°～7°的斜度，漏盘上口部应采取圆角过渡。

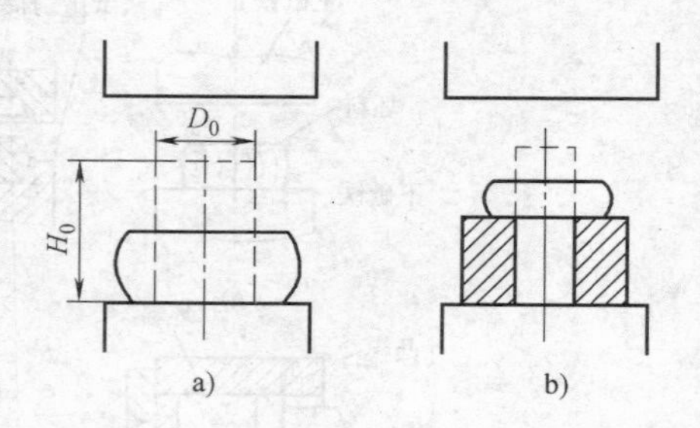

图 4-13　镦粗

a）平砧间镦粗　b）局部镦粗

为使镦粗顺利进行，坯料的高径比，即坯料的原始高度与直径之比（H_0/D_0）应小于 2.5～3。局部镦粗时，镦粗部分的高径比也应满足这一要求，如果高径比过大，则易将坯料镦弯。

（2）拔长　拔长是使坯料长度增加、横截面减小的锻造工序，如图 4-14 所示。锻打时，坯料沿砧铁的宽度方向送进，每次的送进量 L 应为砧铁宽度 B 的 0.3～0.7 倍。

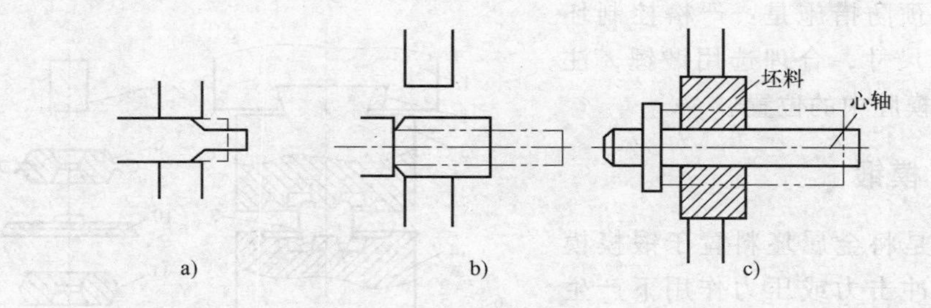

图 4-14　拔长

a) 拔长　b) 局部拔长　c) 心轴拔长

(3) 冲孔　冲孔是在坯料上冲出通孔或不通孔的工序，如图 4-15 所示。冲孔前坯料需先镦粗，以尽量减小冲孔深度并使端面平整。由于冲孔时坯料的局部变形量很大，为了提高塑性，防止冲裂，冲孔前应将坯料加热到始锻温度。

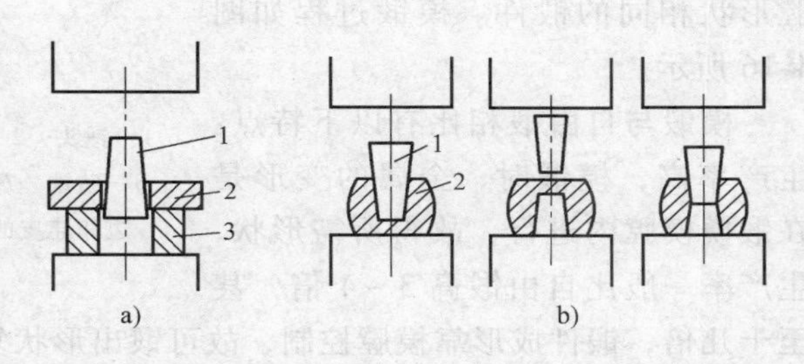

图 4-15　冲孔

a) 单面冲孔　b) 双面冲孔

1—冲子　2—坯料　3—垫环

锻件加工余量，与零件的形状、尺寸、加工精度、表面粗糙度等因素有关，通常自由锻锻件的加工余量为 4 ~6mm，它与生产的设备、工装精度、加热的控制和操作技术水平有关，零件越大，形状越复杂，则余量越大。锻件公差大，锻件公差是锻件公称尺寸的允许变动量，因为锻造操作中掌握尺寸有一定困难，加上金属的氧化和收缩等原因，使锻件的实际尺寸总有一定的误差。规定锻件的公差，有利于提高生产率。自由锻锻件的公差一般为 ±(1 ~2) mm。

自由锻常见的缺陷有折叠和裂纹。折叠是指塑性加工时将坯料已氧化的表层金属汇流贴合在一起压入工件而造成的缺陷。它将导致锻件的精度降低，甚至使锻件报废；容易形成裂纹。其预防措施是：提高操作人员水平，严格按拔长的操作规则操作。裂纹是由于应力作用而产生的不规则的裂缝，这将增加对锻件消除裂纹的修整工序，严重时将造成锻件报废。其预防措施是：消除坯料原有的裂纹；控制锻造温度和锤击力及锻件的冷却速度。

模锻和胎模锻常见的缺陷有错差和缺肉。错差是指模锻件沿分模面的上半部分相对下半部分产生了位移，位移量过大将使锻件报废。其预防措施是：恢复合模锻造的定位精度；及时调整锻锤、锻模位置。缺肉是指锻件的实际尺寸在某一局部小于锻件图的相应尺寸。产生缺肉的锻件需重新锻造，严重的缺肉将使锻件

报废。其预防措施是：严格控制坯料的下料尺寸，合理选用锻锤，注意坯料在模膛中的位置。

三、模锻

模锻是将金属坯料置于锻模模膛内，在冲击力或压力作用下产生塑性流动。由于模膛对金属坯料流动的限制，从而充满模膛获得与模膛形状相同的锻件。模锻过程如图4-16所示。

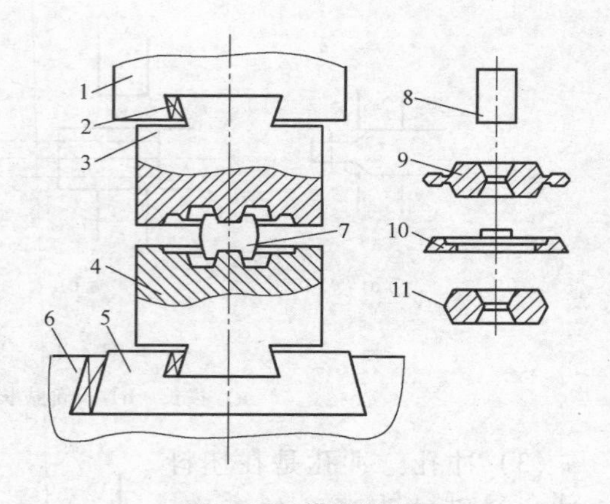

图4-16 模锻过程

1—锤头 2—楔铁 3—上模 4—下模 5—模座 6—砧铁 7—锻造中的坯料 8—坯料 9—带毛边和连皮的锻件 10—毛边和连皮 11—锻件

模锻与自由锻相比有以下特点：生产率高，模锻时，金属的变形是在锻模模膛内进行，故得所需形状，生产率一般比自由锻高3~4倍，甚至十几倍；锻件成形靠模膛控制，故可锻出形状复杂、尺寸准确，更接近于成品的锻件（见图4-17），且锻造流线比较完整，有利于提高零件的力学性能和使用寿命；锻件表面光洁，尺寸精度高，加工余量小，节约材料和切削加工工时；操作简便，质量易于控制，生产过程易实现机械化、自动化；模锻需要专门的模锻设备，要求功率大、刚度好、精度高，设备投资大，能量消耗大。另外，锻模制造工艺复杂，制造成本高、周期长。

由于上述特点，模锻主要适用于中、小型锻件成批或大量生产。目前，模锻

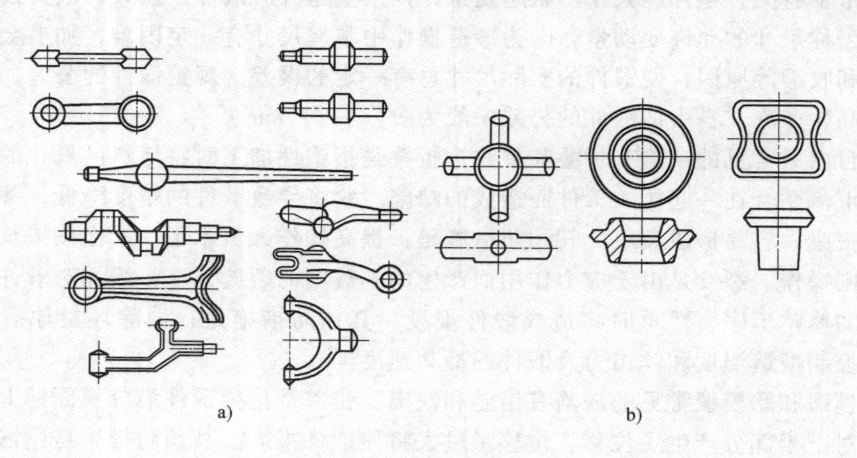

图4-17 典型模锻件

a）轴类锻件 b）盘类锻件

生产已越来越广泛应用于汽车、航空航天、国防工业和机械制造业中，而且随着现代化工业生产的发展，锻件中模锻件的比例逐渐提高。按所使用的设备不同，模锻可分为锤上模锻、热模锻、压力机上模锻、平锻机上模锻和螺旋压力机上模锻等。

（1）锤上模锻　锤上模锻是指将锻模装在模锻锤上进行模锻，在锤的冲击力下，金属在模膛中成形。锤上模锻特别适合于多模膛模锻，它能完成多种成形工序，是目前我国锻造生产中使用最为广泛的一种模锻方法。

锤上模锻用的锻模是由带有燕尾的上模和下模组成的。上模和下模内均制有相应的模膛，上下模膛闭合后形成一定形状的模腔（见图4-18）。

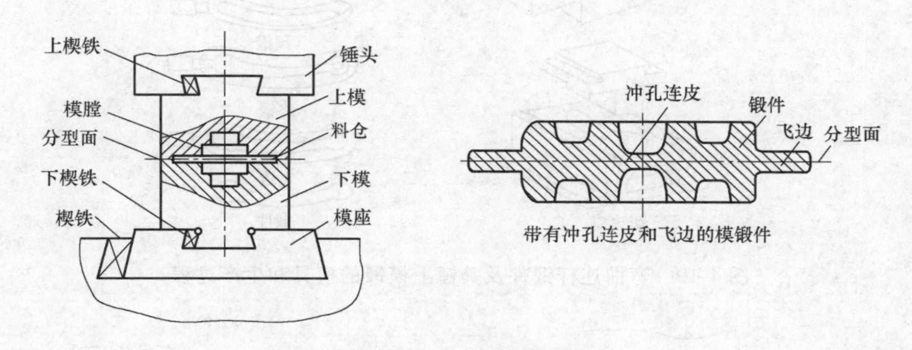

图4-18　模锻工作整体构架

根据模膛的功能，锻模的模膛分为制坯模膛和模锻模膛两大类。制坯模膛的作用是使坯料预变形而达到合理分配，使其形状基本接近锻件形状，以便更好地充满模锻模膛。模锻模膛的作用是使坯料变形到锻件所要求的形状和尺寸。对于形状复杂、精度要求较高、批量较大的锻件，还要分为预锻模膛和终锻模膛。

如图4-19所示为弯曲连杆锻件锤上模锻的生产过程。

（2）胎模锻　胎模锻是在自由锻设备上使用简单的非固定模具（胎模）生产模锻件的一种工艺方法。其所用的模具称为胎模。胎膜的结构简单，形式多样，但不固定在上、下砧铁上。胎模锻一般选用自由锻方法制坯，然后将毛坯在胎模中终锻成形，它是介于自由锻造和模锻之间的一种工艺。如图4-20所示为法兰盘毛坯的胎膜锻造过程。

与自由锻和模锻相比，胎模锻有如下特点：胎膜锻造时，金属在胎膜内成形，操作简便，生产率高；锻件的表面质量、形状与尺寸精度比自由锻有较大的改善，所用的余块少，加工余量小，节省了金属和机械加工工时；锻造不需昂贵设备，并扩大了自由锻造设备的应用范围；胎膜锻工艺操作灵活，可以局部成形，能用较小的设备锻造出较大的模锻件；胎膜结构较简单，制造容易而且经济，易于推广和普及。

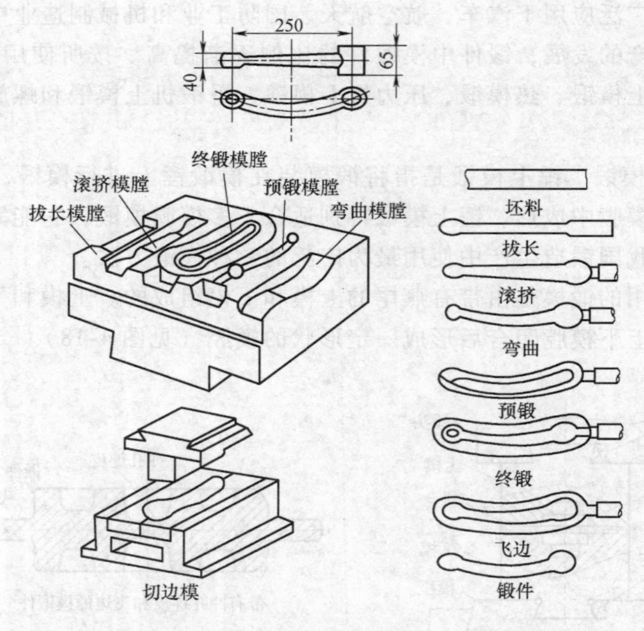

图 4-19 弯曲连杆锻件及其锤上模锻的模具和生产过程

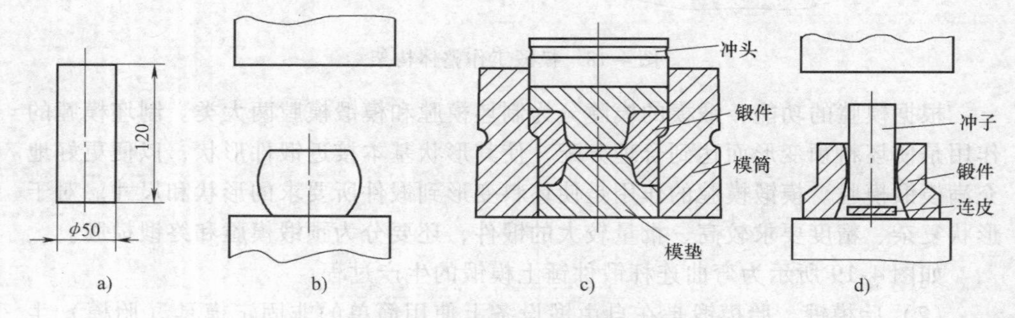

图 4-20 法兰盘毛坯胎模锻造过程

a）下料、加热 b）镦粗 c）终锻成形 d）冲除连皮

胎模锻的缺点是劳动强度大，安全性差，模具寿命低，且生产率和锻件精度没有模锻高，常用于小型锻件的中、小批量生产。

胎模分为摔模、扣模、套筒模与合模。摔模用于锻造回转体锻件，如图4-21a所示；扣模用于对坯料进行全部或局部扣形，主要用于生产杆状非回转体锻件，以平整侧面，如图 4-21b 所示；套筒模的锻模呈套筒形。主要用于锻造齿轮、法兰等回转体锻件；合模通常由上模和下模两部分组成。为了使上、下模吻合及不使锻件产生错移，经常用导柱等定位，合模多用于锻造形状比较复杂的非回转体锻件，如连杆、叉形件等，如图 4-21e 所示。

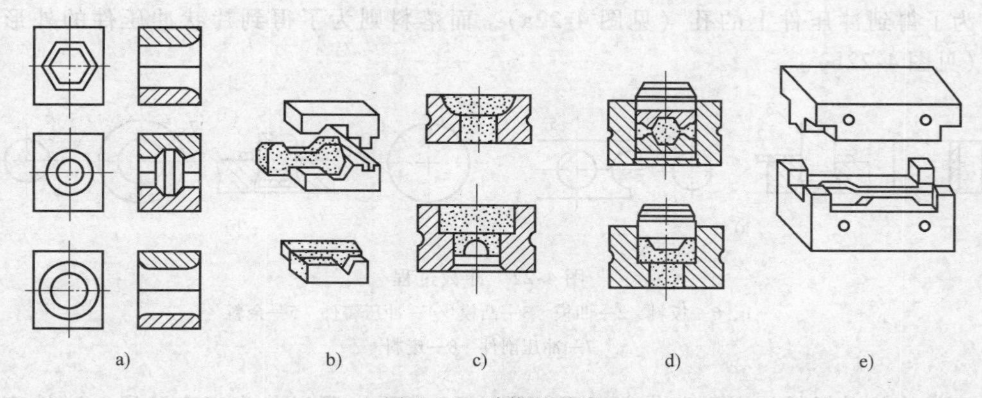

图 4-21　胎模的种类
a）摔模　b）扣模　c）开式套筒模　d）闭式套筒模　e）合模

四、板料冲压

板料冲压是金属塑性加工的基本方法之一，它是通过装在压力机上的模具对板料施压，使之产生分离或变形，从而获得一定形状、尺寸和性能的零件或毛坯的加工方法。因为通常是在常温条件下加工，故又称为冷冲压。只有当板料厚度超过 8mm 或材料塑性较差时才采用热冲压。

冲压加工属于少切屑或无切屑加工工艺，优点是能加工形状复杂的零件，零件精度较高，具有互换性；零件的强度和刚度高而质量轻，材料利用率高；便于实现机械化和自动化，生产率高；对工人技术等级要求不高，产品的成本低。缺点是生产中有噪声，同时模具费用昂贵，因而该加工工艺在小批量生产中受到限制。

板料冲压所用的原料通常是塑性较好的低碳非合金钢、塑性高的合金钢、铜合金、铝合金等薄板件、条带料等。

（1）冲压设备　冲压的常用设备有剪床和冲床。剪床的用途是将板料剪切成一定宽度的条料，以供冲压所用。冲床是冲压加工的基本设备。

（2）板料冲压的基本工序　板料冲压的基本工序可分为分离工序和变形工序两大类。分离工序是将坯料的一部分和另一部分分开的工序，如剪切、落料、冲孔、修整等。变形工序是使坯料的一部分相对于另一部分产生塑性变形而不破裂的工序，如弯曲、拉深、翻边、成形等。

1）剪切。剪切就是用剪刃或冲裁模将板料沿着不封闭轮廓进行分离的工序。

2）落料和冲孔。冲裁是使板料沿封闭轮廓线分离的工序，包括落料与冲孔。这两种工序的板料分离过程和模具结构都是一样的，两者的区别在于冲孔是

为了得到冲压件上的孔（见图 4-22a），而落料则为了得到片状冲压件的外形（见图 4-22b）。

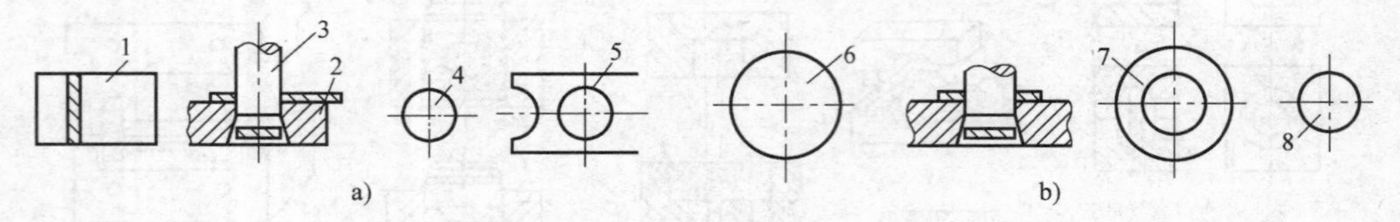

图 4-22　冲裁过程

1、6—板料　2—凹模　3—凸模　4—冲压铸件　5—余料

7—冲压削件　8—废料

冲裁时板料的变形和分离过程如图 4-23 所示，可以分为三个阶段：弹性变形阶段、塑性变形阶段和断裂分离阶段。

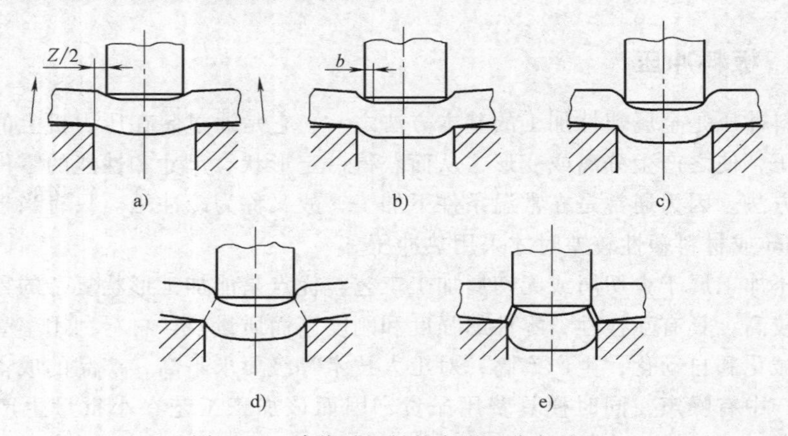

图 4-23　冲裁时板料的变形和分离过程

冲裁时，当凸模压向坯料时，由于变形区内部材料应力小于屈服强度，金属处于弹性变形阶段。凸模继续下压，变形区内部材料应力大于屈服强度，金属处于塑性变形阶段。由于凸、凹模间存在间隙，因此变形情况较为复杂。金属的变形并非纯塑性剪切变形，还伴随有弯曲、拉伸，凸、凹模有压缩等。随着凸模继续下压，材料变形区内部应力大于材料的强度极限时，由于凸模、凹模刃口的作用，使坯料在与刃口接触处开始出现裂纹，首先产生在凹模刃口附近的侧面，接着凸模刃口附近的侧面也开始产生裂纹，随着凸模的继续下压，上、下裂纹扩展相遇，最后使材料分离。

3）修整。修整就是使落料或冲孔后的工件获得精确轮廓的工序。利用整修模，沿冲裁件外缘或内孔刮削一层或切掉冲孔或落料时在冲裁件断面上存留的剪裂带和毛刺，从而提高冲裁件表面质量。

4）弯曲。弯曲是利用模具或其他工具将坯料一部分相对另一部分弯曲成一

定的角度和圆弧的变形工序。弯曲变形过程及弯曲件如图 4-24 所示。

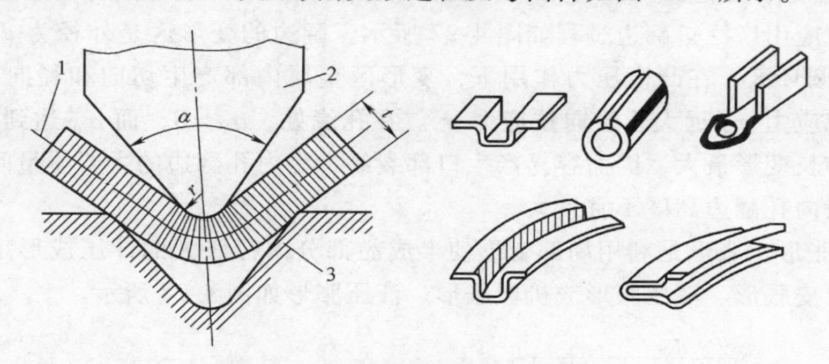

图 4-24　弯曲变形过程及弯曲件

1—中性层　2—凸模　3—凹模

坯料弯曲时，其变形区仅限于曲率发生变化的部分，且变形区内侧受压缩，外侧受拉伸，中间有一层材料既不受压缩也不受拉伸，这层材料称为中性层。

弯曲变形区最外层金属受切向拉应力和切向伸长变形最大。当最大拉应力超过本材料强度极限，则会造成弯裂。内侧金属也会因受压应力过大而使弯曲角内侧失稳起皱。

5）拉深。拉深是利用模具将已落料的平面板坯压制成各种开口空心零件，或将已制成的开口空心件毛坯制成其他形状空心零件的一种变形工艺。图 4-25 所示为拉深过程简图。

拉深过程中最常见的质量问题是起皱和拉裂，从而造成次品和废品，如图 4-26 所示。由于凸缘部分为拉深变形区，材料受切向压应力作用，越靠近外缘，切向压应力越大。当压缩变形力大于材料的抗压稳定性时，便产生褶皱。所以褶皱总是出现在拉深件的凸缘区。拉裂则往往发生在筒形件底部圆角附近。这是由于该区加工硬化程度最小，且壁厚减薄最严重。当轴向拉应力超过材料强度极限时，便产生破裂而被拉穿。

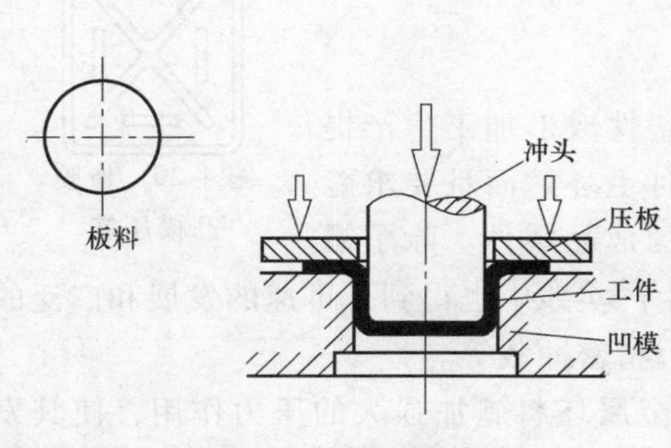

图 4-25　拉深过程简图

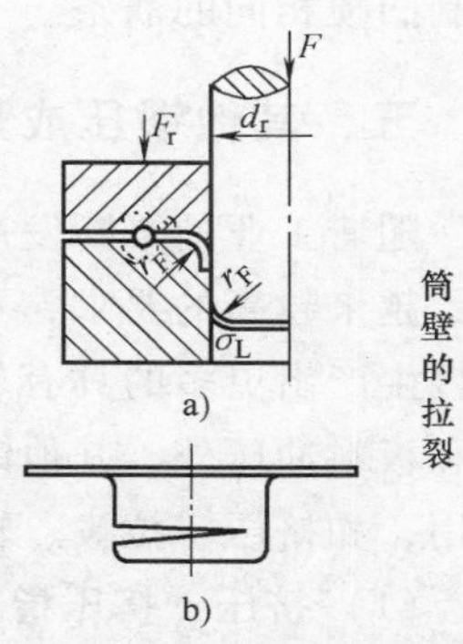

图 4-26　起皱和拉裂

6）翻边。翻边是将工件的内孔或外缘翻成竖立边缘的冲压工序。内孔翻边在生产中应用广泛，翻边过程如图 4-27 所示。翻边的变形区是外径为 d_p、内径为 D_0 的圆环区。在凸模压力作用下，变形区金属内部产生切向和径向拉应力，且切向拉应力 σ_θ 远大于径向拉应力 σ_r。在孔缘处，$\sigma_r=0$，而 σ_θ 达到最大值，其切向伸长变形最大，因而容易产生口部裂纹，是内孔翻边的主要质量问题。因此，一般内孔翻边高度不宜过大。

7）胀形。胀形是利用局部变形使半成品部分内径胀大的冲压成形工艺。可以采用橡皮胀形、液压胀形或机械胀形。液压胀形如图 4-28 所示。

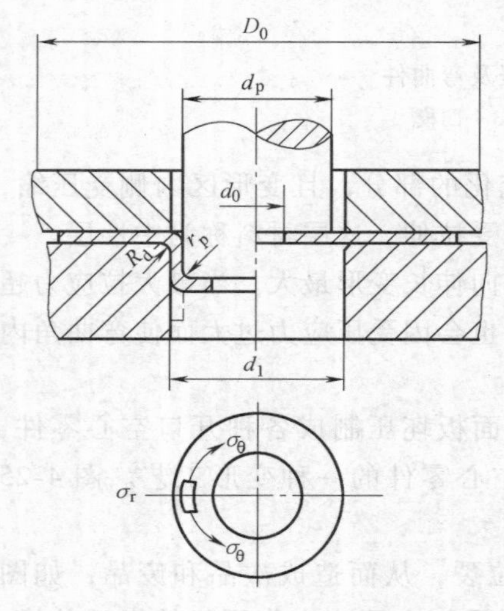

图 4-27　内孔翻边过程

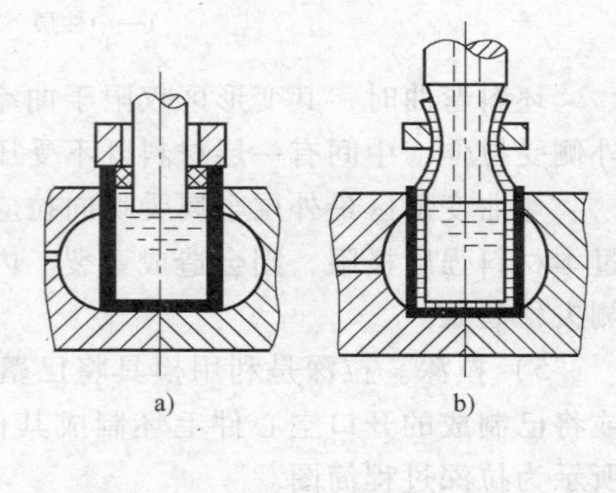

图 4-28　液压胀形

8）起伏。起伏是利用局部变形使坯料压制出各种形状的凸起或凹陷的冲压工艺，多用于薄板零件上制出筋条、文字、花纹等。图 4-29 所示为采用橡胶凸模压筋，从而获得与钢制凹模相同的筋条。

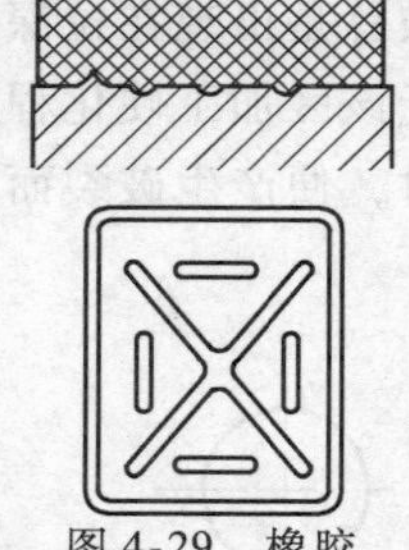

图 4-29　橡胶凸模压筋

五、其他锻压成形加工方法

随着工业的不断发展，人们对金属塑性成形加工生产提出了越来越高的要求，不仅要求生产各种毛坯，而且要求能直接生产出更多的具有较高精度和质量的成品零件。除了锻造和板料冲压外，其他锻压成形方法在生产实践中也得到了迅速的发展和广泛的应用，如挤压、拉拔、辊轧、精密模锻、精密冲裁等。

（1）挤压　挤压指对挤压模具中的金属坯料施加强大的压力作用，使其发生塑性变形，从挤压模具的模口中流出，或充满凸、凹模型腔，而获得所需形状

与尺寸制品的塑性成形方法。

根据金属流动方向与挤压凸模运动方向的关系，挤压成形可分为四种方式：正挤压、反挤压、复合挤压和径向挤压，如图4-30所示。

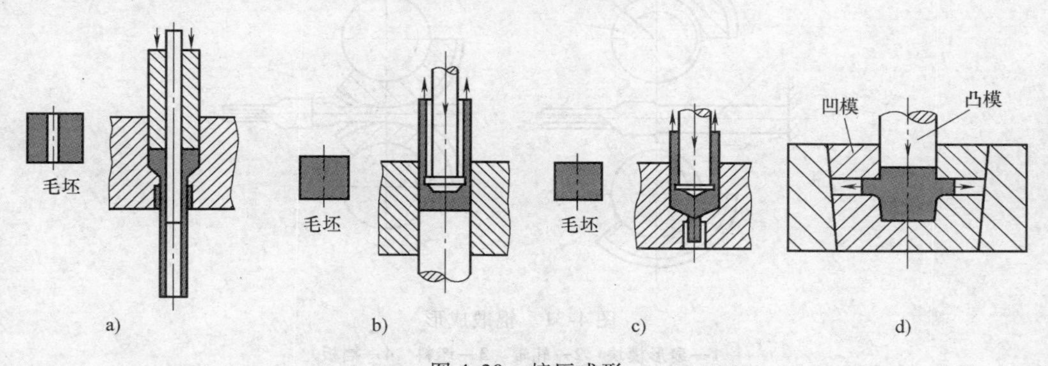

图4-30　挤压成形

a）正挤压　b）反挤压　c）复合挤压　d）径向挤压

根据金属坯料变形温度不同，挤压成形又可以分为冷挤压、热挤压和温挤压。

冷挤压是指金属坯料在室温下的挤压成形。冷挤压零件表面光洁，精度较高。由于冷挤压是在室温条件下进行，金属变形抗力大。为了降低挤压力，防止模具磨损和破坏，提高零件表面质量，必须采取润滑措施。

热挤压时，坯料在一般热锻温度范围内进行。热挤压变形抗力小，塑性好，允许每次变形程度较大，但产品表面粗糙度较低。热挤压广泛用于冶金部门生产铝、铜、镁及其合金的型材和管材。目前也用于机器零件和毛坯的生产。

温挤压是温度介于冷挤压和热挤压之间的挤压方法。温挤压时将金属加热到适当温度（100～800℃）进行挤压。温挤压比冷挤压的变形抗力小，较容易变形；与热挤压相比，坯料氧化脱碳少，可提高挤压件的尺寸精度和表面质量。

挤压成形的工艺特点：挤压时金属坯料处于三向压应力状态下变形，因此可提高金属坯料的塑性，有利于扩大金属材料的塑性加工范围；可挤压出各种形状复杂、深孔、薄壁和异型截面的零件，且零件尺寸精度高，表面质量好，尤其是冷挤压成形；成形后零件内部的纤维组织基本沿零件外形分布且连续，有利于提高零件的力学性能；挤压成形的生产率较高，一般可比其他锻造方法提高几倍。

（2）轧制成形　轧制是生产型材、板材和管材的主要加工方法。近年来已越来越广泛地将轧制成形用于机器零件或毛坯的制造。轧制成形与一般锻压加工方法相比，具有生产率高、产品质量好、成本低、大大减少金属消耗等优点。

常用的轧制成形工艺主要有辊锻、螺旋斜轧、横轧、楔横轧等。

辊锻成形是使坯料通过装有扇形模块的一对相对旋转的轧辊时，受压而变形

的工艺方法，如图 4-31 所示。

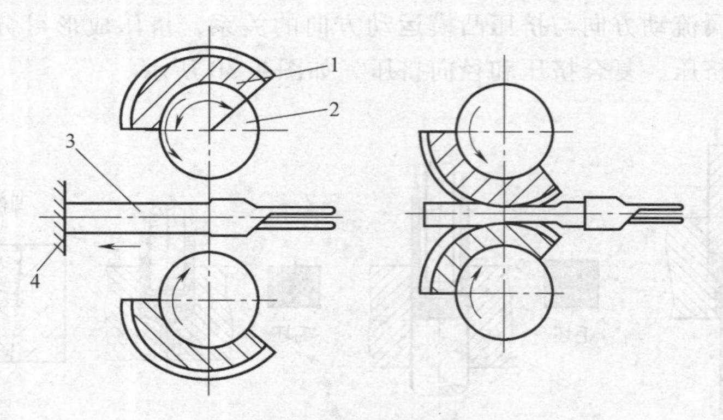

图 4-31　辊锻成形

1—扇形模块　2—轧辊　3—坯料　4—挡板

螺旋斜轧是轧辊轴线与坯料轴线相交一定角度的轧制方法。两个同向旋转的轧辊交叉成一定角度，轧辊上带有所需的螺旋型槽，使坯料以螺旋式前进，因而轧制出形状呈周期性变化的毛坯或各种零件。

图 4-32 为螺旋斜轧示意图。图 4-32a 为轧制周期性变形的长杆锻件示意图，图 4-32b 为轧制钢球示意图。螺旋斜轧可连续生产，效率高，且无飞边。

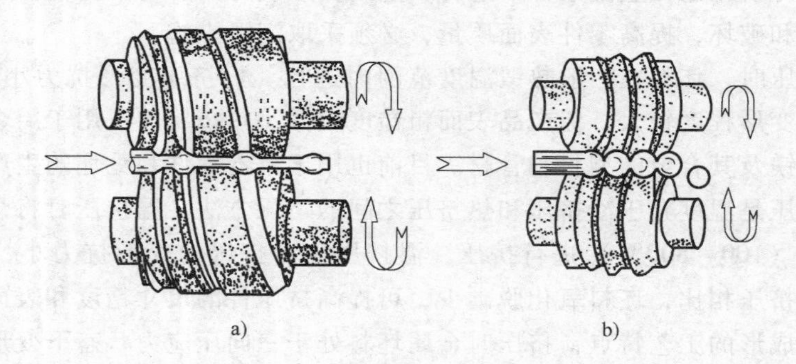

图 4-32　螺旋斜轧

a）轧制长杆锻件　b）轧制钢球

横轧是使坯料在两轧辊摩擦力带动下做相反方向旋转的轧制方法。利用横轧工艺轧制齿轮是一种少切削加工齿轮的新工艺。图 4-33 为热轧齿轮示意图。

在轧制前将毛坯外缘加热，然后让带齿形的主轧辊 4 做径向进给，迫使轧轮与毛坯 3 对辗。在对辗过程中，轧辊 4 继续径向送进到一定的距离，使坯料金属流动而形成轮齿。

楔横轧成形是利用两个外表面镶有楔形凸块，并作同向旋转的平行轧辊对坯

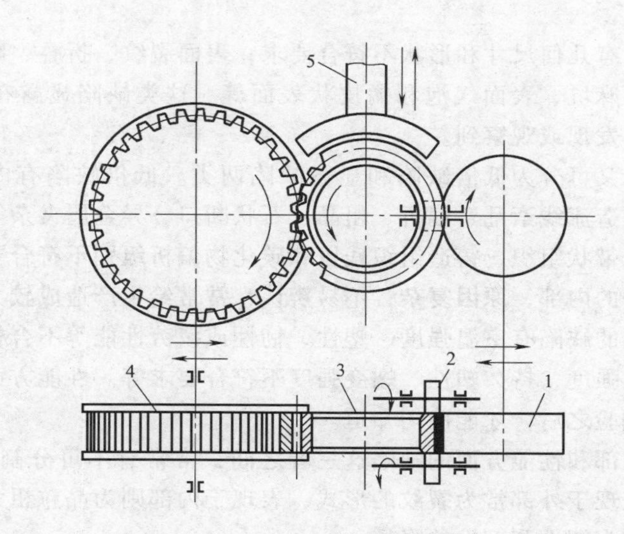

图 4-33　热轧齿轮示意图

1—光轧辊　2—侧轧辊　3—毛坯　4—主轧辊　5—感应加热器

料进行轧制的工艺方法（见图 4-34）。其变形过程主要是靠两个楔形凸块压缩坯料，使坯料径向尺寸减小，长度增加。

楔横轧主要用于加工阶梯轴、锥形轴等各种对称的零件或毛坯（见图4-35）。

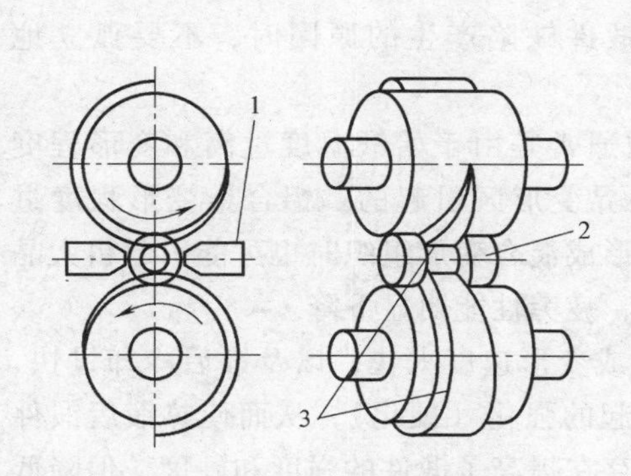

图 4-34　楔横轧示意图

1—导板　2—轧件　3—带楔形凸块的轧辊

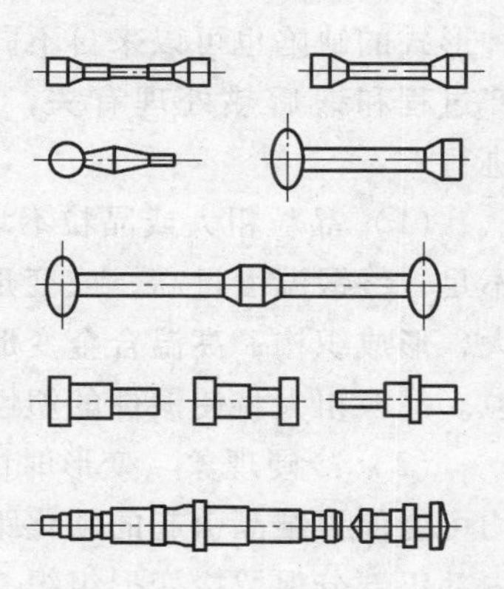

图 4-35　楔横轧的部分产品形状图

六、压力加工缺陷

1. 缺陷分类

锻件的缺陷如按其表现形式来区分，可分为外部缺陷、内部缺陷和性能缺陷三种。

外部缺陷有几何尺寸和形状不符合要求；表面裂纹、折叠、缺肉、错差；模锻不足、表面麻坑、表面气泡和橘皮状表面等。这类缺陷显露在锻件的外表面上，比较容易发现或观察到。

内部缺陷又可分为低倍缺陷和显微缺陷两类。低倍缺陷有内裂、缩孔、疏松、白点、锻造流线紊乱、偏析、粗晶、石状断口、异金属夹杂等；显微缺陷有脱碳、增碳、带状组织、铸造组织残留和碳化物偏析级别不符合要求等。内部缺陷存在于锻件的内部，原因复杂，不易辨认，常常给生产造成较大的困难。

性能方面的缺陷有室温强度、塑性、韧性或疲劳性能等不合格；或者高温瞬时强度，持久强度、持久塑性、蠕变强度不符合要求等。性能方面的缺陷只有在进行了性能试验之后，才能确切知道。

内部、外部和性能方面的缺陷这三者之间，常常有不可分割的联系。例如，过热和过烧表现于外部常为裂纹的形式，表现于内部则为晶粒粗大或脱碳，表现在性能方面则为塑性和韧性的降低。

按产生缺陷的工序或过程分类，锻件缺陷按其产生于哪个过程来区分，可分为：原材料生产过程产生的缺陷，锻造过程产生的缺陷和热处理过程产生的缺陷，按照锻造过程中各工序的顺序，还可将锻造过程中产生的缺陷，细分为以下几类：由下料产生的缺陷，由加热产生的缺陷，由锻造产生的缺陷，由冷却产生的缺陷和由清理产生的缺陷等。不同工序可以产生不同形式的缺陷，但是，同一种形式的缺陷也可以来自不同的工序。由于产生锻件缺陷的原因往往与原材料生产过程和锻后热处理有关，因此在分析锻件缺陷产生的原因时，不要孤立地进行。

(1) 晶粒粗大或晶粒不均匀　大晶粒通常是由于始锻温度过高和变形程度不足，终锻温度过高，或变形程度处于临界变形区引起的。铝合金变形程度过大，形成织构；高温合金变形温度过低，形成混合变形组织时也可能引起粗大晶粒。晶粒粗大将使锻件的塑性和韧性降低，疲劳性能明显下降。

(2) 冷硬现象　变形时由于温度偏低或变形速度太快，以及锻后冷却过快，均可能使再结晶引起的软化跟不上变形引起的强化（硬化），从而使热锻后锻件内部仍部分保留冷变形组织。这种组织的存在提高了锻件的强度和硬度，但降低了塑性和韧性。严重的冷硬现象可能引起锻裂。

(3) 裂纹　裂纹通常是由锻造时所存在的较大拉应力、切应力或附加拉应力引起的。裂纹发生的部位通常是在坯料应力最大、厚度最薄的部位。如果坯料表面和内部有微裂纹，坯料内存在组织缺陷，热加工温度不当使材料塑性降低，或变形速度过快、变形程度过大而超过材料允许的塑性变形极限等，则在镦粗、拔长、冲孔、扩孔、弯曲和挤压等工序中都可能产生裂纹。裂纹主要包括表面裂

纹、龟裂、飞边裂纹和分模面裂纹。

1）表面裂纹多发生在轧制棒材和锻造棒材上，一般呈直线形状，和轧制或锻造的主变形方向一致。造成这种缺陷的原因很多，如钢锭内的皮下气泡在轧制时一面沿变形方向伸长，一面暴露到表面上和向内部深处发展。又如在轧制时，坯料的表面被划伤，冷却时将造成应力集中，从而可能沿划痕开裂等。这种裂纹若在锻造前不去掉，锻造时便可能扩展引起锻件裂纹。

2）龟裂是在锻件表面呈现较浅的龟状裂纹。在锻件成形中受拉应力的表面（如未充满的凸出部分或受弯曲的部分）最容易产生这种缺陷。引起龟裂的内因可能是多方面的：原材料中 Cu、Sn 等易熔元素含量过高；高温长时间加热时，钢料表面有铜析出、表面晶粒粗大、脱碳或经过多次加热的表面；燃料含硫量过高，有硫渗入钢料表面。

3）飞边裂纹是模锻及切边时在分模面处产生的裂纹。飞边裂纹产生的原因可能是：在模锻操作中由于重击使金属强烈流动产生穿筋现象；镁合金模锻件切边温度过低；铜合金模锻件切边温度过高。

4）分模面裂纹是指沿锻件分模面产生的裂纹。原材料非金属夹杂多，模锻时向分模面流动、集中或缩管残余，在模锻时挤入飞边后常形成分模面裂纹。

（4）白点　白点的主要特征是在钢坯的纵向断口上呈圆形或椭圆形的银白色斑点，在横向断口上呈细小的裂纹。白点的大小不一，长度一般为 1 ~ 20mm 或更长。

白点在镍铬钢、镍铬钼钢等合金钢中常见，普通碳钢中也有，是隐藏在内部的缺陷。

白点是在氢、相变时的组织应力以及热应力的共同作用下产生的，当钢中含氢量较多和热压力加工后冷却（或锻后热处理）太快时较易产生。

用带有白点的钢锻造出来的锻件，在淬火时易发生龟裂，有时甚至成块掉下。白点降低钢的塑性和零件的强度，是应力集中点，它像尖锐的切刀一样，在交变载荷的作用下，很容易变成疲劳裂纹而导致疲劳破坏。所以锻造原材料中绝对不允许有白点。

（5）折叠　折叠是金属变形过程中已氧化过的表层金属汇合到一起而形成的。它可以是由两股（或多股）金属对流汇合而形成；可以是由一股金属的急速大量流动将邻近部分的表层金属带着流动，两者汇合而形成；也可以是由于变形金属发生弯曲、回流而形成；还可以是部分金属局部变形，被压入另一部分金属内而形成。折叠的产生与原材料和坯料的形状、模具的设计、成形工序的安排、润滑情况及锻造的实际操作等有关。折叠不仅减少了零件的承载面积，而且工作时由于此处存在应力集中而成为疲劳源。

折叠形成的原因是当金属坯料在轧制过程中，由于轧辊上的型槽定径不正确，或因型槽磨损面产生的毛刺在轧制时被卷入，形成和材料表面成一定倾角的折缝。对钢材，折缝内有氧化铁夹杂，四周有脱碳。折叠若在锻造前不去掉，可能引起锻件折叠或开裂。

(6) 穿流和流线分布不顺　穿流是流线分布不当的一种形式。在穿流区，原先成一定角度分布的流线汇合在一起形成穿流，并可能使穿流区内、外的晶粒大小相差较为悬殊。穿流产生的原因与折叠相似，是由两股金属或一股金属带着另一股金属汇流而形成的，但穿流部分的金属仍是一整体。穿流使锻件的力学性能降低，尤其当穿流带两侧晶粒相差较悬殊时，性能降低较明显。

锻件流线分布不顺是指在锻件低倍上发生流线切断、回流、涡流等流线紊乱现象。如果模具设计不当或锻造方法选择不合理，预制毛坯流线紊乱；工人操作不当及模具磨损而使金属产生不均匀流动，都可以使锻件流线分布不顺。流线不顺会使各种力学性能降低，因此对于重要锻件，都有流线分布的要求。

(7) 铸造组织残留　铸造组织残留主要出现在用铸锭作坯料的锻件中。铸态组织主要残留在锻件的困难变形区。锻造比小于规定值和锻造方法不当是铸造组织残留产生的主要原因。铸造组织残留会使锻件的性能下降，尤其是冲击韧度和疲劳性能等。

(8) 碳化物偏析　碳化物偏析经常在含碳量高的合金钢中出现。其特征是在局部区域有较多的碳化物聚集。它主要是钢中的莱氏体共晶碳化物和二次网状碳化物，在开坯和轧制时未被打碎和均匀分布造成的。碳化物偏析将降低钢的锻造变形性能，易引起锻件开裂。锻件热处理淬火时容易局部过热、过烧和淬裂。制成的刀具使用时刃口易崩裂。

亮线是在纵向断口上呈现结晶发亮的有反射能力的细条线，多数贯穿整个断口，大多数产生在轴心部分。亮线主要是由于合金偏析造成的。轻微的亮线对力学性能影响不大，严重的亮线将明显降低材料的塑性和韧性。

(9) 带状组织　带状组织是铁素体和珠光体、铁素体和奥氏体、铁素体和贝氏体以及铁素体和马氏体在锻件中呈带状分布的一种组织，它们多出现在亚共析钢、奥氏体钢和半马氏体钢中。这种组织是在两相共存的情况下锻造变形时产生的。带状组织能降低材料的横向塑性指标，特别是冲击韧度。在锻造或零件工作时常易沿铁素体带或两相的交界处开裂。

(10) 局部充填不足　局部充填不足主要发生在筋肋、凸角、转角、圆角部位。产生的原因有：锻造温度低，金属流动性差；设备吨位不够或锤击力不足；制坯模设计不合理，坯料体积或截面尺寸不合格；模膛中堆积氧化皮或焊合变形金属。

(11) 欠压　欠压指垂直于分模面方向的尺寸普遍增大，产生的原因有：锻造温度低；设备吨位不足，锤击力不足或锤击次数不足。

（12）错移　错移是锻件的上半部沿分模面相对于下半部产生位移。产生的原因有滑块（锤头）与导轨之间的间隙过大；锻模设计不合理，缺少消除错移力的锁口或导柱；模具安装不良。

（13）轴线弯曲　锻件轴线弯曲是指与平面的几何位置有误差。产生的原因有：锻件出模时不规范；切边时受力不均；锻件冷却时各部分降温速度不一；清理与热处理不当。

（14）结疤　结疤是指轧材表面局部区域的一层可剥落的薄膜。结疤的形成是由于浇铸时钢液飞溅后凝结在钢锭表面，轧制时被压成薄膜，而贴附在轧材的表面。锻后锻件经酸洗清理，薄膜将会剥落而成为锻件表面缺陷。

（15）层状断口　层状断口或断面的特征与折断了的石板、树皮很相似。层状断口多发生在合金钢（如铬镍钢、铬镍钨钢等），碳钢中也有发现。

这种缺陷的产生是由于钢中存在的非金属夹杂物、枝晶偏析以及气孔、疏松等缺陷，在锻、轧过程中沿轧制方向被拉长，使钢材呈片层状。如果杂质过多，锻造就有分层破裂的危险。层状断口越严重，钢的塑性、韧性越差，尤其是横向力学性能很低，所以钢材如具有明显的层片状缺陷是不合格的。

（16）非金属夹杂　非金属夹杂主要是熔炼或浇铸的钢液在冷却过程中由于成分之间或金属与炉气、容器之间的化学反应形成的。另外，在金属熔炼和浇铸时，由于耐火材料落入钢液中，也能形成夹杂物，这种夹杂物统称夹渣。在锻件的横截面上，非金属夹杂可以呈点状、片状、链状或团块状分布。严重的夹杂物容易引起锻件开裂或降低材料的使用性能。

（17）铝合金氧化膜　铝合金氧化膜一般多位于模锻件的腹板上和分模面附近。在低倍组织上呈微细的裂口，在高倍组织上呈涡纹状，在断口上的特征可分两类：其一，呈平整的片状，颜色从银灰色、浅黄色直至褐色、暗褐色；其二，呈细小密集而带闪光的点状物。

铝合金氧化膜是熔铸过程中敞露的熔体液面与大气中的水蒸气或其他金属氧化物相互作用时所形成的氧化膜在浇注过程中被卷入液体金属的内部形成的。

锻件和模锻件中的氧化膜对纵向力学性能无明显影响，但对高度方向力学性能影响较大，它降低了高度方向强度性能，特别是高度方向的断后伸长率、冲击韧度和高度方向抗腐蚀性能。

（18）缩管残余　缩管残余一般是由于钢锭冒口部分产生的集中缩孔未切除干净，开坯和轧制时残留在钢材内部而产生的。缩管残余附近区域一般会出现密集的夹杂物、疏松或偏析。在横向低倍中呈不规则的皱折的缝隙。锻造或热处理时易引起锻件开裂。

2. 缺陷检测方法

1）检验锻件尺寸可用直尺、卡钳、卡尺或游标卡尺等通用量具进行测量。

2）检验锻件表面质量最普遍、最常用的方法是目视检查。观察锻件表面有无裂纹、折叠、压伤、斑点、表面过烧等缺陷。也可用磁粉探伤或着色渗透探伤。

3）内部缺陷常采用超声波检测。

锻件的低倍检验，实际上是用肉眼或借助10-30倍的放大镜，检查锻件断面上的缺陷，生产中常用的方法有酸蚀、断口、硫印等。对于流线、枝晶、残留缩孔、空洞、夹渣、裂纹等缺陷，一般用酸蚀法；对于过热、过烧、白点、分层、茶状和石状断口等缺陷，采用断口检查最易发现；对于钢中硼化物分布的状况，硫印法是唯一有效的检查方法。

第三节　机械加工成形工艺

金属切削加工是利用切削刀具将坯料或工件上多余的材料切除，以获得所要求的几何形状、尺寸精度和表面质量的方法。金属切削加工的形式虽然很多，但是它们在很多方面都有着共同的规律，如切削运动、切削工具以及切削过程中的物理现象等。掌握这些规律是学习各种切削加工方法的基础，同时对于如何正确地进行切削加工，以保证零件质量，提高劳动生产率，降低生产成本，也有着重要的意义。

一、切削运动与切削要素

1. 切削运动

零件的形状很多，但从几何学的角度来看，它们都是由圆柱面、圆锥面、平面和各种成形面组成的。例如，圆柱面与圆锥面是以直线为母线，以圆为运动轨迹作旋转运动时所形成的表面；平面是以一条直线为母线，以另一条直线为运动轨迹作平移运动时所形成的表面；成形面是以曲线为母线，以圆或直线为运动轨迹所形成的表面。

要加工出以上这些表面，就要求刀具与工件间有一定的相对运动，即切削运动。切削运动包括主运动和进给运动。

主运动是由机床或人力提供的主要运动，它促使刀具和工件之间产生相对运动，从而使刀具前刀面接近工件。一般情况下主运动是切削运动中速度最高、消耗功率最大的运动。如图4-38所示为车削加工时工件的旋转运动。任何切削加工过程必须有一个且只有一个主运动。

进给运动是由机床或人力提供的运动，它使刀具与工件之间产生附加的相对运动，再加上主运动，即可不断地或连续地切除切屑，并得到具有所需几何特性

的已加工表面。如图4-36所示的车削加工中车刀的直线运动 f_r 和 f_a，即为进给运动。进给运动可能有一个，也可能有几个，其运动形式有平移的，也有旋转的，有连续的，也有间歇的。

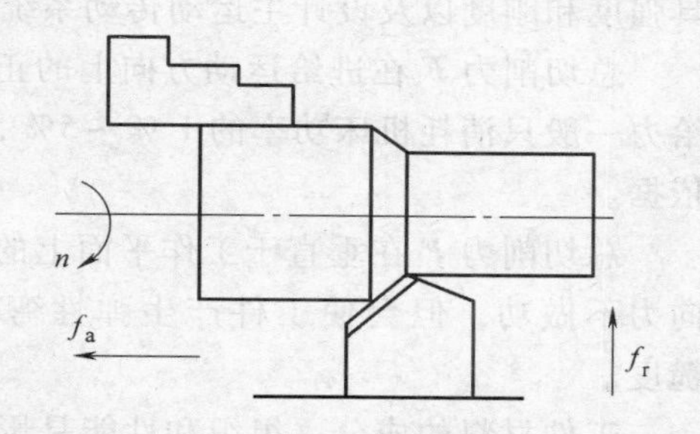

图4-36　车削外圆的切削运动

2. 切削要素

切削要素包括切削用量要素和切削层几何参数。要深入了解切削过程，就必须分析切削用量要素和切削层几何参数。

二、金属切削过程中的物理现象

金属切削过程是刀具与工件间相对作用又相对运动的过程。该过程中的变形现象、力现象、热现象和刀具磨损现象等，对加工质量、生产率和生产成本都有重要影响。

1. 变形现象

金属的切削过程，其实质是工件在刀具作用下产生塑性变形的过程。金属塑性变形是金属切削过程中各种物理现象的根源。当切削层金属受到前刀面挤压时，其内部应力和应变逐渐增大，在与作用力大致成45°角的方向上，当切应力的数值达工件的屈服点时，将产生滑移，如图4-37所示。

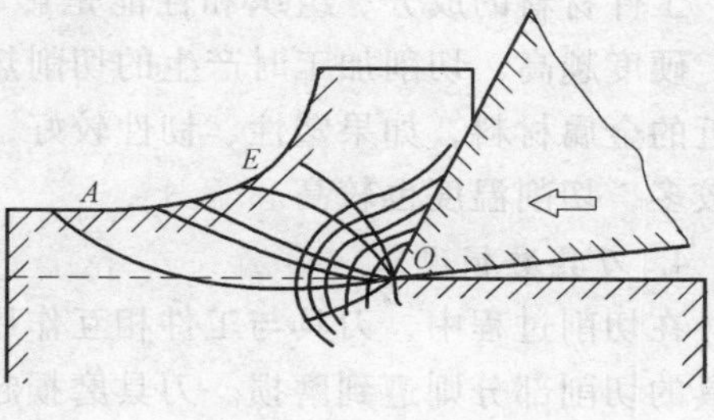

图4-37　切削变形

2. 力现象

在切削加工时，刀具上所有参与切削的各切削部分所产生的切削力的合力，称为刀具的总切削力，用符号 F 表示。在进行工艺分析时，常将总切削力 F 分解为三个相互垂直的分力，如图4-38所示。

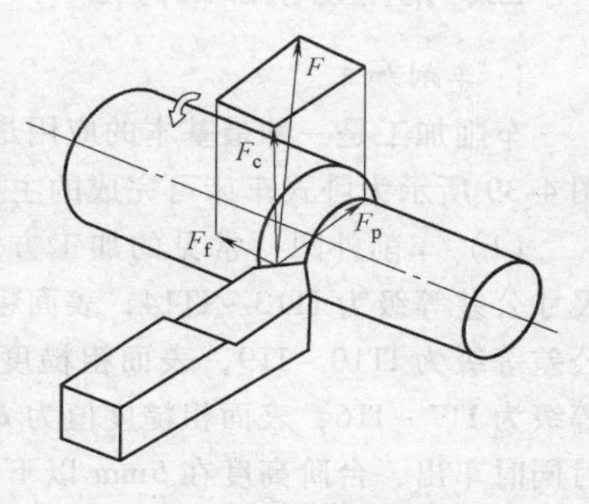

图4-38　总切削力的分解

总切削力 F 在主运动方向上的正投影，称为切削力，用符号 F_c 表示。切削力大小占总切削力的90%以上，一般要消耗机床功率的95%以上，它是计算机床功率、夹具强度和刚度以及设计主运动传动系统零件主要依据。

总切削力 F 在进给运动方向上的正投影，称为进给力，用符号 F_f 表示。进给力一般只消耗机床功率的 1 % ~5%，它是设计进给运动传动系统零件的主要依据。

总切削力 F 在垂直于工作平面上的分力，称为背向力，用符号 F_p 表示。背向力不做功，但会使工件产生弹性弯曲，引起振动，影响加工精度和表面粗糙度。

工件材料的成分、组织和性能是影响切削力的主要因素。金属材料的强度、硬度越高，则变形抗力越大，切削力 F_c 也越大。对于强度、硬度相近的材料，如果塑性、韧性较好，则变形较严重，需要的切削力也较大。

3. 热现象

在切削过程中，由于变形和摩擦等产生的热称为切削热。切削热会使工件产生热变形，影响加工精度和刀具寿命。切削热的产生和扩散影响切削区域的温度。切削区域的平均温度称为切削温度，切削温度过高是刀具迅速磨损的主要原因。

工件材料的成分、组织和性能是影响切削温度的重要因素。金属材料的强度、硬度越高，切削加工时产生的切削热越多，切削温度也高。对于强度、硬度相近的金属材料，如果塑性、韧性较好，则切削时塑性变形较严重，产生的切削热较多，切削温度也较高。

4. 刀具磨损现象

在切削过程中，刀具与工件相互作用的结果是在工件上形成已加工表面，而刀具的切削部分则遭到磨损。刀具磨损超过允许值后，必须进行刃磨，否则会产生振动，使工件的加工表面质量降低。刀具正常磨损时，按磨损部位不同，可分为主后面磨损、前刀面磨损和前刀面与主后面同时磨损三种形式。

三、常用切削加工方法

1. 车削加工

车削加工是一种最基本的应用最广的加工方法，主要用于回转体零件加工。图 4-39 所示为卧式车床可完成的主要加工工艺。

(1) 车削外圆　常见的加工方法，它分为粗车、半精车和精车。粗车后的尺寸公差等级为 IT13 ~ IT14，表面粗糙度值为 *Ra*50 ~ *Ra*12. 5μm；半精车后尺寸公差等级为 IT10 ~ IT9，表面粗糙度值为 *Ra*6. 3 ~ *Ra*3. 2μm；精车后的尺寸公差等级为 IT7 ~ IT6，表面粗糙度值为 *Ra*1. 6 ~ *Ra*0. 8μm。轴上的台阶面可在车外圆时同时车出，台阶高度在 5mm 以下时，可一次车出；台阶高度在 5mm 以上时，则分层切削。

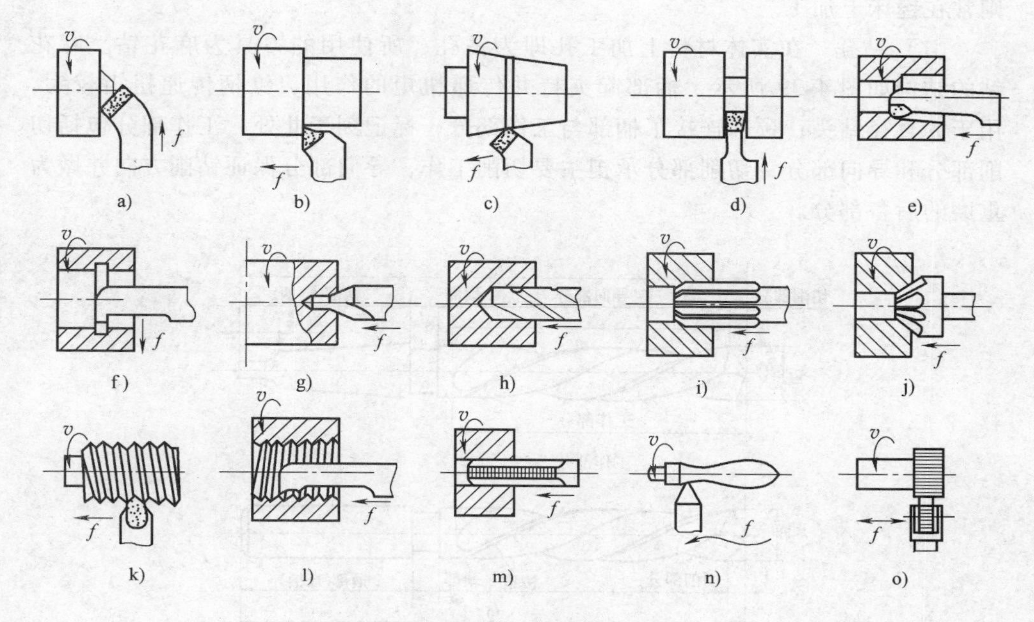

图 4-38 常见加工工艺

a）车削端面 b）车削外圆 c）车削外圆锥面 d）切槽、切断 e）车削内孔 f）切内槽 g）钻中心孔 h）钻孔 i）铰孔 j）锪锥孔 k）车削外螺纹 l）车削内螺纹 m）攻螺纹 n）车削成形面 o）滚花

（2）车削端面　端面常作为长度尺寸的基准，一般应首先进行加工。车端面时常用卡盘装夹工件，刀具常用偏刀或弯头车刀做横向进给。

（3）车削槽和切断　车槽时，刀具做横向进给，可加工回转体内、外表面上的沟槽。车槽至极限深度就称为切断。

（4）车削圆锥面　圆锥面的形成是通过车刀相对于工件轴线斜向进给实现的，通常采用尾座偏移法、小滑板转位法和靠模法等。

（5）车削螺纹　车削螺纹时，为了获得准确的螺距，必须用丝杠带动刀架进给，使工件每转一周，刀具移动的距离等于工件螺纹的导程。螺纹的牙形由螺纹车刀的刃磨质量和安装质量保证；螺距由调整传动系统的配换齿轮的齿数保证；螺纹的中径则根据工件螺纹牙高，通过横向进给刻度盘控制背吃刀量来保证。

2. 钻削和镗削加工

孔加工的基本方法是钻孔。钻孔后若精度及表面质量达不到要求，可相应进行扩孔、铰孔、镗孔、磨孔等半精加工或精加工。孔加工多数在钻床上进行。常用钻床有台式钻床、立式钻床和摇臂钻床。对于相互之间有位置精度要求的孔系则常在镗床上加工。

(1) 钻孔　在实体材料上加工孔即为钻孔，所使用的刀具为麻花钻。麻花钻的结构如图 4-39 所示，柄部起夹持并传递扭矩的作用，锥柄传递扭矩较大，用于大直径钻头；颈部连接了柄部与工作部分，标记刻于此处；工作部分包括切削部分和导向部分，切削部分承担主要切削工作，导向部分保证钻削方向并做为重磨的后备部分。

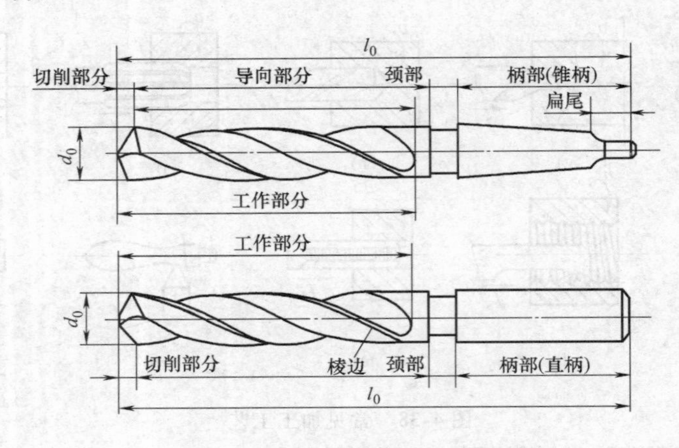

图 4-39　麻花钻结构示意图

钻削的工艺特点：

1) 钻头容易引偏。钻孔时由于钻头的刚度不足，切削刃不对称，工件表面不平或材料性能不均等原因，会造成孔的形状尺寸误差，称为引偏。

2) 切削热不易消散。钻削是一种半封闭切削，钻削过程中产生的切削热使钻头温度升高，同时由于机械摩擦作用，加剧了钻头前后刀面、棱边和横刃的磨损。

3) 切屑排出困难。钻削时，切屑沿螺旋容屑槽排出。容屑槽尺寸有限，切屑又较宽，排屑过程中切屑与孔壁发生严重摩擦，刮伤已加工表面。有时切屑会阻塞在容屑槽里，卡死甚至折断钻头。

钻孔属于孔的粗加工，加工精度在 IT10 以下，表明粗糙度值大于 $Ra12.5\mu m$。钻孔通常在钻床上进行，台式钻床用于加工小工件上直径小于 ϕ12mm 的孔；立式钻床用于加工中小型工件上直径小于 ϕ50mm 的孔；摇臂钻床用于加工大型工件上的孔。

对于要求精度高、表面粗糙度值小的中小直径孔在钻削后，常用扩孔和铰孔进行半精加工和精加工。

(2) 镗孔　利用钻孔、扩孔、铰孔及车床上镗孔等方法加工孔只能保证孔本身的形状尺寸精度。而对于一些复杂工件如箱体、支架等上有若干相互间有同

轴度、平行度及垂直度等位置精度要求的孔（称为孔系），必须在镗床上镗孔。镗床可保证孔系的形状、尺寸和位置精度。

3. 刨削和拉削加工

（1）刨削　刨削指在刨床上用刨刀加工工件的方法。刨刀结构与普通车刀相似。刨削的主运动是往复直线运动，进给运动是间歇运动，因此切削过程不连续。与其他加工方法相比，刨削有以下工艺特点：

1）生产率较低。刨削加工为单刃切削，切削时受惯性力的影响，且刃具切入切出时会产生冲击，故切削速度较低。

2）加工质量中等。刨削过程中由于惯性及冲击振动的影响使刨削加工质量不如车削。一般刨削的精度为 IT9 ~ IT7，表面粗糙度值为 $Ra6.3 \sim Ra1.6\mu m$，可满足一般平面加工的要求。

3）通用性好，成本低　刨削加工除主要用于加工平面外，经适当的调整和增加某些附件，还可加工齿轮、齿条、沟槽、母线为直线的成形面等。

4）刨刀结构简单，制造、刃磨及安装均较方便。故加工成本较低。

牛头刨床在刨削中应用最广泛。它适于中小型工件的刨削，主要加工平面、各种沟槽和成形面。牛头刨床可刨削水平面、垂直面和斜面。

（2）拉削加工　拉削指在拉床上用拉刀进行加工的方法。拉削主要用于成批大量生产。特别适于加工各种截面形状的通孔，也用于加工平面、沟槽等。图 4-40 所示为可进行拉削加工的几种截面形状。

图 4-40　拉削加工的形状

4. 铣削加工

铣削加工是在铣床上利用铣刀的旋转运动和工件的移动来加工工件的。铣削加工精度一般可达 IT9 ~ IT8，表面粗糙度值为 $Ra6.3 \sim Ra1.6\mu m$。铣床的加工范围很广，在铣床上利用各种铣刀可加工平面、沟槽和成形表面等。

5. 磨削加工

磨削加工是在磨床上以砂轮作刀具，对工件进行切削加工，主要用于工件的精加工。通常磨削加工精度可达 IT7 ~ IT5，表面粗糙度值一般可达

$Ra0.8 \sim Ra0.2\mu m$。

磨床的种类很多，最常用的是万能外圆磨床和卧轴矩台式平面磨床等。

磨削加工适应性强，金属材料、非金属材料和超硬材料均能进行磨削加工。

复习思考题

1. 铸造成形工艺分为哪几类？
2. 影响合金铸造性能的因素有哪些？
3. 常见铸造缺陷有哪些？
4. 锻压成形方法分为哪几类？
5. 压力加工缺陷有哪几类？
6. 常见机械加工方法有哪几类？

第五章

锅炉基础知识

培训学习目标

了解锅炉的分类、结构特点、锅炉缺陷成因，熟悉锅炉无损检测的要求。

第一节　锅炉的定义和特点

锅炉是利用燃料燃烧时产生的热能或其他能源的热能加热水或其他工质，以生产规定参数（压力、温度）蒸汽、热水或其他工质的热能转换设备。锅炉包括锅和炉两大部分，锅是在火上加热的盛水容器，炉是燃烧燃料的场所。锅炉是国民经济中重要的热能供应设备。电力、机械、冶金、化工、纺织、造纸、食品等行业，以及工业和民用采暖都需要锅炉供给大量的热能。锅炉号称工业的心脏。

锅炉一旦投用，一般都要求连续运行，任意停炉会影响到一条生产线、一个厂甚至一个地区的生活和生产，直接间接经济损失较大，有时还会造成恶劣的后果。锅炉在承受较高压力的同时，还在高温下工作，它们的工作条件较一般机械设备恶劣得多。锅炉受热面内外广泛接触烟、火、灰、水、汽等物质，这些物质在一定的条件下会对锅炉元件起腐蚀作用；锅炉各受压元件上承受不同的内外压力而产生相应的应力，同时由于各元件的工作温度不同，热胀冷缩程度也不同而产生附加应力，随着负荷和燃烧的变化，这种应力也发生变化，这就容易使一部分承受集中应力的受压元件发生疲劳破坏；依靠锅炉内流动的水汽来冷却的受热面因缺水、结水垢或水循环被破坏使传热发生障碍，都可能使高温区的受热面烧损、鼓包、开裂；飞灰造成磨损；渗漏引起腐蚀等都使锅炉设备更易损坏。锅炉还具有爆炸的危险性，锅炉在使用中发生破裂，使内部压力瞬时降至等于外界大气压力的现象叫爆炸。引起爆炸的原因很多，归纳起来有两种：一是内部压力升高，超过允许工作压力，而安全附件失灵，未能及时报警或泄压，致使内部压力继续升高，当该压力超过某一受压元件所能承受的极限压力时，设备便发生爆炸；另一种是在正常工作压力下，由于受压元件本身有缺陷或使用后造成损坏，或钢材老化而不能承受原来的工作压力时，就可能突然破裂爆炸。锅炉一旦发生爆炸，其破坏性很大。据计算，一台蒸发量10t/h，蒸汽压力1.3MPa的锅炉爆炸，大约相当于100kg TNT炸药的爆炸能量。基于锅炉的上述特点，保证锅炉的安全运行是至关重要的。

锅炉中输入的燃料燃烧时放出的热量（或输入的其他热源）通过受热面的热传导、热辐射、热对流的传热方式传给水，水温逐渐升高，首先在液体表面产生汽化，叫作蒸发。当水的温度上升到一定数值时，液体内部也开始汽化，叫做沸腾。此时的温度称为饱和温度，这时的水叫饱和水，上部的水蒸气叫饱和蒸汽。饱和温度与压力有关，一定的压力对应一定的饱和温度。例如，1个绝对大气压下的饱和温度为99.09℃，14个绝对大气压（表压为1.25MPa）下的饱和温度为194.13℃。

至2010年底，全国在用锅炉60.7万台，全国锅炉耗煤占煤炭总消耗量的70%左右，而我国燃煤工业锅炉平均运行效率比国际先进水平低15%至20%，如采取有效的管理和技术措施提高锅炉能效水平，将产生巨大的经济社会效益。

第二节　锅炉的分类

一、按用途分类

按用途不同锅炉可分为电站锅炉、工业锅炉、生活锅炉、船舶锅炉和机车锅炉。

二、按载热介质分类

按载热介质不同锅炉可分为蒸汽锅炉、热水锅炉、汽水两用锅炉、热风锅炉、有机热载体锅炉和熔盐等其他介质锅炉。

三、按燃料和热源分类

按燃料和热源不同锅炉可分为燃煤锅炉、燃油和燃气锅炉、燃生物质燃料锅炉（木柴、甘蔗渣、稻壳、椰子壳、生活垃圾、工业垃圾、造纸黑液等）、原子

能锅炉、余热锅炉和电热锅炉。

四、按本体结构分类

按本体结构的不同锅炉可分为水管锅炉、火管锅炉、水火管锅炉、热管锅炉和真空相变锅炉。

五、按介质循环方式分类

按介质循环方式不同锅炉可分为自然循环锅炉、强制循环锅炉和直流锅炉。

六、按燃烧方式分类

按燃烧方式不同锅炉可分为层燃锅炉，它又分固定炉排，机械化炉排（链条炉排、振动炉排、抽板顶升炉排、往复炉排、抛煤机炉等）、室燃锅炉和沸腾炉（又称流化床锅炉）。

七、按出厂型式分类

按出厂型式不同锅炉可分为散装锅炉、组装锅炉和整装锅炉。

八、按压力等级分类

按压力等级不同锅炉可分为超临界锅炉（$P\geqslant22.1$MPa 的锅炉）、亚临界锅炉（16.7MPa$\leqslant P<$22.1MPa）、超高压锅炉（13.7MPa$\leqslant P<$16.7MPa）、高压锅炉（9.8MPa$\leqslant P<$13.7MPa）、次高压锅炉（5.3MPa$\leqslant P<$9.8MPa）、中压锅炉（3.8MPa$\leqslant P<$5.3MPa）和低压锅炉（$P<$3.8MPa）。

九、按制造管理分类

按制造管理不同锅炉制造单位可分为 A 级锅炉制造单位（压力不限）、B 级锅炉制造单位（额定蒸汽压力小于及等于 2.5MPa 的蒸汽锅炉）、C 级锅炉制造单位（额定蒸汽压力小于及等于 0.8MPa 且额定蒸发量小于及等于 1t/h 的蒸汽锅炉，额定出水温度小于 120℃的热水锅炉）和 D 级锅炉制造单位（额定蒸汽压力小于及等于 0.1MPa 的蒸汽锅炉，额定出水温度小于 120℃且额定热功率小于及等于 2.8MW 的热水锅炉）。

第三节 锅炉结构

传统锅炉整体的结构包括锅炉本体和辅助设备两大部分。锅炉中的炉膛、锅筒、燃烧器、水冷壁过热器、省煤器、空气预热器、构架和炉墙等主要部件构成生产蒸汽的核心部分，称为锅炉本体。锅炉本体中两个最主要的部件是炉膛和锅筒。锅炉承受高温高压，安全问题十分重要。即使是小型锅炉，一旦发生爆炸，后果也十分严重。因此，对锅炉的材料选用、设计、计算、制造和检验等都制订有严格的法规。

一、锅炉结构的基本要求

设计锅炉时，根据所要求的蒸发量或热功率、工作压力、蒸汽温度或额定进出口水温，燃料特性和燃烧方式等参数，按照《蒸汽锅炉安全技术监察规程》《热水锅炉安全技术监察规程》《锅炉受压元件强度计算标准》等有关规定确定的锅炉的结构。一般应满足：各部件在运行时应能按设计预定方向自由膨胀；保证各循环回路的介质循环正常，所有受热面都应得到可靠的冷却；各受压部件应有足够的强度；受压元件、部件的结构形式、开孔和焊缝的布置应尽量避免或减少复合应力和应力集中；水冷壁炉膛的结构应有足够的承载能力；炉墙应具有良好的密封性；承重结构在承受设计载荷时应具有足够的强度、刚度、稳定性及防腐蚀性；便于安装、运行、检修和清洗内外部；燃煤粉的锅炉的炉膛和燃烧器的结构及布置应与所设计的煤种相适应，并防止炉膛结渣或结焦。

锅炉主要由锅筒、联箱、下降管、受热面管子、省煤器、过热器、减温器、再热器、炉胆、下脚圈、炉门圈、喉管和冲天管等组成。其中，受压部件有锅筒（锅壳）、炉胆、回燃室、封头、炉胆顶、管板、下脚圈、集箱、受热面管子。

1）锅筒是用来汇集、储存、分离汽水和补充给水的；锅壳是锅壳式锅炉中包围汽水、风烟、燃烧系统的外壳，又称筒壳，其作用和锅筒相同。

2）联箱又称集箱，其作用是连接受热面管、下降管、连通管、排污管等，按其用途分为水冷壁联箱、过热器联箱、省煤器联箱等。按其所处位置分为上联箱、下联箱或进口联箱、出口联箱。它是用较大直径的锅炉钢管和两个端盖焊接而成，其上开有许多管孔并焊有管座。

3）下降管作用是与水冷壁、联箱、锅筒形成水循环回路。

4）受热面管子是锅炉的主要受热面，用锅炉钢管制成，它分为水管和烟管，凡是管内流水或汽水混合物而管外受热的叫水管；凡是管内走烟气而管外被水冷却的叫烟管。烟管只用在小型锅炉中，水管用在各种锅炉中，水冷壁管是水管中的一种。

5）省煤器的作用是使给水进入锅筒之前，被预先加热到某一温度（通常加热到低于饱和温度40~50℃），以降低排烟温度，提高锅炉热效率。中低压锅炉往往用铸铁制造省煤器，中压以上的锅炉省煤器由钢管制成的蛇形管组合而成。

6）过热器是把锅筒内出来的饱和蒸汽加热成过热蒸汽，以满足生产工艺的

需要，过热器是用碳钢或耐热合金钢管弯制成蛇形管后组合而成。

7）减温器的作用是调节过热蒸汽的温度，将过热蒸汽的温度控制在规定的范围内，以确保安全和满足生产需要。凡有过热器的锅炉上均有减温器，减温器分面式减温器和混合式减温器，减温器结构与联箱相似，但其内部有喷水装置或冷却水管。

8）再热器是将汽轮机高压缸排出的蒸汽再加热到与过热蒸汽相同或相近的温度后，再回到中低压缸去做功，以提高电站的热效率，再热器一般只用于蒸发量大于400t/h的电站锅炉。

9）炉胆是锅壳式锅炉包围燃料燃烧空间的壳体，只有立式锅炉和卧式内燃锅炉中有炉胆。炉胆有直圆筒形和锥形两种，当炉胆长度超过3m要采用波纹形结构。

10）下脚圈是连接炉胆和锅壳的部件，只在立式锅炉中采用，常见的有U形、L形、H形、S形等型式，额定工作压力大于0.1MPa的锅炉上须用U形下脚圈。

11）炉门圈是连接于锅壳和炉胆之间可使燃料进入燃烧室的一段管子，一般由锅炉钢板压制成椭圆形后焊接而成。

12）喉管和冲天管均为连接于锅壳和炉胆之间烟气排出时所经过的一段管子，一般由无缝钢管制成。

二、常见的锅炉结构

锅炉最早是炉子包锅，逐渐发展为锅包炉子。结构越来越复杂，热效率也逐步提高。通过计算生产每吨蒸汽钢材消耗量，加工制造难易程度，燃料种类、锅炉寿命等综合指标，确定合理的锅炉热效率和锅炉结构。

1. 立式锅壳锅炉

立式锅壳锅炉主要有立式水管锅炉和立式火管锅炉。立式锅炉的缺点有：热效率低；炉膛水冷程度大，不宜燃用劣质煤；难以采用机械化燃烧；环保不易达标，目前只是在低压小容量及环保控制不严及供电不正常的地区少量应用。

立式锅壳锅炉由封头、锅筒、U形圈、炉胆、炉胆顶、水管和冲天管等主要受压部件组成，图5-1所示为LSG立式锅壳锅炉。

2. 卧式锅壳锅炉

卧式锅壳锅炉主要分为卧式内燃锅壳式锅炉和卧式外燃锅壳式锅炉。

1）卧式内燃锅壳式锅炉：卧式内燃锅壳式锅炉尺寸较小，适合整装，采用微正压燃烧时，密封问题容易解决，在燃油（气）锅炉中应用较多。图5-2所示为WNS系列卧式内燃锅壳式锅炉。

2）卧式外燃锅壳式锅炉：卧式外燃水火管锅炉将燃烧装置从锅壳中移出

来，加大了炉排面积和炉膛体积，并在锅壳两侧加装了水冷壁管，组成燃烧室，为煤的燃烧创造了良好条件，因此燃料适应性较广，热效率较高。图 5-3 所示为 DZL 系列卧式外燃水火管锅炉。

卧式锅壳锅炉的主要承压部件有锅壳、炉胆、回燃室、管板、烟管、拉撑等，如图 5-2 和图 5-3 所示。

3. 水管锅炉

水管锅炉在锅筒外部设水管受热面，高温烟气在管外流动放热，水在管内吸热。由于管内横截面比管外小，因此汽水流速大大增加，受热面上产生的蒸汽立即被冲走，这就提高了锅水吸热率。与锅壳式锅炉相比水管锅炉锅筒直径小，工作压力高，锅水容量小，一旦发生事故，灾害较轻，锅炉水循环好，蒸发效率高，适应负荷变化的性能较好，热效率较高。因此，压力较高，蒸发量较大的锅炉都为水管锅炉。

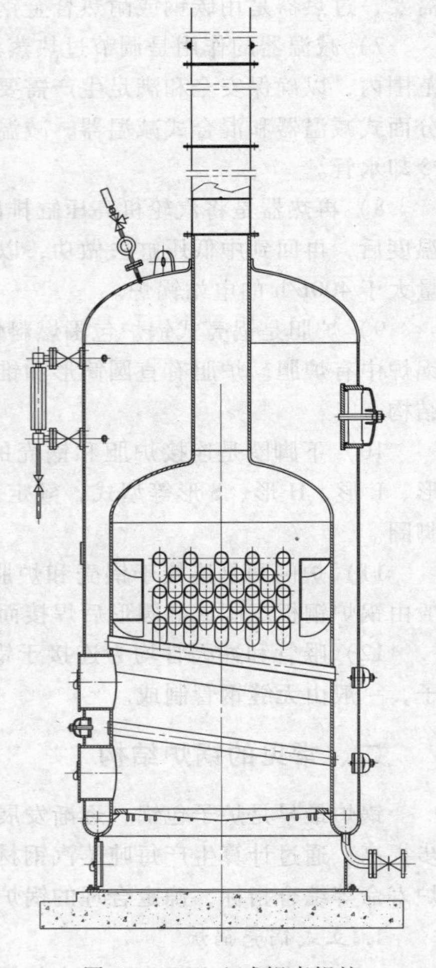
图 5-1　LSG 立式锅壳锅炉

水管锅炉的承压部件主要有锅筒、下降管、水冷壁、对流管束、集箱等，图 5-4 所示为 SZL 系列水管锅炉。有的锅炉如图 5-5 所示高压电站锅炉带有省煤器、过热器、再热器等。超临界锅炉及超超临界锅炉没有锅筒，有汽水分离器，如图 5-6 所示。循环流化床锅炉的旋风分离器有的还带有蒸汽冷却的承压部件，如图 5-7 所示。

三、锅炉系统的辅机设备

锅炉系统包括锅炉的水处理设备和给水设备、输煤、制粉等燃烧设备、鼓引风设备、灰渣设备、烟气净化设备等。

1. 给水设备

给水设备主要有注水器、蒸汽往复泵和离心泵等。注水器适用于蒸发量小，压力较低的锅炉；蒸汽往复泵在缺乏动力或作为给水备用设备的条件常被采用；离心泵是正常条件下锅炉给水最常用的设备。

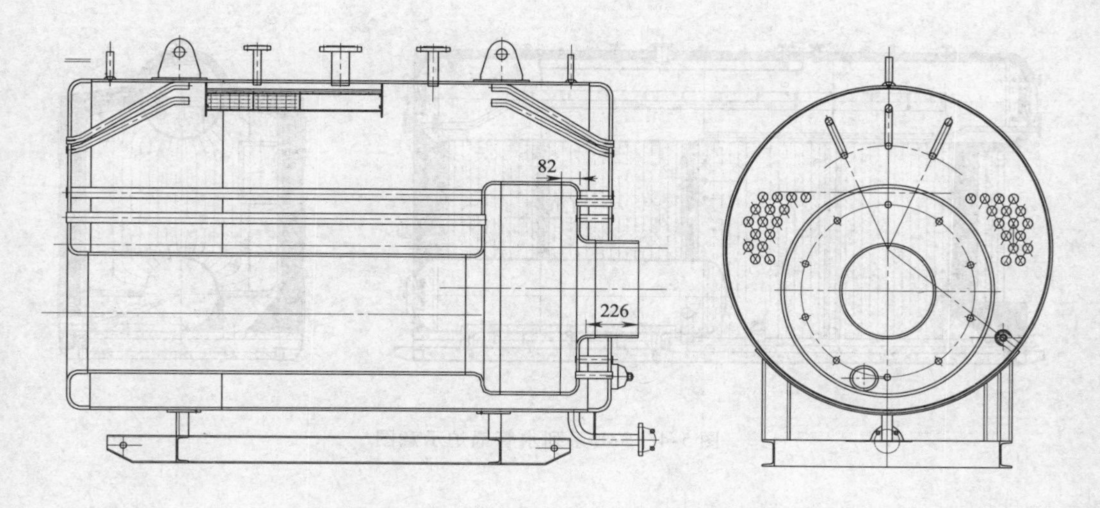

图 5-2　WNS 系列卧式内燃锅壳式锅炉

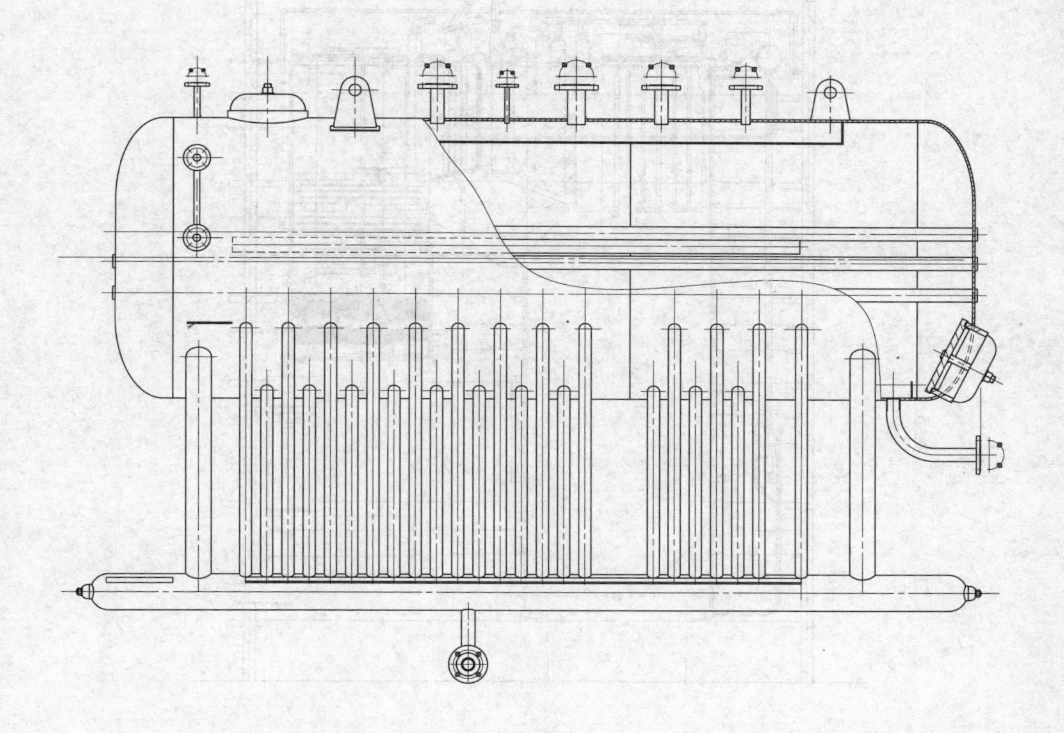

图 5-3　DZL 系列卧式外燃水火管锅炉

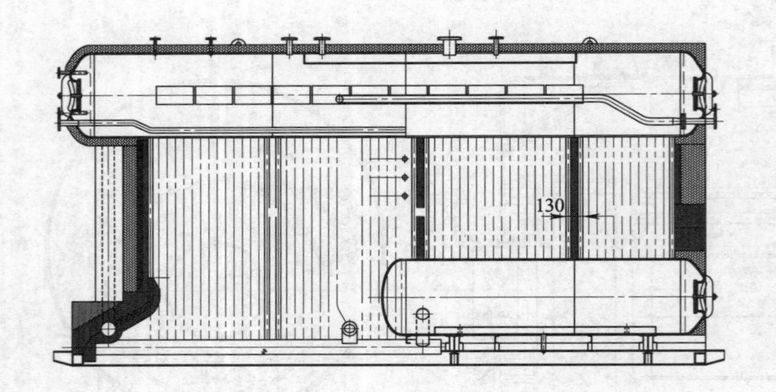

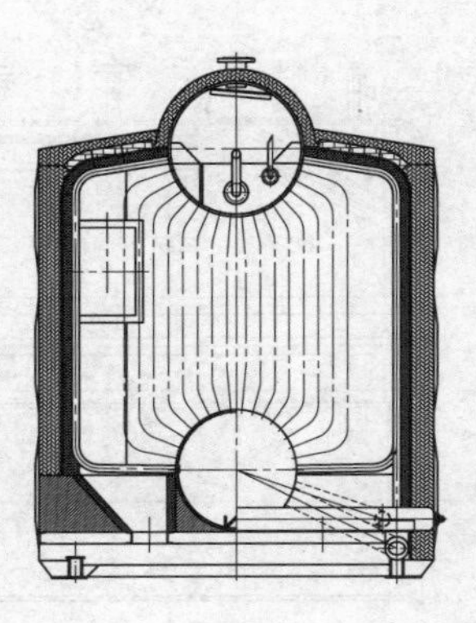

图 5-4　SZL 系列水管锅炉示意图

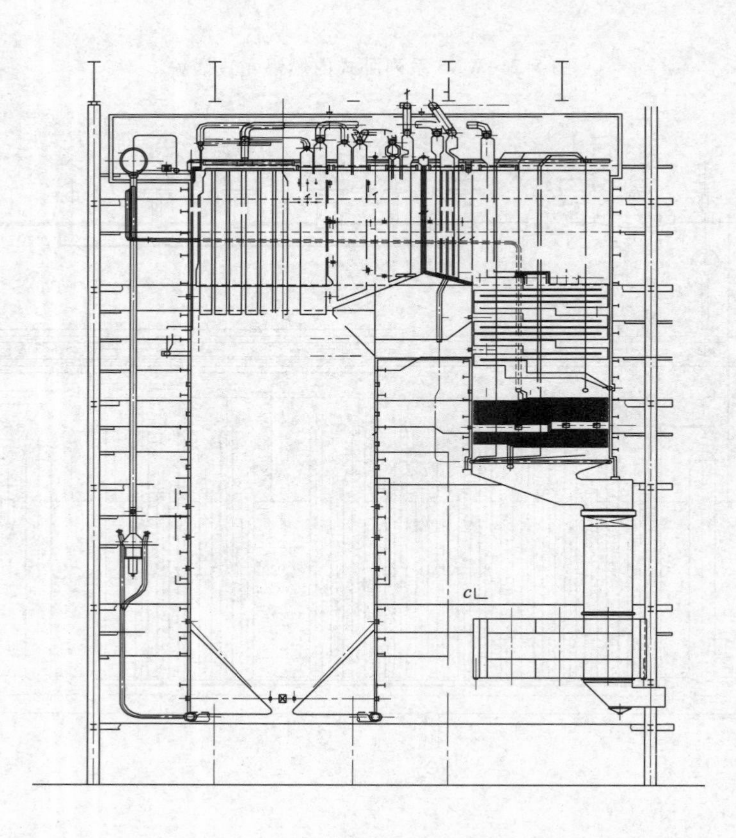

图 5-5　高压电站锅炉示意图

2. 水处理设备

锅炉水处理方式分为锅外物理、化学水处理和锅内加药水处理。锅外物理、化学水处理设施包括预处理设施、离子交换设施、除氧设施。锅内加药水处理及设施包括水处理药剂（缓蚀剂、防垢剂、防腐阻垢剂）和药剂投放设施。

电厂用的水处理设备还包括机械过滤器类、离子交换器类、除二氧化碳器类及酸、碱储存槽、计量箱等水处理设备。

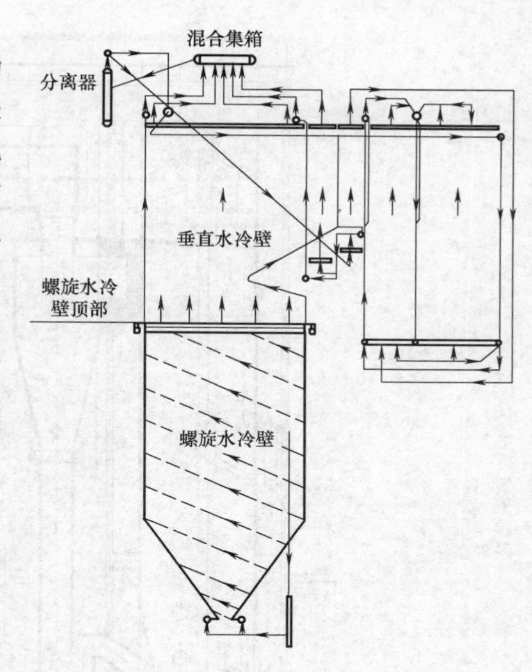

图 5-6 超临界电站锅炉示意图

3. 通风设备

通风设备通常指鼓风机、引风机和烟囱。鼓风机是将空气送入炉膛，使燃料燃烧的一种设备，引风机是将炉膛内的烟气向外排的一种设备，风机主要用轴流式风机或离心式风机；烟囱产生抽力，使烟气顺烟囱排到室外高空，减轻锅炉区域局部污染。

4. 输煤设备

根据锅炉房容量和耗煤量的大小，输煤有机械上煤和人工上煤两种。许多容量不大的锅炉房常把这两种方法结合起来。人工上煤，设备简单、灵活，用于用煤量不大的锅炉房。缺点是劳动强度大，卫生条件差。机械上煤包括单斗提升机、带式输送机、埋刮板输送机、煤粉输送管道等。煤粉锅炉的制粉系统磨煤机主要有钢球磨煤机、风扇磨煤机、中速磨煤机等。

5. 燃烧设备

燃烧性能主要包括着火稳定性、燃尽性、防渣性能、防水冷壁高温腐蚀、低污染性能以及降低炉膛出口残余旋流等。为达到良好的燃烧性能，合理选择锅炉燃烧方式、炉膛主要热力特性参数、结构尺寸及燃烧器工况参数等。燃烧设备主要有固定炉排、链条炉排、往复炉排、滚动炉排、下饲炉排、抛煤机、鼓泡流化床、循环流化床、室燃炉燃烧器等。

循环流化床燃烧是用空气作为流化介质，使燃料在流化状态着火、燃烧的设备。其构成有点火装置、给煤和给料装置、风室、布风装置、排渣和冷渣装置，循环流化床还有分离器和回料阀。外循环是被烟气携带离开炉膛的固体颗粒，由

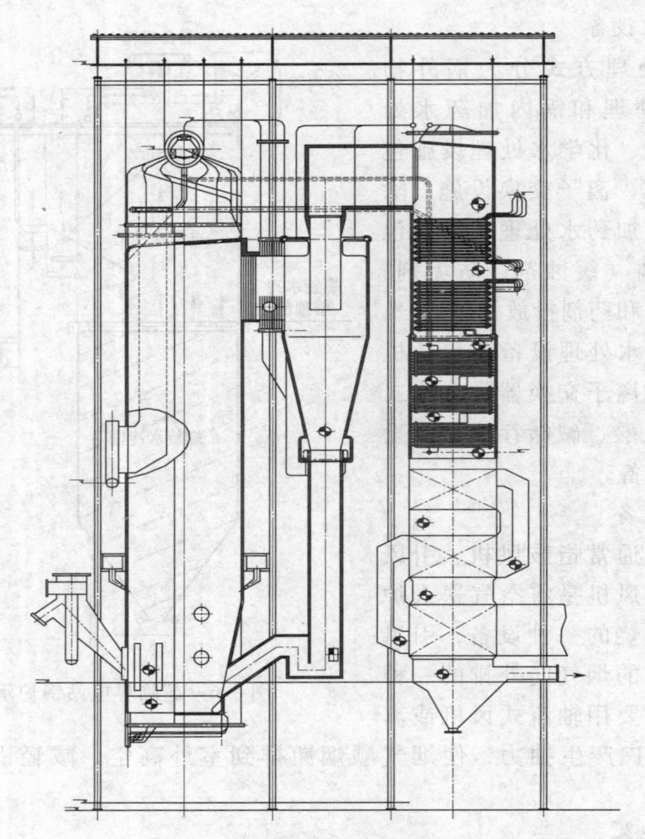

图 5-7　循环流化床锅炉结构示意图

分离器从烟气流中分离出来，经回料阀返回炉膛过程中形成的颗粒循环流动。分离器应按所需的分级分离效率进行设计，选用合适的形式。以达到物料循环、燃烧效率、脱硫效率和烟气流动阻力的要求。对小型锅炉受限于布置空间，可采用内循环系统；对有布置空间的锅炉，可采用外循环系统或二级及多级分离。

6. 灰渣设备

锅炉出灰按其方式分类有人工、机械、水力和火力等四种出灰方式。人工出灰是运行人员将灰渣从灰坑中耙出，用水浇湿，装上小车再运出锅炉房外，主要用于立式锅炉固定炉排燃烧；刮板出渣机和螺旋出渣机主要用于机械化燃烧的锅炉。

电站锅炉常采用干式除渣方式和水力除灰渣系统。干式除渣方式主要有负压气力除灰系统、低正压气力除灰系统、压气力除灰系统、空气斜槽除灰系统、埋刮板输送机、螺旋输送机等方式，以及由上述方式组合的联合系统。水力除灰渣系统，根据锅炉排渣装置形式、锅炉房和厂区布置以及灰渣向厂外转运方式等条

件，厂内灰渣水力输送可采用压力管和灰渣沟两种方式。

7. 除尘设备

锅炉各种燃烧结构的出口烟尘浓度多数高于我国标准规定的最大允许烟尘浓度值，因此除了正确选择燃烧结构和提高操作水平，对燃煤锅炉还必须在锅炉后部设置除尘设备，将烟气中的尘粒捕集后再排入大气。锅炉常用的除尘器有旋风除尘器、离心式水膜除尘器、袋式除尘器、静电除尘器和湿式除尘脱硫器等。

8. 锅炉的排污和排汽系统

根据扩容蒸汽的利用条件，连续排污系统和定期排污系统设备有的采用两级连续排污扩容系统。电站锅炉向空排放的锅炉点火排汽管和安全门排汽管装有消声器。

四、锅炉参数

锅炉参数对蒸汽锅炉而言是指锅炉所产生的蒸汽数量、工作压力及蒸汽温度。对热水锅炉而言是指锅炉的热功率、出水压力及供回水温度。

1. 蒸发量（D）

蒸汽锅炉长期安全运行时，每小时所产生的蒸汽量，即该台锅炉的蒸发量，用 D 表示，单位为 t/h。包括额定蒸发量和最大连续蒸发量。额定蒸发量是蒸汽锅炉在额定蒸汽压力、额定蒸汽温度、额定给水温度、燃用设计燃料和保证的锅炉效率条件下所规定的蒸发量。最大连续蒸发量是蒸汽锅炉在额定蒸汽压力、额定蒸汽温度、额定给水温度和燃用设计燃料条件下长期连续运行时所能达到的最大蒸发量。

2. 热功率（供热量 Q）

热水锅炉长期安全运行时，每小时出水有效带热量，即该台锅炉的热功率，用 Q 表示，单位为兆瓦（MW），工程单位为 10^4 千卡/小时（10^4kcal/h）。额定供热量是热水锅炉在额定热水温度、额定热水压力、额定回水温度和额定循环水量条件下，长期连续运行时应保证的供热量。

3. 工作压力

工作压力是指锅炉最高允许使用的压力。工作压力是根据设计压力来确定的，通常用 MPa 来表示。额定工作压力是蒸汽锅炉在规定的给水压力和负荷范围内，长期连续运行时，应保证的锅炉主汽阀出口处的蒸汽压力。

4. 介质出口温度

温度是标志物体冷热程度的一个物理量，同时也是反映物质热力状态的一个基本参数。通常单位用摄氏度（即℃）来表示。

锅炉铭牌上标明的温度是锅炉出口处介质的温度，又称额定蒸汽温度。额定蒸汽温度是蒸汽锅炉在规定的负荷范围内，额定蒸汽压力和额定给水温度下，长期连续运行时应保证的锅炉主汽阀出口处的蒸汽温度；对于热水锅炉，其额定热水温度是热水锅炉在额定回水温度、额定热水压力和额定循环水量下，长期连续运行时应保证的锅炉出口热水温度。

5. 给水温度和回水温度

给水温度是蒸汽锅炉进口处给水的温度。回水温度是供热系统中的循环水在热水锅炉进口处的温度。

五、锅炉型号及命名方法

1. 工业锅炉型号表示方法

工业锅炉产品型号的表示方法采用原机械工业部标准 JB/T1626—2002。型号的组成如下：

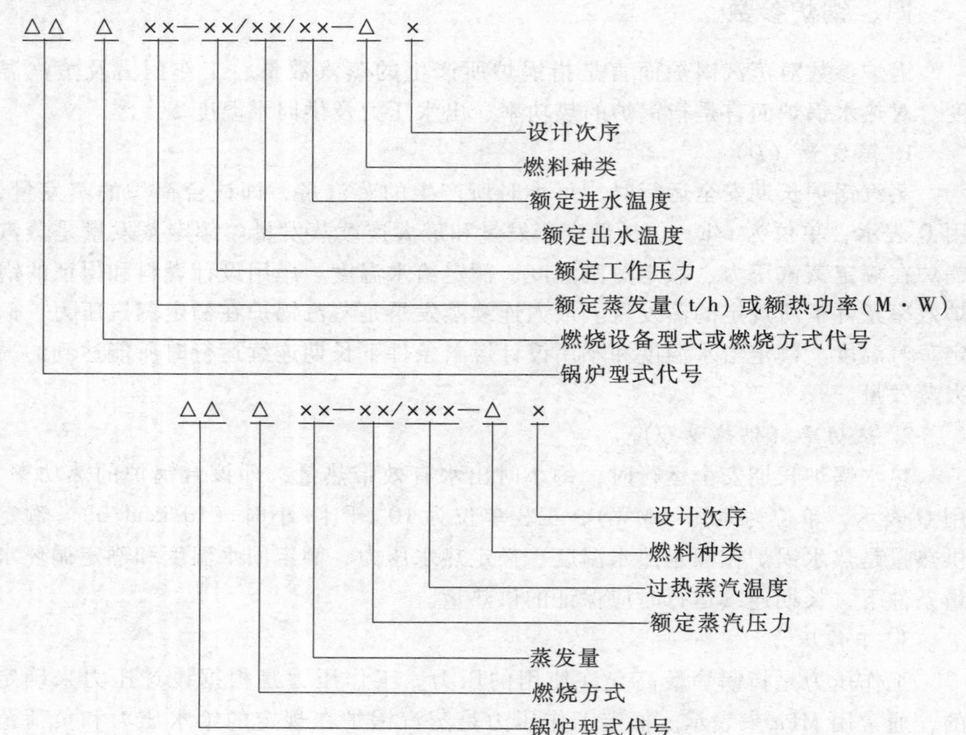

锅炉的型式代号见表 5-1，燃烧方式代号见表 5-2，燃料种类代号见表 5-3。

表 5-1 锅炉的型式及代号

锅炉型式			代号
锅壳锅炉	立式	火管	LH
		水管	LS
		无管	LW

（续）

锅炉型式			代号
锅壳锅炉	卧式	外燃	WW
		内燃	WN
水管锅炉	单锅筒	纵置	DZ
		横置	DH
		立置	DL
	双锅筒	纵置	SZ
		横置	SH
		纵横置	ZH
	强制循环		QX

表 5-2　燃烧型式或方式代号

燃烧方式	代号	燃烧方式	代号
固定炉排	G	倒转链条炉排加抛煤机	D
固定双层炉	C	往复炉排	W
抛煤机	P	鼓泡流化床燃烧	F
下饲炉排	A	室燃炉	S
链条炉排	L	循环流化床燃烧	X

表 5-3　燃料种类代号

燃料种类		代号	燃料种类	代号
烟煤	Ⅰ类	AⅠ	褐煤	H
	Ⅰ类	AⅡ	贫煤	P
	Ⅲ类	AⅢ	木柴	M
无烟煤	Ⅱ类	WⅡ	稻壳	D
	Ⅲ类	WⅢ	甘蔗渣	G
型煤		X	油	Y
水煤浆		J	气	Q

型号举例：

1）DZL4—1.0—AⅡ，表示单锅筒纵置式链条炉，额定蒸发量为 4 t/h，蒸汽压力为 1.0MPa，蒸汽温度为饱和温度，燃用Ⅱ类烟煤，原型设计的蒸汽锅炉。

2）WNS2—0.7—Y，表示卧式内燃室燃炉，额定蒸发量为 2t/h，额定蒸汽压力为 0.7MPa，蒸汽温度为饱和温度，燃油原型设计的蒸汽锅炉。

3）QXS7—1.0/115/90—Q，表示强制循环室燃炉，额定功率为7MW，供水压力为1.0 MPa，供水温度为115℃，回水温度为90℃，天然气原型设计的热水锅炉。

4）SHL2-1.0-AⅡ，双筒横置式链条炉，额定蒸发量为2t/h，蒸汽压力为1.0MPa，蒸汽温度为饱和温度，燃用Ⅱ类烟煤，原型设计的蒸气锅炉。

2. 电站锅炉型号命名方法

JB/T 1617—1999《电站锅炉产品型号编制方法》

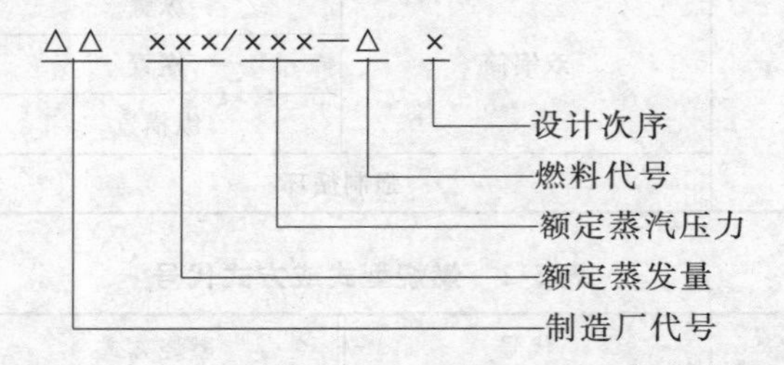

例如，HG—670/13.72—M表示哈尔滨锅炉厂制造的670t/h，13.72MPa工作压力的电站锅炉，设计燃料为煤，原型设计。

第四节　锅炉无损检测要求

1. 锅炉无损检测人员资格

无损检测人员应当按照相关技术规范进行考核，取得资格证书后方可从事相应方法和技术等级的无损检测工作。

2. 无损检测基本方法

无损检测方法主要包括射线（RT）、超声（UT）、磁粉（MT）、渗透（PT）、涡流（ET）等检测方法。制造单位应当根据设计、工艺及其相关技术条件选择检测方法并制订相应的检测工艺。

当选用超声衍射时差法（TOFD）时，应当与脉冲回波法（PE）组合进行检测，检测结论以TOFD与PE方法的结果进行综合判定。

3. 无损检测验收标准

锅炉受压部件无损检测方法应当符合NB/T 47013—2015《承压设备无损检测》的要求。管子对接接头X射线实时成像，应当符合相关技术规定。

4. 无损检测技术等级及焊接接头质量等级

1）锅炉受压部件焊接接头的射线检测技术等级不低于AB级，焊接接头质量等级不低于Ⅱ级。

2）锅炉受压部件焊接接头的超声波检测技术等级不低于B级，焊接接头质量等级不低于Ⅰ级。

3）表面检测的焊接接头质量等级不低于Ⅰ级。

5. 无损检测时机

焊接接头的无损检测应当在形状尺寸和外观质量检查合格后进行，并且遵循以下原则：

1）有延迟裂纹倾向的材料应当在焊接完成24h后进行无损检测。

2）有再热裂纹倾向材料的焊接接头，应当在最终热处理后进行表面无损检测复验。

3）封头（管板）、波形炉胆、下脚圈的拼接接头的无损检测应在成形后进行，若成形前进行无损检测，则应在成形后在小圆弧过渡区域再做无损检测。

4）电渣焊焊接接头应在正火后进行超声波检测。

6. 无损检测选用方法和比例

1）蒸汽锅炉受压部件焊接接头的无损检测方法及比例应当符合表5-4要求。

2）B级热水锅炉无损检测比例及方法应当符合表5-1中B级蒸汽锅炉要求，B级以下热水锅炉及其管道可以不进行无损检测。

3）壁厚小于20mm的焊接接头应当采用射线检测方法，壁厚不小于20mm时，可以采用超声波检测方法，超声波检测仪宜采用数字式可记录仪器，若采用模拟式超声波检测仪，应当附加20%局部射线检测。

4）水温低于100℃的给水管道可以不进行无损检测。

5）承压有机热载体锅炉的无损检测比例及方法应当符合表5-5要求，非承压有机热载体锅炉可以不进行无损检测。

表5-4　蒸汽锅炉无损检测方法及比例

锅炉设备分类	A级	B级	C级	D级
锅炉部件	检测方法及比例			
锅筒（锅壳）、启动分离器的纵向和环向对接接头，封头（管板）、下脚圈的拼接接头以及集箱的纵向对接接头	100%射线或者100%超声波检测	100%射线或者100%超声波检测	每条焊缝至少20%射线检测	10%射线检测
炉胆的纵向和环向对接接头（包括波形炉胆）、回燃室的对接接头及炉胆顶的拼接接头	—	20%射线检测		—
内燃锅壳锅炉，其管板与锅壳的T形接头，贯流式锅炉集箱筒体T型接头	—	100%超声波检测		

（续）

锅炉设备分类	A级	B级	C级	D级
锅炉部件	检测方法及比例			
内燃锅壳锅炉，其管板与炉胆，回燃室的T形接头	—	50%超声波检测		—
集中下降管角接接头	100%超声波检测		—	
外径大于 ϕ159mm 或者壁厚大于或者等于 20mm 的集箱、管道和其他管件的环向对接接头	100%射线或者100%超声波检测		—	
外径小于或者等于 ϕ159mm 的集箱、管道、管子环向对接接头（受热面管子接触焊除外）	（1）$P\geqslant9.8$MPa，100%射线或者100%超声波检测（安装工地：接头数的50%） （2）$P<9.8$MPa，50%射线或者50%超声波检测（安装工地：接头数的20%）	10%射线检测		
锅筒、集箱上管接头的角接接头	（1）外径大于108mm，100%超声波检测 （2）外径小于或者等于 ϕ108mm，至少接头数的20%表面检测	—		

表 5-5　承压有机热载体锅炉无损检测方法及比例

锅炉部件	无损检测方法及比例	
	气相	液相
锅筒、闪蒸罐的纵缝、环缝和封头的拼接对接接头	100%射线检测	50%射线检测
T形接头	100%超声波检测	50%超声波检测
外径大于或者等于 ϕ159mm 的环向对接接头	接头数的20%射线检测	
外径小于 ϕ159mm 的环向对接接头	接头数的10%射线检测	

7. 局部无损检测

锅炉受压部件局部无损检测部位由制造单位确定，但对纵缝与环缝的相交对接接头和管子或管道与无直段弯头的焊接接头是必检部位。

经局部无损检测的焊接接头，若在检测部位任意一端发现缺陷有延伸可能时

应当在缺陷的延长方向进行补充检测。当发现超标缺陷时，应在该缺陷两端的延伸部位各进行不少于200mm的补充检测，若仍不合格，则应对该焊接接头进行全部检测。对不合格的接管对接接头，应在该焊工的接管对接接头中抽查双倍数目的补充检测，如仍不合格，应对该焊工当日全部接管焊接接头进行检测。

8. 组合无损检测方法合格判定

锅炉受压部件如果采用多种无损检测方法进行检测时，则应当按照各自验收标准进行评定，均合格后，方可认为无损检测合格。

9. 无损检测报告的管理

制造单位应当如实填写无损检测记录，正确签发无损检测报告，妥善保管无损检测的工艺卡、原始记录、报告、检测部位图、射线底片、光盘或电子文档等资料（含缺陷返修记录），其保存期限不少于7年。

复习思考题

1. 什么是锅炉？
2. 锅炉受压部件包括哪些？
3. 常见锅炉结构有哪几种？
4. 锅炉主要参数有哪些？
5. 锅炉常用无损检测方法有哪几类？
6. 锅炉局部无损检测要求有哪些规定？

第六章

压力容器基础知识

培训学习目标

了解压力容器的概念，分类、结构形式，熟悉压力容器缺陷类型、产生原因和易于产生部位，掌握压力容器无损检测标准要求。

压力容器是指盛装气体或者液体，承载一定压力的密闭设备。压力容器用在生产生活的各个领域，其具体特点见表6-1。压力容器是一种可能引起爆炸或中毒等危害性较大事故的特种设备，一旦发生爆炸或泄漏，往往并发火灾、中毒、污染环境等灾难性事故，所以压力容器比一般机械设备有更高的安全要求，但是为了使用、检验、监察的需要，并不是所有的容器，都需要进行全方位的监管，只对《特种设备安全监察条例》规定范围内的压力容器实施监管，因此本章所指压力容器为《特种设备安全监察条例》监管范围内的压力容器。

表6-1　压力容器特点

固定式压力容器	移动式压力容器	气瓶	医用氧舱
介质危险性大	活动范围大，运行条件复杂	数量极多，流动性大	载人压力容器，一旦有事故必定有人员伤亡
介质复杂、工况差异大	场所不固定，监管的难度大	充装环节易发生超装和混装事故	快开门式压力容器
材料的多样性	介质风险高，易发生大事故	用户、充装检验单位多，监管难度大	内部存在氧气，易诱发火灾事故

第一节　压力容器的定义

《特种设备安全监察条例》中定义，压力容器是指盛装气体或者液体，承载

一定压力的密闭设备，其范围规定为最高工作压力大于或者等于 0.1MPa（表压），且压力与容积的乘积大于或者等于 2.5MPa·L 的气体、液化气体和最高工作温度高于或者等于标准沸点的液体的固定式容器和移动式容器；盛装公称工作压力大于或者等于 0.2MPa（表压），且压力与容积的乘积大于或者等于 1.0MPa·L 的气体、液化气体和标准沸点等于或者低于60℃液体的气瓶、氧舱等，包括其所用的材料、附属的安全附件、安全保护装置和与安全保护装置相关的设施。

一、压力容器的本体界定范围

压力容器的本体界定在下述范围内：压力容器与外部管道或装置焊接连接的第一道环向焊接接头的焊接坡口、螺纹联接的第一个螺纹接头、法兰连接的第一个法兰密封面、专用连接件或管件连接的第一个密封面；压力容器开孔部分的承压盖及其紧固件；非受压元件与压力容器本体连接的连接焊缝。

压力容器本体中的主要受压元件包括壳体、封头（端盖）、膨胀节、设备法兰，球罐的球壳板，换热器的管板和换热管，M36 及以上的设备主螺柱和公称直径大于或者等于 ϕ250mm 的接管和管法兰。

安全附件包括直接连接在压力容器上的安全阀、爆破片装置、紧急切断装置、安全联锁装置、压力表、液位计、测温仪表等安全附件。

二、压力容器参数

1. 压力

单位用 MPa 来表示。压力容器中的压力是用压力表来测量的，压力表上所指示的压力称为表压力。

1）工作压力：是指压力容器在正常的操作条件下，压力容器所承受的内（外）部表压力。

2）最高工作压力：对于承受内压的压力容器，其最高工作压力是指在正常使用过程中，容器顶部可能出现的最高压力；对于承受外压的压力容器，其最高工作压力是指在正常使用过程中，容器可能出现的最高压力差值；对于夹套容器，其最高工作压力是指在正常使用过程中，夹套顶部可能出现的最高压力差值。

3）设计压力：是指在相应设计条件下用以确定压力容器壳体壁厚及其元件尺寸的压力。在正常的情况下，设计压力应等于或略高于最高工作压力。

4）公称压力：容器及其零部件的制造趋于标准化，把标准化后的压力数值称为公称压力，容器设计时应尽量采用标准的公称压力系列参数。容器的公称压力是指容器在规定温度下的最大操作压力，用符号 Pg 来表示。

2. 温度

1）工作温度：是指容器在操作过程中，在工作压力（操作压力）下壳体能达到的最高或最低温度。

2）设计温度：是指容器在操作过程中，在相应的设计压力下壳体或元件能达到的最高或最低温度。

3）试验温度：指的是压力试验时，壳体的金属温度。

3. 直径和容积

1）直径：一般所说的容器直径系指其内径，单位多用 mm 表示。容器的公称直径用符号 DN 来表示。

2）容积：指的是压力容器的几何容积，即由设计图标注的尺寸计算（不考虑制造公差）并圆整，且不扣除内件体积的容积。

4. 介质

介质是指能够传播媒体的载体，介质亦称媒质。压力容器的介质是指存在于容器内部的工作物质。压力容器的介质按物理状态可分为液态、气态和气液共存。

1）介质按化学特性分为不燃、可燃、易燃、易爆介质等。

物质发生强烈的氧化还原反应，具有发光、发热、生成新物质三个特征的现象称为燃烧。最常见最普遍的燃烧现象是可燃物在空气或氧气中的燃烧。燃烧的条件：可燃物、助燃物和着火源。每一个条件要有一定的量，相互作用，燃烧才能发生。

易燃介质是指气体或液体的蒸汽、薄雾与空气混合形成的爆炸混合物，其爆炸下限小于10%，或者爆炸上限和爆炸下限的差值大于等于20%。易燃气体，易燃液体的蒸气或可燃粉尘和空气混合达到一定浓度时，遇到火源就会发生爆炸。达到爆炸的空气混合物的浓度称为爆炸极限。

2）介质按毒性程度分为极度危害、高度危害、中度危害和轻度危害介质（介质毒性程度不同时，其最高容许浓度不同）。

凡作用于人体产生有毒作用的物质，统称为毒物。毒物侵入人体后与人体组织发生化学或物理化学作用，并在一定条件下，破坏人体的正常生理功能或引起某些器官或系统发生暂时性或永久性病变的现象，叫做中毒。

极度危害最高容许浓度小于 $0.1\mathrm{mg/m^3}$；高度危害最高容许浓度为 $0.1\sim1.0\mathrm{mg/m^3}$；中度危害最高容许浓度 $1.0\sim10.0\ \mathrm{mg/m^3}$；轻度危害最高容许浓度大于等于 $10.0\ \mathrm{mg/m^3}$。

三、压力容器的基本要求

1. 安全可靠

①足够的强度、韧性。②良好的耐蚀性（材料与介质相容）。③足够的刚度

和抗失稳能力。④良好的密封性能。

2. 满足过程要求

①功能要求。②寿命要求。

3. 综合经济性好

①生产效率高（单位生产能力高）、消耗系数低。②结构合理、制造方便。③便于安装和运输。

4. 易于操作、维护和控制

①操作简单。②易于维护、修理，能够安全、正常地运转，维修周期长。③便于控制。

5. 优良的环境性能

泄漏、环境污染、环境失效

以上各方面要求在设备设计时应综合考虑、具体分析，采用工程观点来解决主要矛盾。

第二节 压力容器的分类

一、一般压力容器的分类

（1）按承受压力的等级 低压：设计压力＜1.6MPa；中压：1.6MPa≤设计压力＜10MPa；高压：10MPa ≤设计压力＜100MPa；超高压：设计压力≥100MPa。

（2）按设计温度 常温压力容器；低温压力容器（设计温度≤－20℃）；高温压力容器（设计温度＞450℃）。

（3）按在生产工艺过程中的作用原理分类

1）反应容器（R）：指主要用来完成介质的物理、化学反应的容器。如反应器（釜）、分解塔、聚合釜，合成塔，变换炉，蒸煮锅，蒸球等。

2）换热容器（E）：指主要用来完成介质的热量交换的容器。如管壳式废热锅炉、热交换器、冷凝器、硫化锅、消毒锅、蒸压釜、染色器等。

3）分离容器（S）：指主要用来完成介质的流体压力平衡和气体净化分离等的容器。如分离器、过滤器、集油器、缓冲器、吸收塔、铜洗塔、干燥塔等。

4）储运容器（C）：指主要用来盛装生产和生活用的原料气体，液体、液化气体等的容器。如各种型式的储槽、槽车（铁路槽车、公路槽车）。

在一种容器中，若同时具有两个以上的工艺作用原理时，应按工艺过程中的主要作用来划分。

（4）按安全技术管理方式　为了更有效地实施科学管理和安全监检，依据压力容器失效危险性的概念，从单一因素、单一理念上对压力容器进行分类监管，突出本质安全思想。我国压力容器安全技术规范中根据工作压力、介质危害性及其在生产中的作用将压力容器分为Ⅰ、Ⅱ、Ⅲ类。

1）下列情况之一的，为第Ⅲ类压力容器：

① 高压容器。

② 中压容器（仅限毒性程度为极度和高度危害介质）。

③ 中压储存容器（仅限易燃或毒性程度为中度危害介质，且 PV 乘积不小于 $10\text{MPa}\cdot\text{m}^3$）。

④ 中压反应容器（仅限易燃或毒性程度为中度危害介质，且 PV 乘积不小于 $0.5\text{MPa}\cdot\text{m}^3$）。

⑤ 低压容器（仅限毒性程度为极度和高度危害介质，且 PV 乘积不小于 $0.2\text{MPa}\cdot\text{m}^3$）。

⑥ 高压、中压管壳式余热锅炉。

⑦ 中压搪玻璃压力容器。

⑧ 使用强度级别较高（指相应标准中抗拉强度规定值下限不小于540MPa）的材料制造的压力容器。

⑨ 移动式压力容器，包括铁路罐车（介质为液化气体、低温液体）、汽车罐车[液化气体运输（半挂）车、低温液体运输（半挂）车、永久气体运输（半挂）车]和罐式集装箱（介质为液化气体、低温液体）长管拖车、管束式集装箱等。

⑩ 球形储罐（容积大于等于 50m^3）。

⑪ 低温液体储存容器（容积大于 5m^3）。

2）下列情况之一的，为第Ⅱ类压力容器：

① 中压容器。

② 低压容器（仅限毒性程度为极度和高度危害介质）。

③ 低压反应容器和低压储存容器（仅限易燃介质或毒性程度为中度危害介质）。

④ 低压管壳式余热锅炉。

⑤ 低压搪玻璃压力容器。

3）非易燃易爆低压容器为第一类压力容器。

（5）按结构形式　球形储罐、卧式容器、塔式容器。

（6）按材质类别　根据制造容器所用材料的种类，可将压力容器分为金属容器和非金属容器。其中，金属容器又分为钢制压力容器和有色金属容器。而钢

制压力容器又分为碳钢容器、低合金钢容器和不锈钢容器。有色金属容器分为铝制焊接压力容器、钛制焊接压力容器、铜制焊接压力容器、镍基镍合金焊接容器、锆制压力容器。

(7) 按容器壁厚可分为 薄壁容器和厚壁容器。

厚壁与薄壁并不是按容器厚度的大小来划分，而是一种相对概念，通常根据容器外径 D_0 与内径 D_i 的比值 K 来判断，$K>1.2$ 为厚壁容器，$K \leqslant 1.2$ 为薄壁容器。

(8) 按安装方式 固定式压力容器（有固定安装和使用地点，工艺条件和操作人员也比较固定的压力容器，如卧式储罐、球罐、塔器、反应釜等）；移动式压力容器（汽车罐车、铁路罐车的罐体。这类压力容器使用时不仅承受内压或外压载荷，而且在移动过程中还会受到由于内部介质晃动引起的冲击力、运输过程带来的外部撞击和振动载荷，因而在结构、使用和安全管理方面均有其特殊的要求）。

二、气瓶的分类

在气体的经营活动中，一个重要的环节是气体的输送。气体输送基本上有三种方法。

(1) 管道输送 对于大的用户，尤其是钢铁企业和化工企业，其用气量很大。主要是使用大型气体生产设备或气体生产企业气体，用管道输送。

(2) 液体输送 中等用量的用户一般使用液态气体罐车输送液态气体，就地气化使用。

(3) 气瓶输送 对于小用户，由于单个储存量小，品种需求多，且分散使用，则使用气瓶输送气体。

气瓶就是气体的包装容器，气瓶的种类繁多，分类方法多种多样，主要有以下几种分类方法：

1）按充装介质的性质 永久气体气瓶、液化气体气瓶、溶解气体气瓶。

2）按制造方法 焊接气瓶、无缝气瓶、液化石油气钢瓶、溶解乙炔气瓶、特种气瓶、长管拖车气瓶及管束式集装箱气瓶。

3）按公称工作压力 高压气瓶（公称工作压力≥8MPa 的气瓶）、低压气瓶（公称工作压力<8MPa 的气瓶）。

4）按公称容积 小容积（$V \leqslant 12L$）、中容积（$12L < V \leqslant 100L$）、大容积（$V > 100L$）。

三、医用氧舱的分类

氧舱《特种设备安全监察条例》监管范围内唯一的载人压力容器，医用氧舱是高压氧治疗的关键设备。目前有关氧舱的分类方法有：

1）按治疗人数分：多人氧舱、单人氧舱。

2）按介质分：空气加压氧舱、医用氧气加压舱。

3）按治疗对象：婴幼儿氧舱、成人氧舱。

4）按用途：过渡舱、治疗舱、手术舱。

第三节　典型压力容器

一、一般压力容器的结构

压力容器一般是由壳体（筒体、封头）、筒体（单层卷焊、多层）、封头（凸形、锥形、平盖）、接管、法兰、开孔补强（补强圈、厚壁管、整体锻件补强）、支座（耳式、支承式、裙式、支柱式、鞍座等）等组成。常见的压力容器结构如图 6-1 ~ 图 6-4 所示。

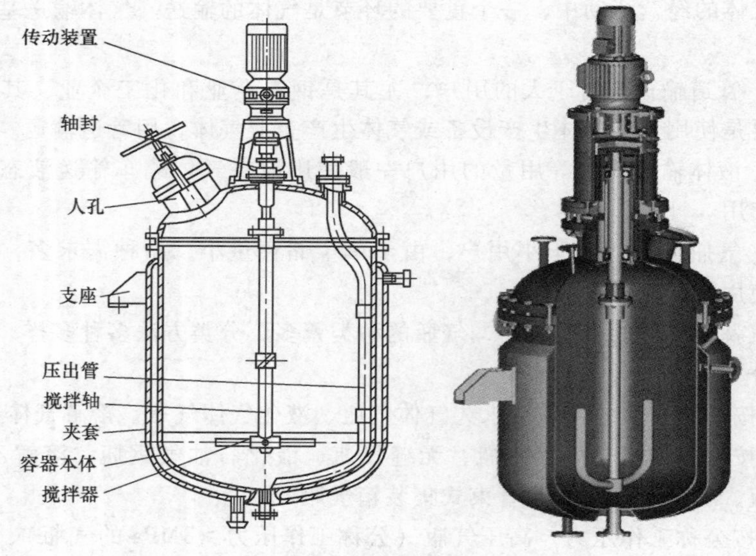

图 6-1　反应釜

二、一般压力容器的设计制造

1. 压力容器焊缝分类（见图 6-5）

容器壳体的纵向焊缝及凸形封头的拼接焊缝承受最大主应力，均属于 A 类焊缝。壳体的环向焊缝受的主应力仅为纵焊缝应力的一半，将其分类为 B 类焊

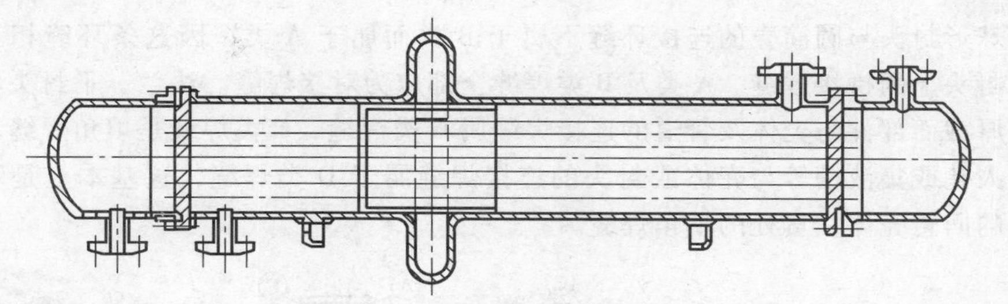

图 6-2　换热器

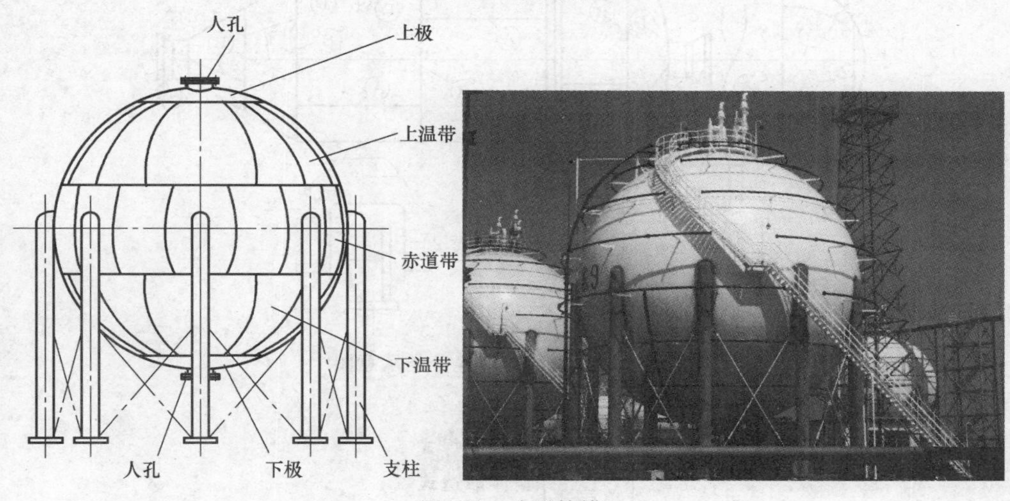

图 6-3　球形储罐

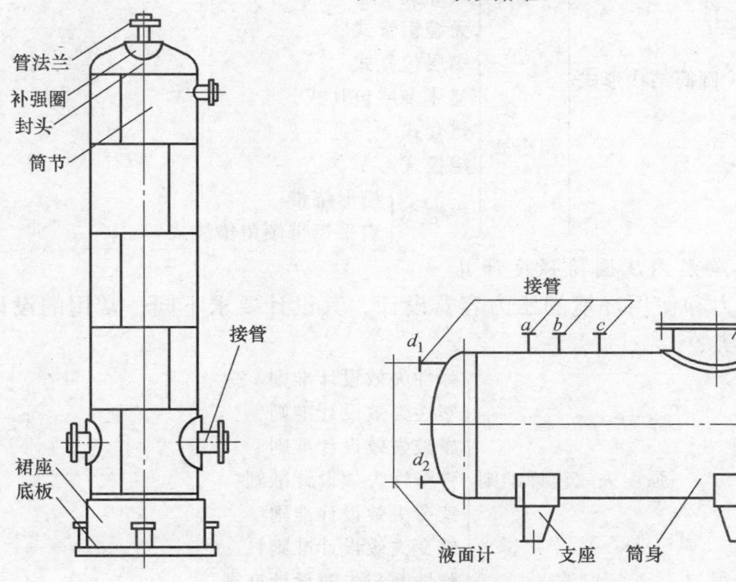

图 6-4　立式容器和卧式容器

缝。球形封头与圆筒壳的连接环缝不属于 B 类而属于 A 类，因这条环缝相当于凸形封头上的拼接焊缝。A 类及 B 类焊缝全部应为对接焊缝。法兰、平封头、管板等厚截面部件与壳体及管道的连接焊缝属 C 类焊缝，C 类焊缝是填角焊缝。接管、人孔或集液槽等与壳体或封头的连接焊缝属于 D 类焊缝，这基本上是不同尺寸的回转壳体相贯处的填角焊缝。

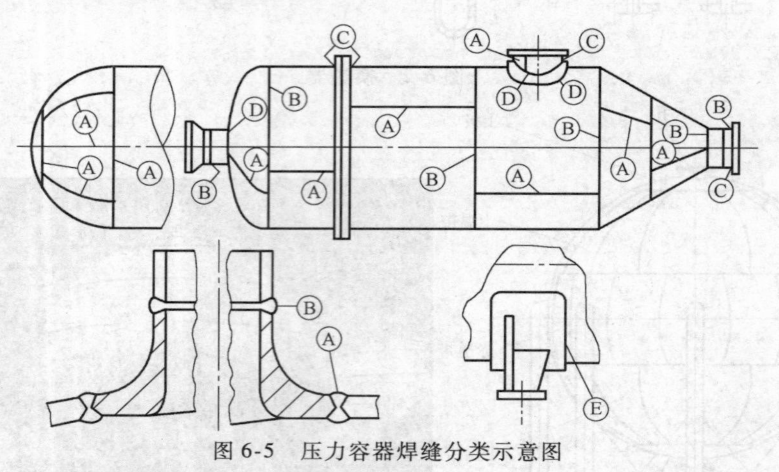

图 6-5　压力容器焊缝分类示意图

2. 压力容器圆筒结构形式

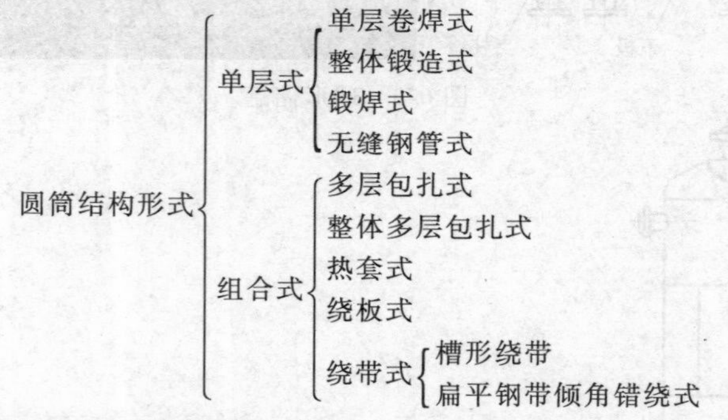

3. 压力容器单层内压圆筒强度计算

不同设计压力和使用环境的压力容器设计，其设计要求不同，常用的设计失效准则有以下几类：

强度失效设计准则
- 弹性失效设计准则
- 塑性失效设计准则
- 爆破失效设计准则
- 弹塑性失效设计准则
- 疲劳失效设计准则
- 蠕变失效设计准则
- 脆性断裂失效设计准则

压力容器单层内压薄壁圆筒强度计算公式见式（6-1）。

$$\delta = \frac{p_c D_i}{2[\sigma]^t \phi - p_c} \quad (6\text{-}1)$$

式中 δ——强度计算厚度；

$[\sigma]^t$——材料许用应力；

D_i——容器内径；

p_c——计算压力；

ϕ——焊接接头系数。

基于弹性失效设计准则内压厚壁圆筒强度计算式见表 6-2。

表 6-2 基于弹性失效设计准则内压厚壁圆筒强度计算式

设计准则	应力强度 σ_{eqi}	筒体径比 K	筒体计算厚度 δ
最大拉应力准则	$p\frac{K^2+1}{K^2-1}$	$\sqrt{\frac{[\sigma]^t+p}{[\sigma]^t-p}}$	$R_i\left(\sqrt{\frac{[\sigma]^t+p}{[\sigma]^t-p}}-1\right)$
最大切应力准则	$p\frac{2K^2}{K^2-1}$	$\sqrt{\frac{[\sigma]^t}{[\sigma]^t-2p}}$	$R_i\left(\sqrt{\frac{[\sigma]^t}{[\sigma]^t-2p}}-1\right)$
形状改变比能准则	$p\frac{\sqrt{3}K^2}{K^2-1}$	$\sqrt{\frac{[\sigma]^t}{[\sigma]^t-\sqrt{3}p}}$	$R_i\left(\sqrt{\frac{[\sigma]^t}{[\sigma]^t-\sqrt{3}p}}-1\right)$
中径公式	$p\frac{K+1}{2(K-1)}$	$\frac{2[\sigma]^t+p}{2[\sigma]^t-p}$	$R_i\left(\frac{2p}{2[\sigma]^t-p}\right)$

三、气瓶的结构

（1）气瓶型号命名原则　气瓶型号一般由气瓶代号、气瓶类型和特征数组成，必要时可增加类型序号和底部结构型式。

（2）气瓶型号表示方法　气瓶型号的命名表示方法如图 6-6 所示。

（3）气瓶代号　气瓶代号用有代表性的大写字母表示，各种气瓶代表字母见表 6-3 规定。

（4）气瓶类型　气瓶类型用大写罗马数字（Ⅰ、Ⅱ、Ⅲ）表示，气瓶代号（大写字母）和气瓶类型（罗马数字）连续书写，字母和罗马数字间不留间隔。

对于车用压缩天然气气瓶分为Ⅰ、Ⅱ、Ⅲ类。代表意义如下：Ⅰ为车用压缩天然气钢质气瓶；Ⅱ为车用压缩天然气钢质内胆环向缠绕复合气瓶；Ⅲ为车用压缩天然气铝合金内胆全缠绕复合气瓶。

对于钢质无缝气瓶按工艺类型分为Ⅰ、Ⅱ、Ⅲ类。代表意义如下：Ⅰ为钢坯冲拔拉伸式钢质无缝气瓶；Ⅱ为钢管旋压收底收口气瓶；Ⅲ为钢板冲压式钢质无

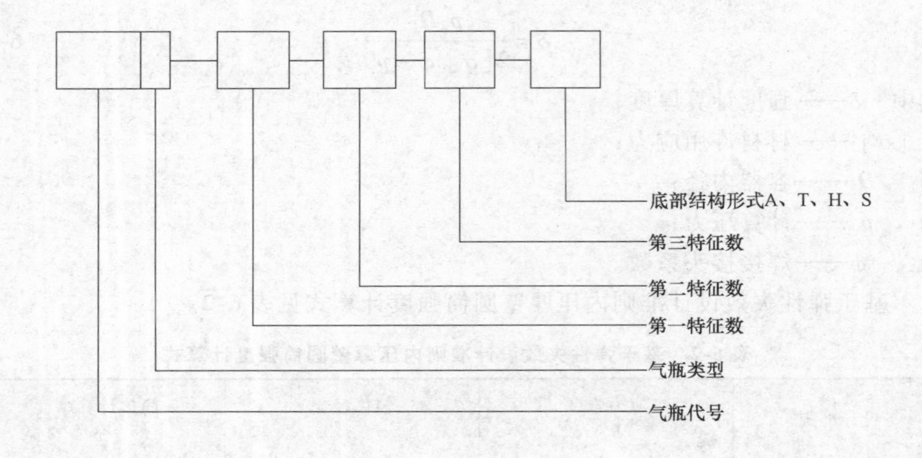

图 6-6　气瓶型号表示方法

缝气瓶。

表 6-3　各种气瓶代表字母

气瓶类型	钢制焊接气瓶（包括非重复充装气瓶）	溶解乙炔气瓶	液化石油气钢瓶	液化二甲醚钢瓶	铝合金无缝气瓶	钢制无缝气瓶
代表字母	HJa	RYP	YSP	DME	LW	Wb
代表字母	CRP	DPc	CNG	CHG	CDP	LPG

注：1. HJL 表示立式使用焊接气瓶，HJW 表示卧式使用焊接气瓶。
2. WM 碳锰钢制正火处理的无缝气瓶，WZ 碳锰钢制淬火处理的无缝气瓶，WG 铬相钢钢制的无缝气瓶。
3. DPL 表示立式使用焊接气瓶，DPW 表示卧式使用焊接气瓶。

对于钢质焊接气瓶分为Ⅰ、Ⅱ类。代表意义如下：Ⅰ为一道环焊缝焊接气瓶；Ⅱ为两道环焊缝焊接气瓶。

对于复合缠绕气瓶为Ⅱ、Ⅲ类。代表意义如下：Ⅱ为环缠绕式气瓶；Ⅲ为金属内胆全缠绕式气瓶。

仅有一种制造方式的气瓶，气瓶类型代号类型可空缺，不得使用其他字母代用。

（5）特征数　气瓶各特征数按顺序用阿拉伯数字表示，并用短栏线隔开，各特征数的含义和单位见表 6-4 规定。

（6）底部结构形式　底部结构形式用来表示一个系列中某一个规格气瓶的底部结构设计，在第三特征数后空一字母间隔书写，符号的含义见表 6-5。

表 6-4　气瓶各特征数含义

<table>
<tr><th>类　别</th><th>第一特征数</th><th>第二特征数</th><th>第三特征数</th></tr>
<tr><td>钢质焊接气瓶</td><td rowspan="2">气瓶的公称直径（内径），以 mm 为单位</td><td rowspan="8">气瓶的公称容积，以 L 为单位</td><td>气瓶的公称工作压力，以 MPa 为单位</td></tr>
<tr><td>溶解乙炔气瓶</td><td rowspan="2">表示气瓶在基准温度 15℃ 时的限定压力，以 MPa 为单位</td></tr>
<tr><td>液化石油气瓶</td><td>气瓶的公称直径（内径），以 mm 为单位（可省略）</td></tr>
<tr><td>铝合金无缝气瓶</td><td rowspan="3">气瓶的公称直径（外径），以 mm 为单位（可省略）</td><td>气瓶的公称工作压力，以 MPa 为单位（可省略）</td></tr>
<tr><td>钢质无缝气瓶</td><td rowspan="2">气瓶的公称工作压力，以 MPa 为单位</td></tr>
<tr><td>车用压缩天然气瓶Ⅰ型</td></tr>
<tr><td>复合缠绕气瓶</td><td rowspan="2">气瓶的内胆公称直径（外径），以 mm 为单位</td><td rowspan="2">气瓶在 20℃ 以下的公称工作压力，以 MPa 为单位</td></tr>
<tr><td>车用压缩天然气瓶Ⅱ或Ⅲ型</td></tr>
<tr><td>焊接绝热气瓶</td><td rowspan="2">气瓶的内胆公称直径，以 mm 为单位</td><td rowspan="2">气瓶的内胆公称容积，以 L 为单位</td><td rowspan="2">气瓶的公称工作压力，以 MPa 为单位</td></tr>
<tr><td>汽车用液化天然气气瓶</td></tr>
</table>

表 6-5　气瓶的底部结构设计

底部结构形式	凹形底	凸形底	H 形底	两头收口
代表字母	A	T	H	S

气瓶的结构较为单一，主要是由瓶体和气瓶附件组成，如图 6-7 和 6-8 所示。气瓶附件主要由瓶阀、瓶帽和防振圈、护罩、瓶口、压力泄放装置等组成。其中易燃易爆气瓶上应当设计装配防止超装的液位限制装置；易燃气体气瓶和助燃气体气瓶的瓶口螺纹和阀门出气口应当设计成不同的左右螺纹的旋向和内外螺纹的结构。气瓶附件应取得气瓶附件制造许可证。

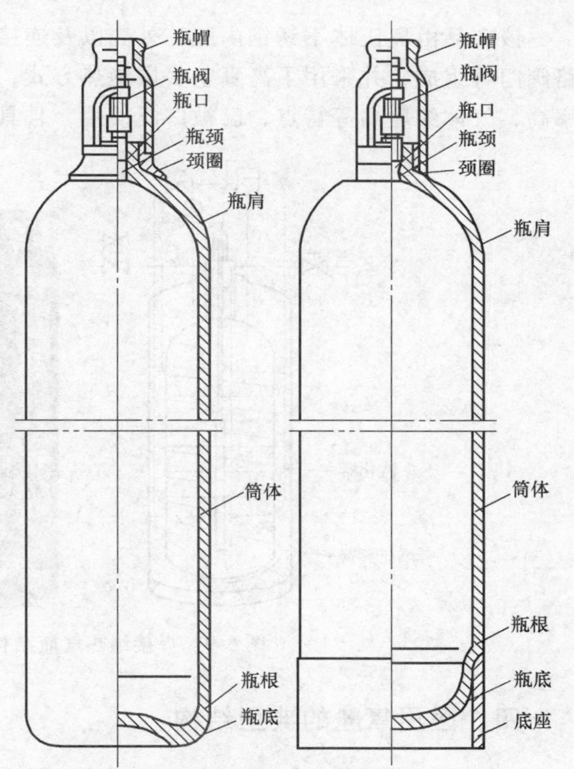

图 6-7　无缝气瓶经典结构示意图（凹形底和带底座凸形底气瓶）

目前焊接绝热气瓶（俗称低温瓶、杜瓦瓶）是一种可重

复充装的移动式特种气瓶，主要用于储存液氮、液氧、液氢低温液体，如图 6-9 所示。

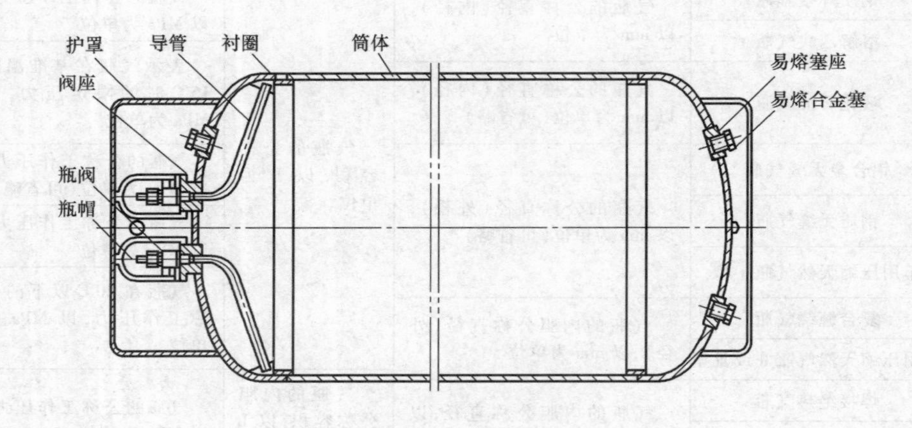

图 6-8　焊接气瓶结构示意图

该产品由奥氏体不锈钢内胆、外壳以及连接内胆的支撑系统、内蒸发器和管路阀门等组成，并采用了高真空多层绝热方式，具有安全可靠、使用方便、装载率高，气体纯度高等特点，已被广泛使用，且具有巨大的市场潜力。

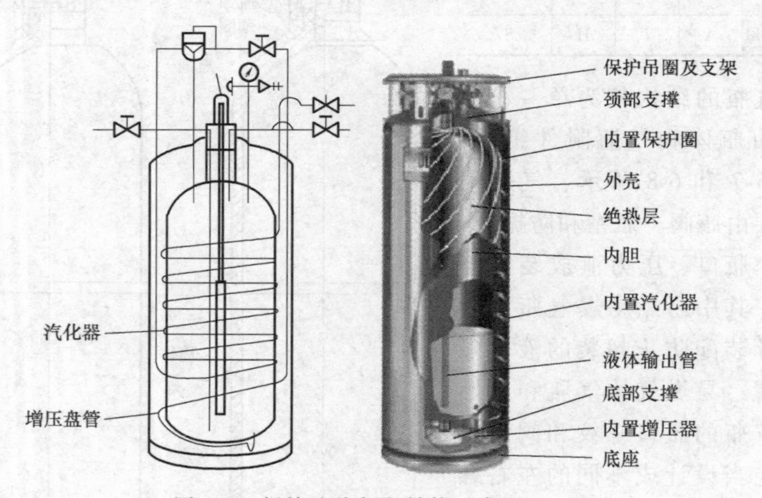

图 6-9　焊接绝热气瓶结构示意图

四、医用氧舱的典型结构

医用氧舱由舱体，配套压力容器，供、排气系统，供氧系统，空调系统，电气系统，消防系统及所属的仪器、仪表和控制台等组成。

◈◈◈ 第四节 压力容器无损检测要求及方法

检验是压力容器安全管理的重要环节。压力容器检验的目的就是防止压力容器发生失效事故，特别是预防危害最严重的破裂事故发生。因此，压力容器检验的实质就是失效的预测和预防。现代无损检测的定义是：在不损坏试件的前提下，以物理或化学方法为手段，借助先进的技术和设备器材，对试件的内部及表面的结构、性质、状态进行检查和测试的方法。

一、压力容器制造过程中的无损检测

1. 压力容器无损检测

（1）无损检测方法的选择

1）压力容器的对接接头应当采用射线检测或者超声波检测，超声波检测包括衍射时差法超声波检测（TOFD）、可记录的脉冲反射法超声波检测和不可记录的脉冲反射法超声波检测；当采用不可记录的脉冲反射法超声波检测时，应当采用射线检测或者衍射时差法超声波检测作为附加局部检测。

2）有色金属制压力容器对接接头应当优先采用 X 射线检测。

3）管座角焊缝、管子管板焊接接头、异种钢焊接接头、具有再热裂纹倾向或者延迟裂纹倾向的焊接接头应当进行表面检测。

4）铁磁性材料制压力容器焊接接头的表面检测应当优先采用磁粉检测。

（2）无损检测比例　压力容器对接接头的无损检测比例一般分为全部（100%）和局部（不小于 20%）两种。碳钢和低合金钢制低温容器，局部无损检测的比例应当不小于 50%。

符合下列情况之一的压力容器 A、B 类对接接头（压力容器 A、B 类对接接头的划分按照 GB 150—2011 的规定），进行全部无损检测：

1）设计压力不小于 1.6MPa 的第Ⅲ类压力容器。

2）按照分析设计标准制造的压力容器。

3）采用气压试验或者气液组合压力试验的压力容器。

4）焊接接头系数取 1.0 的压力容器以及使用后无法进行内部检验的压力容器。

5）标准抗拉强度下限值不小于 540MPa 的低合金钢制压力容器，厚度大于 20mm 时，其对接接头还应当采用与原无损检测方法不同的检测方法进行局部检测，该局部检测应当包括所有的焊缝交叉部位。

6）设计图样和规程引用标准要求时。

不要求进行全部无损检测的压力容器，其每条 A、B 类对接接头按照以下要求进行局部无损检测：

1）局部无损检测的部位由制造单位根据实际情况指定，但是应当包括 A、B 类焊缝交叉部位以及将被其他元件覆盖的焊缝部分（注：搪玻璃设备上、下接环与夹套组装焊接接头，以及公称直径小于 ϕ250mm 的接管焊接接头的无损检测要求，按照搪玻璃设备相应的国家标准或者行业标准规定）。

2）经过局部无损检测的焊接接头，如果在检测部位发现超标缺陷时，应当在该缺陷两端的延伸部位各进行不少于 ϕ250mm 的补充检测，如果仍然存在不允许的缺陷，则对该焊接接头进行全部检测。

进行局部无损检测的压力容器，制造单位也应当对未检测部分的质量负责。

（3）无损检测的实施时机

1）压力容器的焊接接头应当经过形状、尺寸及外观检查，合格后再进行无损检测。

2）拼接封头应当在成形后进行无损检测，如果成形前已经进行无损检测，则成形后还应当对圆弧过渡区到直边段再进行无损检测。

3）有延迟裂纹倾向的材料如 12CrMo1R 应当至少在焊接完成 24h 后进行无损检测，有再热裂纹倾向的材料如 07MnNiVDR 应当在热处理后增加一次无损检测。

4）标准抗拉强度下限值不小于 540MPa 的低合金钢制压力容器，在耐压试验后，还应当对焊接接头进行表面无损检测。

（4）无损检测的技术要求（见表 6-6）

表 6-6　射线、超声波检测技术要求

<table>
<tr><th colspan="2">检测方法</th><th>检测技术等级</th><th colspan="2">检测范围</th><th>合格级别</th></tr>
<tr><td colspan="2" rowspan="3">射线检测</td><td rowspan="3">AB</td><td rowspan="2">角接接头、T 形接头</td><td>全部</td><td>Ⅱ</td></tr>
<tr><td>局部</td><td>Ⅲ</td></tr>
<tr><td colspan="2">角接接头、T 形接头</td><td>Ⅱ</td></tr>
<tr><td rowspan="4">超声波检测</td><td rowspan="3">脉冲反射法</td><td rowspan="3">B</td><td rowspan="2">A、B 类接头</td><td>全部</td><td>Ⅰ</td></tr>
<tr><td>局部</td><td>Ⅱ</td></tr>
<tr><td colspan="2">角接接头、T 形接头</td><td>Ⅰ</td></tr>
<tr><td>衍射时差法</td><td>—</td><td colspan="2">—</td><td>Ⅱ</td></tr>
</table>

当组合采用射线检测和超声波检测时，质量要求和合格级别按照各自执行的标准确定，并且均应当合格。

凡符合下列条件之一的焊接接头，需按图样规定的方法，对其表面进行磁粉或渗透检测：

1）设计温度低于 -40℃的低合金钢制低温压力容器上的焊接接头。

2）标准抗拉强度下限值不小于 540MPa 的低合金钢、铁素体型不锈钢、奥氏体-铁素体型不锈钢制压力容器上的焊接接头。

3）焊接接头厚度大于 20mm 的奥氏体型不锈钢制压力容器上的焊接接头。

4）焊接接头厚度大于 16mm 的 Cr-Mo 低合金钢制压力容器上的除 A、B 类之外的焊接接头。

5）堆焊表面、复合钢板的覆层焊接接头、异种钢焊接接头、具有再热裂纹倾向或者延迟裂纹倾向的焊接接头。

6）要求局部射线或者超声波检测的容器中先拼板后成形凸形封头上的所有拼接接头。

7）设计图样和规程引用标准要求时。

无损检测记录、资料和报告的保存期限不得少于容器设计使用年限。

2. 气瓶无损检测

1）钢瓶主体对接焊缝应进行射线检测。采用焊缝系数 $\varphi=1$ 设计的钢瓶，每只钢瓶的纵、环焊缝均必须进行 100% 射线检测。采用焊缝系数 $\phi=0.9$ 设计的钢瓶，对于只有一条环焊缝的按生产顺序每 50 只抽取一只（不足 50 只时，也应抽取一只）进行焊缝全长的射线检测；对于有一条纵焊缝，两条环焊缝的钢瓶，每只钢瓶的纵、环焊缝均必须进行不少于该焊缝长度的 20% 的射线检测。

2）射线透照的部位应包括纵、环焊缝的交接处。

3）焊缝射线检测按 NB/T 47013—2015 进行，射线检测技术等级不低于 AB 级；对于采用 X 射线实时成像检测的按 GB/T 17925—2011 的规定。焊缝接头质量等级不低于Ⅱ级。

未经射线透照的钢瓶主体对接焊缝质量也应符合 2）的要求。若经复验发现仅属于气孔超标的缺陷，可由钢瓶制造单位和用户协商处理。

3. 氧舱无损检测

壳体的对接接头的对接焊缝应按 NB/T 47013—2015 的要求进行 20% 的射线检测，其合格级别应不低于Ⅲ级，透照质量应不低于 AB 级。中间隔舱壁、门框、法兰、递物筒与壳体间的角焊缝应按 NB/T 47013—2015 的要求进行表面检测，其合格级别应不低于 B 级。

二、在用压力容器的无损检测

在用压力容器检验的重点是压力容器在运行过程中受介质、压力和温度等因素影响而产生的腐蚀、冲蚀、应力腐蚀开裂、疲劳开裂及材料劣化等缺陷，因此除宏观检查外需采用多种无损检测方法。

1. 表面检测

表面检测的部位为压力容器的对接焊缝、角焊缝、焊疤部位和高强螺栓等。铁磁性材料一般采用磁粉法检测，非铁磁性材料采用渗透法检测。

2. 超声波检测

超声波检测法主要用于检测对接焊缝内部埋藏缺陷和压力容器焊缝内表面裂纹。超声法也用于压力容器锻件和高压螺栓可能出现裂纹的检测。由于超声波探伤仪体积小、重量轻，便于携带和操作，而且与射线相比对人无伤害，因此在用压力容器检验中得到广泛使用。

3. 射线检测

X 射线检测方法主要在现场用于板厚较小的压力容器对接焊缝内部埋藏缺陷的检测，对于人不能进入的压力容器以及不能采用超声波检测的多层包扎压力容器和球形压力容器通常采用 Lr-192 或 Se-75 等同位素进行 γ 射线照相。另外，射线检测也常用于在用压力容器检验中对超声波检测发现缺陷的复验，以进一步确定这些缺陷的性质，为缺陷返修提供依据。

4. 涡流检测

对于在用压力容器，涡流检测主要用于换热器换热管的腐蚀状态检测和焊缝表面裂纹检测。

5. 磁记忆检测

磁记忆检测方法用于发现压力容器存在的高应力集中部位，这些部位容易产生应力腐蚀开裂和疲劳损伤，在高温设备上还容易产生蠕变损伤。通常采用磁记忆检测仪器对压力容器焊缝进行快速扫查，以发现焊缝上存在的应力峰值部位，然后对这些部位进行表面磁粉检测、内部超声波检测、硬度测试或金相分析，以发现可能存在的表面裂纹、内部裂纹或材料微观损伤。

6. 红外检测

许多高温压力容器内部有一层珍珠岩等保温材料，以使压力容器壳体的温度低于材料的允许使用温度，如果内部保温层出现裂纹或部分脱落，则会使压力容器壳体超温运行而导致热损伤。采用常规红外热成像技术可以很容易发现压力容器壳体的局部超温现象。压力容器上的高应力集中部位在承受大量疲劳载荷后，若出现早期疲劳损伤，会出现热斑迹图像。压力容器壳体上疲劳热斑迹的红外热成像检测可以及早发现压力容器壳体上存在的薄弱部位，为以后重点检测提供依据。

此处应该特别说明的是：由于法规和标准要针对所有压力容器，要考虑普遍性，所以只能提出最基本的要求。对于许多特殊情况，法规只要求规定根据具体情况选择一些特殊的检验方法。因此要求除了熟练运用法规和标准对压力容器进行检验外，还要能够对复杂结构、复杂工况的压力容器有更深一步的认识。必须

了解受检压力容器的结构特点，及其对压力容器检验和安全使用的影响；必须了解压力容器的材料特性及介质特性，材料对容器使用工况的适应性如何，工作介质对容器材料会产生什么样的影响，必须了解压力容器在使用中会产生什么样的缺陷，影响其安全使用的关键因素是什么。

复习思考题

1. 理解压力容器的定义？
2. 压力容器按用途分为哪几类？
3. 压力容器按压力分为哪几类？
4. 压力容器常见结构形式有哪几类？
5. 压力容器承压部件包括哪些？
6. 压力容器常用无损检测方法有哪几类？

第七章

压力管道基础知识

培训学习目标

了解压力管道的概念、结构组成和分类，熟悉不同类别压力管道的无损检测方法和要求。

压力管道是连接生产、生活的轨道，其中长输管道是继公路运输、铁路运输、水运和航空运输之后的第五大运输工具，工业管道和动力管道是石油化工行业和锅炉的“血液”输送渠道，燃气压力管道成为城市的“生命线”。从其功能看，由管道组成件和管道支承件组成，用以输送、分配、混合、分离、排放、计量、控制和制止流体流动的管子、管件、法兰、螺栓联接、垫片、阀门和其他组成件或受压部件的装配总成，输送介质的且承受压力的管状设备，即为管道。

第一节　压力管道的定义

《特种设备安全监察条例》规定：压力管道是指利用一定的压力，用于输送气体或者液体的管状设备，其范围规定为最高工作压力大于或者等于0.1MPa（表压）的气体、液化气体、蒸汽介质或者可燃、易爆、有毒、有腐蚀性、最高工作温度高于或者等于标准沸点的液体介质，且公称直径（公称直径即公称通径、公称尺寸，代号一般用*DN*表示）大于ϕ25mm的管道。

压力管道包括：

1）管道元件，包括管道组成件和管道支承件。管道组成件是用于连接或者装配成承载压力且密闭的管道系统的元件，包括管子、管件、法兰、密封件、紧固件、阀门、安全保护装置以及诸如膨胀节、挠性接头、耐压软管、过滤器（如Y型、T型等）、管路中的节流装置（如孔板）和分离器等。管道支承件包

括吊杆、弹簧支吊架、斜拉杆、平衡锤、松紧螺栓、支撑杆、链条、导轨、鞍座、底座、滚柱、托座、滑动支座、吊耳、管吊、卡环、管夹、U形夹和夹板等。

2）管道元件间的连接接头、管道与设备或者装置连接的第一道连接接头（焊缝、法兰、密封件及紧固件等）、管道与非受压元件的连接接头。

3）管道所用的安全阀、爆破片装置、阻火器、紧急切断装置等安全保护装置。

管道与设备的划分界限为：管道与设备焊接连接的第一道环向焊缝、螺纹联接的第一个接头、法兰连接的第一个法兰密封面、专用连接件的第一个密封面。

第二节 压力管道分类

压力管道涉及行业较多，分类方法涉及部门规章、国家标准、行业标准，此处以《压力管道安装许可规则》（TSG D3001—2009）及《压力管道安全技术监察规程——工业管道》（TSG D0001—2009）中的分类方法为主，同时介绍其他行业标准中有关管道的分类方法。

一、长输（油气）管道

长输（油气）管道是指在产地、储存库、使用单位之间的用于输送（油气）商品介质的管道，划分为GA1级和GA2级。长输（油气）管道铺设长度大，跨越地区多，地形地质复杂；埋地铺设多，缺陷检测难度大；容易遭受意外损伤。分类如下：

（1）GA1级　根据安装的实际情况，GA1级分为GA1甲级和GA1乙级。

1）GA1甲级：符合下列条件之一的长输（油气）管道为GA1甲级：

① 输送有毒、可燃、易爆气体或者液体介质，设计压力不小于10MPa的管道。

② 输送距离不小于1000km，且公称直径不小于ϕ1000mm的管道。

2）GA1乙级：符合下列条件之一的长输（油气）管道为GA1乙级：

① 输送有毒、可燃、易爆气体介质，设计压力不小于4.0MPa且小于10MPa的管道。

② 输送有毒、可燃、易爆液体介质，设计压力不小于6.4MPa且小于10MPa的管道。

③ 输送距离不小于200km且公称直径不小于ϕ500mm的管道。

（2）GA2级　GA1级以外的长输（油气）管道为GA2级。

二、公用管道（GB 类）

公用管道是指城市或者乡镇范围内的用于公用事业或者民用的燃气管道和热力管道，划分为 GB1 级和 GB2 级。其埋地部分特点与长输管道相同，架空和外露管道与工业管道相同，具体分类方法如下：

（1）GB1 级　燃气管道为 GB1 级。

（2）GB2 级　热力管道为 GB2 级，并且分为以下两类：

1）设计压力大于 2.5MPa；

2）设计压力不大于 2.5MPa。

三、工业管道（GC 类）

工业管道是指企业、事业单位所属的用于输送工艺介质的工艺管道、公用工程管道及其他辅助管道，划分为 GC1 级、GC2 级、GC3 级。工业管道数量多，管道系统大，车间内管道布置交叉、紧凑；管道组成件和支承件的材质、品种、规格复杂，质量均一性差；运行过程受生产过程波动影响，运行条件变化多，如热胀冷缩、交变载荷、温度和压力波动等；腐蚀和破坏机理复杂，材料失效模式多。分类方法如下：

（1）GC1 级　符合下列条件之一的工业管道，为 GC1 级：

1）输送毒性程度为极度危害介质，高度危害气体介质和工作温度高于其标准沸点的高度危害的液体介质的管道。

2）输送火灾危险性为甲、乙类可燃气体或者甲类可燃液体（包括液化烃）的管道，并且设计压力不小于 4.0MPa 的管道。

3）输送除前两项介质的流体介质并且设计压力不小于 10.0MPa，或者设计压力不小于 4.0MPa，并且设计温度不低于 400℃的管道。

（2）GC2 级　除 GC3 级管道外，介质毒性程度、火灾危险性（可燃性）、设计压力和设计温度低于 GC1 级的管道。

（3）GC3 级　输送无毒、非可燃流体介质，设计压力不大于 1.0MPa 且设计温度高于 -20℃、但是不高于 185℃的工业管道为 GC3 级。

四、动力管道（GD 类）

火力发电厂用于输送蒸汽、汽水两相介质的管道，划分为 GD1 级、GD2 级。主要是承受高温，其分类如下：

（1）GD1 级　设计压力不小于 6.3MPa，或者设计温度不低于 400℃的动力管道为 GD1 级。

（2）GD2 级　设计压力小于 6.3MPa，且设计温度低于 400℃的动力管道为 GD2 级。

从施工验收的角度，SH 3501—2011《石油化工剧毒、可燃介质管道工程施工及验收规范》分类方法如下：

管道分级除应符合表7-1的规定外，还应符合下列规定：

1）输送氧气介质管道的级别应根据设计条件按表7-1中乙类可燃气体介质确定。

2）输送毒性不同的混合介质管道，应根据有毒介质的组成比例及其急性毒性指标（LD_{50}，LC_{50}），采用加权平均法获得混合物的急性毒性指标，然后按照毒性危害程度分级原则，以毒性危害级别最高者确定混合物的毒性危害级别，并据此划分管道的。

3）输送同时具有毒性和可燃性的介质管道，应按表7-1中SHA和SHB的规定分别划分管道级别，并按两者级别的较高者确定。

表7-1　管道分级

序号	管道级别	输送介质	设计条件	
			设计压力/MPa	设计温度/℃
1	SHA1	极度危害介质(苯除外)、光气、丙烯腈	—	—
		苯、高度危害介质(光气、丙烯腈除外)、中度危害介质、轻度危害介质	$P \geqslant 10$	—
			$4 \leqslant P < 10$	$t \geqslant 400$
			—	$t < -29$
2	SHA2	苯、高度危害介质(光气、丙烯腈除外)	$4 \leqslant P < 10$	$-29 \leqslant t < 400$
			$P < 4$	$t \geqslant -29$
3	SHA3	中度危害、轻度危害介质	$4 \leqslant P < 10$	$-29 \leqslant t < 400$
		中度危害介质	$P < 4$	$t \geqslant -29$
		轻度危害介质	$P < 4$	$t \geqslant 400$
4	SHA4	轻度危害介质	$P < 4$	$-29 \leqslant t < 400$
5	SHB1	甲类、乙类可燃气体介质和甲类、乙类、丙类可燃液体介质	$P \geqslant 10$	—
			$4 \leqslant P < 10$	$t \geqslant 400$
			—	$t < -29$
6	SHB2	甲类、乙类可燃气体介质和甲A类、甲B类可燃液体介质	$4 \leqslant P < 10$	$-29 \leqslant t < 400$
		甲A类可燃液体介质	$P < 4$	$t \geqslant -29$
7	SHB3	甲类、乙类可燃气体介质、甲e类可燃液体介质、乙类可燃液体介质	$P < 4$	$t \geqslant -29$
		乙类、丙类可燃液体介质	$4 \leqslant P < 10$	$-29 \leqslant t < 400$
		丙类可燃液体介质	$P < 4$	$t \geqslant 400$
8	SHB4	丙类可燃液体介质	$P < 4$	$-29 \leqslant t < 400$

注：管道级别代码的含义为：SH代表石油化工行业、A为有毒介质、B为可燃介质、数字为管道的质量检查等级。

第三节 压力管道组成

压力管道主要由压力管道元件组成。压力管道元件也是特种设备目录中的一个种类，分成压力管道管子、压力管道管件、阀门、法兰、补偿器、压力管道支承件、压力管道密封元件、压力管道特种元件和压力管道材料等9个类别，目前按照《压力管道元件制造许可规则》实施制造许可，具体见表7-2，其各自的制造检验要求应依据相应的产品标准。

表7-2 压力管道元件制造许可项目表

<table>
<tr><th colspan="2">许可项目
品种(产品)</th><th>许可级别</th><th>各级别许可产品基本范围</th><th>限制范围</th></tr>
<tr><td colspan="2" rowspan="3">无缝钢管</td><td>A1</td><td>含公称直径 $DN \geqslant \phi 100$mm 无缝钢管的全部无缝钢管</td><td rowspan="3">材料、规格标准</td></tr>
<tr><td>A2</td><td>1)公称直径小于 $\phi 200$mm 的锅炉压力容器气瓶用无缝钢管
2)公称直径小于 $\phi 200$mm 的石油天然气输送管道用和油气田(套)管用无缝钢管
3)合金钢钢管的热扩(专项)</td></tr>
<tr><td>B</td><td>1)公称直径大于 $\phi 25$mm 的其他无缝钢管
2)所有按照 GB/T 14976 和 GB/T 8163—1999 标准制造的无缝钢管
3)碳钢、奥氏体不锈钢钢管的热扩（专项）
4)各类管坯</td></tr>
<tr><td rowspan="9">焊接钢管</td><td rowspan="3">螺旋缝埋弧焊钢管</td><td>A1</td><td>有特殊要求的石油天然气输送管道用螺旋缝埋弧焊钢管</td><td rowspan="9">材料、规格</td></tr>
<tr><td>A2</td><td>石油天然气输送管道用螺旋缝埋弧焊接钢管</td></tr>
<tr><td>B</td><td>1)低压流体输送用螺旋缝埋弧焊接钢管
2)各类桩用螺旋焊缝钢管</td></tr>
<tr><td rowspan="2">直缝埋弧焊钢管</td><td>A1</td><td>石油天然气输送管道用直缝埋弧焊钢管</td></tr>
<tr><td>A2</td><td>低压流体输送用直缝埋弧焊钢管</td></tr>
<tr><td rowspan="3">高频直缝焊管</td><td>A1</td><td>1)有特殊要求的石油天然气输送管道用直缝高频电阻焊钢管
2)油气井油(套)管用直缝高频电阻焊钢管</td></tr>
<tr><td>A2</td><td>石油天然气输送管道用直缝高频电阻焊钢管</td></tr>
<tr><td>B</td><td>低压流体输送用直缝高频电阻焊钢管</td></tr>
<tr><td>其他焊接钢管</td><td>B</td><td>—</td></tr>
</table>

（续）

许可项目 品种（产品）	许可级别	各级别许可产品基本范围	限制范围
非铁金属管（铝、铜、钛、铅、镍、锆等非铁金属管及其合金管）	A	—	材料、规格
铸铁管	B	—	材料、规格
钢制无缝管件（包括工厂预制弯头、有缝管坯制管件）	A	1）公称直径大于 ϕ250mm 的耐热钢制无缝管件 2）公称直径大于 ϕ250mm 的双向不锈钢无缝管件 3）公称直径大于 ϕ250mm 且标准抗拉强度大于 540MPa 的合金钢制无缝管件	产品名称、材料、规格
	B	其他无缝管件	
钢制有缝管件（钢板制对焊管件）	B1	1）不锈钢制有缝管件 2）标准抗拉强度大于 540MPa 的合金钢制有缝管件	材料、规格
	B2	其他有缝管件	
非铁金属及非铁金属合金制管件	A	—	材料、规格
锻制管件（限机械加工）	B	—	规格
铸造管件	B	—	材料、规格
阀门	A1	1）设计温度大于 425℃，且公称直径不小于 ϕ200mm 的阀门 2）公称压力大于 10MPa，且公称直径不小于 ϕ200mm 的阀门	用途、产品名称、规格
	A2	1）公称压力不小于 6.4MPa，且公称直径不小于 ϕ200mm 的阀门 2）设计温度低于 -46℃ 的阀门	
	B1	除 A1、A2 级和 B2 级之外的阀门	
	B2	公称压力不大于 4.0MPa 的阀门	
锻制法兰及管接头（限机械加工）	B	—	产品名称、规格
金属波纹膨胀节	A	1）公称压力大于或者等于 4.0MPa，且公称直径不小于 ϕ500mm 金属波纹膨胀节 2）公称压力不小于 2.5MPa，且公称直径不小于 ϕ1000mm 金属波纹膨胀节	产品名称、规格
	B	其他金属波纹膨胀节	
其他形式补偿器（不含聚四氟乙烯波纹管膨胀节）	B	—	产品名称、规格

（续）

许可项目	品种（产品）	许可级别	各级别许可产品基本范围	限制范围
金属软管		B	—	规格
弹簧支吊架		B	—	
密封件（金属垫片、非金属垫片、金属、非金属复合垫片，密封填料）		AX	—	产品名称
紧固件（合金钢制 M14 以上螺柱、螺母）		B		材料、规格
元件组合装置	井口装置和采油树、节流压井管汇	A	额定压力大于或者等于35MPa的井口装置和采油树、节流压井管汇	产品名称
		B	其他井口装置和采油树、节流压井管汇	
	燃气调压装置、减温减压装置	A	额定压力大于1.6MPa的燃气调压装置	产品名称
		B	各类减温减压装置	
	其他组合装置	B	—	产品名称
防腐蚀压力管道用管子、管件、阀门、（涂敷防腐层、内衬防腐蚀材料、内搪玻璃等）		AX	—	产品名称、规格
低温绝热管、直埋夹套管		AX	—	产品名称
聚乙烯及聚乙烯复合管材、管件	聚乙烯管材	A1	公称直径不小于 ϕ450mm 的燃气用埋地聚乙烯管材	产品名称
		A2	其他燃气用埋地聚乙烯管材	
		A3	流体输送用埋地聚乙烯管材	
	聚乙烯管件	A1	1）燃气用和流体输送用埋地聚乙烯电熔管件 2）燃气用和流体输送用埋地聚乙烯热熔管件	
		A2	燃气用和流体输送用埋地聚乙烯多角焊制管件	
	带金属骨架的聚乙烯复合管材、管件	A	—	产品名称、规格
其他非金属及非金属复合压力管道元件（管材、管件、阀门、波纹管膨胀节）		A	—	材料
阀门铸件	铸铜件	B	各种铸铜阀体	材料
	铸铁件	B	各种铸铁阀体	
	铸钢件	B1	精密铸造的铸钢件	材料
		B2	砂型铸造的铸钢件	

（续）

许可项目 品种(产品)	许可级别	各级别许可产品基本范围	限制范围
锻制法兰、锻制管件、阀体锻件的锻坯	A	1)公称直径大于 ϕ250mm 的耐热钢制各种锻制法兰、管件、阀体锻坯 2)公称直径大于 ϕ250mm 的双向不锈钢制各种锻制法兰、管件、阀体锻坯 3)公称直径大于 ϕ250mm 且标准抗拉强度大于 540MPa 的合金钢制各种锻制法兰、管件、阀体锻坯	材料
	B	其他锻制法兰、管件、阀体锻坯	材料
压力管道制管专用钢板(钢级 L360 及以上压力管道制管专用钢板)	AX	—	材料规格
聚乙烯份材及复合管材、管件原料(聚乙烯混配料)	AX	—	牌号、级别

压力管道是由压力管道组成件和支承件组成，是用以输送、分配、混合、分离、排放、计量、控制或制止流体流动的管子、管件、法兰、螺栓联接、垫片、阀门和其他组成件或受压部件的装配总成。

管道组成件是指用于连接或装配管道的元件。包括管子、管件、法兰、垫片、紧固件、阀门以及膨胀接头、挠性接头、耐压软管、疏水器、过滤器和分离器等。

管道支承件是指管道安装件和附着件的总称，其中安装件是指将负荷从管子或管道附着件上传递到支承结构或设备上的元件。它包括吊杆、弹簧支吊架、斜拉杆、平衡锤、松紧螺栓、支撑杆、链条、导轨、锚固件、鞍座、垫板、滚柱、托庄和滑动支架等。附着件是指用焊接、螺栓联接或夹紧等方法附装在管子上的零件，包括管吊、吊（支）耳、圆坏、夹子、吊夹、紧固夹板和裙式管座等。

压力管道的构成并非是千篇一律的，由于它所处的位置不同，功能有差异，所需要的元器件就不同，最简单的就是一段管子。图 7-1 所示为工业管道组成示意图，其中管道构成的元器件比较多，但这是虚拟管路。系统中除直管外还有 19 个元器件，大致可以分为管子、管件、阀门、连接件、附件、支架等。

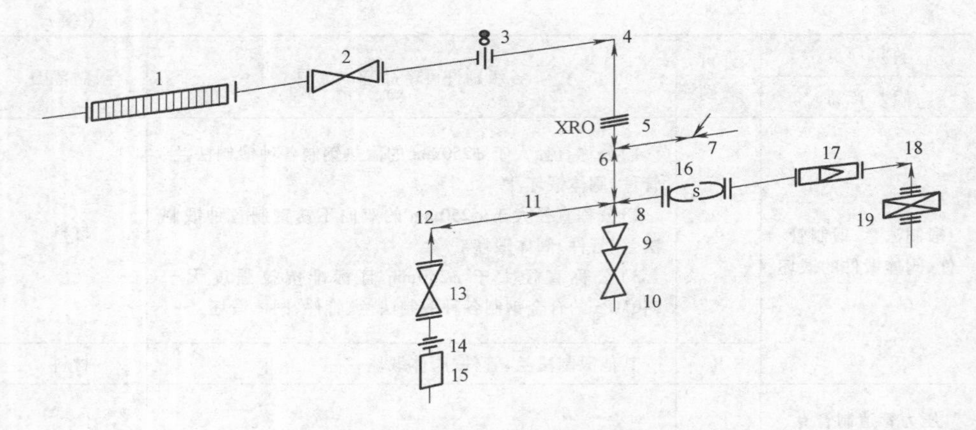

图 7-1　工业管道组成示意图

1—波纹管　2、10、13—阀门　3—“8”字型盲通版　4、12、18—弯头　5—节流孔板
6—三通　7—斜接三通　8—四通　9—异径管　11—滑动支架　14—活接头
15—疏水器　16—视镜　17—过滤器　19—阻火器

第四节　压力管道无损检测

影响压力管道质量的主要环节是制作和安装，其质量的好坏，直接决定着压力管道能否安全运行。此处重点说明有关制造和安装过程压力管道无损检测的方法及要求，同时介绍定期检验过程中有关无损检测要求。

一、压力管道元件制造无损检测

压力管道元件主要有锻件、铸件、压延件（管、板、型材）、焊接件构成。在压力管道元件制造过程中无损检测是项重要的质量控制手段。

1. 锻件的无损检测

黑色金属及有色金属中常见的缺陷可能在铸锭的生产中、铸锭或钢坯的冷、热加工中产生，常见的缺陷有缩孔和缩管、疏松、非金属夹杂物、夹砂、折叠、龟裂、锻造裂纹、白点。

因此锻件表面缺陷可以采用液体渗透或者磁粉，内部缺陷可以采用超声波检测。

2. 铸件的无损检测

铸件常见的缺陷有气孔、夹渣、夹砂、密集气孔、冷隔、缩孔和疏松、裂纹。因此，确定其表面裂纹和其他缺陷可以采用多种无损检测技术进行，包括目

视检查、化学腐蚀、渗透检测、涡流检测和磁粉检测；确定内部缺陷的方法为射线检测、超声波检测。

3. 钢棒的无损检测

钢棒的内部缺陷有缩孔未压合，以及压合不当而产生的芯部裂纹，还有严重偏析、白点、非金属夹杂物；表面缺陷有材料性缺陷和轧制不当造成的缺陷两类。因此，其检验方法为磁粉检测、渗透检测、超声波检测、电磁检测，而且这四种方法不能单独使用，要联合使用。

4. 成形管状产品的无损检测

（1）焊接钢管无损检测方法　选择无损检测方法应考虑的因素有缺陷的性质、外部变量、检验速度、端头效应、工厂检查还是实验室检查、产品标准的要求、设备价格和操作费用等。在焊接管材中，缺陷多半出现在纵向焊缝中或其附近。常用的无损检测方法有射线检测（工业电视）、超声波检测和涡流检测，因为管子的制造是批量连续生产的，所以无损检测所采用的方法是在生产线上连续进行的。

电阻焊焊接的管子可以用涡流检测也可以使用超声波检测，埋弧焊焊接的管子则用超声波或者 X 射线检测，不管采用何种无损检测方法，其焊接的管子及端头都要用胶片 X 射线照相或磁粉之类的辅助方法进行补充检查。

（2）无缝钢管　无缝钢管是采用穿孔、热轧等热加工方法制造的不带焊缝的钢管，其主要缺陷有纵裂纹、横裂纹、表面划伤和直道、翘皮和折叠，当分层钢坯内部有非金属夹杂物或气孔，在轧制时变为扁平的层状缺陷。

在无缝钢管中，缺陷的位置不受限制，可能出现在管子截面的任何一个地方，因此主要采用涡流和超声波检测。

5. 焊接件的无损检测

焊接件中的缺陷检验方法应根据多种因素进行选择，这些因素包括缺陷的性质、焊接材料类型、受检接头的数量、检验方法的检验能力、所需的焊接质量等级和经济效益。无论选用何种方法，都必须建立标准以便获得正确的检验结果。常用的方法有磁粉检测、渗透检测、射线检测、超声波检测、TOFD（衍射时差法）等无损检测方法。

二、压力管道安装的无损检测

压力管道安装的无损检测，是指对压力管道安装过程中焊接接头的无损检测，必要时对管子和管件在安装现场进行抽检。压力管道应用于各个行业，其无损检测要求不一，此处仅依据《压力管道安全技术监察规程——工业管道》（TSGD0001—2009）和 GB/T 20801—2008《压力管道规范——工业管道》。

压力管道存在错边、未焊透、夹渣、气孔、裂纹、材料混用等缺陷。目前内部缺陷的检验方法有射线检测或者超声波检测。超声波检测包括衍射时差法超声波检测（TOFD）、可记录的脉冲反射法超声波检测和不可记录的脉冲反射法超声波检测。当采用不可记录的脉冲反射法超声波检测时，应当采用射线检测或者衍射时差法超声波检测作为附加局部检测。

工业管道检验时，所有管道的焊接接头应当先进行外观检查，合格后才能进行无损检测。焊接接头外观检查的检查等级和合格标准应当符合 GB/T 20801—2006 的规定。有延迟裂纹倾向的材料应当在焊接完成 24h 后进行无损检测。有再热裂纹倾向的焊接接头，当规定需要进行表面无损检测（磁粉检测或者渗透检测，下同）时，应当在焊后和热处理后各进行 1 次。

管道受压元件焊接接头射线检测和超声波检测的等级、范围和部位、数量、方法等应当符合以下要求：

1）名义厚度不大于 30mm 的管道，对接接头采用射线检测，如果采用超声波检测代替射线检测，需要取得设计单位的认可，并且其检测数量应当与射线检测相同，管道名义厚度大于 30mm 的对接接头可以采用超声波检测代替射线检测。

2）公称直径不小于 ϕ500mm 的管道，对每个环焊缝焊接接头进行局部检测。公称直径小于 ϕ500mm 的管道，可以根据环焊缝焊接接头的数量按照规定的检测比例进行抽样检测，抽样检测中，固定焊焊接接头的检测数量不得少于其数量的 40%。

3）进行抽样检测的环焊缝焊接接头，包括其整个圆周长度，进行局部检测的焊接接头，最小检测长度不小于 152mm。

4）被检焊接接头的选择，包括每个焊工所焊的焊接接头，并且在最大范围内包括与纵向焊接接头的交叉点，当环向焊接接头与纵向焊接接头相交时，最少检测 38mm 长的相邻纵向焊接接头。

无损检测的合格要求应当不低于 GB/T 20801 和 NB/T 47013—2015 的规定。具体要求见表 7-3 和 7-4。

表 7-3　检查等级、方法和比例

检查等级	检查方法	焊缝类型及检查比例（%）		
		对接环缝 a	角焊缝 b	支管连接 c
Ⅰ	目视检查	100	100	100
	磁粉/渗透	100	100	100
	射线/超声波	100	—	100
Ⅱ	目视检查	100	100	100
	磁粉/渗透	20d	20	20
	射线/超声波	20	—	20c

（续）

检查等级	检查方法	焊缝类型及检查比例（%）		
		对接环缝 a	角焊缝 b	支管连接 c
Ⅲ	目视检查	100	100	100
	磁粉/渗透	10d	—	10
	射线/超声波	10	—	—
Ⅳ	目视检查	100	100	100
	射线/超声波	5	—	—
Ⅴ	目视检查	10	100	100

注：1. 根据业主和工程设计要求，可采用较严格检查登记代替较低检查等级。
2. 角焊缝包括承插焊和密封焊以及平焊法兰、支管补强和支架的连接焊缝。
3. 支管连接焊缝包括支管和翻边接头的受压焊缝。
4. 对碳钢、不锈钢及铝合金无此要求。
5. *e* 适用于不小于 *DN*100 的管道。

表 7-4　制作过程中纵缝检查方法和检查比例

纵向焊接接头系数 ϕ_w	目视检查（%）	射线或超声波（%）
≤0.85	100	—
0.90	100	10
1.00	100	100

注：GB/T 20801.2—2006 附录 A 中表 A.1 和 GB/T 20801.3—2006 表 14 中所含的纵缝除外。

三、压力管道无损检测新技术简介

目前压力管道无损检测的新技术有 TOFD 衍射时差法超声波检测技术、超声相控阵检测技术、超声导波检测技术、声发射检测技术、远场涡流检测技术、磁通道检测系统、漏磁检测技术、红外热成像技术。

复习思考题

1. 简述压力管道的分类。
2. 压力管道元件有哪些？
3. 无缝钢管常见的制造缺陷有哪些？
4. 焊接钢管常用的无损检测方法有哪些。

第八章

钢结构工程

培训学习目标

了解钢结构常见接头形式，缺陷产生原因，熟悉钢结构无损检测方法和要求。

钢结构是以钢板、钢管、热轧型钢或冷加工成形的型钢通过焊接、铆接或螺栓联接而成的结构。

建筑钢结构制作的最小单元为零件，它是组成部件和构件的基本单元，如节点板、肋板等；由若干零件组成的单元称为部件，如焊接H型钢、钢牛腿等；由零件和部件组成的单元称为构件，如梁、柱、支撑等。构件的连接可以用焊接、螺栓联接、铆接等多种连接形式。完整的钢结构产品，需要将原材料使用机械设备和成熟的工艺方法，进行各种加工处理，达到规定产品的预定目标要求。钢结构制作需要运用剪、冲、切、折、割、钻、焊、铆、喷、压、滚、弯、卷、刨、铣、磨、锯、涂、抛、热处理、无损检测等加工或其相应测试设备，并辅之以各种专用胎具、模具、夹具、吊具等工艺装备，以保证构件形状和尺寸能达到设计要求。

钢结构的布置应符合下列要求：应具备合理的竖向和水平荷载传递途径；应具有必要的刚度和承载力、良好的结构整体稳定性和构件稳定性；应具有足够冗余度，避免因部分结构或构件破坏导致整个结构体系丧失承载能力；竖向和水平荷载引起的构件和结构的振动，应满足正常使用舒适度要求；隔墙、外围护等宜采用轻质材料。

第一节　钢结构的结构形式和加工程序

一、建筑钢结构的分类

建筑钢结构按结构形式和应用范围，一般可分为：

1）大跨度空间钢结构（如桁架结构、网架结构、网壳结构等）。

2）高层/超高层钢结构（如写字楼）。

3）多层钢结构（如多层厂房、超市、办公楼等）。

4）单层钢结构（如单层厂房、仓库等）。

5）预应力钢结构（如张弦结构、弦支穹顶结构、斜拉结构等）。

6）住宅钢结构（如低层/别墅结构、多层结构、高层/小高层结构等）。

7）高耸钢结构（如电视塔、发射塔等）。

8）钢混组合结构。

9）其他钢结构（如桥梁结构、锅炉支架、设备平台等）。

虽然结构形式不同，但其共同点是：均通过某种连接方法（焊缝连接、螺栓联接、铆钉连接或混合连接）将构件、节点连接而成。这些构件、节点是由钢材通过一定的方法加工制作成最小的单元即零件，零件通过组装、焊缝连接制作成部件，然后由零件和部件通过组装、焊接制作成构件或节点。构件或节点经检验合格后进行表面处理加工、防腐加工，最终成为成品构件/节点。

二、钢结构制作加工程序

构件制作过程可分为施工详图设计，原材料采购，零件与部件的加工、组装、焊接、矫正、预拼装，表面处理，涂装，包装，运输等过程。

1. 加工

零件与部件的加工可分为：钢材切割加工、边缘加工、端部铣平加工、弯曲、成形和制孔等。

1）切割加工：钢材的切割加工有机械剪切、气割和等离子切割等方法。

2）边缘加工：常用的加工方法主要有铲边、刨边、铣边、碳弧气刨、气割和坡口机加工等。

3）端部铣平：主要为端面铣削加工。

4）弯曲：钢材的弯曲按加工方法可分为折弯、压弯、滚弯和拉弯等，按加热方式分冷弯和热弯两种。

5）成形（型）：有弯制（卷制）成形和模具压制成形等加工方法。

6）制孔：通常采用钻孔和冲孔的方法来进行孔的制作。

2. 组装

构件组装根据零、部件的定位方法可分为划线定位组装和用样板或定位器组装两类。具体方法有：地样法、仿形复制装配法、立装法、卧装法、胎膜装配法等。

3. 焊接

常用的焊接方法有焊条电弧焊、气体保护电弧焊、埋弧焊、电渣焊、螺柱焊等。

4. 表面处理

涂装前钢材表面处理（即除锈处理）的方法有：手工和动力工具除锈、喷射或抛射除锈、火焰除锈、酸洗除锈等。

5. 涂装

涂装的主要内容有防腐涂装和防火涂装，目前绝大多数钢结构工程均采用涂料进行防腐和防火。涂装的主要方法有刷涂法、滚涂法、浸涂法、空气喷涂法、无气喷涂法等。

由于钢结构构件的多样性，不同构件其技术要求和质量标准不同，各钢结构加工制作厂家的技术水平、设备能力等也有差异。因此在制作中具体的加工制作方法也不尽相同。在实际生产中，应根据构件的技术要求和具体特点，以及制作厂家的技术、设备、操作人员技能水平和加工习惯等实际情况，选择合适的加工制作方法。

第二节　钢结构用材料

一、钢结构用材料的要求

钢结构选材应遵循技术可靠、经济合理的原则，综合考虑结构的重要性、载荷特征、结构形式、应力状态、连接方法、钢材厚度、价格和工作环境等因素，选用合适的钢材牌号。

承重结构采用的钢材应具有屈服强度、伸长率、抗拉强度、冲击韧度和硫、磷含量的合格保证，对焊接结构尚应具有碳含量（或碳当量）的合格保证。焊接承重结构以及重要的非焊接承重结构采用的钢材还应具有冷弯试验的合格保证。当选用 Q235 钢时，其脱氧方法应选用镇静钢。

承重结构的钢材宜采用 Q235、Q345、Q390、Q420、Q460，其质量应分别符合现行国家标准《碳素结构钢》GB/T 700—2006、《低合金高强度结构钢》GB/T 1591—2008 和《建筑结构用钢板》GB/T 19879—2005 的规定。结构用钢板的厚度和外形尺寸应符合现行国家标准《热轧钢板和钢带的尺寸、外形、重量及允许偏差》GB/T 709—2006 的规定。热轧工字钢、槽钢、角钢、H 型钢和钢管等型材产品的规格、外形、重量和允许偏差应符合相关现行国家标准的规定。

当采用本规范未列出的其他牌号钢材或国外钢材时，除应符合相关标准和设计文件的规定外，生产厂家应进行生产过程质量控制认证，提交质量证明文件，并进行专门的验证试验和统计分析，确定设计强度及其质量等级。

二、钢材选用的特殊规定

1）当焊接承重结构为防止钢材的层状撕裂而采用Z向钢时，其材质应符合现行国家标准《厚度方向性能钢板》GB/T 5313—2010的规定。

2）对处于外露环境，且对耐腐蚀有特殊要求或在腐蚀性气态和固态介质作用下的承重结构，宜采用Q235NH、Q355NH和Q415NH牌号的耐候结构钢，其性能和技术条件应符合现行国家标准《耐候结构钢》GB/T 4171—2008的规定。

3）非焊接结构用铸钢件的材质与性能应符合现行国家标准《一般工程用铸造碳钢件》GB/T 11352—2009的规定；焊接结构用铸钢件的材质与性能应符合现行国家标准《焊接结构用碳素钢铸件》GB/T 7659—2010的规定。

4）对不需要验算疲劳的焊接结构，应符合下列规定：不应采用Q235A（镇静钢）；当结构工作温度大于20℃时，可采用Q235B、Q345A、Q390A、Q420A、Q460钢；当结构工作温度低于20℃但高于0℃时，应采用B级钢；当结构工作温度低于0℃但高于-20℃时，应采用C级钢；当结构工作温度不高于-20℃时，应采用D级钢。

5）对不需要验算疲劳的非焊接结构，应符合下列规定：当结构工作温度高于20℃时，可采用A级钢；当结构工作温度低于20℃但高于0℃时，宜采用B级钢；当结构工作温度低于0℃但高于-20℃时，应采用C级钢；当结构工作温度低于-20℃时，对Q235钢和Q345钢应采用C级钢；对Q390钢、Q420钢和Q460钢应采用D级钢。

6）对于需要验算疲劳的非焊接结构，应符合下列规定：钢材至少应采用B级钢。当结构工作温度低于0℃但高于-20℃时，应采用C级钢；当结构工作温度低于-20℃时，对Q235钢和Q345钢应采用C级钢；对Q390钢、Q420钢和Q460钢应采用D级钢。

7）对于需要验算疲劳的焊接结构，应符合下列规定：钢材至少应采用B级钢。当结构工作温度低于0℃但高于-20℃时，Q235钢和Q345钢应采用C级钢；对Q390钢、Q420钢和Q460钢应采用D级钢。当结构工作温度低于-20℃时，Q235钢和Q345钢应采用D级钢；对Q390钢、Q420钢和Q460钢应采用E级钢。

8）承重结构在低于-30℃环境下工作时，其选材还应符合下列规定：不宜采用过厚的钢板；严格控制钢材的硫、磷、氮含量；重要承重结构的受拉板件，当板厚不小于40mm时，宜选用细化晶粒的GJ钢板。

9）冷成形管材（如方矩管、圆管）和型材，及经冷加工成形的构件，除所用原料板材的性能与技术条件应符合相应材料标准规定外，其最终成形后构件的材料性能和技术条件尚应符合相关设计规范或设计图样的要求（如伸长率、冲击功、材料质量等级、取样及试验方法)。冷成形圆管的外径与壁厚之比不宜小于20;冷成形方矩管不宜选用由圆变方工艺生产的钢管。

三、焊接材料选用

焊接材料熔敷金属的力学性能应不低于相应母材标准的下限值或满足设计要求。当有设计要求或被焊母材冲击韧度要求时,熔敷金属的冲击韧度应不低于设计规定或对母材的要求。

1) 对直接承受动力荷载或振动荷载且需要验算疲劳的结构,或低温环境下工作的厚板结构,宜采用低氢型焊条或低氢焊接方法。

2) 对T形、十字形、角接接头,当其翼缘板厚度等于大于40mm且连接焊缝熔透高度大于等于25mm或连接角焊缝高度大于35mm时,宜采用对厚度方向性能有要求的抗层状撕裂钢板,其Z向性能等级不应低于Z15(或限制钢板的硫的质量分数不大于0.01%);当其翼缘板厚度等于大于40mm且连接焊缝熔透高度等于大于40mm或连接角焊缝高度大于60mm时,Z向性能等级宜为Z25(或限制钢板的w(S)≤0.007%)。钢板厚度方向性能等级或含硫量限制应根据节点形式、板厚、熔深或焊高、焊接时节点拘束度,以及预热后热情况综合确定。

3) 有抗震设防要求的钢结构,可能发生塑性变形的构件或部位所采用的钢材应符合钢结构焊接规范的规定,其他抗震构件的钢材性能应符合下列规定:钢材应有明显的屈服台阶,且伸长率不应小于20%;钢材应有良好的焊接性和合格的冲击韧度。

4) 当所焊接头的板厚大于或等于25mm时,焊条电弧焊应采用低氢焊条。

5) 焊条电弧焊用焊条、自动焊和半自动焊所采用的焊丝和焊剂,应保证其熔敷金属的力学性能不低于母材的性能。焊材匹配表见表8-1。

表8-1 焊接材料选用匹配推荐表

母材			焊接材料			
GB/T 700—2006和GB/T 1591—2008标准钢材	GB/T 4171—2008标准钢材	GB/T 7659—2010标准钢材	焊条电弧焊SMAW	实心焊丝气体保护焊GMAW	药芯焊丝气体保护焊FCAW	埋弧焊SAW
Q235	Q235NH Q295NH Q295GNH	ZG275H~ZG485H	GB/T 5117—2012: E43XX E50XX GB/T 5118—2012: E50XX-X	GB/T 8110—2008: ER49-X ER50-X	GB/T 17493—2008: E43XTX-X E50XTX-X	GB/T 5293—1999: F4XX-H08A GB/T 12470—2003: F48XX-H08MnA

（续）

母材			焊接材料			
GB/T 700—2006 和 GB/T 1591—2008 标准钢材	GB/T 4171—2008 标准钢材	GB/T 7659—2010 标准钢材	焊条电弧焊 SMAW	实心焊丝气体保护焊 GMAW	药芯焊丝气体保护焊 FCAW	埋弧焊 SAW
Q345 Q390	Q355NH Q345GNH Q345GNHL Q390GNH	—	GB/T 5117—2012： E5015、16 GB/T 5118—2012： E5015、16-X E5515、16-X	GB/T 8110—2008： ER50-X ER55-X	GB/T 17493—2008： E50XTX-X	GB/T 12470—2003： F48XX-H08MnA F48XX-H10Mn2 F48XX-H10Mn2A
Q420	—	—	GB/T 5118—2012： E5515、16-X E6015、16-X	GB/T 8110—2008： ER55-X ER62-X	GB/T 17493—2008： E55XTX-X	GB/T 12470—2003： F55XX-H10Mn2A F55XX-H08MnMoA
Q460	Q460NH	—	GB/T 5118—2012： E5515、16-X E6015、16-X	GB/T 8110—2008： ER55-X	GB/T 17493—2008： E55XTX-X E60XTX-X	GB/T 12470—2003： F55XX-H08MnMoA F55XX-H08Mn2MoVA

注：表中 XX、-X、X 为对应焊材标准中的焊材类别。

第三节 钢结构接头形式及焊接要求

一、建筑钢结构节点连接方法

钢结构是由钢板、型钢等通过必要的连接组成基本构件，如梁、柱、桁架等，再通过一定的安装连接装配成空间整体结构，如屋盖、厂房、钢闸门、钢桥等。可见，连接的构造和计算是钢结构设计的重要组成部分。好的连接应当符合安全可靠、节约钢材、构造简单和施工方便等原则。

钢结构的基本连接方法可分为焊缝连接、铆钉连接和螺栓联接三种（见图 8-1），在一些钢结构中还经常采用混合连接（如栓焊连接等）。

1. 焊缝连接

焊缝连接（见图 8-1a）是现代钢结构最主要的连接方法。其优点是不削弱构件截面（不必钻孔），构造简单，节约钢材，加工方便，在一定条件下还可以采用自动化操作，生产效率高。而且，焊缝连接的刚度较大，密封性能好。焊缝连接的缺点是焊缝附件钢材因焊接的高温作用而形成热影响区，热影响区由高温

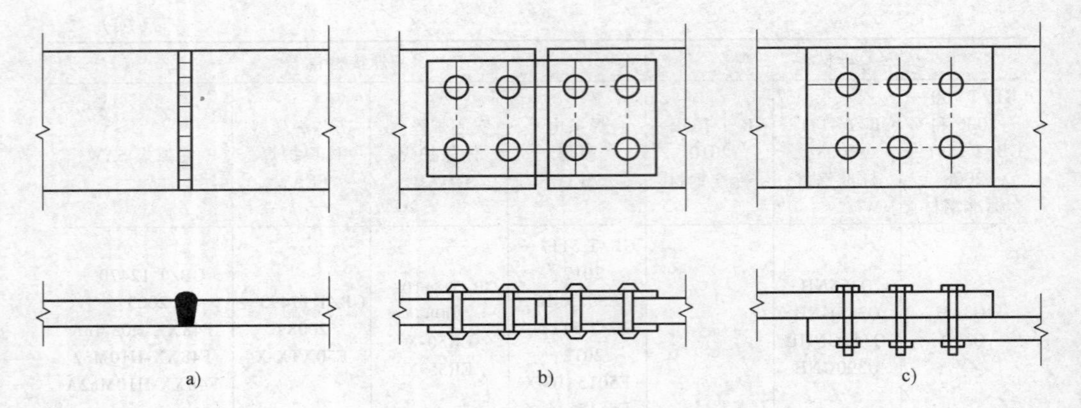

图 8-1 钢结构的基本连接方法

a）焊缝连接 b）铆钉连接 c）螺栓联接

降到常温冷却速度快，会使钢材脆性加大，同时由于热影响区的不均匀收缩，易使焊件产生焊接残余应力及残余变形，甚至可能造成裂纹，导致脆性破坏。焊接结构低温冷却问题也比较突出。

2. 铆钉连接

铆钉连接（见图 8-1b）的优点是塑性和韧性较好，传力可靠，质量易于检查和保证，可用于承受动载的重型结构。但是，由于铆接工艺复杂、用钢量多，因此，费材又费工，现已很少采用。

3. 螺栓联接

螺栓联接（见图 8-1c）分为普通螺栓联接和高强度螺栓联接两种。普通螺栓通常用 Q235 钢制成，而高强度螺栓则用高强度钢材制成并经热处理。高强度螺栓因其联接紧密，耐疲劳，承受动载可靠，成本也不太高，目前在一些重要的永久性钢结构的安装连接中，已成为代替铆钉连接的优良连接方法。

螺栓联接的优点是安装方便，特别适用于工地安装连接，也便于拆卸，适用于需要装拆的钢结构和临时性连接。其缺点是需要在板件上开孔和拼装时对孔，增加制造和安装工作量；螺栓孔还使构件截面削弱，且被连接的板件需要相互搭接或另外拼接板或角钢等连接件，因而比焊缝连接多费钢材。

二、焊接要求及接头形式

1. 钢结构焊接连接构造设计应符合的要求

尽量减少焊缝的数量和尺寸；焊缝的布置宜对称于构件截面的形心轴；节点区留有足够空间，便于焊接操作和焊后检测；避免焊缝密集和双向、三向相交；焊缝位置避开高应力区；根据不同焊接工艺方法合理选用坡口形状和尺寸；焊缝

金属应与主体金属相适应。当不同强度的钢材连接时，可采用与低强度钢材相适应的焊接材料。

钢结构设计施工图中应标明下列焊接技术要求：明确规定构件采用钢材的牌号和焊接材料的型号、性能要求及相应的国家现行标准；明确规定结构构件相交节点的焊接部位、焊接方法、焊缝长度、焊缝坡口形式、焊脚尺寸、部分焊透焊缝的焊透深度、焊前预热或焊后热处理要求等特殊措施；明确规定焊缝质量等级，有特殊要求时，应标明无损检测的方法和抽查比例；明确规定工厂制作单元及构件拼装节点的允许范围，必要时应提出结构设计应力图。应对设计施工图中所有焊接技术要求进行详细标注；应明确标注焊缝坡口详细尺寸，若有钢衬垫，应标注钢衬垫尺寸；对于重型、大型钢结构，应明确工厂制作单元和工地拼装焊接的位置，标注工厂制作或工地安装焊缝；应根据运输条件、安装能力、焊接可操作性和设计允许范围确定构件分段位置和拼装节点，按设计规范有关规定进行焊缝设计并满足设计施工图要求。

2. 接头形式

受力和构造焊缝可采用对接焊缝、角接焊缝、对接角接组合焊缝、圆形塞焊缝、圆孔或槽孔内角焊缝，对接焊缝包括熔透对接焊缝和部分熔透对接焊缝。

1）当桁架杆件为H形截面时，节点构造可采用图8-2和图8-3所示的形式。

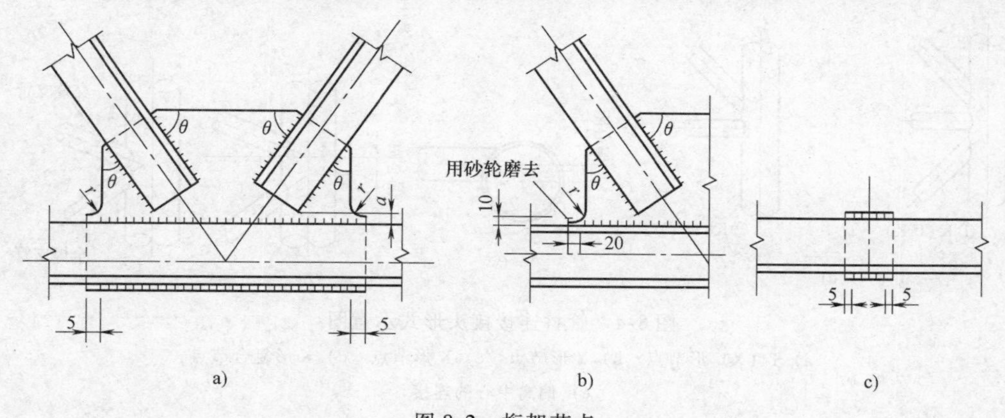

图8-2　桁架节点

2）管材连接接头形式如图8-4所示。

3）十字柱接头和T形接头（见图8-5和图8-6）。

4）对接接头。在对接焊缝的拼接处，当焊件的宽度不同或厚度在一侧相差4mm以上时，应分别在宽度方向或厚度方向从一侧或两侧做成坡度不大于1:2.5的斜角（见图8-7）；当厚度不同时，焊缝坡口形式应根据较薄焊件厚度选用坡口形式。直接承受动力荷载且需要进行疲劳计算的结构，斜角坡度不应大于1:4。

全熔透对接焊缝采用双面焊时，背面应清根后焊接，其计算厚度应为焊接部位较薄的板厚；采用加衬垫单面焊时，其计算厚度应为坡口根部至焊缝表面（不计余高）的最短距离。

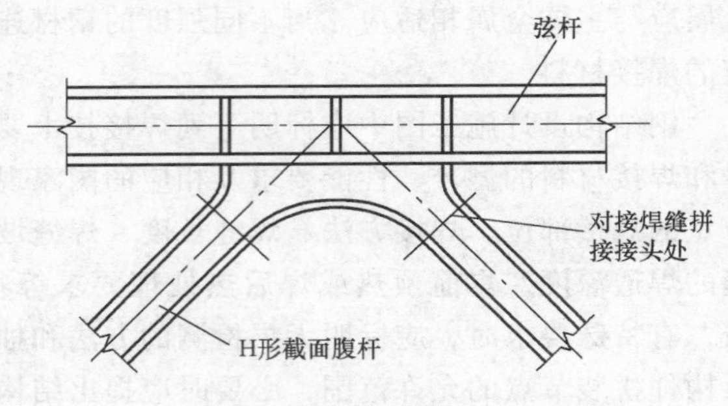

图 8-3　桁架节点

5）部分熔透的对接焊缝和其与角接焊缝的组合焊缝截面（见图 8-8）。

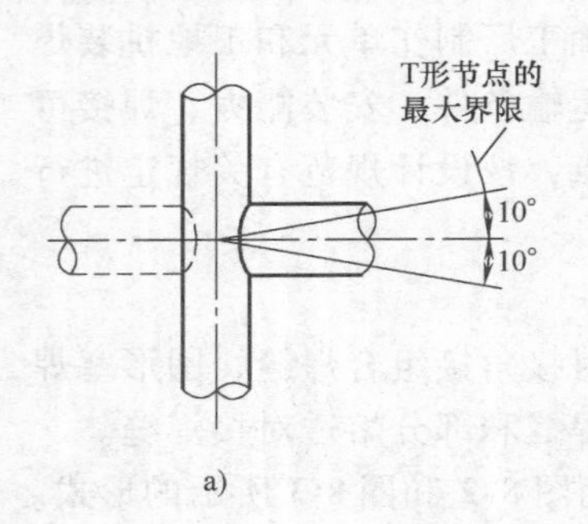

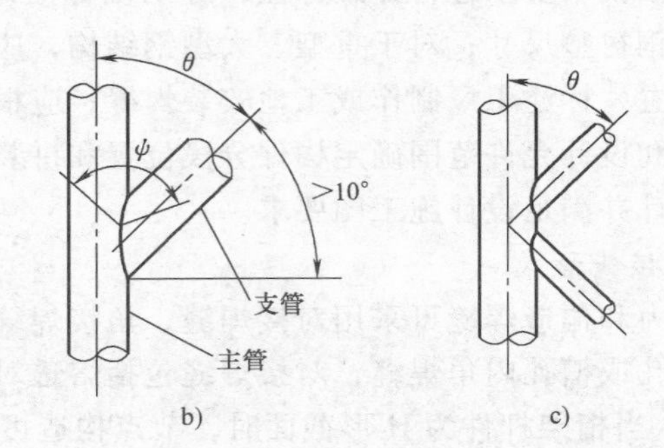

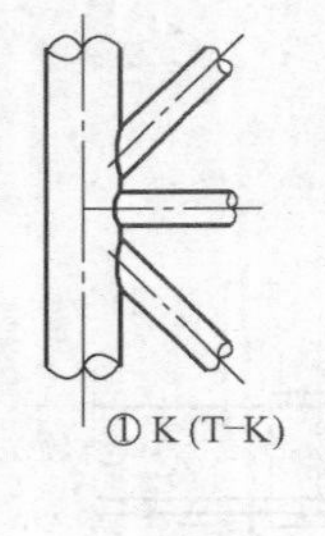

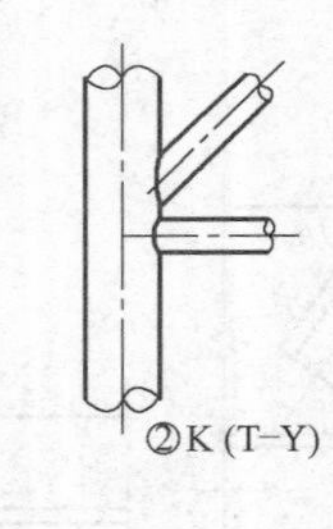

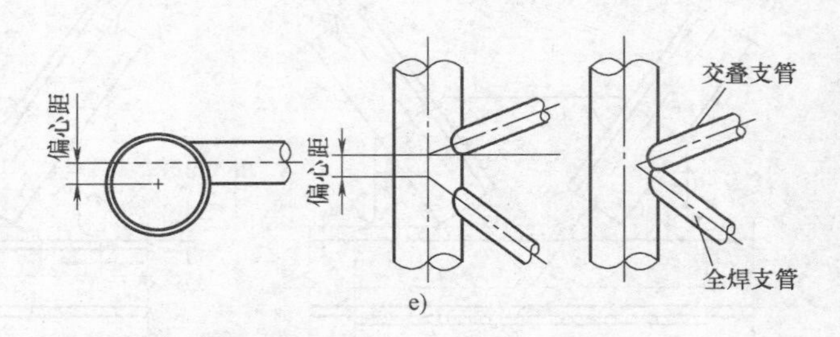

图 8-4　管材连接接头形式示意图

a）T（X）形节点　b）Y 形节点　c）K 形节点　d）K 形复合节点

e）偏离中心的连接

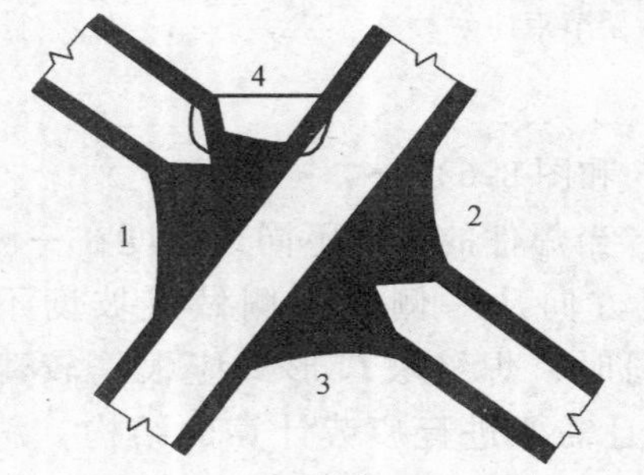

图 8-5　十字柱焊接接头

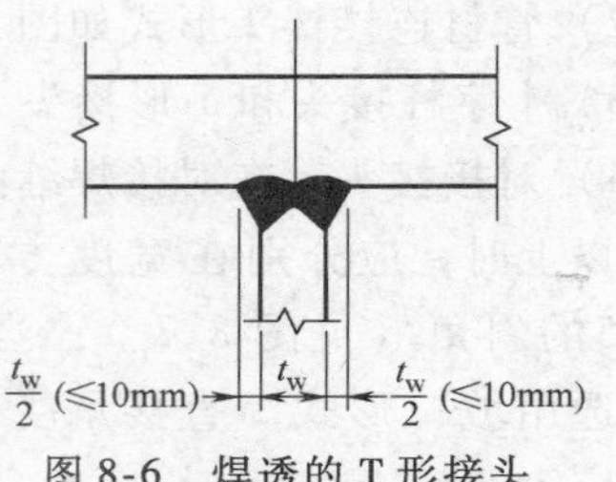

图 8-6　焊透的 T 形接头

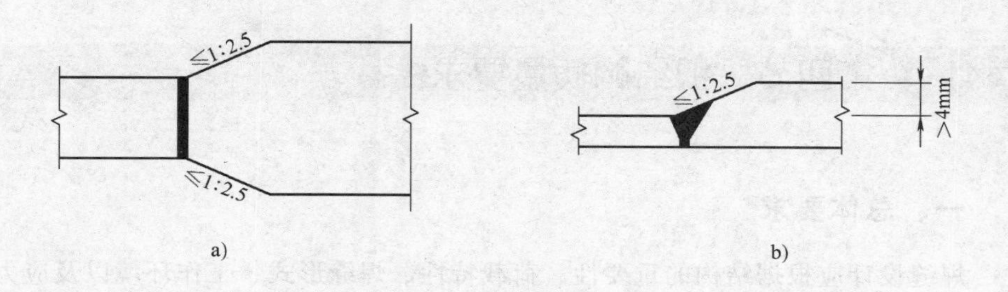

图 8-7　不同宽度或厚度钢板的拼接

a）不同宽度　b）不同厚度

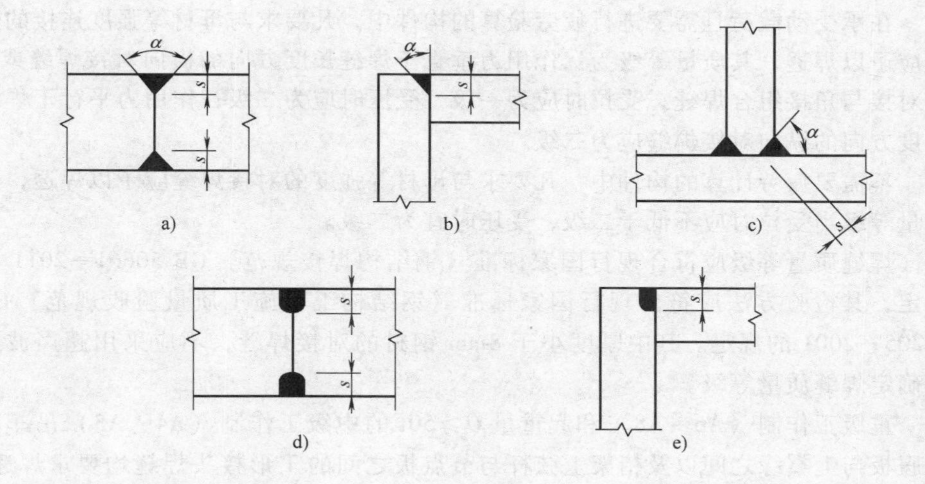

图 8-8　部分熔透的对接焊缝和其与角接焊缝的组合焊缝截面

6）承压型法兰焊接接头如图 8-9 所示。

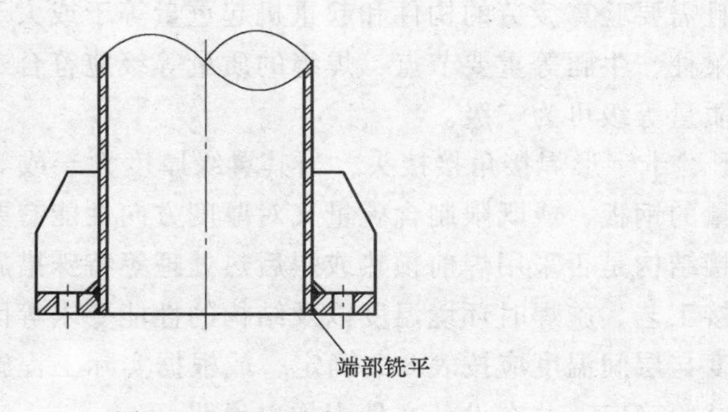

图 8-9　承压型法兰

◇◇◇ 第四节 钢结构质量要求

一、总体要求

焊缝设计应根据结构的重要性、荷载特性、焊缝形式、工作环境以及应力状态等情况，按下述原则分别选用不同的焊缝质量等级。建筑钢结构的焊缝，根据建筑钢结构的重要性、实际承受载荷的特性、焊缝的形式、工作环境和应力状态，可以分为一级、二级和三级等三个质量等级，它们的质量要求、检验比例和检验标准都不一样。

在承受动载荷且需要进行疲劳验算的构件中，凡要求与母材等强度连接的焊缝应予以焊透，其质量等级为：作用力垂直于焊缝长度方向的横向对接焊缝或T形对接与角接组合焊缝，受拉时应为一级，受压时应为二级；作用力平行于焊缝长度方向的纵向对接焊缝应为二级。

不需要疲劳计算的构件中，凡要求与母材等强度的对接焊缝应予以焊透，其质量等级当受拉时应不低于二级，受压时宜为二级。

焊缝质量等级应符合现行国家标准《钢结构焊接规范》GB 50661—2011的规定，其检验方法应符合现行国家标准《钢结构工程施工质量验收规范》GB 50205—2001的规定。其中厚度小于8mm钢材的对接焊缝，不应采用超声波检测确定焊缝质量等级。

重级工作制（A6～A8）和起重量$Q \geqslant 50t$的中级工作制（A4、A5）吊车梁的腹板与上翼缘之间以及桁架上弦杆与节点板之间的T形接头焊缝均要求焊透，焊缝形式应为对接与角接的组合焊缝，其质量等级不应低于二级。

部分焊透的对接焊缝，不要求焊透的T形接头采用的角焊缝或部分焊透的对接与角接组合焊缝，以及搭接连接采用的角焊缝，其质量等级为：对直接承受动荷载且需要验算疲劳的构件和起重机起重量等于或大于50t的中级工作制吊车梁以及梁柱、牛腿等重要节点，焊缝的质量等级应符合二级；对其他结构，焊缝的外观质量等级可为三级。

T形、十字形焊接角接接头，当其翼缘厚度大于或等于40mm时，宜采用限制硫含量的钢板，或既限制含硫量又对厚度方向性能有要求的钢板。

焊接结构是否采用焊前预热或焊后热处理等特殊措施，应根据材质、焊件厚度、焊接工艺、施焊时环境温度以及结构的性能要求等因素来确定，焊接的最低预热温度与层间温度应按表8-2确定，或根据实际工程施焊时的环境温度通过工艺评定试验确定，并在设计文件中加以说明。

表 8-2　最低预热温度和层间温度　　（单位：℃）

钢材牌号	接头最厚部件厚度 δ/mm				
	$\delta<20$	$20\leqslant\delta\leqslant40$	$40<\delta\leqslant60$	$60<\delta\leqslant80$	$\delta>80$
Q235	/	/	40	50	80
Q345	/	40	60	80	100
Q390，Q420	20	60	80	100	120
Q460	20	80	100	120	150

二、焊缝表面尺寸要求

1. 焊缝焊脚尺寸允许偏差见表 8-3 和表 8-4。

表 8-3　焊缝焊脚尺寸允许偏差

序号	项目	示意图	允许偏差/mm	
1	一般全焊透的角接与对接组合焊缝	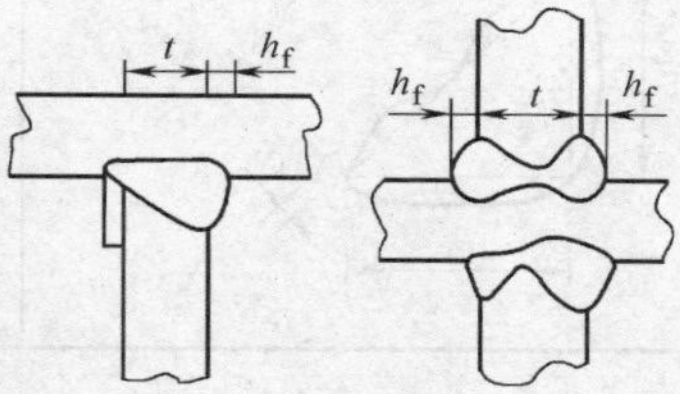 t h_f	$h_f\geqslant(\delta/4)0+4$ 且≤10	
2	需经疲劳验算的全焊透角接与对接组合焊缝	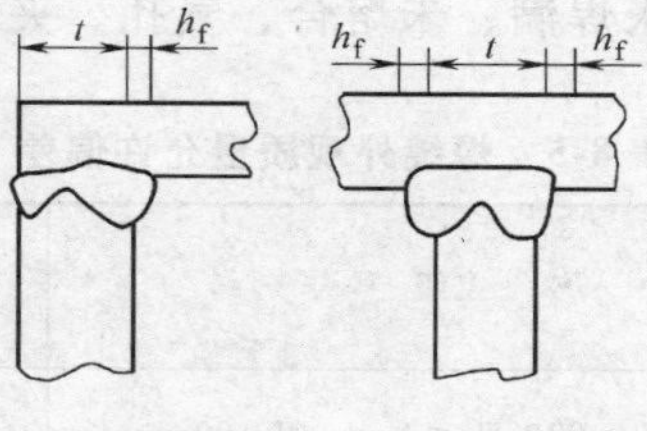 t h_f	$h_f\geqslant(\delta/2)0+4$ 且≤10	
3	角焊缝及部分焊透的角接与对接组合焊缝	h_f C	$h_f\leqslant6$ 时 0～1.5	$h_f>6$ 时 0～3.0

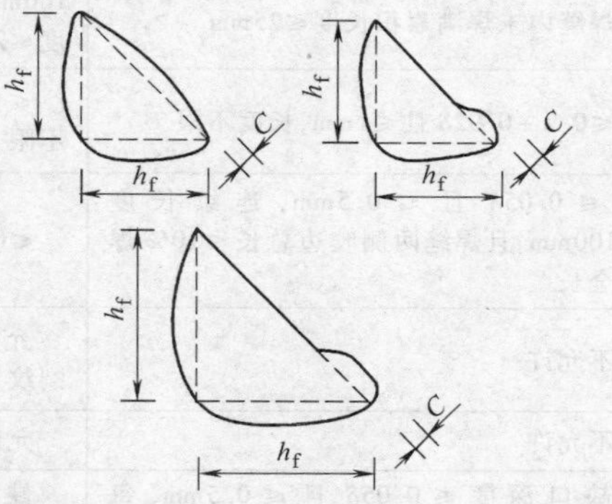

表 8-4 焊缝余高和错边允许偏差

序号	项目	示意图	允许偏差/mm	
			一、二级	三级
1	对接焊缝余高(C)		$B<20$ 时，C 为 0~3；$B\geqslant20$ 时，C 为 0~4	$B<20$ 时，C 为 0~3.5；$B\geqslant20$ 时，C 为 0~5
2	对接焊缝错边(d)		$d<0.1t$ 且 $\leqslant2.0$	$d<0.15t$ 且 $\leqslant3.0$
3	角焊缝余高(C)		$h_f\leqslant6$ 时，C 为 0~1.5；$h_f>6$ 时，C 为 0~3.0	

2. 外观质量应符合下列要求

1）焊缝表面无裂纹、未焊满、未熔合、气孔、夹渣、焊瘤等缺陷。

表 8-5 焊缝外观质量允许偏差

焊缝质量等级 / 检验项目	二级	三级
未焊满	$\leqslant0.2+0.02\delta$ 且 $\leqslant1$mm，每 100mm 长度焊缝内未焊满累积长度 $\leqslant25$mm	$\leqslant0.2+0.04\delta$ 且 $\leqslant2$mm，每 100mm 长度焊缝内未焊满累积长度 $\leqslant25$mm
根部收缩	$\leqslant0.2+0.02\delta$ 且 $\leqslant1$mm，长度不限	$\leqslant0.2+0.04\delta$ 且 $\leqslant2$mm，长度不限
咬边	$\leqslant0.05\delta$ 且 $\leqslant0.5$mm，连续长度 $\leqslant100$mm，且焊缝两侧咬边总长 $\leqslant10\%$ 焊缝全长	$\leqslant0.1\delta$ 且 $\leqslant1$mm，长度不限
裂纹	不允许	允许存在长度 $\leqslant5$mm 的弧坑裂纹
电弧擦伤	不允许	允许存在个别电弧擦伤
接头不良	缺口深度 $\leqslant0.05\delta$ 且 $\leqslant0.5$mm，每 1000mm 长度焊缝内不得超过 1 处	缺口深度 $\leqslant0.1\delta$ 且 $\leqslant1$mm，每 1000mm 长度焊缝内不得超过 1 处

（续）

检验项目＼焊缝质量等级	二级	三级
表面气孔	不允许	每50mm长度焊缝内允许存在直径＜0.4δ且≤3mm的气孔2个；孔距应≥6倍孔径
表面夹渣	不允许	深≤0.2δ，长≤0.5δ且20mm

2）飞溅：应清除干净。

3）焊缝表面高低差：焊缝长25.mm内，高低差≤2.5mm。焊缝宽度差：母材长150mm内，最大最小宽度差≤3mm。对接焊缝的错边量 $d \leq 10\%$ 壁厚，且≤2.0mm。

三、焊缝强度

焊缝强度应符合表8-6要求。

表8-6　焊缝的强度设计值　（单位：MPa）

焊接方法和焊条型号	钢材牌号规格和标准号		对接焊缝				角焊缝
	牌号	厚度或直径/mm	抗压 f_C^w	焊缝质量为下列等级时，抗拉 f_t^w		抗剪 f_v^w	抗拉、抗压和抗剪 f_f^w
				一级、二级	三级		
自动焊、半自动焊和E43型焊条手工焊	Q235	≤16	215	215	185	125	160
		＞16～40	205	205	175	120	
		＞40～60	200	200	170	115	
		＞60～100	200	200	170	115	
自动焊、半自动焊和E50、E55型焊条手工焊	Q345	≤16	305	305	260	175	200
		＞16～40	295	295	250	170	
		＞40～63	290	290	245	165	
		＞63～80	280	280	240	160	
		＞80～100	270	270	230	155	
自动焊、半自动焊和E50、E55型焊条电弧焊	Q390	≤16	345	345	295	200	200(E50) 220(E55)
		＞16～40	330	330	280	190	
		＞40～63	310	310	265	180	
		＞63～80	295	295	250	170	
		＞80～100	295	295	250	170	

（续）

焊接方法和焊条型号	钢材牌号规格和标准号		对接焊缝				角焊缝
	牌号	厚度或直径/mm	抗压 f_c^w	焊缝质量为下列等级时，抗拉 f_t^w		抗剪 f_v^w	抗拉、抗压和抗剪 f_f^w
				一级、二级	三级		
自动焊、半自动焊和E55、E60型焊条电弧焊	Q420	≤16	375	375	320	215	220(E55) 240(E60)
		>16~40	355	355	300	205	
		>40~63	320	320	270	185	
		>63~80	305	305	260	175	
		>80~100	305	305	260	175	
自动焊、半自动焊和E55、E60型焊条电弧焊	Q460	≤16	410	410	350	235	220(E55) 240(E60)
		>16~40	390	390	330	225	
		>40~63	355	355	300	205	
		>63~80	340	340	290	195	
		>80~100	340	340	290	195	
自动焊、半自动焊和E50、E55型焊条电弧焊	Q345GJ	>16~35	310	310	265	180	200
		>35~50	290	290	245	170	
		>50~100	285	285	240	165	

第五节　无损检测要求

无损检测应在外观检查合格后进行。焊缝无损检测报告签发人员必须持有相应检测方法的Ⅱ级或Ⅱ级以上资格证书。

设计要求全焊透的焊缝，其内部缺陷的检验应符合下列要求：

一、焊缝的超声波检测（UT）

1）一级焊缝（通常主要是对接焊缝）应100% UT，达到GB/T 11345—2013《钢焊缝超声波探伤方法及质量分级法》B级检验的Ⅱ级和Ⅱ级以上。

2）二级焊缝（通常主要是T型接头焊缝）应至少20% UT，达到GB/T 11345—2013 B级检验的Ⅲ级和Ⅲ级以上。

3）焊接球节点网架焊缝的UT，执行《焊接球节点钢网架焊缝超声波探伤及其质量分级法》（JG/T 3034.1—1996）。

4）螺栓球节点网架焊缝的UT，执行《螺栓球节点钢网架焊缝超声波探伤

及其质量分级法》（JG/T 3034.2—1996）。

5）箱形结构隔板的电渣焊焊缝，应通过 UT 检测焊缝宽度的包罗线，确认焊道的每一个角落都焊透，并确认焊缝中无裂纹及超标的夹渣、气孔。

6）圆管 T、K、Y 节点焊缝的超声波探伤方法及缺陷分级应符合 GB 50661—2011 附录 D 的规定。

二、焊缝的射线检测（RT）

RT 在建筑钢结构里用得不是太多，但在桥梁钢结构中用得很多，执行的标准是《钢熔化焊对接接头射线照相和质量分级》（GB/T 3323—2005），评定等级为 AB 级，一级焊缝应达到Ⅱ级和Ⅱ级以上，二级焊缝应达到Ⅲ级或Ⅲ级以上。

三、焊缝的磁粉检测（MT）

在建筑钢结构里有两处常用 MT，一处是厚工件背面清根并打磨后，用 MT 判断清根的结果；另一处是重要焊缝用 MT 检测有无表面裂纹。应用的标准是 JB/T 6061—2007《焊缝磁粉检验方法和缺陷磁痕的分级》。

四、焊缝的渗透检测（PT）

在建筑钢结构里，PT 用得较少。若使用 PT，则执行 JB/T 6062—2007《焊缝渗透检测方法和缺陷痕迹的分级》。

五、对无损检测时间的规定

1. Ⅰ类钢上的焊缝，只要冷却到室温时便可作无损检测。
2. Ⅱ类和Ⅲ类钢上的焊缝，必须在焊后 24h 后才可以作无损检测。
3. Ⅳ类钢上的焊缝，必须在焊后 48h 后才可以作无损检测。

复习思考题

1. 钢结构工程常见的接头形式有哪几种？
2. 钢结构工程常用无损检测方法和标准有哪些？
3. 钢结构工程质量如何分级？

第九章

在用设备检测基础知识

培训学习目标

了解在用设备常见的失效形式及分类，熟悉在用设备缺陷评定原则和方法，掌握在用设备缺陷无损检测方法的选用。

第一节　在用设备常见失效形式及分类

失效是一个广义的概念，在工程中，零、部件失去原有设计所规定的功能称为失效。失效包括完全丧失原定功能、功能降低和有严重损伤或隐患，继续使用会失去可靠性及安全性。机械设备或零件的失效形式主要有磨损、断裂和腐蚀。

通用的分类方法可将失效形式分为过度变形失效、断裂失效和表面损伤失效三大类。

过度变形失效可分为过度弹性变形失效和过度塑性变形失效两类。断裂失效从断裂表现出的形态（脆断或韧断）、引起断裂的原因（载荷、环境等）、断裂的机理（解理、疲劳、蠕变等）进行综合考虑的混合分类方法。分为韧性断裂、脆性断裂、疲劳断裂、环境（腐蚀）断裂和蠕变断裂等五种基本的断裂失效。表面损伤失效主要分为磨损和表面腐蚀两类。表面损伤失效既涉及载荷、应力和介质的性质，也与材料的有关性能有关。

设备失效形式按习惯分类方法分为以下五类：韧性失效、脆性断裂失效、疲劳失效、腐蚀失效、蠕变失效。

一、韧性失效

金属构件超载时会发生塑性变形，使宏观尺寸发生明显变化。当其应力应变增大到材料的抗拉强度时，结构便出现断裂失效。一般将发生过明显塑性变形之

后的断裂称为韧性（或称延性）断裂失效。

韧性断裂的宏观特征：明显的塑性变形；爆破口是长缝或有分叉，但无碎片。

韧性断裂的断口特征：断口上的纤维区、放射纹区（或人字纹区）、剪切唇区是断口的三个要素。纤维区无金属光泽，色质灰暗。越灰暗说明材料的塑性越好，断裂时的拉伸塑性变形量越大。放射纹区是继纤维区的断裂发展到临界尺寸之后，随即发生快速撕裂时断口上留下的痕迹。放射纹是快速撕裂的痕迹。剪切唇一般是断裂扩展到接近构件的边缘时在平面应力状态下由最大剪应力引起撕裂的痕迹，与最大主应力约成45°夹角。

断口的显微形貌特征：电镜中显示的纤维区形貌特征是呈“韧窝”花样，“韧窝”花样显示了金属的这种断裂机制的“微孔聚积”；在裂缝快速撕裂扩展过程中形成的人字纹，其断裂的机理比较特殊，在电子显微镜中显示的形貌既不是严格按结晶面断开的解理断裂机制，也不是像韧性断裂的微孔聚积，因此被称为准解理。剪切唇的显微形貌一般属于拉长韧窝型的形貌。

二、脆性断裂失效

脆性断裂失效主要是指设备在没有发生塑性变形时就发生断裂或爆炸。其基本原因一是由于材料的脆性转变而引起的脆断；二是由于构件出现了严重的缺陷（如裂纹）导致发生低应力水平下的脆断，这称为低应力脆断。

脆性断裂的宏观特征：宏观变形量很小，主要指塑性变形量小到几乎用肉眼从宏观上觉察不到。

断口的宏观特征：断口平齐，断口和最大主应力方向相垂直，断口边缘不会出现剪切唇，断口上不会留下记录断裂方向的人字形纹路或放射形纹路；断口上呈现金属闪光。断口的显微特征：解理断裂，沿晶体某一结晶学平面的断裂称为解理断裂。面心立方结构的晶体（如奥氏体不锈钢）在任何温度下（包括深度冷冻的温度下）也不会发生解理型的脆断。由于解理是沿某一结晶面断裂的，因此解理必然是一种穿晶断裂；解理断裂后的断口在电子显微镜中显示出最重要的显微形貌特征是河流状的花样。

由严重缺陷引起低应力脆断的断口特征：容器设备存在严重缺陷时（如裂纹、未焊透或未熔合），只要载荷达到一定程度即会引起断裂。如果材料相对较脆，则断裂时载荷不会很大，结构总体上尚未屈服，这就是低应力脆断。判断是否属低应力脆断的准则有两条：一是总体塑性变形是否明显；二是断裂时的应力是否达到屈服的程度。断口的宏观特征：断口与单纯因材料脆性造成的脆断有明显的差别。最重要的差别是断口上有一明显的原始缺陷；加载过程中缺陷逐步扩展引起的撕裂过程区，宏观上是较窄的纤维区；快速撕裂区宏观上是呈放射纹及人字纹区，通常不出现金属闪光、边缘剪切唇区。断口的显微特征：断口在撕裂过程区（纤维区）、快速撕裂区形成的人字形纹路与放射形纹路以及边缘的剪切唇区的显微特征与前面所述的韧性断裂断口并无本质区别。原始缺陷区域的显微特征则相当复杂，在电镜中观察到的形貌也变化多端。

三、疲劳断裂失效

载荷的交变和结构存在应力集中是疲劳断裂失效的两大基本原因。载荷交变（压力、温度及其他载荷的交变）是造成疲劳断裂的根本原因。结构的应力集中会加速疲劳断裂的过程。

疲劳断口宏观特征：断口比较平齐光整；断口上有明显的分区。疲劳断口较易与其他断口相区别。疲劳断口总体上虽然平齐光整，但与解理脆断带有闪光的“结晶状”断口不同，也与沿晶脆断的粗糙晶粒断口不同①萌生区的几何尺度极小，从失效分析的角度有时却很重要，需弄清萌生区是否有冶金缺陷、制造缺陷或腐蚀形成的缺陷。②疲劳扩展区是疲劳断口中最具特别形貌的区域。不但平齐光整而且用肉眼可以观察到特殊的贝壳纹路即犹如贝类外壳上的弧状条纹，而贝壳状纹路的中心就是疲劳裂纹的萌生区或原始缺陷区。③瞬断区是疲劳断口上最终断裂区，是放射纹及人字纹区，可能在边缘区有剪切唇。疲劳断口的显微特征：在电镜中放大至千倍（以致上万倍）时可以观察到的主要特征是“疲劳辉纹”。不是所有金属材料的电子显微疲劳断口都有清晰整齐的辉纹。一般是铝合金和镍合金的疲劳辉纹十分清晰整齐；奥氏体不锈钢疲劳断口的疲劳辉纹也较清晰；而低合金钢，特别是强度较高的低合金钢这类铁素体和珠光体类钢的辉纹往往很不清晰。需要说明的是，宏观上观察到断口上的“贝壳纹”不是电镜中的疲劳辉纹，但两者有密切联系。只有在交变载荷时才会形成宏观上的贝壳纹。断口上的疲劳辉纹（疲劳条带）是裂纹疲劳扩展过程痕迹的记录。理论上可认为由于每一循环就在断口上留下一条辉纹，因此从辉纹间测得的间距大体可以计算出疲劳扩展速率。但实际上是每一条带要经过若干次循环才会形成。

四、高温蠕变失效

蠕变是高温下材料在晶界和晶内不断滑移变形，从而逐步产生显微空洞，空洞长大、连片，形成裂纹并继续扩展的过程。材料在高温下持续长时期受载，会产生非常缓慢的蠕变变形。这种蠕变的积累将会导致宏观的永久变形，从而出现蠕变断裂或松弛。大多数蠕变失效属于蠕变脆断，其蠕变断口主要有两个特征：一是呈现岩石状的沿晶蠕变断裂；二是晶界上具有若干韧窝，即洞形的空洞。

五、腐蚀失效

金属材料以及由他们制成的结构物，在自然环境中或者在工况条件下，由于与其所处环境介质发生化学或者电化学作用而引起的变质和破坏，这种现象称为腐蚀。腐蚀破坏主要是造成金属材料的损失和开裂。

腐蚀失效破坏形式主要有均匀腐蚀失效破坏形式和局部腐蚀失效破坏形式。

1）均匀腐蚀失效破坏形式有韧性失效和脆断失效。因厚度大范围减薄而导致韧性失效，可以说因均匀腐蚀导致的韧性破坏是一种低载荷（而不是低应力）的韧性破坏。由于均匀腐蚀导致金属的全面脆化就会引起脆断；如氢腐蚀已使材料全面致脆，就有发生脆断的危险。

2）局部腐蚀失效破坏形式有局部鼓胀变形及爆破失效、泄漏失效、孔蚀泄漏、腐蚀裂纹泄漏、低应力脆断和脆化引起的脆断。

典型的腐蚀形态有全面腐蚀（过去称均匀腐蚀）、孔蚀（点蚀）、晶间腐蚀、沿晶界的腐蚀、应力腐蚀、形成裂纹的腐蚀（SCC）、冲蚀、缝隙腐蚀、氢腐蚀、双金属腐蚀（电极电位低的金属被腐蚀）。

1. 晶间腐蚀失效

晶间腐蚀就是指沿晶界发生的腐蚀，包括晶界及其附近很窄的区域在内的区间发生的腐蚀。常见的奥氏体不锈钢的晶间腐蚀主要发生在焊接区，特别是母材的焊接热影响区，因为母材部分在轧制成板材或管材出厂之前已进行过固溶处理与敏化效应。晶间腐蚀的预防一般以采用能抵抗介质晶间腐蚀的材料为宜。例如，当采用304不锈钢（我国的成分接近的钢牌号为12Cr18Ni9）发现有晶间腐蚀时，则可改用超低碳（$w(\mathrm{C})=0.03\%$）的304L不锈钢。

2. 应力腐蚀失效

金属材料的应力腐蚀在材质、介质和应力（主要是拉应力）三个因素的共同作用和耦合下才会发生。应力腐蚀的表现形态主要是形成不断扩展的裂纹，这是一种在应力作用下的局部腐蚀，危害性特别大。

应力腐蚀裂纹的宏观形貌特征：用肉眼或借助放大镜观察这类裂纹，发现应力腐蚀裂纹宏观上具有多源、分叉、宏观总体走向与最大主应力基本相垂直等三大特征。应力腐蚀裂纹往往起源于结构的应力集中处。焊缝的咬边、引弧坑以及孔蚀的凹坑、甚至焊缝的焊波处均是容易引发应力腐蚀裂纹的地方，因此常常是多源的裂纹，不是只有一条裂纹。显微形貌是用金相显微镜或扫描电镜观察时，可以发现腐蚀扩展的途径有穿晶扩展，沿晶扩展和混合型（即既有穿晶同时又有沿晶扩展）三种类型。

3. 碱脆

低碳钢和低合金钢在苛性碱溶液中的应力腐蚀称为碱脆。较多发生在用

NaOH 处理过的软化水系统中 。当碱的质量分数大于 5% ~15% 时才可能出现碱脆，达到 30% 时最为敏感。设备中容易发生 NaOH 富集浓缩的地方尤易出现碱脆，产生碱脆的最低温度为 60 ~65℃，温度越高越易发生，在沸点附近最容易发生碱脆。w(C) <0.20% 的低碳钢和低合金钢较敏感。合金元素 Al、Ti、Nb、V、Cr 等的加入可以降低甚至消除碱脆敏感性。能导致碱脆的介质还有 KOH、LiOH 及 K_2CO_3、铝酸钠等。

4. 腐蚀疲劳

化工设备中许多金属材料构件都工作在腐蚀的环境中，同时还承受着交变载荷的作用。与惰性环境中承受交变载荷的情况相比，交变载荷与侵蚀性环境的联合作用往往会显著降低构件疲劳性能，这种疲劳损伤现象称为腐蚀疲劳。腐蚀疲劳是在腐蚀环境中的疲劳问题，断口上的腐蚀产物多，裂纹尖端不尖锐，较圆钝。

5. 氢腐蚀

氢腐蚀是一种化学腐蚀，其化学反应式为 $Fe_3C + 2H_2 \rightarrow 3Fe + CH_4$。氢腐蚀后金相特征为脱碳，即碳化物相消失和出现甲烷鼓泡现象。氢腐蚀后超声测厚可能会出现增厚假象，原因是钢中甲烷气相增多，声速减慢，假象是声程增大，折算出壁厚增大。氢腐蚀后经金属敲击的清脆声消失，变得闷哑。

六、设备失效原因

1. 腐蚀减薄

构件材料在腐蚀介质或腐蚀环境的作用下，材料被腐蚀，造成的厚度减薄。

2. 环境开裂

构件材料在介质或环境作用下发生的开裂，包含应力腐蚀开裂和非应力导向开裂。

3. 材质劣化

构件材料在温度或介质等因素作用下，金相组织或材料组成结构发生变化，导致耐蚀性下降或冲击韧度等力学性能指标降低。

4. 机械损伤

机械载荷作用下材料发生组织连续性被破坏或功能丧失等损伤的过程。

第二节　在用设备的检验评价原则及方法

在用设备检验的目的是判断设备的安全状态，确认是否可以继续使用及使用寿命预测。缺陷评定的准则是合乎使用原则，采用 GB/T 19624—2004 等规定的

方法对缺陷进行使用评价，判断设备是否可以安全运行以及运行的条件和时间，决定检测中发现的缺陷是否需要维修和更换设备。

安全评定应包括对评定对象的状况（历史、工况、环境等）调查、缺陷检测、缺陷成因分析、失效模式判断、材料检验（性能、损伤与退化等）、应力分析、必要的实验与计算，并根据标准的规定对评定对象的安全性进行综合分析和评价。

一、评定方法

安全评定方法的选择应以避免在规定工况（包括水压试验）下安全评定期内发生各种模式的失效而导致事故的可能为原则。每种评定方法只能评价相应的失效模式，只有对各种可能的失效模式进行判断或评价后，才能作出该含有超标缺陷的容器或结构是否安全的结论。

断裂力学是研究带有裂纹的物体在载荷的作用下裂纹扩展规律的一门学科。按裂纹存在的几何特性，可把裂纹分为穿透裂纹、表面裂纹和深埋裂纹。如果一个裂纹贯穿整个构件厚度，则称为穿透裂纹，也称为贯穿裂纹。有些条件下，虽然裂纹并没有穿透构件厚度，仅在构件的一面出现裂纹，但若其深度已达到构件厚度一半以上时，该裂纹也常按穿透裂纹处理。若裂纹位于构件的表面或裂纹的深度与构件的厚度相比较小，则称为表面裂纹。在工程中表面裂纹常简化为半椭圆形裂纹。裂纹处于构件内部，在表面上看不到开裂的痕迹，这种裂纹称为深埋裂纹。计算时常简化为椭圆片状或圆片状裂纹。在断裂力学中，裂纹常按其受力及裂纹扩展途径分为三种类型，即Ⅰ型、Ⅱ型、Ⅲ型裂纹，如图9-1～9-3所示。

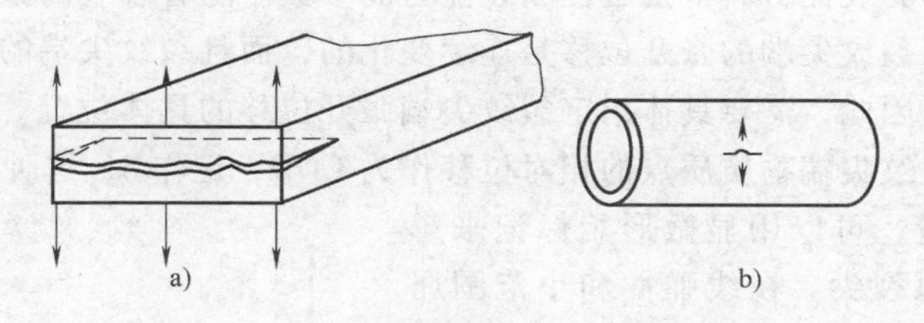

图9-1　张开型（Ⅰ型）裂纹

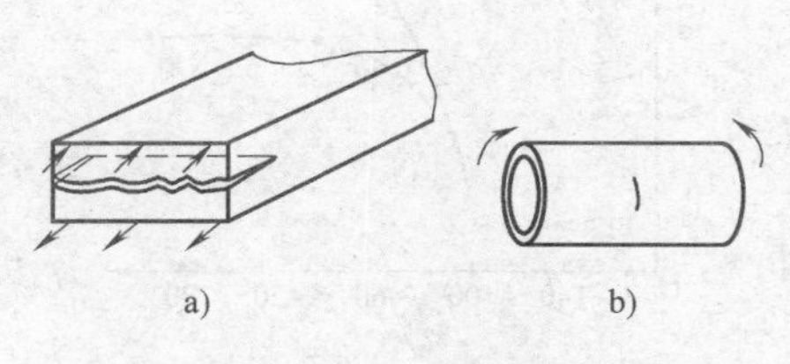

图9-2　滑开型（Ⅱ型）裂纹

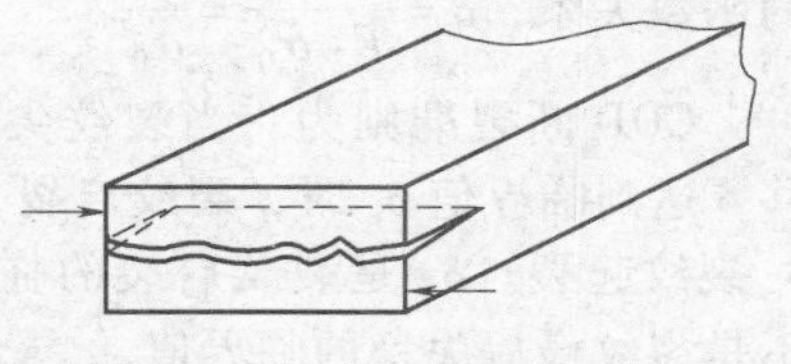

图9-3　撕开型（Ⅲ型）裂纹

常用的断裂力学的缺陷安全评定方法简介如下：

1. 线弹性断裂理论

裂纹尖端应力强度因子理论，即 $K_{\mathrm{I}} < K_{\mathrm{IC}}$。

$$K_{\mathrm{I}} = \sigma\sqrt{\pi a}$$

式中 σ——裂纹体在裂纹不存在时的“当地应力”；

K_{I}——应力场强度因子；

a——裂纹长度。

裂纹扩展判据：$K_{\mathrm{I}} \geqslant K_{\mathrm{IC}}$时发生脆断，$K_{\mathrm{I}}$是裂纹扩展的推动力，它取决于裂纹尺寸和所受载荷（应力）而与材料性能无关，只要材料性能符合线弹性的胡克定律。

K_{IC}是材料的断裂韧度，可根据标准测试出来，属于材料的力学性能之一，表征材料的韧性优劣。

当$K_{\mathrm{I}} \geqslant K_{\mathrm{IC}}$时裂纹将会发生起裂，甚至失稳扩展。这就是“低应力脆断”。K_{I}比K_{IC}足够小时，裂纹将是安全的。

2. 弹塑性断裂理论

裂纹尖端张开位移 COD(δ) 理论，即 $\delta < \delta_c$

在塑性变形比较大的情况下，裂纹尖端形貌会发生明显的张开，因此 Wells (1965) 在大量实验和工程经验的基础上提出以裂纹尖端张开位移（简称 COD）作为弹塑性情况下的断裂参数，并以此建立了相应的裂纹扩展准则，称为 COD 准则，它在结构的安全评定等领域得到了较广泛的应用。Wells 对含中心裂纹的大板进行了系统的实验研究，采用的材料接近于理想弹塑性。原裂纹尖端处的张开位移可以作为表征材料抵抗延性断裂能力的参数。随着裂纹的张开，裂纹尖端出现钝化，而裂纹尖端的张开位移是连续变化的，而且裂纹尖端的物质点也随着变形而运动，因此，需要具体指定裂纹尖端张开位移的具体位置。

将原来裂纹尖端物质质点的相对位移作为 COD，记作δ，这种定义比较适宜于显微镜测量，可以用显微形貌标记来辨别哪一点是原裂尖。在线弹性和小范围屈服的条件下，δ和K_{I}、G_{I}之间存在着简单的函数关系，$\delta = \dfrac{1}{E}\dfrac{K_{\mathrm{I}}^2}{\sigma_0} = \dfrac{G}{\sigma_0}$。

COD 断裂准则为：当裂纹尖端张开位移δ达到临界值δ_c时，裂纹启裂，即：$\delta = \delta_c$裂纹起裂。δ_c是裂纹启裂的临界值，而不是裂纹最后失稳的临界值。

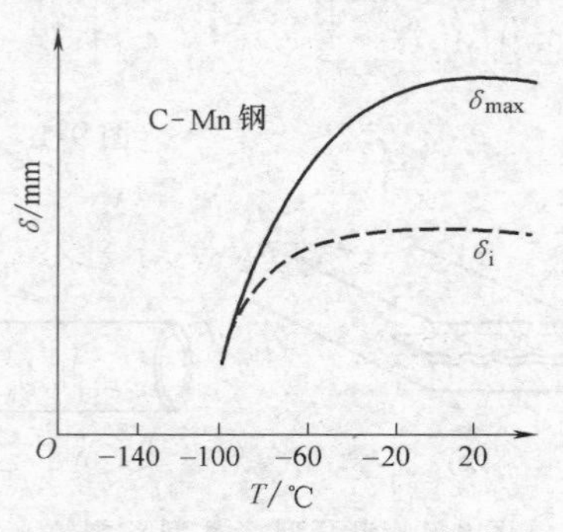

图 9-4　C-Mn 钢 δ_c 与温度关系图

δ_c与温度有关，如图 9-4 所示。δ_i表

示启裂的临界 COD，δ_{max}表示裂纹失稳即材料能够承受的最大 COD。随着温度的上升，δ_i 与 δ_{max}之间的差别明显增大，意味着材料的韧性随温度的上升而明显增大。

COD 理论在应用于焊接结构和压力容器的安全分析时是很有效的，而且由于 δ_c 的测量比较容易。因此，COD 理论在化工、核工业等领域应用比较广泛。我国也制定了相应的测定标准。但 COD 理论也仍存在着一些问题：首先，裂纹张开位移 δ 的计算公式是由 Dugdale 模型导出的，它与实际的裂纹尖端变形情况存在着明显的偏差，尤其是对于远离平面应力状态的裂纹，裂尖塑性区形状不是窄条带状。其次，裂纹尖端张开位移 COD 的定义尚不统一，这给数据的测量与使用带来不便。

3. 弹塑性断裂理论

裂纹的 J 积分理论，即 $J < J_{IC}$。

J 积分是围绕裂纹尖端的与路径无关的闭合曲线的线积分，它有明确的物理意义。外加载荷通过施力点位移对试样所做的形变功率给出。J 积分准则认为：当围绕裂纹尖端的 J 积分达到临界值时，裂纹开始扩展。与 COD 准则相比，J 积分准则理论根据严格，定义明确。

设一均质板，板上有一穿透裂纹、裂纹表面无力作用，但外力使裂纹周围产生二维的应力、应变场。围绕裂纹尖端取回路下。始于裂纹下表面、终于裂纹上表面。按逆时针方向转动

$$J = -\frac{1}{B}\frac{\partial \Pi}{\partial a}$$

式中 Π——总位能；

B——试件厚度；

a——特征裂纹长度

$\frac{\partial \Pi}{\partial a}$是指两个几何形状完全相同，只是裂纹长度稍有不同的试件，在外载固定或加载点固定的情况下，两者总位能的差率。而不能理解为裂纹从长度 a 扩展到 $a + \mathrm{d}a$ 时总位能的差率。

适用范围：

1）只能适用于弹性体和服从全量理论的塑性体。

2）只能应用于二维。

3）只能适用于小变形问题。

4）只能适用于裂纹表面无载荷作用的情况。

当裂纹扩展的推动力 K_{I}、δ、J 小于材料的断裂韧度 K_{IC}、δ_c、J_{IC}时裂纹是

安全的，此时可保证不发生断裂事故。

二、失效分析程序

失效可能性按以下步骤分析：识别已知的和潜在的损伤机理（考虑正常和非正常工况）；确定损伤敏感性和速率；评价检测与维护历史和将来检测与维护程序的有效性。在评价失效可能性时可给定几类检验策略，可能包括将来不检测的情况，并按这些策略分别确定失效可能性；根据设备当前状况和预测的损伤速率计算设备的失效可能性；失效模式应根据损伤机理确定，必要时要考虑多种失效模式，并将这些失效模式产生的风险进行累计。

安全评定所需的基础数据有：缺陷的类型、尺寸和位置；结构和焊缝的几何形状和尺寸；材料的化学成分、力学和断裂韧度性能数据；由载荷引起的应力；残余应力。

确定损伤敏感性与速率：损伤机理分析时应对所有设备工艺条件与材料组合进行评价，确定所有已知的和潜在的损伤机理。确定损伤机理和敏感性时，应按相同的内外部环境和材料组合进行分组，同组中设备的检测结果可为其他设备提供参考。损伤速率用腐蚀速率或敏感性表示。对于未知或不可量化的损伤速率应用敏感性表示。

确定损伤速率的依据：公开发表的数据；实验室数据；现场试验和在线监测结果；相似设备的经验；检测历史的数据。

影响检测历史有效性的主要因素：检验比例不足，未有效覆盖损伤区域；检测方法的局限性；检测方法和工具选择不适当；检测人员技能欠缺；极端工况条件下损伤速率显著升高，短时间内发生失效。

第三节　在用设备无损检测要求

应根据安全评定的要求，对被评定对象可能存在的各种缺陷、对材料和结构等合理选择有效的检测方法和对设备进行全面的检测并确保缺陷检测结果准确、真实、可靠。

对于无法进行无损检测的部位存在缺陷的可能性应有足够的考虑，安全评定人员和无损检测人员应根据经验和具体情况做出保守的估计。

一、无损检测方法选用

在用设备的无损检测包括停机检测和在线检测。不同检测方法针对不同损伤机理的检验有效性见表9-1，在线检测方法及有效性见表9-2。

表 9-1 不同检测方法针对不同损伤机理的检验有效性

检测技术	减薄	表面裂纹	近表面裂纹	微裂纹/微孔	金相组织变化	尺寸变化	鼓泡
宏观检验	1-3	2-3	X	X	X	1-3	1-3
超声波纵波检测	1-3	X	X	X	X	X	1-2
超声波横波检测	3-X	2-3	2-3	3-X	X	X	3-X
TOFD	2-3	2-3	2-3	3-X	X	X	1-2
射线检测	(测厚)1-3	3-X	3-X	X	X	X	X
荧光磁粉	X	1-3	3-X	X	X	X	X
渗透	X	1-3	X	X	X	X	X
声发射	X	(活性)1-3	(活性)1-3	3-X	X	X	3-X
涡流	1-2	1-2	1-2	3-X	X	X	X
漏磁	1-2	X	X	X	X	X	X
尺寸测量	1-3	X	X	X	X	1-2	X
金相	X	2-3	2-3	2-3	1-2	X	X

注：1 为高度有效；2 为通常有效；3 为一般有效；X 为不常用。

表 9-2 在线检测方法及有效性

检测技术	减薄	表面裂纹	近表面裂纹	微裂纹/微孔	金相组织变化	尺寸变化	鼓泡
脉冲涡流测厚	1-3	X	X	X	X	X	X
高温超声波纵波检测	1-3	X	X	X	X	X	1-2
高温磁粉	X	1-2	3-X	X	X	X	X
高温超声波横波检测	X	2-X	2-X	X	X	X	X
在线声发射监测	X	(活性)1-3	(活性)1-3	3-X	X	X	3-X
超声波导波	1-3	X	X	X	X	X	X
磁记忆	X	1-3	3-X	X	X	X	X

注：1 为高度有效；2 为通常有效；3 为一般有效；X 为不常用。

二、无损检测缺陷测量

在用缺陷无损检测时，应获取缺陷尽量多的信息，包括缺陷性质，形状、位置、三维具体尺寸等。缺陷检测时需要测量的尺寸如图 9-5 ~ 图 9-8 所示。

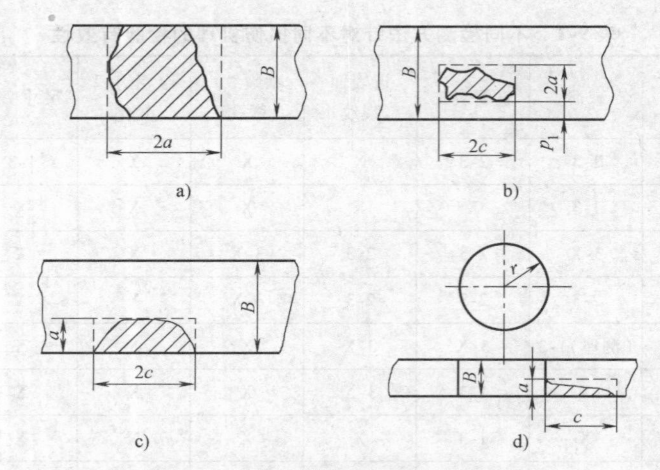

图 9-5　平面缺陷形状和尺寸示意图

a）穿透裂纹　b）埋藏裂纹　c）表面裂纹　d）孔边角裂纹

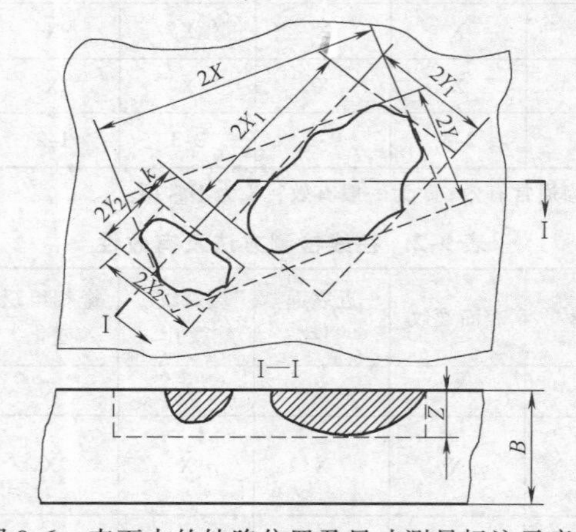

图 9-6　表面内的缺陷位置及尺寸测量标注示意图

三、《压力容器定期检验规则》关于无损检测的规定

1. 表面缺陷检测

检测时应当采用 JB/T 4730—2005 中的磁粉检测、渗透检测方法。铁磁性材料制压力容器的表面检测应当优先采用磁粉检测。表面缺陷检测的要求如下：

1）碳钢低合金钢制低温压力容器、存在环境开裂倾向或者产生机械损伤现象的压力容器、有再热裂纹倾向的压力容器、Cr-Mo 钢制压力容器、标准抗拉强度下限值大于或者等于 540MPa 的低合金钢制压力容器、按照疲劳分析设计的压力容器、首次定期检验的设计压力大于或者等于 1.6MPa（表压，以下没有注明的均同）的第Ⅲ类压力容器，检测长度不少于对接焊缝长度的 20%。

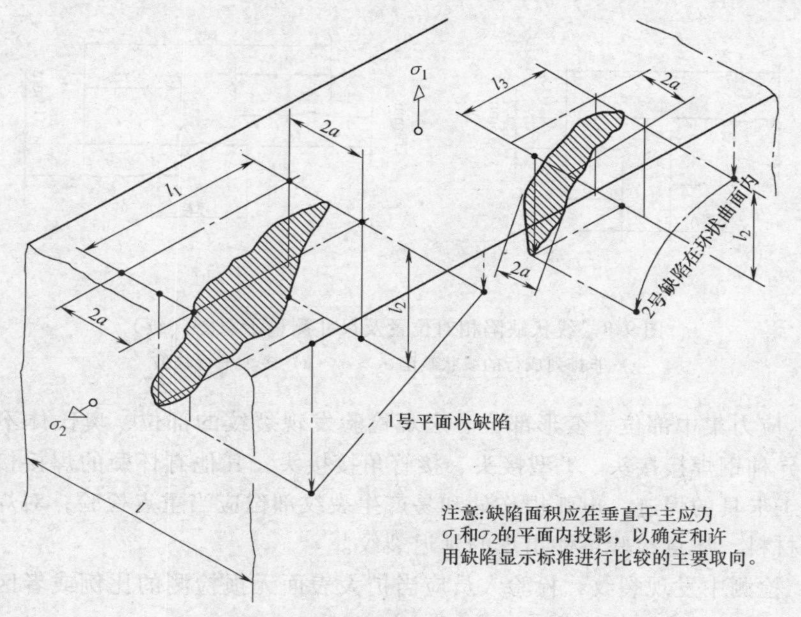

图 9-7　倾斜深埋缺陷位置及尺寸测量示意图

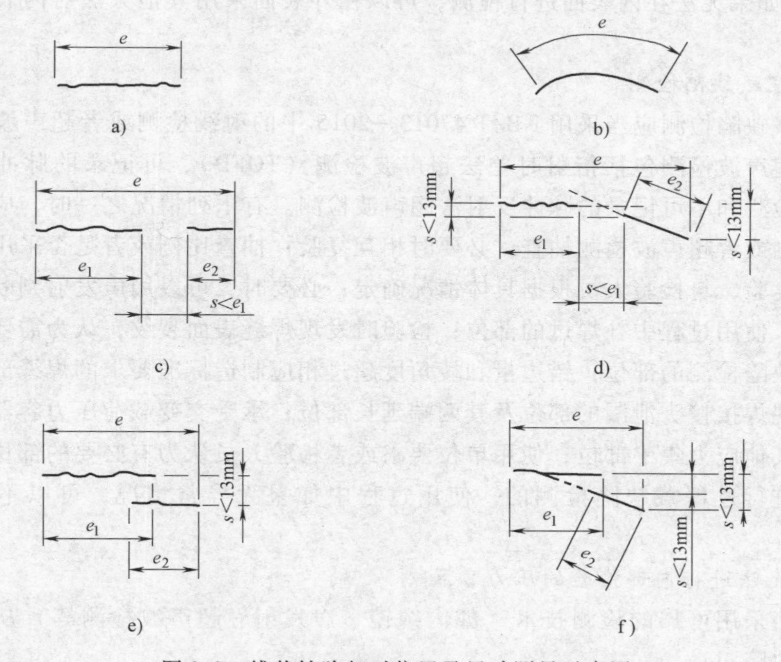

图 9-8　线状缺陷相对位置及尺寸测量示意图

a）单一线状缺陷　b）单一曲线状缺陷　c）排列成行的线性缺陷 $e_1>e_2$　d）非重叠缺陷 $e_1>e_2$

e）重叠平行缺陷 $e_1>e_2$　f）重叠缺陷

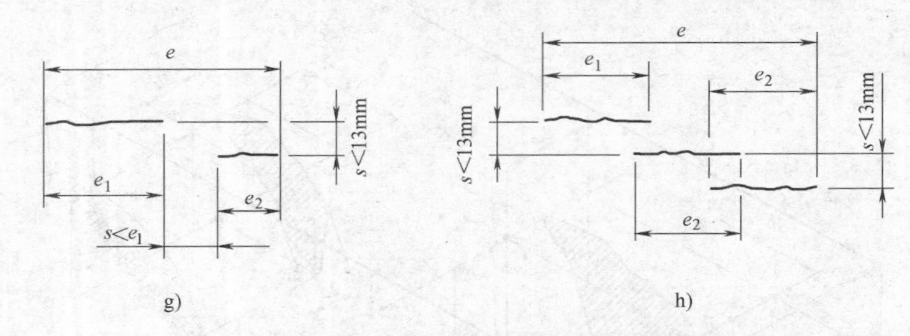

图 9-8　线状缺陷相对位置及尺寸测量示意图（续）

g）非排列成行的线状缺陷 $e_1 > e_2$　h）多个平行缺陷

2）应力集中部位、变形部位、宏观检验发现裂纹的部位，奥氏体不锈钢堆焊层，异种钢焊接接头、T 型接头、接管角接接头，其他有怀疑的焊接接头，补焊区、工卡具的焊迹、电弧损伤处和易产生裂纹部位应当重点检验；对焊接裂纹敏感的材料，注意检验可能出现的延迟裂纹。

3）检测中发现裂纹，检验人员应当扩大表面无损检测的比例或者区域，以便发现可能存在的其他缺陷。

4）如果无法在内表面进行检测，可以在外表面采用其他方法对内表面进行检测。

2. 埋藏缺陷检测

埋藏缺陷检测应当采用 NB/T 47013—2015 中的射线检测或者超声波检测等方法。超声波检测包括衍射时差法超声波检测（TOFD）、可记录的脉冲反射法超声波检测和不可记录的脉冲反射法超声波检测。有下列情况之一时，应当进行射线检测或者超声波检测抽查，必要时相互复验；抽查比例或者是否采用其他检测方法复验，自检验人员根据具体情况确定；必要时，可以用声发射判断缺陷的活动性：使用过程中补焊过的部位；检验时发现焊缝表面裂纹，认为需要进行焊缝埋藏缺陷检测的部位；错边量和棱角度超过相应制造标准要求的焊缝部位；使用中出现焊接接头泄漏的部位及其两端延长部位；承受交变载荷压力容器的焊接接头和其他应力集中部位；使用单位要求或者检验人员认为有必要的部位。

已进行过埋藏缺陷检测的，使用过程中如果无异常情况，可以不再进行检测。

3. 无法进行内部检验的压力容器

应当采用可靠的检测技术（如内窥镜、声发射、超声波检测等）从外部检测内部缺陷。

4. M36 及以上设备

主螺柱在逐个清洗后，在检验其损伤和裂纹情况的过程中，必要时进行无损

检测。重点检验螺纹及过渡部位有无环向裂纹。

5. 检验结果的评定

1）内、外表不允许有裂纹。如果有裂纹，应当打磨消除，打磨后形成的凹坑在允许范围内的，不影响定级；否则，应当补焊或者进行应力分析，经过补焊合格或者应力分析结果表明不影响安全使用的，可以定为2级或者3级。

裂纹打磨后形成凹坑的深度如果小于壁厚余量（壁厚余量=实测壁厚-名义厚度+腐蚀余量），则该凹坑允许存在。否则，将凹坑按照其外接矩形规则化为长轴长度、短轴长度及深度分别为$2A$(mm)、$2B$(mm)及C(mm)的半椭球形凹坑，计算无量纲参数G_0，如果$G_0<0.10$，则该凹坑在允许范围内。进行无量纲参数计算的凹坑应当满足如下条件：凹坑表面光滑、过渡平缓，凹坑半宽B不小于凹坑在C的3倍，并且其周围无其他表面缺陷或者埋藏缺陷；凹坑不靠近几何不连续或者存在尖锐棱角的区域；压力容器不承受外压或者疲劳载荷；T/R小于0.18的薄壁圆筒壳或者T/R小于0.10的薄壁球壳；材料满足压力容器设计规定，未发现劣化；凹坑深度C小于壁厚T的1/3并且小于12mm，坑底最小厚度（$T-C$）不小于3mm；凹坑半长$A\leqslant1.4\sqrt{RT}$，凹坑缺陷无量纲参数按下式计算。

$$G_0=C/T\times A/\sqrt{RT}$$

式中　T——凹坑所在部位压力容器的壁厚（取实测壁厚减去至下次检验期的腐蚀量）(mm)；

R——压力机器平均半径（mm）。

2）变形、机械接触损伤、工卡具焊迹、电弧灼伤等，按照以下要求评定安全状况等级：变形不处理不影响安全的，不影响定级；根据变形原因分析，不能满足强度和安全要求的，可以定为4级或者5级；机械接触损伤、工卡具焊迹、电弧灼伤等，打磨后按照有关规定定级。

3）内表面焊缝咬边深度不超过0.5mm、咬边连续长度不超过100mm，并且焊缝两侧咬边总长度不超过该焊缝长度的10%时；外表面焊缝咬边深度不超过1.0mm、咬边连续长度不超过100mm，并且焊缝两侧咬边总长度不超过该焊缝长度的15%时，按照以下要求评定其安全状况等级：一般压力容器不影响定级，超过时应当予以修复；罐车或者有特殊要求的压力容器在检验时如果未查出新生缺陷（如焊趾裂纹），可以定为2级或者3级；查出新生缺陷或者超过本条要求的，应当予以修复；低温压力容器不允许有焊缝咬边。

4）有腐蚀的压力容器按照以下要求评定安全状况等级：分散的点腐蚀，如果腐蚀深度不超过壁厚（扣除腐蚀余量）的1/3，不影响定级；如果在任意200mm直径的范围内，点腐蚀的面积之和不超过4500mm^2，或者沿任一直径点腐蚀长度之和不超过50mm，不影响定级；均匀腐蚀，如果按照剩余壁厚（实测壁厚最小值减去至下次检验期的腐蚀量）强度校核合格的，不影响定级；经过补焊合格的，可以定为2级或者3级；局部腐蚀，腐蚀深度越过壁厚余量的，应当确定腐蚀坑形状和尺寸，并且充分考虑检验周期内腐蚀坑尺寸的变化，可以按照本规则第三十八条的规定定级；对内衬和复合板压力容器，腐蚀深度不超过衬板或者覆材厚度1/2的不影响定级，否则应当定为3级或者4级。

5）存在环境开裂倾向或者产生机械损伤现象的压力容器，发现裂纹，应当打磨消除，并且按照第三十八条的要求进行处理，可以满足在规定的操作条件下和检验周期内安全使用要求的，定为3级，否则定为4级或者5级。

6）错边量和棱角度超出相应制造标准，根据以下具体情况综合评定安全状况等级：

错边量和棱角度尺寸在表9-3范围内，压力容器不承受疲劳载荷并且该部位不存在裂纹、未熔合、未焊透等缺陷时，可以定为2级或者3级；错边量和棱角度不在表9-3范围内，或者在表9-3范围内的压力容器承受疲劳载荷或者该部位伴有未熔合、未焊透等缺陷时，应当通过应力分析，确定能否继续使用；在规定的操作条件下和检验周期内，能安全使用的定为3级或者4级。

表9-3 错边量和棱角度尺寸范围 （单位：mm）

对口处钢材厚度 δ	错边量	棱角度(注5)
$\delta \leq 20$	不大于 $1/3\delta$，且不大于5	不大于 $(1/10\delta+3)$，且不大于8
$20<\delta \leq 50$	不大于 $1/4\delta$，且不大于8	
$\delta>50$	不大于 $1/6\delta$，且不大于20	
对所有厚度锻焊压力容器		不大于 $1/6\delta$，且不大于8

7）相应制造标准允许的焊缝埋藏缺陷，不影响定级；超出相应制造标准的，按照以下要求评定安全状况等级：

① 单个圆形缺陷的长径大于壁厚的1/2或者大于9mm，定为4级或者5级；圆形缺陷的长径小于壁厚的1/2并且小于9mm，其相应的安全状况等级评定见表9-4和表9-5。表9-4和表9-5中圆形缺陷尺寸换算成缺陷点数，以及不计点数的缺陷尺寸要求见NB/T 47013—2015相应规定。

② 非圆形缺陷与相应的安全状况等级评定见表9-6和表9-7。表9-6和表9-7中 H 是指缺陷在板厚方向的尺寸，亦称缺陷高度，L 指缺陷长度（单位为mm）。对所有超标非圆形缺陷均应当测定其高度和长度，并且在下次检验时对缺陷尺寸进行复验。

如果能采用有效方式确认缺陷是非活动的，则表9-6和表9-7中的缺陷长度容限值可以增加50%。

表 9-4　规定只要求局部无损检测的压力容器（不包括低温压力容器）圆形缺陷与相应的安全状况等级

<table>
<tr><th rowspan="5">安全状况等级</th><th colspan="6">评定区/mm</th></tr>
<tr><th colspan="2">10×10</th><th colspan="3">10×20</th><th>10×30</th></tr>
<tr><th colspan="6">实测厚度/mm</th></tr>
<tr><th>$\delta \leqslant 10$</th><th>$10<\delta \leqslant 15$</th><th>$15<\delta \leqslant 25$</th><th>$25<\delta \leqslant 50$</th><th>$50<\delta \leqslant 100$</th><th>$\delta>100$</th></tr>
<tr><th colspan="6">缺陷点数</th></tr>
<tr><td>2 级或者 3 级</td><td>6～15</td><td>12～21</td><td>18～27</td><td>24～33</td><td>30～39</td><td>36～45</td></tr>
<tr><td>4 级或者 5 级</td><td>>15</td><td>>21</td><td>>27</td><td>>33</td><td>>39</td><td>>45</td></tr>
</table>

表 9-5　规定要求 100% 无损检测的压力容器（包括低温压力容器）圆形缺陷与相应的安全状况等级

<table>
<tr><th rowspan="5">安全状况等级</th><th colspan="6">评定区/mm</th></tr>
<tr><th colspan="2">10×10</th><th colspan="3">10×20</th><th>10×30</th></tr>
<tr><th colspan="6">实测厚度/mm</th></tr>
<tr><th>$\delta \leqslant 10$</th><th>$10<\delta \leqslant 15$</th><th>$15<\delta \leqslant 25$</th><th>$25<\delta \leqslant 50$</th><th>$50<\delta \leqslant 100$</th><th>$\delta>100$</th></tr>
<tr><th colspan="6">缺陷点数</th></tr>
<tr><td>2 级或者 3 级</td><td>3～12</td><td>6～15</td><td>9～18</td><td>12～21</td><td>15～24</td><td>18～27</td></tr>
<tr><td>4 级或者 5 级</td><td>>12</td><td>>15</td><td>>18</td><td>>21</td><td>>24</td><td>>27</td></tr>
</table>

表 9-6　一般压力容器非圆形缺陷与相应的安全状况等级

<table>
<tr><th rowspan="2">缺陷位置</th><th colspan="3">缺陷尺寸</th><th rowspan="2">安全状况等级</th></tr>
<tr><th>未熔合</th><th>未焊透</th><th>条状夹渣</th></tr>
<tr><td>球壳对接焊缝；圆筒形环焊缝；以及与封头连接的环焊缝</td><td>$H \leqslant 0.1\delta$，且 $H \leqslant 2mm$；$L \leqslant 2\delta$</td><td>$H \leqslant 0.15\delta$，且 $H \leqslant 3mm$；$L \leqslant 3\delta$</td><td>$H \leqslant 0.2\delta$，且 $H \leqslant 4mm$；$L \leqslant 6\delta$</td><td rowspan="2">3 级</td></tr>
<tr><td>圆筒形环焊缝</td><td>$H \leqslant 0.15\delta$，且 $H \leqslant 3mm$；$L \leqslant 4\delta$</td><td>$H \leqslant 0.2\delta$，且 $H \leqslant 4mm$；$L \leqslant 6\delta$</td><td>$H \leqslant 0.25\delta$，且 $H \leqslant 5mm$；$L \leqslant 12\delta$</td></tr>
</table>

表 9-7　有特殊要求的压力容器非圆形缺陷与相应的安全状况等级

<table>
<tr><th rowspan="2">缺陷位置</th><th colspan="3">缺陷尺寸</th><th rowspan="2">安全状况等级</th></tr>
<tr><th>未熔合</th><th>未焊透</th><th>条状夹渣</th></tr>
<tr><td>球壳对接焊缝；圆筒形环焊缝；以及与封头连接的环焊缝</td><td>$H \leqslant 0.1\delta$，且 $H \leqslant 2mm$；$L \leqslant \delta$</td><td>$H \leqslant 0.15\delta$，且 $H \leqslant 3mm$；$L \leqslant 2\delta$</td><td>$H \leqslant 0.2\delta$，且 $H \leqslant 4mm$；$L \leqslant 3\delta$</td><td rowspan="2">3 级或者 4 级</td></tr>
<tr><td>圆筒形环焊缝</td><td>$H \leqslant 0.15\delta$，且 $H \leqslant 3mm$；$L \leqslant 2\delta$</td><td>$H \leqslant 0.2\delta$，且 $H \leqslant 4mm$；$L \leqslant 4\delta$</td><td>$H \leqslant 0.25\delta$，且 $H \leqslant 5mm$；$L \leqslant 6\delta$</td></tr>
</table>

8）母材有分层的按照以下要求安全状况等级：与自由表面平行的分层，不影响定级；与自由表面夹角小于 10°的分层，可以定为 2 级或者 3 级；与自由表面夹角大于或者等于 10°的分层，检验人员可以采用其他检测或者分析方法进行综合判定，确认分层不影响压力容器安全使用的，可以定为 3 级，否则定为 4 级

或者5级。

9）使用过程中产生的鼓包应当查明原因，判断其稳定状况，如果能查清鼓包的起因并且确定其不再扩展，而且不影响压力容器安全使用的，可以定为3级；无法查清起因时，或者虽查明原因但是仍然会继续扩展的，定为4级或者5级。

四、在役压力管道无损检测

此处主要介绍在用工业管道，在用工业管道种类多，涉及面广，走向错综复杂，使用和运行条件也有很大差异，而且引起工业管道的失效因素众多。根据历年来各种工业管道重大事故原因的分析，主要表现在设计不当、制造质量低劣、安装质量差、管理不善、腐蚀等5方面。

（1）设计原因　主要有选材不当，阀门、管件等工业管道组成件选型不合理，管系结构布置不合理等。

（2）制造原因　主要是指管子、管件、阀门等制造过程中形成的缺陷。

（3）安装原因　主要指施工安装质量低劣引起的事故，如焊接质量低劣，存在错边、未焊透，夹渣、气孔、裂纹等缺陷，材料混用，未按规定进行无损检测等。

（4）管理不善　除各环节管理失控外，还包括使用管理混乱，未进行有效的定期检验。

（5）工业管道多样性　工业管道的多样性造成的腐蚀情况复杂多变。

（6）材料老化劣化、材料累积损伤等。

因此其检验方法主要有超声波检测、射线检测、磁粉检测和渗透检测、涡流检测。对于带保温层的管道则采用射线实时成像技术、导波技术、红外热成像检测技术。

长输（油气）管道一般均为埋地敷设，因此进行地面无损检测及评价技术研究工作是一项长期复杂的工作。经过多年的努力，目前形成内检测和外检测两种地面无损检测方法。内检测方法主要有漏磁法（MFL）和超声波法（CU/S），主要是通过智能爬行器在管道内的行走，对管道缺陷（如变形、损伤、腐蚀、穿孔、壁厚损失及厚度变化等）进行在线检测。据事故资料统计，外腐蚀是导致长输管道事故的主要原因，而外腐蚀又是由于外防腐层和阴极保护失效造成的，因此又形成了以检测外防腐层缺陷和阴极保护有效性为主的外检测方法。常用防腐层类型见表9-8。外检测方法主要有标准管地电位法（P/S）、直流电位梯度/近间距管地电位测量法（DCVG/CIPS）、多频管中电流法（PCM）、皮尔逊法（Pearson）、C-Scan法、变频—选频法、杂散电流测绘仪法（SCM）。外检测方法主要是通过在地面上观察检测设备信号的变化，判断防腐层是否存在缺陷，漏

铁点处是否正在发生腐蚀及判断是否存在杂散电流干扰源，从而降低管道发生外腐蚀的概率。以上检验方法在实际应用中取得了很大的成绩，积累了丰富的地面无损检测经验，很大程度上降低了事故发生的概率。

目前长输（油气）管道防腐层类型见表9-8。

表9-8　各防腐层性能特点

性能＼名称	煤焦油瓷器	冷缠胶带	环氧粉末	两层PE	三层PE	三层聚乙烯
电绝缘强度	中	优	良	优	优	优
耐水性	中	优	良	优	优	优
阴极剥离	差	差	优	中	优	优
粘结性能	中	中	优	良	优	优
耐老化	中	中	良	优	优	良
抗土壤应力	差	差	优	中	优	优
抗冲击	中	良	差	良	优	良
抗弯曲	差	差	良	中	优	良
抗穿透	差	中	优	良	优	优
耐温/℃	80	70	100	70	70	105

长输管道非开挖无损检测常采用组合检测方法，见表9-9，以节约检测成本，提高缺陷检出率。

表9-9　长输（油气）管道非开挖无损检测技术组合方法

检测项目	检测要素、方法、仪器		
	检测要素	检测方法	典型仪器
土壤环境调查	土壤电阻率	Winner 四极法	ZC-8、CMB1510
	杂散电流	杂散电流测绘仪	SCM
	土壤自然电位	地表参比法	高精度万用表、CIPS 测绘仪
管线探寻	位置与走向	多频管中电流法	RD4000-PDL2、RD400-PCM、C-SCAN
		人体电容法	SL-2098
		电磁感应法	PPL
		电磁波法	PipeHawk
防腐层综合状况检测	外防腐层电阻率	多频管中电流法	RD4000-PDL2、RD400-PCM、C-SCAN
		人体电容法	SL-2098
阴极保护效果检测	管道电位分布	密间隔电位测试	DCVG/CIPS
破损点找寻、定位、大小估算		多频管中电流法	PCM +"A 字架"、C-SCAN
		人体电容法	SL-2098
		直流电位梯度法	DCVG/CIPS
破损点评价	阴阳极状态	杂散电流测绘仪	SCM
	严重性判断	直流电位梯度法	DCVG/CIPS

复习思考题

1. 在用设备常见失效形式有哪几种？
2. 简述韧性失效的宏观特征。
3. 简述脆性断裂失效的宏观特征。
4. 简述疲劳断口的宏观特征。
5. 简述腐蚀失效的典型形态。
6. 在用设备失效原因有哪几类？
7. 简述在用设备无损检测方法选用特点。

第十章

无损检测概论

培训学习目标

了解无损检测的概念和分类，熟悉常规无损检测的方法及优缺点，掌握无损检测方法选用原则。

◈◈◈ 第一节 无损检测的概念和分类

无损检测（Non-Distruedve Testing，NDT）就是指在不损坏试件的前提下，对试件进行检查和测试的方法。

一、无损检测概念

无损检测是指对材料或工件实施一种不损害或不影响其未来使用性能或用途的检测手段。无损检测能发现材料或工件内部和表面所存在的缺欠，能测量工件的几何特征和尺寸，能测定材料或工件的内部组成、结构、物理性能和状态等。能应用于产品设计、材料选择、加工制造、成品检验、在役检查（维修保养）等多个方面，在质量控制与降低成本之间能起优化作用。无损检测还有助于保证产品的安全运行和有效使用。无损检测的应用，可以保证产品质量、保障使用安全、改进制造工艺、降低生产成本。

二、无损检测方法分类

无损检测的分类方法很多，不同时期、不同标准使得无损检测方法的分类都有不同。按无损检测使用的检测原理可将无损检测方法分为以下几类，这也是国际标准分类法。

1）机械-光学技术：目视光学法、光弹层法、内窥镜、应变计。

2）射线透照技术：X 线照相、γ线照相、中子射线、透射测定法。

3）电磁-电子技术：磁粉检测、涡流检测、核磁共振、电流、微波射线。

4）使用声-超声技术：超声脉冲回波法、超声透过法、超声共振、声冲击、声振动、声发射。

5）使用热学技术：接触测温、热电探头、红外辐射。

6）使用化学分析：化学点滴试验、离子散射、X 射线衍射。

7）使用成像技术：光学成像、胶片照像、荧光屏透视、超声全息照相、视频热照相。

目前工业中所采用的无损检测方法约有数十种，其中主要的有射线检测、超声波检测、电磁检测（包括涡流、测漏磁和磁粉检测）、声发射检测和液体渗透法等。就自动化程度而言，较好的有超声波检测、涡流检测和射线检测。常规无损检测方法有射线检测、超声波检测、磁粉检测、渗透检测和涡流检测。

三、缺陷的概念与含义

缺陷是尺寸、形状、取向、位置或性质不满足规定的验收准则的一个或多个损伤。缺欠是质量特性与预期状况的偏离。不连续是连续或结合的缺失，是材料或工件在物理结构或形状上有意或无意的中断。损伤是用无损检测可检测到的，但不一定是拒收的缺欠或不连续。

焊接缺陷是焊接接头中的不连续性、不均匀性以及其他不健全性等的欠缺，统称为焊接缺陷。焊接缺陷的存在使焊接接头的质量下降，性能变差。不同焊接产品对焊接缺陷有不同的容限标准。焊接缺陷主要包括：裂纹、孔穴、固体夹杂、未熔合及未焊透、形状和尺寸不合格（形状缺陷）及其他缺欠。

铸造缺陷是在铸造加工过程中形成的缺陷。主要有：铸件尺寸超差、表面粗糙、表面缺陷、孔洞类缺陷（气孔、缩孔、缩松）、裂纹和变形以及其他缺陷（砂眼、渣孔、冷隔、跑火）。

锻件是金属材料经过锻造加工而得到的工件或毛坯。锻件的表面缺陷主要有裂纹、疏松、折叠等，锻件内部缺陷如缩孔、白点、心部裂纹、夹杂等。

常规无损检测方法主要包括：射线检测、超声波检测、磁粉检测、渗透检测和涡流检测。

第二节　常规无损检测方法的原理和工艺特点

一、射线检测

射线透照技术是指针对特定的被检对象为达到一定的技术要求而选用适当的

器材、方法、参数和措施来实施射线透照，继而进行恰当的潜影处理，以得到能满足规定和要求的射线底片的一系列过程。射线透照又称射线探伤，根据射线源种类不同，可分为X射线探伤，γ射线探伤和高能射线探伤。

1. 射线的产生

当高速运动的电子被阻止时，伴随着电子动能的消失和转化，能够产生X射线。为了获得X射线，必须具备以下三个条件：产生并发射自由电子，从而获得自由电子源；在真空中，沿一定方向加速自由电子，从而获得具有极高速度和动能作定向运动的打靶电子流；在高速电子流的运动路径上设置坚硬而耐热的靶，使高速运动的电子与靶相碰撞，突然受阻而骤然遏止。这样就会产生能量转换，从而获得所需要的X射线。

X射线管是X射线机的核心，它的基本结构是一个具有高真空度的二极管，由阴极、阳极和保持高真空度的玻璃外壳构成，如图10-1所示。

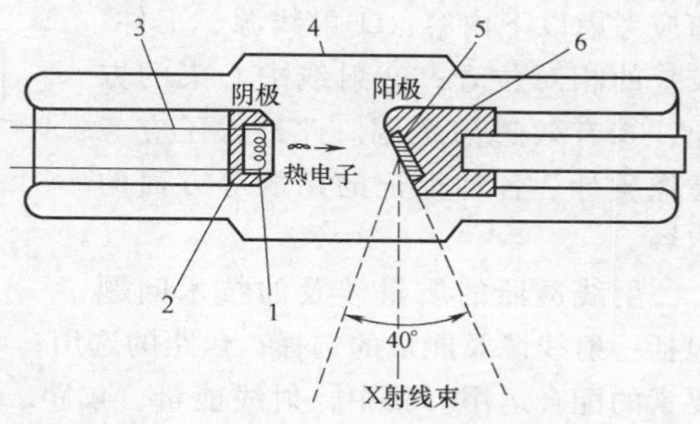

图10-1　X射线管结构示意图

1—灯丝　2—电子集束筒　3—灯丝引出线
4—玻璃外壳　5—阳极靶　6—阳极体

一些元素能自发地放出射线而发生转变，这类元素被称为放射性元素。放射性元素的放射射线分为α、β、γ射线。其中，α射线带正电，β射线带负电，γ射线是不带电的。

放射性物质的原子核，在自发地放出射线（α或γ）后，会转变成另一种元素的原子核，这种现象称为放射性衰变。

2. 射线的主要性质

射线源的种类较多，放射性同位素（γ射线源）常用的有钴-60、铯-137、铱-192。X射线的主要性质：

1）不可见，依直线传播。

2）不带电荷，不受电场和磁场影响。

3）能量高，具有较强的穿透能力，能够穿透像钢铁等可见光无法透过的固体材料，且穿透能力与射线波长、能量有关，与被透照材料的原子序数、密度有关。射线能量越大，波长越短，硬度越高，穿透能力越大。而被透照材料的原子序数越大，密度越大时越难穿透。

4）与可见光一样，具有反射、干涉、绕射、折射等现象。

5）能使被透物质产生光电子及返跳电子，引起散射。

6）能使气体电离，能被物质吸收产生热量。

7）能使某些物质起光化学作用，使胶片感光。

8）能起生物效应，伤害和杀死有生命的细胞。

9）X、γ 射线具有波动性。能够产生反射、折射、偏振、干涉、衍射等现象，但与可见光有显著不同。

3. 射线照相工艺特点

射线照相的基本透照布置如图10-2所示。透照布置的基本原则是：使射线照相能更有效地检出工件中的待检缺陷。据此在具体进行透照布置前应考虑以下内容：①射线源、工件、胶片的相对位置；②射线中心束的方向；③有效透照范围。此外，还应考虑像质计、各种标记的贴放等方面的内容。

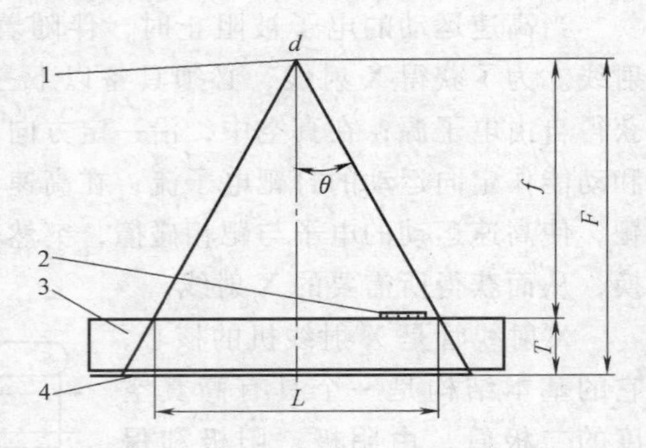

图 10-2　射线照相的基本透照布置
1—射线源　2—像质计　3—工件　4—胶片

射线透照的质量涉及的技术问题包括：射线源及能量的选择；焦距的选用；曝光量的选取和散射线的防护以及四要素的配合运用。其中，射线能量、焦距、曝光量是射线照相检验的三个基本参数。

焊缝透照常规工艺要求：射线照相应工艺的内容应符合有关法规、标准及有关设计文件和管理制度的要求。工艺条件和参数的选择首先是考虑检测工作质量，即缺陷检出率、照相灵敏度和底片质量，但检测速度、工作效率和检测成本也是必须考虑的重要因素。

二、超声波检测

1. 超声波检测方法概述

（1）按原理分类

1）脉冲反射法。超声波在传播过程中遇到异质界面而产生反射，根据反射波的情况来检测工件缺陷的方法称脉冲反射法。在实际探伤中，脉冲反射法包括缺陷回波法、底波法和多次底波法。人们均是通过分析来自异质界面声能（声压）大小的变化，导致回波．高度或者回波次数的改变，从而判断缺陷的量值。

2）穿透法。穿透法是依据脉冲波或连续波穿透试件之后的能量变化判断缺陷的状况，从而确定缺陷的量值。穿透法采用二个探头，一个作发射，一个作接收，分别在试件的两侧（或端）进行探测。

（2）按波型分类

1）直射纵波法。使用直探头发射纵波进行检测的方法称为纵波法。此法主

要用于铸件、锻件、板材的检测。由于纵波直探头检测一般波形和传播方向不变，所以缺陷定位简单明了。

2）斜射横波法。将纵波通过楔块介质斜入射至试件表面，产生波形转换所得横波进行检测的方法称为横波法。焊缝检测的斜探头横波法就是这种方法的运用。此法还可用于管材检测，并可作为一种非常有效的辅助检测以发现纵波直探头法不易发现的缺陷。

（3）按探头数目分类

1）单探头法。采用一个探头既作发射又作接收超声波的方法称为单探头法。由于此法能检出大多数缺陷，操作简单，所以是目前最常用的方法。单探头法对于与波束轴线相垂直的缺陷，检测效果最佳。而对于与波形轴线倾斜的缺陷，可能只收到部分回波或回波全反射。导致该缺陷无法被检测出。

2）多探头法。超声波检测时，在试件上放置两个以上的探头，并且往往成对组合进行检测的方法，称为多探头法。多探头法可进行手动检测，而更多的是与多通道仪器和自动扫描装置配合使用。

（4）按探头接触方式分类

1）接触法。在检测时，将探头通过薄层液态耦合剂直接与试件相接触的方法称为接触法。这种方法操作简单，检出灵敏度较高，是在实际检测中用得最多的方法。由于探头与试件接触，所以对试件表面质量要求较高。

2）液浸法。对于形状规则及批量性的试件宜采用液浸法检测，可实现检测自动化，大大提高了检测速度。液浸法就是探头与检测面之间有一层液体（通常是水）导声层，根据工件和探头浸没形式，可分为全没液浸法、局部液浸法两种。液浸法最适宜于检测大批量的板材、管材以及表面较粗糙的试件。

（5）按显示方式分类　超声波检测按对缺陷显示方式可分成A型、B型和C型显示。

2. 超声波检测通用技术

（1）探伤仪的调节

1）扫描速度的调节：仪器示波屏上时基扫描线的水平刻度值τ与实际声程x（单程）的比例关系为$\tau:x=1:n$，此比例称为扫描速度或时基扫描比例。

2）探伤灵敏度的调节：探伤灵敏度是指在确定的声程范围内发现规定大小缺陷的能力，一般根据产品技术要求或有关标准来确定。可通过调节仪器上的［增益］、［衰减器］、［发射强度］等灵敏度旋钮来实现。调整探伤灵敏度的目的在于发现工件中规定大小的缺陷，并对缺陷定量。探伤灵敏度太高或太低都对检测不利。灵敏度太高，示波屏上杂波多，判伤困难。灵敏度太低，容易引起漏检。调整探伤灵敏度的常用方法有试块调整法和工件底波调整法两种。

（2）缺陷位置的测定　超声波检测中缺陷位置的测定是确定缺陷在工件中

的位置，简称定位。一般可根据示波屏上缺陷波的水平刻度值与扫描速度来对缺陷定位。

(3) 缺陷反射当量或长度尺寸的测定

1) 当量法。当量法用于缺陷尺寸小于声束截面的情况，采用当量法确定的缺陷尺寸是缺陷的当量尺寸。常用的当量法有当量试块比较法、当量计算法和当量 AVG 曲线法。

2) 测长法。当工件中缺陷尺寸大于声束截面时，一般采用测长法来确定缺陷的长度。测长法是根据缺陷波高与探头移动距离来确定缺陷的尺寸。按规定的方法测定的缺陷长度称为缺陷的指示长度。由于实际工件中缺陷的取向、性质、表面状态等都会影响缺陷回波高，因此缺陷的指示长度总是小于或等于缺陷的实际长度。根据测定缺陷长度时的灵敏度基准不同将测长法分为相对灵敏度法、绝对灵敏度法和端点峰值法。

三、磁粉检测

1. 磁粉检测原理

铁磁性材料在磁场中被磁化时，材料表面或近表面由于存在的不连续或缺陷会使磁导率发生变化，即磁阻增大，使得磁路中的磁力线（磁通）相应发生畸变，在不连续或缺陷根部磁力线受到挤压，除了一部分磁力线直接穿越缺陷或在材料内部绕过缺陷外，还有一部分磁力线会离开材料表面，通过空气绕过缺陷再重新进入材料，从而在材料表面的缺陷处形成漏磁场。当采用微细的磁性介质（磁粉）铺撒在材料表面时，这些磁粉会被漏磁场吸附聚集形成在适合光照下目视可见的磁痕，从而显示出不连续的位置、形状和大小，磁粉检测的物理基础是漏磁场，如图 10-3 和图 10-4 所示。

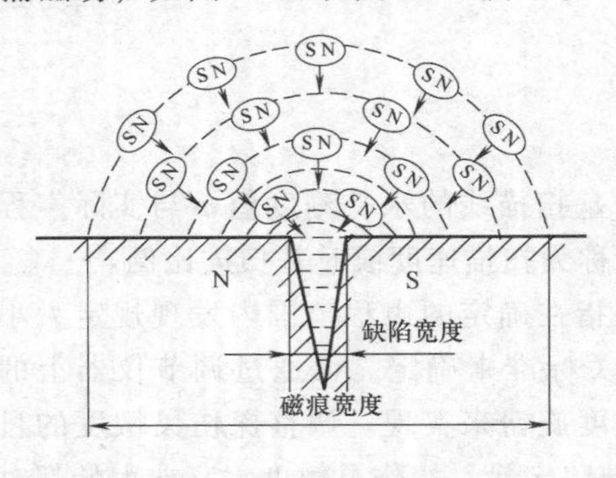

图 10-3 磁粉受漏磁场吸引

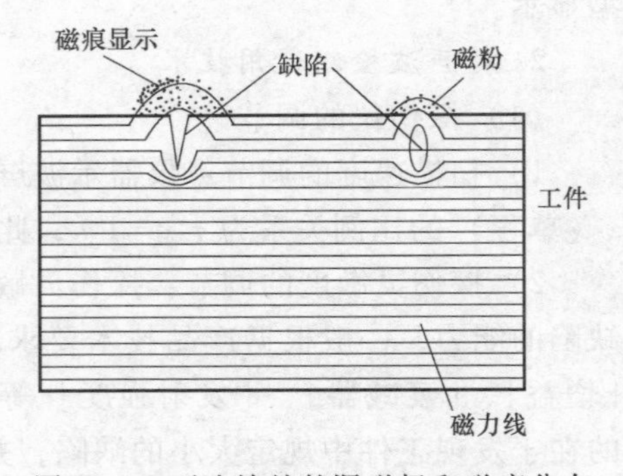

图 10-4 不连续处的漏磁场和磁痕分布

2. 磁粉检测方法的分类（见表 10-1）

根据所产生磁场的方向，一般将磁化方法分为周向磁化、纵向磁化和多向磁

化。所谓的周向和纵向，是相对被检工件上的磁场方向而言的。

表 10-1　磁粉检测方法的分类

分类方法	分类内容
按磁化方向分	1. 纵向磁化法（线圈法、磁轭法） 2. 周向磁化法（轴向通电法、触头法、中心导体法、平行电缆法） 3. 旋转磁场法 4. 综合磁化法
按磁化电流分	1. 交流磁化法 2. 直流磁化法 3. 脉动电流磁化法 4. 冲击电流磁化法
按施加磁粉的磁化时期分	1. 连续法 2. 剩磁法
按磁粉种类分	1. 荧光磁粉 2. 非荧光磁粉
按磁粉施加方法分	1. 干法 2. 湿法
按移动方式分	1. 携带式 2. 移动式 3. 固定式

(1) 周向磁化　周向磁化是指给工件直接通电，或者使电流流过贯穿空心工件孔中导体，旨在工件中建立一个环绕工件的并与工件轴垂直的周向闭合磁场，用于发现与工件轴平行的纵向缺陷，即与电流方向平行的缺陷。轴通电法、芯棒通电法、支杆法、芯电缆法均可产生周向磁场，对工件进行周向磁化。芯棒通电法与芯电缆法原理是相同的，但是芯电缆法用于无专用通电设备的现场检测较多。

(2) 纵向磁化　纵向磁化是指将电流通过环绕工件的线圈，使工件沿纵长方向磁化的方法，工件中的磁力线平行于线圈的中心轴线。用于发现与工件轴垂直的周向缺陷。利用电磁轭和永久磁铁磁化，使磁力线平行于工件纵轴的磁化方法也属于纵向磁化。

(3) 复合磁化　复合磁化是指通过多向磁化，在工件中产生一个大小和方向随时间呈圆形、椭圆形或螺旋形变化的磁场。因为磁场的方向在工件中不断变化着，所以可发现工件上所有方向的缺陷。

3. 磁粉检测适用范围

磁粉检测适用于检测铁磁性材料表面和近表面尺寸很小，间隙极窄（如可检测出长 0.1mm、宽为微米级的裂纹），目视难以看得出不连续性。

磁粉检测能够发现焊接结构中母材或焊缝表面、近表面的裂纹、夹杂、发纹、折叠、根部未焊透、根部未熔合等面积性缺陷，而对表面浅的划伤、埋藏较深的气孔、夹渣和与工件表面夹角小于20°的分层及折叠不甚敏感。磁粉检测具有局限性，只能对铁、钴、镍这几种铁磁性材料形成的工件进行磁粉检测，但不能检测非铁磁性材料、奥氏体不锈钢工件和奥氏体不锈钢焊条所形成的焊缝，但马氏体不锈钢及铁素体不锈钢具有磁性，因此可以进行磁粉检测。

四、渗透检测

1. 渗透检测原理

渗透检测是一种以毛细作用原理为基础的检查表面开口缺陷的无损检测方法。研究表明：渗透检测对表面点状和线状缺陷的检出概率高于磁粉检测，是一种最有效、最直观的表面检查方法。

渗透检测工作原理：渗透剂在毛细作用下，渗入表面开口缺陷内，在去除工件表面多余的渗透剂后，通过显像剂的毛细作用将缺陷内的渗透剂吸附到工件表面，形成痕迹而显示缺陷的存在，这种无损检测方法称为渗透检测。

2. 渗透检测的分类

1）根据渗透剂所含染料成分分类：荧光渗透检测、着色渗透检测、荧光着色渗透检测。

2）根据渗透剂去除方法分类：水洗型、亲油型后乳化型、溶剂去除型、亲水型后乳化型。

3）根据显像剂类型分类：干粉显像剂、水溶解显像剂、水悬浮显像剂、溶剂悬浮显像剂、自显像。

4）根据渗透检测灵敏度分类：低级、中级、高级、超高级。

3. 渗透检测工艺

根据不同类型的渗透剂、不同的表面多余渗透剂的去除方法和不同的显像方式，可以组合成多种不同的渗透检测方法。尽管这些方法存在若干差异，但其渗透检测工艺过程至少包括以下六个基本程序：

1）表面准备。检测前试件表面的预处理及预清洗。

2）渗透。渗透剂的施加及滴落。

3）去除。多余渗透剂的去除。

4）干燥。自然干燥、吹干、烘干。

5）显像。显像剂的施加。

6）观察和评定。观察和评定显示的痕迹。

4. 渗透检测方法选用

（1）渗透检测方法的选择原则　渗透检测方法的选择，首先应满足检测缺

陷类型和灵敏度的要求，在此基础上，可根据被检工件表面粗糙度，检测工作量大小，检测现场的水源、电源等条件来决定。此外，还要考虑经济性，应选用相容性高而又价廉的渗透检测系统。

（2）具体渗透检测方法选择参考

1）疲劳裂纹、磨削裂纹或其他微细裂纹的检测，宜选用后乳化型荧光。

2）大零件的局部检测，应选用溶剂去除型荧光或着色。

3）表面光洁度好的零件，宜选用后乳化型荧光。

4）表面粗糙值大的零件的检查，宜选用水洗型荧光或着色。

5）着色渗透检测剂系统不适用于干粉显像剂和水溶解湿式显像剂。

五、涡流检测

1. 涡流检测原理

涡流检测是建立在电磁感应原理基础之上的一种无损检测方法，它适用于导电材料的检测。如果把一块导体置于交变磁场之中，在导体中就有感应电流存在，即产生涡流。由于导体自身各种因素（如电导率、磁导率、形状、尺寸和缺陷等）的变化，会导致感应电流的变化，利用这种现象而判知导体性质、状态的检测方法，叫作涡流检测。

涡流检测是把导体接近通有交流电的线圈，由线圈建立交变磁场，该交变磁场通过导体，并与之发生电磁感应作用，在导体内建立涡流。导体中的涡流也会产生自己的磁场，涡流磁场的作用改变了原磁场的强弱，进而导致线圈电压和阻抗的改变。当导体表面或近表面出现缺陷时，将影响到涡流的强度和分布，涡流的变化又引起了检测线圈电压和阻抗的变化，根据这一变化，就可以间接地知道导体内缺陷的存在。

2. 检测线圈及其分类

在涡流检测中，是靠检测线圈来建立交变磁场，把能量传递给被检导体；同时又通过涡流所建立的交变磁场来获得被检测导体中的质量信息。所以说，检测线圈是一种换能器。

检测线圈的形状、尺寸和技术参数对于最终检测结果是至关重要的。在涡流检测中，往往是根据被检试件的形状、尺寸、材质和质量要求（检测标准）等来选定检测线圈的种类。常用的检测线圈有三类，它们的应用范围见表 10-2。

表 10-2　检测线圈的种类及应用范围

	检测对象	应用范围
穿过式线圈	管、棒、线	在线检测
内插式线圈	管内壁、钻孔	在役检测
探头式线圈	板、坯、棒、管、机械零件	材质和加工工艺检查

（1）穿过式线圈　穿过式线圈是将被检试样放在线圈内进行检测的线圈，适用于管、棒、线材的检测。由于线圈产生的磁场首先作用在试样外壁，因此检出外壁缺陷的效果较好，内壁缺陷的检测是利用磁场的渗透来进行的。一般说来，内壁缺陷检测灵敏度比外壁低。厚壁管材的内壁缺陷是不能使用外穿过式线圈来检测的。

（2）内插式线圈　内插式线圈是放在管子内部进行检测的线圈，专门用来检查厚壁管子内壁或钻孔内壁的缺陷，也用来检查成套设备中管子的质量，如热交换器管的在役检验。

（3）探头式线圈　探头式线圈是放置在试样表面上进行检测的线圈，它不仅适用于形状简单的板制、板坯、方坯、圆坯、棒材及大直径管材的表面扫描检测，也适用于形状较复杂的机械零件的检查。与穿过式线圈相比，由于探头式线圈的体积小、磁场作用范围小，所以适于检出尺寸较小的表面缺陷。

检测线圈的电气连接也不尽相同，有的检测线圈使用一个绕组，既起激励作用又起检测作用，称为自感方式；有的则激励绕组与检测绕组分别绕制，称为互感方式；有的线圈本身就是电路的一个组成部分，称为参数型线圈。

3. 涡流检测的应用范围

因为涡流检测方法是以电磁感应为基础的检测方法，所以从原则上说，所有与电磁感应有关的影响因素，都可以作为涡流检测方法的检测对象。下面列出的就是影响电磁感应的因素及可能作为涡流检测的应用对象。

1）不连续性缺陷：裂纹、夹杂物、材质不均匀等。

2）电导率：化学成分、硬度、应力、温度、热处理状态等。

3）磁导率：铁磁性材料的热处理、化学成分、应力、温度等。

4）试件几何尺寸：形状、大小、膜厚等。

5）被检件与检测线圈间的距离（提离间隙）、覆盖层厚度等。

除了上述应用之外，涡流法还可以在特定的条件下进行特定的开发。表10-3给出了涡流检测的分类和应用范围。

表 10-3　涡流检测应用范围

分类		目的
在线检测	工艺检查	在制造工艺过程中进行检测，可在生产中间阶段剔除不合格产品，或进行工艺管理
	产品检查	在产品最后工序检验，判断产品好与不好
在役检测		为机械零部件及热交换器管等设施的保养、管理进行检验。在大多数情况下为定期检验
加工工艺的监督		主要指对某个加工工艺的质量进行检查，如点焊、滚焊质量的监督与检查
其他应用		薄金属及涂层厚度的尺寸测量；材质分选：电导率测量金属液面检测；非金属材料中的金属搜索

4. 涡流检测的特点

(1) 涡流检测的优点

1）对于金属管、棒、线材的检测，不需要接触，也无须耦合介质，所以检测速度高，易于实现自动化检测，特别适合在线普检。

2）对于表面缺陷的探测灵敏度很高，且在一定范围内具有良好的线性指示，可对大小不同缺陷进行评价，所以可以用作质量管理与控制。

3）影响涡流的因素很多，如裂纹、材质、尺寸、形状、电导率和磁导率等。采用特定的电路进行处理，可筛选出某一因素而抑制其他因素，由此有可能对上述某一单独影响因素进行有效的检测。

4）由于检查时不需接触工件又不用耦合介质，所以可进行高温下的检测。由于探头可伸入到远处作业，所以可对工件的狭窄区域及深孔壁（包括管壁）等进行检测。

5）由于是采用电信号显示，所以可存储、再现及进行数据比较和处理。

(2) 涡流检测的缺点

1）涡流检测的对象必须是导电材料，且由于电磁感应的原因，只适用于检测金属表面缺陷，不适用于检测金属材料深层的内部缺陷。

2）金属表面感应的涡流渗透深度随频率而异，激励频率高时金属表面涡流密度大，随着激励频率的降低，涡流渗透深度增加，但表面涡流密度下降，所以检测深度与表面伤检测灵敏度是相互矛盾的，很难两全。当对一种材料进行涡流检测时，需要根据材质、表面状态、检验标准做综合考虑，然后再确定检测方案与技术参数。

3）采用穿过式线圈进行涡流检测时，线圈覆盖的是管、棒或线材上一段长度的圆周，获得的信息是整个圆环上影响因素的累积结果，对缺陷所处圆周上的具体位置无法判定。

4）旋转探头式涡流检测方法可准确探出缺陷位置，灵敏度和分辨率也很高，但检测区域狭小，在检验材料需做全面扫查时，检验速度较慢。

5）涡流检测至今还是处于当量比较检测阶段，对缺陷做出准确的定性定量判断尚待开发。

第三节　无损检测方法的应用要求

一、无损检测应用特点

无损检测应与破坏性检测相结合：无损检测的最大特点是在不损伤材料和工

件结构的前提下检测，具有一般检测所无可比拟的优越性。但是无损检测不能代替破坏性检测，也就是说承压设备进行评价时，应将无损检测结果与破坏性检测结果（如爆破试验等）进行对比和验证，才能做出准确的判断。

正确选用无损检测的实施时机：在进行承压设备无损检测时，应根据检测目的，结合设备工况、材质和制造工艺的特点，正确选用无损检测实施时间。

正确选用最适当的无损检测方法：对于承压设备进行无损检测时，由于各种检测方法都具有一定的特点，为提高检测结果的可靠性，应根据设备的材质、制造方法、工作介质、使用条件和失效模式，预计可能产生的缺陷种类、形状、部位和取向，选择最合适的无损检测方法。

综合应用各种无损检测方法：任何一种无损检测方法都不是万能的，每种方法都有自己的优点和缺点。因此，应尽可能多采用几种检测方法，互相取长补短，取得更多的缺陷信息，从而对实际情况有更清晰的了解，以保证承压设备的安全长周期运行。

此外在工件或产品无损检测时，还应充分认识到，无损检测的目的不是片面追求过高要求的“高质量”，而是应在充分保证安全性的前提下，着重考虑其经济性。只有这样，无损检测在承压设备上的应用才能达到预期的目的。

无损检测选用原则，每种 NDT 方法均有其适用性和局限性，各种方法对缺陷的检测概率既不会是100%，也不会完全相同。

二、常规无损检测方法的适用性和局限性

射线检测和超声波检测可检测出被检工件内部和表面的缺陷；涡流检测和磁粉检测可检测出被检工件表面和近表面的缺陷；渗透检测仅可检测出被检工件表面开口的缺陷。射线照相检测适用于检测被检工件内部的体积型缺陷，如气孔、夹渣、缩孔、疏松等；超声波检测较适用于检测被检工件内部的面积型缺陷，如裂纹、白点、分层和焊缝中的未熔合等。射线检测常被用于检测金属铸件和焊缝，超声波检测常被用于检测金属锻件、型材、焊缝和某些金属铸件。

1. 射线检测

（1）适用性　能检测出焊缝中的未焊透、气孔、夹渣等缺陷；能检测出铸件中的缩孔、夹渣、气孔、疏松、裂纹等缺陷；能检测出形成局部厚度差或局部密度差的缺陷；能确定缺陷的平面投影位置和大小，以及缺陷的种类。射线照相检测的透照厚度，主要由射线能量决定。对于钢铁材料，射线能量为400kV 的 X 射线的透照厚度可达 85mm 左右，钴 60γ 射线的透照厚度可达 200mm 左右，9MeV 高能 X 射线的透照厚度可达 400mm 左右。

（2）局限性　较难检测出锻件和型材中的缺陷；较难检测出焊缝中的细小裂纹和未熔合；不能检测出垂直射线照射方向的薄层缺陷；不能确定缺陷的埋藏

深度和平行于射线方向的尺寸。

2. 超声波检测

(1) 适用性　能检测出锻件中的裂纹、白点、夹杂等缺陷，用直射技术可检测内部缺陷或与表面平行的缺陷。用斜射技术（包括表面波技术）可检测与表面不平行的缺陷或表面缺陷；能检测出焊缝中的裂纹、未焊透、未熔合、夹渣、气孔等缺陷，通常采用斜射技术；能检测出型材（包括板材、管材、棒材及其他型材）中的裂纹、折叠、分层、片状夹渣等缺陷，通常采用液浸技术，对管材或棒材也采用聚焦斜射技术；能检测出铸件（如形状简单、表面平整或经过加工整修的铸钢件或球墨铸铁）中的裂纹、疏松、夹渣、缩孔等缺陷；能测定缺陷的埋藏深度和自身高度。

(2) 局限性　较难检测出粗晶材料（如奥氏体钢的铸件和焊缝）中的缺陷，较难检测出形状复杂或表面粗糙的工件中的缺陷，较难判定缺陷的性质。

3. 涡流检测

(1) 适用性　能检测出导电材料（包括铁磁性和非铁磁性金属材料、石墨等）的表面和近表面存在的裂纹、折叠、凹坑、夹杂、疏松等缺陷；能测定缺陷的坐标位置和相对尺寸。

(2) 局限性　不适用于非导电材料，不能检测出导电材料中远离检测面的内部缺陷，较难检测出形状复杂的工件表面或近表面缺陷，难以判定缺陷的性质。

4. 磁粉检测

(1) 适用性　能检测出铁磁性材料（包括锻件、铸件、焊缝、型材等各种工件）的表面和近表面存在的裂纹、折叠、夹层、夹杂、气孔等缺陷；能确定缺陷在被检工件表面的位置、大小和形状。

(2) 局限性　不适用于非铁磁性材料，如奥氏体钢、铜、铝等材料，不能检测出铁磁性材料中远离检测面的内部缺陷，难以确定缺欠的深度。

5. 渗透检测

(1) 适用性　能检测出金属材料和致密性非金属材料的表面开口的裂纹、折叠、疏松、针孔等缺陷；能确定缺陷在被检工件表面的位置、大小和形状。

(2) 局限性　不适用于疏松的多孔性材料，不能检测出表面未开口的内部和表面缺陷，难以确定缺陷的深度。

三、常规无损检测方法的选用原则

应根据受检设备的材质、结构、制造方法、工作介质、使用条件和失效模式，预计可能产生的缺陷种类、形状、部位和方向，选择适宜的无损检测方法。射线和超声波检测主要用于承压设备的内部缺陷的检测；磁粉检测主要用于铁磁性材料制承压设备的表面和近表面缺陷的检测；渗透检测主要用于金属材料和非金属材料制承压设备的表面开口缺陷的检测；涡流检测主要用于导电金属材料制承压设备表面和近表面缺陷的检测。铁磁性材料制作的设备和零部件，应优先采用磁粉检测方法检测表面或近表面缺陷，确因结构形状等原因不能采用磁粉检测时，方可采用渗透检测。

当采用两种或两种以上的检测方法对承压设备的同一部位进行检测时，应按各自的方法评定级别。采用同种检测方法按不同检测工艺进行检测时，如果检测结果不一致，应以危险度大的评定级别为准。

射线检测能确定缺陷平面投影的位置、大小，可获得缺陷平面图像并能据此判定缺陷的性质。射线检测适用于金属材料板和管的熔焊对接焊接接头的检测，用于制作对接焊接接头的金属材料包括碳素钢、低合金钢、不锈钢、铜及铜合金、铝及铝合金、钛及钛合金、镍及镍合金。射线检测不适用于锻件、管材、棒材的检测。T 型焊接接头、角焊缝以及堆焊层的检测一般也不采用射线检测。射线检测的穿透厚度，主要由射线能量确定。通常认为 γ 射线透照的固有不清晰度要比采用 X 射线大得多，因此对重要承压设备对接焊接接头应尽量采用 X 射线源进行透照检测。确因厚度、几何尺寸或工作场地所限无法采用 X 射线源时，也可采用 γ 射线源进行射线透照。当应用 γ 射线照相时，宜采用高梯度噪声比（T1 或 T2）胶片；当应用高能 X 射线照相时，应采用高梯度噪声比的胶片；对于 $R_m \geqslant 540$MPa 的高强度材料对接焊接接头射线检测，也应采用高梯度噪声比的胶片。

超声波检测通常能确定缺陷的位置和相对尺寸。超声波检测适用于板材、复合板材、碳钢和低合金钢锻件、管材、棒材、奥氏体不锈钢锻件等承压设备原材料和零部件的检测；也适用于承压设备对接焊接接头、T 型焊接接头、角焊缝以及堆焊层等的检测。

磁粉检测通常能确定表面和近表面缺陷的位置、大小和形状。磁粉检测适用于铁磁性材料制板材、复合板材、管材以及锻件等表面和近表面缺陷的检测；也适用于铁磁性材料对接焊接接头、T 型焊接接头以及角焊缝等表面和近表面缺陷的检测。磁粉检测不适用非铁磁性材料的检测。

渗透检测通常能确定表面开口缺陷的位置、尺寸和形状。渗透检测适用于金属材料和非金属材料板材、复合板材、锻件、管材和焊接接头表面开口缺陷的检测。渗透检测不适用多孔性材料的检测。

涡流检测通常能确定表面及近表面缺陷的位置和相对尺寸。涡流检测适用于导电金属材料和焊接接头表面和近表面缺陷的检测。

四、无损检测方法的工艺要求

无损检测可以检测并发现缺陷，但无损检测标准性很强，不同的方法、不同

的标准可能会得出不同的检测结论。因此，无损检测工作必须有严格的工艺规程、严格的执行纪律、严格的工作见证记录。应用无损检测，应满足无损检测委托书或无损检测任务书的要求。无损检测委托书或任务书中，应明确指定现成和适用的无损检测标准。若没有现成和适用的无损检测标准，可通过协商方式确定或临时制定经合同双方认可的专用技术文件，以弥补无标准之用。

无损检测文件和记录通常包括：委托书或任务书、执行标准、工艺规程、操作指导书（或工艺卡）、记录、报告、人员资格证书、其他与无损检测有关的文件。

无损检测工作事先应编制无损检测工艺规程。无损检测工艺规程应依据无损检测委托书或无损检测任务书的内容和要求以及相应的无损检测标准的内容和要求进行编制，其内容应至少包括：无损检测工艺规程的名称和编号，编制无损检测工艺规程所依据的相关文件的名称和编号，无损检测工艺规程所适用的被检材料或工件的范围、验收准则、验收等级或等效的技术要求，实施本工艺规程的无损检测人员资格要求，何时何处采用何种无损检测方法，何时何处采用何种无损检测技术，实施本工艺规程所需要的无损检测设备和器材的名称、型号和制造商，实施本工艺规程所需要的无损检测设备（或仪器）校准方法（或系统性能验证方法）和要求的缩写依据和要求，被检部位及无损检测前的表面准备要求，无损检测标记和无损检测记录要求，无损检测后处理要求，无损检测显示的观察条件，观察和解释的要求，无损检测报告的要求，无损检测工艺规程编制者的签名、无损检测工艺规程审核者的签名、无损检测工艺规程批准者的签名。必要时，可增加雇主或责任单位负责人的签名或委托单位负责人的签名，也可增加第三方监督或监理单位负责人的签名。

无损检测操作指导书应依据无损检测工艺规程（或相关文件）的内容和要求进行编制，其内容应至少包括：无损检测操作指导书的名称和编号，编制无损检测操作指导书所依据的无损检测工艺规程（或相关文件）的名称和编号，（一个或多个相同的）被检材料或工件的名称、产品号，被检部位以及无损检测前的表面准备，无损检测人员的要求及其持证的无损检测方法和等级，指定的无损检测设备和器材的名称、规格、型号以及仪器校准或系统性能验证方法和要求（如检测灵敏度），所采用的无损检测方法和技术、操作步骤及检测参数，对无损检测显示的观察（包括观察条件）和记录的规定和注意事项，操作指导书编制者、审核者、批准者的签名。必要时，可增加雇主或责任单位负责人的签名或委托单位负责人的签名，也可增加第三方监督或监理单位负责人的签名。

应按无损检测操作指导书要求进行检测并做相应记录。检测和记录的人员应持有相应无损检测方法相应级别的证书，该人员应在每份无损检测记录上签名并对记录的真实性承担责任。

无损检测报告的内容应包含无损检测委托书或无损检测任务书的要求。

复习思考题

1. 简述无损检测的含义？
2. 无损检测分为哪几类？
3. 简述缺陷的含义。
4. 常规无损检测方法有哪几种？了解其原理。
5. 简述常规无损检测方法的优缺点。
6. 简述无损检测方法的选用原则。

试 题 库

一、判断题（对的打“√”，错的打“×”）

1. 金属分为黑色金属和有色金属两大类。（ ）

2. 金属的物理性能主要包括密度、熔点、热膨胀性、导热性、塑性和韧性等。（ ）

3. 金属材料的力学性能包括强度、硬度、塑性、韧性、耐磨性等。（ ）

4. 金属的硬度是指金属抵抗永久变形和断裂的能力。（ ）

5. 材料强度指标可通过拉伸试验测出。（ ）

6. 随着含碳量的增加，材料的抗拉强度增大。（ ）

7. 国内锅炉压力容器材料的伸长率一般要求达5%以上。（ ）

8. 强度是材料抵抗局部塑性变形或表面损伤的能力。（ ）

9. 一般情况下，硬度较高的材料其强度也较高，材料耐磨性较好。（ ）

10. 锅炉压力容器材料和焊缝要求采用淬火处理，使其组织中出现马氏体。（ ）

11. 含碳量增大，钢的强度将增大，但塑性和韧性降低，焊接性变差，淬硬倾向变大，因此制作焊接结构的锅炉压力容器所使用的碳素钢中，$\omega(C) \leq 0.25\%$。（ ）

12. 氢的存在会使钢的强度、塑性降低，热脆现象严重，疲劳强度下降。（ ）

13. 铁素体类不锈钢的力学性能与奥氏体类的相比较，其屈服点低，但屈服后的加工硬化性高，塑性、韧性好。（ ）

14. 可以用热处理来强化奥氏体钢，也可以采用冷加工的方法来对其进行强化处理。（ ）

15. 铁素体是碳在α-Fe中的固溶体，为体心立方晶格。（ ）

16. 珠光体是铁素体和渗碳体的机械混合物，是共析转变的产物。（ ）

17. 渗碳体是铁与碳形成的一种化合物，其$\omega(C) = 6.69\%$。（ ）

18. 合金是指由两种或两种以上金属元素（或金属与非金属元素）组成的具有金属特性的新物质。（ ）

19. 在金属或合金中，凡成分相同，结构相同并与其他部分有界面分开的独立均匀的组成部分称为相。（ ）

20. 组织是决定合金性能的根本因素。 ( )

21. 钢的热处理是将钢在固态范围内，采用适当的方式进行加热、保温和冷却，以改变内部组织，获得所需性能的一种工艺方法。 ( )

22. 在金属机械加工中最容易产生裂纹的工序是磨削。 ( )

23. 焊条电弧焊的缺点是生产效率低，劳动强度大，对焊工的技术水平及操作要求较高。 ( )

24. 奥氏体不锈钢的焊接性较好，焊接时一般不需要采用特殊的工艺措施，但当焊接工艺选择不当时，容易出现晶间腐蚀及热裂纹等缺陷。 ( )

25. 再热裂纹产生于焊接热影响区的过热粗晶区，最易产生于沉淀强化的钢种中。 ( )

26. 再热裂纹与焊接残留应力无关。 ( )

27. 冷裂纹又称延迟裂纹，主要产生在焊缝区，偶尔产生在热影响区。 ( )

28. 在所有的裂纹中，冷裂纹的危害性最大。 ( )

29. 硫化铁与铁形成低熔点共晶体（熔点为985℃）分布于晶界上，当钢材在800~1200℃锻轧时，由于低熔点共晶体熔化而使钢材沿晶界开裂，即冷脆。 ( )

30. 磷在钢中全部溶于铁素体中，虽可使铁素体的强度、硬度有所提高，但却使室温下钢的塑性、韧性急剧降低，并使脆性转化温度有所升高，使钢变脆，这种现象称为冷脆。 ( )

31. 碳全部或大部分以片状石墨形式存在。灰铸铁断裂时，裂纹沿着各个石墨片延伸，因而断口呈暗灰色，故称为灰铸铁。 ( )

32. 钢中的硫会增加热脆性，磷会增加冷脆性，所以两者都是钢中的有害元素。 ( )

33. 缩孔和缩松都是铸件在凝固收缩过程中得不到液体金属的补充而造成的缺陷。 ( )

34. 退火就是将工件加热到临界点以下的一定温度，保持一定时间后，随炉一起缓慢冷却的一种热处理工艺。 ( )

35. 铸件疏松是由于残留在液态金属中的气体在金属凝固时未被排出所形成的。 ( )

36. 铸件防止热裂是选择凝固温度范围小，热裂倾向小的合金，提高型砂和芯砂的退让性，控制含硫量，防止热脆。 ( )

37. 钢结构的基本连接方法可分为焊缝连接、铆钉连接和螺栓联接三种。 ( )

38. 焊接压力容器的结构应力集中是由于焊缝外部形状和焊缝内部缺陷造成

的。 ( )

39. 将钢加热到临界点以下的一定温度，保温一定时间后，快速冷却到室温，获得近似平衡状态组织的热处理工艺称为正火。 ( )

40. 对铁素体钢和奥氏体钢热处理均能使晶粒细化。 ( )

41. 面心立方晶格的每个结点上有一个原子，每个面的中心也有一个原子。 ( )

42. 金属材料的使用性能包括力学性能、物理性能和化学性能。 ( )

43. 为了改善低碳钢的切削性能，提高硬度，一般采用正火处理工艺。 ( )

44. 材料的力学、化学、物理等性能主要取决于材料内部原子的排列 ( )

45. 完全退火能细化晶粒，消除内应力，降低硬度，有利于切削加工 ( )

46. 钢中的氢会产生氢脆，硫会导致钢材的热脆性，磷会产生冷脆性，所以要控制它们的含量。 ( )

47. 焊接性仅包括结合性能，不包括结合后的使用性能。 ( )

48. 晶间腐蚀是奥氏体不锈钢加热峰值温度处于敏化加热区间的部位造成晶间富集铬元素造成。 ( )

49. 熔焊是一个不均匀加热过程，当结构局部加热，随温度的升高而膨胀时，由于受到周边未受热金属的限制，冷却后导致焊件产生了内应力和变形。 ( )

50. 焊接缺陷按其在焊缝中的位置可分为表面缺陷或成形缺陷、内部缺陷和组织缺陷。 ( )

51. 液态合金在冷凝过程中，若其液态收缩和凝固收缩所缩减的容积得不到补足，则在铸件最后凝固的部位形成一些孔洞。分散在铸件某区域内的细小孔洞称为缩孔。 ( )

52. 压力加工缺陷，按表现形式可分为外部缺陷、内部缺陷和裂纹三种。 ( )

53. 折叠是指塑性加工时将坯料已氧化的表层金属汇流贴合在一起压入工件而造成的缺陷。 ( )

54. 带状组织是铁素体和珠光体、铁素体和奥氏体、铁素体和贝氏体以及铁素体和马氏体在锻件中呈带状分布的一种组织，它们多出现在高碳钢中。 ( )

55. 锅炉按载热介质可分为蒸汽锅炉、热水锅炉、汽水两用锅炉、热风炉、有机热载体锅炉、熔盐等其他介质锅炉。 ( )

56. 锅炉主要受压部件有锅筒（锅壳）、炉胆、回燃室、封头、炉胆顶、管板、下脚圈、集箱、受热面管子。 ( )

57. 蒸汽锅炉长期安全运行时，每小时产生的蒸汽量，即该台锅炉的蒸发量，用 D 表示，单位为 t/h。（　）

58. 封头（管板）、波形炉胆、下脚圈的拼接接头的无损检测应在成型后进行，若成型前进行无损检测，则在成形后不再做无损检测。（　）

59. 压力容器按在生产工艺过程中的作用原理分为反应容器、换热容器、储存容器和气瓶。（　）

60. 压力容器按结构形式分为球形储罐、卧式容器和塔式容器。（　）

61. 气瓶按制造方法分为焊接气瓶、无缝气瓶、液化石油气钢瓶、溶解乙炔气瓶、特种气瓶、长管拖车气瓶及管束式集装箱气瓶。（　）

62. 铁磁性材料制压力容器焊接接头的表面检测应当优先采用渗透检测。（　）

63. 有色金属制压力容器对接接头应当优先采用 X 射线检测。（　）

64. 有延迟裂纹倾向的材料（如 12CrMo1R）应当至少在焊接完成 24h 后进行无损检测，有再热裂纹倾向的材料（如 07MnNiVDR）应当在热处理前增加一次无损检测。（　）

65. 局部无损检测的压力容器部位由制造单位根据实际情况指定，但是应当包括 A、B 类焊缝交叉部位以及将被其他元件覆盖的焊缝部分。（　）

66. 压力容器的焊接接头应当经过形状、尺寸及外观检查，合格后再进行无损检测。（　）

67. 堆焊表面、复合钢板的覆层焊接接头、异种钢焊接接头、具有再热裂纹倾向或者延迟裂纹倾向的焊接接头，对其表面进行渗透检测。（　）

68. 磁记忆检测方法用于发现压力容器存在的高应力集中部位，这些部位容易产生应力腐蚀开裂和疲劳损伤，在高温设备上还容易产生蠕变损伤。（　）

69. 工业管道是指企业、事业单位所属的用于输送工艺介质的工艺管道、民用的燃气管道和热力管道及其他辅助管道。（　）

70. 长输（油气）管道是指在产地、储存库、使用单位之间的用于输送油、气等商品介质的管道，划分为 GA1 级和 GA2 级。（　）

71. 压力管道元件也是特种设备目录中的一个种类，分成压力管道管子、压力管道管件、阀门、法兰、补偿器、压力管道支承件、压力管道密封元件、压力管道特种元件和压力管道材料等 9 个类别。（　）

72. 电阻焊焊接的管子可以用涡流检测也可以使用超声波检测，埋弧焊焊接的管子则用超声波或者 X 射线检测。（　）

73. 被检焊接接头的选择，包括每个焊工所焊的焊接接头，并且在最大范围内包括与纵向焊接接头的交叉点，当环向焊接接头与纵向焊接接头相交时，最少检测 38mm 长的相邻纵向焊接接头。（　）

74. 承重结构采用的钢材应具有屈服强度、伸长率、抗拉强度、冲击韧度，以及硫、磷含量的合格保证，对焊接结构尚应具有碳含量（或碳当量）的合格保证。（ ）

75. 钢结构的基本连接方法可分为焊接、粘接、铆钉连接和螺栓联接四种。（ ）

76. 焊接球节点网架焊缝的 UT，执行《焊接球节点钢网架焊缝超声波探伤及其质量分级法》（JG/T 3034.1—1996）。（ ）

77. 设备失效形式按习惯分类方法分为韧性失效、脆性断裂失效、疲劳失效、腐蚀失效和蠕变失效五类。（ ）

78. 疲劳断口宏观特征是断口比较平齐光整，断口上有明显的分区。（ ）

79. 晶间腐蚀就是指沿晶界发生的腐蚀，包括晶界及其附近很窄的区域在内的区间发生的腐蚀。（ ）

80. 应力腐蚀的表现形态主要是形成不断扩展的裂纹，这是一种在应力作用下的局部腐蚀，危害性特别大。（ ）

81. 在用缺陷无损检测时，应获取缺陷尽量多的信息，包括缺陷性质、形状、位置、三维具体尺寸等。（ ）

82. 应力集中部位、变形部位、宏观检验发现裂纹的部位，奥氏体不锈钢堆焊层，异种钢焊接接头、T 形接头、接管角接接头、其他有怀疑的焊接接头，补焊区、工夹具焊迹、电弧损伤处和易产生裂纹部位应当重点检验；对焊接裂纹敏感的材料，注意检验可能出现的延迟裂纹。（ ）

83. 检测中发现裂纹，检验人员不得扩大表面无损检测的比例或者区域。（ ）

84. 如果无法在内表面进行检测，可以在外表面采用相同方法对内表面进行检测。（ ）

85. 缺陷是尺寸、形状、取向、位置或性质不满足规定的验收准则而拒收的一个或多个伤。（ ）

86. 焊接缺陷是焊接接头中的不连续性、不均匀性以及其他不健全性等的欠缺，统称为铸造缺陷。（ ）

87. 焊接缺陷主要有尺寸超差、表面粗糙、表面缺陷、缩孔、缩松、裂纹和变形等。（ ）

88. 射线照相检测较难检测出锻件和型材中的缺陷。（ ）

89. 磁粉检测通常能确定表面和近表面缺陷的位置、大小和形状。（ ）

二、选择题（将正确答案的序号填入括号内）

1. 一般情况下，具有哪种特性的材料可承受较高的冲击吸收功（ ）。

A. 高伸长率　B. 低伸长率　C. 高收缩率　D. 低收缩率

2. 常见的晶体结构有（　　）。

A. 体心立方晶格　B. 面心立方晶格　C. 密排六方晶格　D. 以上都是

3. 不是 $Fe\text{-}Fe_3C$ 合金中的相结构的是（　　）。

A. 珠光体　B. 铁素体　C. 奥氏体　D. 渗碳体

4. 高温回火后的组织为（　　）。

A. 回火马氏体　B. 回火屈氏体　C. 回火铁素体　D. 回火索氏体

5. 钢按化学成分分类，可分为（　　）。

A. 非合金钢　B. 低合金钢　C. 合金钢　D. 以上都是

6. 以下属于锅炉压力容器常用的低合金钢的是（　　）。

A. 低合金结构钢　B. 低温钢　C. 耐热钢　D. 以上都是

7. 焊芯的作用有（　　）。

A. 作为电极产生电弧

B. 焊芯在电弧的作用下熔化后，作为填充金属与熔化的母材混合形成焊缝

C. 以上都是

D. 以上都不是

8. 防止热裂纹可采用以下措施（　　）。

A. 在焊缝中加入形成铁素体的元素，使焊缝形成奥氏体加铁素体双相组织

B. 减少母材和焊缝的含碳量

C. 严格控制焊接参数，如减小熔合比，采用碱性焊条，强迫冷却等

D. 以上都是

9. 影响结晶裂纹的因素有（　　）。

A. 合金元素和杂质

B. 冷却速度

C. 结晶应力与拘束应力

D. 以上都是

10. 不属于冷裂纹产生机理的是（　　）。

A. 淬硬组织（马氏体）减小了金属的塑性储备

B. 结晶偏析使得脆性温度区强度极小，受拉应力而开裂

C. 接头的残留应力使焊缝受拉

D. 接头内有一定的含氢量

11. 金属的宏观缺陷是指（　　）。

A. 肉眼可见或使用不超过 10 倍放大倍数的放大镜下观察到的缺陷

B. 10 倍以上放大倍数的显微镜下观察到的缺陷

C. 用扫描电子显微镜观察到的缺陷

D. 250 倍放大倍数的光学金相显微镜下观察到的缺陷

12. 超高强度钢的特点是（　　）。

A. 强度高、韧性好　　B. 强度高、断裂韧性低

C. 塑性好、冲击韧性低　　D. 强度高、硬度低

13. 应力腐蚀疲劳裂纹多产生在（　　）。

A. 零件的应力集中处　　B. 零件界面急剧变化的尖角、拐角处

C. 锻件的金属流线截断外露处　　D. 以上都是

14. 下面哪种铸造缺陷是由于冷却不均匀产生的应力使金属表面断裂而引起的（　　）。

A. 疏松　　B. 热裂　　C. 气孔　　D. 夹杂

15. 在厚板、薄板或带材中，由原铸锭中的缩管、夹杂、气孔等经滚轧而变为扁平的平行于外表面的缺陷是（　　）。

A. 缝隙　　B. 分层　　C. 裂纹　　D. 折叠

16. 线弹性断裂力学中，K_{IC}表示（　　）。

A. 应力强度因子　　B. 断裂韧性

C. 材料的屈服强度　　D. 工作应力

17. 钢板产品中的缺陷取向趋向于（　　）。

A. 无规则　　B. 沿金属流线方向

C. 与工件表面垂直　　D. 与金属流线垂直

18. 金属的宏观缺陷是指（　　）。

A. 肉眼可见或使用不超过 10 倍放大倍数的放大镜下观察到的缺陷

B. 10 倍以上放大倍数的显微镜下观察到的缺陷

C. 用扫描电子显微镜观察到的缺陷

D. 250 倍放大倍数的光学金相显微镜下观察到的缺陷

19. 钢中最基本的组织是（　　）。

A. 奥氏体　　B. 铁素体　　C. 渗碳体　　D. 以上都是

20. 完整地反映金属晶格特征的最小几何单元叫作（　　）。

A. 晶粒　　B. 晶格　　C. 晶胞　　D. 晶界

21. 为了使某种中碳钢获得良好的综合力学性能，在淬火后进行 500～650℃的高温回火，这种热处理方法叫作（　　）。

A. 正火　　B. 退火　　C. 化学热处理　　D. 调质

22. 金属晶体随着温度变化，可以由一种晶格转变到另一种晶格，这种现象称为（　　）。

A. 同素异晶　　B. 晶格位错　　C. 晶格畸变　　D. 再结晶

23. 分层缺陷常发生在（　　）。

A. 锻件　　B. 焊接件　　C. 钢板　　D. 铸件

24. 下列缺陷中的（　　）是使用过程中出现的缺陷。

A. 疲劳裂纹　　B. 应力腐蚀裂纹　　C. 发纹　　D. A和B

25. 下列缺陷中的（　　）是使用过程中出现的缺陷。

A. 淬火裂纹　　B. 腐蚀凹坑　　C. 未熔合　　D. 冷隔

26. 在板材上可能出现下列哪种缺陷？（　　）

A. 分层　　B. 疏松　　C. 未熔合　　D. 咬边

27. 在锻件中可能出现下列哪种缺陷？（　　）。

A. 未焊透　　B. 疏松　　C. 折叠　　D. 冷隔

28. 淬火裂纹和磨削裂纹在实质上都属于（　　）。

A. 疲劳裂纹　　B. 应力裂纹　　C. 锻造裂纹　　D. 发纹

29. 下面哪种元素属于钢中的有害元素（　　）。

A. 镍　　B. 铝　　C. 硫　　D. 铬

30. 低合金钢中的合金元素总量一般低于（　　）。

A. 3%　　B. 5%　　C. 10%　　D. 20%

31. 碳素钢加热，当超过一定温度时，晶粒急剧长大，这种现象叫作（　　）。

A. 过热　　B. 晶粒粗化　　C. 脱碳　　D. 过烧

32. 钢被加热产生“过热”时，引起力学性能变化，特别是较大地降低（　　）。

A. 冲击韧性　　B. 硬度　　C. 抗拉强度　　D. 断面收缩率

33. 内应力是指在没有外力的条件下平衡于物体内部的应力，在物体内部构成平衡的力系。按产生原因分类有（　　）。

A. 热应力　　B. 相变应力　　C. 塑变应力　　D. 以上都是

34. 锅炉按介质循环方式分类分为（　　）。

A. 自然循环锅炉　　B. 强制循环锅炉　　C. 直流锅炉　　D. 以上都是

35. 锅炉常用无损检测方法主要包括（　　）。

A. 射线（RT）和超声波（UT）　　B. 磁粉（MT）和渗透（PT）

C. 涡流（ET）　　D. 以上都是

36. A级锅炉锅筒（锅壳）、启动分离器的纵向和环向对接接头，封头（管板）、下脚圈的拼接接头以及集箱的纵向对接接头射线检测比例为（　　）。

A. 20%　　B. 10%　　C. 100%　　D. 50%

37. 锅炉受压部件如果采用射线（RT）和超声波（UT）两种无损检测方法进行检测时，验收标准为（　　）。

A. 射线（RT）即可

B. 超声波（UT）即可

C. 射线（RT）和超声波（UT）应分别合格

D. 射线（RT）和超声波（UT）有一项合格

38.《特种设备安全监察条例》中定义的压力容器是以下述哪种压力定义的？（　　）。

A. 工作压力　　B. 最高工作压力　　C. 设计压力　　D. 公称压力

39. 压力容器的对接接头应当采用（　　）无损检测。

A. 射线检测或者超声波检测　　B. 磁粉检测

C. 渗透检测　　D. 涡流检测

40. 管道组成件是指用于连接或装配管道的元件，它包括（　　）。

A. 弹簧支吊架　　B. 法兰　　C. 吊杆　　D. 垫板

41. 断口的宏观特征有（　　）。

A. 断口平齐　　B. 宏观变形量很小

C. 断口边缘不会出现剪切唇　　D. 以上都是

42. 腐蚀失效破坏形式有（　　）。

A. 局部鼓胀变形及爆破失效　　B. 腐蚀裂纹泄漏

C. 低应力脆断　　D. 以上都是

43. 射线透照技术包括（　　）。

A. X 线照相　　B. γ 线照相　　C. 中子射线照相　　D. 以上都是

44. 钢中声速最大的波形是（　　）。

A. 纵波　　B. 横波　　C. 表面波

D. 在给定材料中声速与所有波形无关

45. 超声波检测试块的作用是（　　）。

A. 检验仪器和探头的组合性能　　B. 确定灵敏度

C. 定位缺陷　　D. 定量缺陷　　E. 以上都是

46. 从 A 型显示荧光屏上不能直接获得缺陷性质信息。超声波的定性是通过下列方法来进行（　　）。

A. 精确对缺陷定位　　B. 精确测定缺陷形状

C. 测定缺陷的动态波形　　D. 以上方法同时使用

47. 原子的主要组成部分是（　　）。

A. 质子、电子、光子　　B. 质子、重子、电子

C. 光子、电子、X 射线　　D. 质子、中子、电子

48. X 射线的穿透能力取决于（　　）。

A. 毫安　　B. 千伏　　C. 曝光时间　　D. 焦点尺寸

49. 以下哪一种焊接方法会产生钨夹渣（　　）。

A. 焊条电弧焊　　B. 埋弧自动焊

C. 非熔化极气体保护焊　　D. 电渣焊

50. 能够进行磁粉检测的材料是（　　）。

A. 非合金钢　　B. 奥氏体不锈钢　　C. 黄铜　　D. 铝

51. 检测钢材表面缺陷较方便的方法是（　　）。

A. 静电法　　B. 超声法　　C. 磁粉法　　D. 射线法

52. 被磁化的工件表面有一裂纹，使裂纹吸引磁粉的原因是（　　）。

A. 多普勒效应　　B. 漏磁场

C. 矫顽力　　D. 裂纹处的高应力

53. 漏磁场与下列哪些因素有关（　　）。

A. 磁化的磁场强度与材料的磁导率　　B. 缺陷埋藏的深度、方向和形状尺寸

C. 缺陷内的介质　　D. 以上都是

54. 液体渗透技术适合于检验非多孔性材料的（　　）。

A. 近表面缺陷　　B. 表面和近表面缺陷

C. 表面缺陷　　D. 内部缺陷

55. 液体渗入微小裂纹的原理主要是（　　）。

A. 表面张力作用　　B. 对固体表面的浸润性

C. 毛细作用　　D. 上述都是

56. 下面哪一条是渗透检测的主要局限性？（　　）

A. 不能用于铁磁性材料　　B. 不能发现浅的表面缺陷

C. 不能用于非金属表面　　D. 不能发现近表面缺陷

57. 工程上常用的硬度试验方法有（　　）。

A. 布氏硬度 HB　　B. 洛氏硬度 HR　　C. 维氏硬度 HV　　D. 上述都是

58. 影响结晶裂纹的因素有（　　）。

A. 合金元素和杂质　　B. 冷却速度

C. 结晶应力与拘束应力　　D. 以上都是

59. 锻件探伤中，如果材料的晶粒粗大，通常会引起（　　）。

A. 底波降低或消失　　B. 有较高的噪声显示

C. 使声波穿透力降低　　D. 以上全部

60. 渗透探伤的优点是（　　）。

A. 可发现和评定工件的各种缺陷

B. 准确测定表面缺陷的长度、深度和宽度

C. 对表面缺陷显示直观且不受方向限制

D. 以上都是

三、简答题

1. 简述正应力的概念？

2. 材料的拉伸过程可分为哪几个阶段？
3. 工程上常用的硬度试验方法有几种？
4. 什么叫共析钢？过共析钢？亚共析钢？
5. 热处理过程为什么需要保温一定时间？
6. 什么叫退火？
7. 试分析正火和退火的异同点？
8. 什么是回火？回火的目的是什么？
9. 对制作锅炉压力容器的材料有哪些要求？
10. 简述钢的分类方法。
11. 什么是低碳钢的时效现象？
12. 控制奥氏体晶粒长大的措施有哪些？
13. 简述焊接的优缺点？
14. 碱性焊条的缺点是什么？
15. 焊条药皮有何功能？
16. 什么叫埋弧自动焊？
17. 埋弧自动焊有哪些优点？
18. 氩弧焊有哪些优点？
19. 什么叫焊接接头？它由哪几部分组成？
20. 焊接坡口的形式有几种？选择的原则是什么？
21. 何谓金属材料的焊接性？焊接性包括哪几个方面？
22. 普通低合金钢的焊接特点是什么？产生冷裂纹的主要因素有哪些？
23. 什么是气孔？产生的原因是什么？
24. 气孔的危害有哪些？怎样防止？
25. 夹渣的产生原因及危害是什么？
26. 防止结晶裂纹的措施有哪些？
27. 防止冷裂纹的措施有哪些？
28. 未焊透产生的原因、危害及防止措施？
29. 未熔合产生的原因、危害及防止措施？
30. 铸造气孔按气体来源，可分为哪几类？
31. 影响金属塑性成形性能的因素有哪些？
32. 压力加工内部缺陷有哪些？
33. 试述磨削裂纹的产生原因。
34. 钢中“白点”缺陷形成的原因及白点对钢的性能的影响各是什么？
35. 锅炉的主要受压部件包括哪些？
36. 锅炉受压部件无损检测时机是如何规定的？

37. 压力容器的基本要求有哪些？
38. 压力容器无损检测方法的选择原则有哪些？
39. 压力管道元件包括哪些？
40. 焊接钢管常用无损检测方法有哪些？
41. 无缝钢管生产过程中可能产生哪些缺陷？常采用何种检测方法？
42. 钢结构的布置应符合哪些要求？
43. 简述磁粉探伤原理。
44. 简述射线照相检测的适用范围。
45. 简述超声波检测的适用范围。
46. 简述涡流检测的适用范围。
47. 简述渗透检测的适用范围。
48. 简述磁粉检测的适用范围。
49. 无损检测文件和记录通常包括哪些内容？
50. 常规无损检测方法的选用原则有哪些？

参考答案

一、判断题

1. √ 2. × 3. √ 4. × 5. √ 6. √ 7. × 8. × 9. √ 10. ×
11. √ 12. √ 13. × 14. × 15. √ 16. √ 17. √ 18. √ 19. √
20. √ 21. √ 22. √ 23. √ 24. √ 25. √ 26. × 27. × 28. √
29. × 30. √ 31. √ 32. √ 33. √ 34. × 35. √ 36. √ 37. √
38. × 39. × 40. × 41. √ 42. √ 43. √ 44. √ 45. √ 46. √
47. × 48. × 49. √ 50. √ 51. × 52. × 53. √ 54. × 55. √
56. √ 57. √ 58. × 59. × 60. √ 61. √ 62. × 63. √ 64. ×
65. √ 66. √ 67. √ 68. √ 69. × 70. √ 71. √ 72. √ 73. √
74. √ 75. × 76. √ 77. √ 78. √ 79. √ 80. √ 81. √ 82. √
83. × 84. × 85. √ 86. × 87. × 88. √ 89. √

二、选择题

1. C 2. D 3. A 4. D 5. D 6. D 7. C 8. D 9. D 10. B 11. A
12. B 13. D 14. B 15. B 16. B 17. B 18. A 19. D 20. C 21. D
22. A 23. C 24. D 25. B 26. A 27. C 28. B 29. C 30. B 31. A
32. A 33. D 34. D 35. D 36. C 37. C 38. B 39. A 40. D 41. D
42. D 43. D 44. A 45. E 46. D 47. D 48. B 49. C 50. A 51. C
52. B 53. D 54. B 55. D 56. A 57. D 58. D 59. D 60. C

参 考 文 献

[1] 冯端，师昌绪，刘治国．材料科学导论［M］．北京：化学工业出版社，2002.
[2] 周孝信，黎明，高瑞平．金属材料科学［M］．北京：科学出版社，2006.
[3] 郝广发，苏泽民．金属材料及加工工艺［M］．北京：机械工业出版社，2004.
[4] 束德林．工程材料力学性能［M］．北京：机械工业出版社，2003.
[5] 姜伟之，赵时熙，王春生，等．工程材料的力学性能（修订版）［M］．北京：北京航空航天大学出版社，2000.
[6] 黄祥，蒋红云．工程材料与材料成形工艺［M］．北京：北京理工大学出版社，2009.
[7] 叶宏，沟引宁，张春艳．金属材料与热处理［M］．北京：化学工业出版社，2009.
[8] 崔忠圻，等．金属学与热处理［M］．2版．北京：机械工业出版社，2007.
[9] 王晓敏．工程材料学［M］．哈尔滨：哈尔滨工业大学出版社，2005.
[10] 李云凯．金属材料学［M］．北京：北京理工大学出版社，2006.
[11] 刘宗昌，等．金属材料工程概论［M］．北京：冶金工业出版社，2007.
[12] 王英杰．金属材料及热处理［M］．北京：中国铁道出版社，2007.
[13] 司乃潮，等．有色金属材料及制备［M］．北京：化学工业出版社，2006.
[14] 杨明波，等．材料工程基础［M］．北京：化学工业出版社，2008.
[15] 刘宗昌，等．金属学与热处理［M］．北京：化学工业出版社，2008
[16] 刘云龙，等．焊工（初级）［M］．北京：机械工业出版社，2008.
[17] 姜泽东，等．埋弧自动焊工艺分析及操作案例［M］．北京：化学工业出版社，2009.
[18] 王国凡，等．钢结构焊接制造［M］．2版．北京：化学工业出版社，2008.
[19] 方洪渊，等．焊接结构学［M］．哈尔滨：哈尔滨工业大学，2008.
[20] 陈祝年．焊接工程师手册［M］．北京：机械工业出版社，2002.
[21] 王云鹏．焊接结构生产［M］．北京：机械工业出版社，2002.
[22] 杨泗霖．焊接安全防护技术［M］．北京：化学工业出版社 2006.
[23] 熊腊森．焊接工程技术［M］．北京：机械工业出版社，2002.
[24] 陈保国，等．焊接技术［M］．北京：化学工业出版社，2009.
[25] 周歧，等．焊接应力、变形的控制工艺与操作技巧［M］．沈阳：辽宁科学技术出版社，2011
[26] 严绍华，等．材料成形工艺基础［M］．北京：清华大学出版社，2001.
[27] 孔德音，等．机械加工工艺［M］．北京：机械工业出版社，2001.
[28] 刘建华，等．材料成形工艺基础［M］．西安：西安电子科技大学出版社，2007.
[29] 李庆峰，等．金属材料与成型工艺基础［M］．北京：冶金工业出版社，2012.
[30] 王运炎．机械工程材料［M］．北京：机械工业出版社，2004.
[31] 张代东．机械工程材料应用基础［M］．北京：机械工业出版社，2004.
[32] 张学政．金属工艺学实习教材［M］．北京：高等教育出版社，2005.
[33] 王英杰．金属工艺学［M］．北京：高等教育出版社，2007.
[34] 王晓雷．承压类特种设备无损检测相关知识［M］．北京：中国劳动社会保障出版社，2007.